Uwe Reineck/Ulrich Sambeth/Andreas Winklhofer
Handbuch Führungskompetenzen trainieren

Konzept und Beratung »Beltz Weiterbildung«:

Prof. Dr. *Karlheinz A. Geißler*, Schlechinger Weg 13, D-81669 München.
Prof. Dr. *Bernd Weidenmann*, Weidmoosweg 5, D-83626 Valley.

Uwe Reineck/Ulrich Sambeth/Andreas Winklhofer

Handbuch Führungskompetenzen trainieren

2. Auflage

BELTZ

2., überarbeitete und erweiterte Auflage 2011

Lektorat: Ingeborg Sachsenmeier

www.beltz.de
Herstellung: Nancy Püschel
Satz: Druckhaus »Thomas Müntzer«, Bad Langensalza
Druck: Beltz Druckpartner, Hemsbach
Zeichnungen: Sabine Rothmund, Tübingen
Umschlaggestaltung: glas ag, Seeheim-Jugenheim
Umschlagabbildung und Logos: Florian Mitgutsch, München
Printed in Germany

ISBN 978-3-407-36502-6

Inhaltsverzeichnis

Zum Gebrauch des Buches

Es ist ein wenig gewagt, ein Buch zur Führungsbildung nach Kompetenzen oder Eigenschaften zu ordnen, die von Führungskräften erwartet werden. Denn: Führung ist komplexes Geschehen, das nur einfach aussieht, weil vordergründig die Rollen der Spieler klar verteilt sind. Wo über Führung gesprochen oder geschrieben wird, wird meist vereinfacht, manchmal aus Unwissen, oft weil das zahlende Publikum es so wünscht. Auch für Erklärungsmodelle von Führung gilt: Wenn sie richtig sind, sind sie zu kompliziert, wenn sie einfach sind, sind sie falsch. Die beliebteste Form der Vereinfachung ist die Reduktion der Beeinflussbarkeit von Führung auf den Führer selbst. Die Psychologie nennt das den »Eigenschaftsansatz«.

> »Eine besonders große Reduktionsleistung liegt vor, wenn die Vielzahl der Bedingungsgrößen so radikal verringert wird, dass nur noch ein Faktor für ›eigentlich‹ bedeutsam erklärt wird. Der klassische Eigenschaftsansatz formuliert eine solche Einseitigkeit: Es kommt vor allem anderen auf den Führer oder die Führerin an!« (Neuberger, 2002, S. 223).

Wir haben uns bei der Gliederung des Buches für diese »große Reduktionsleistung« entschieden, weil es nützlich ist. Wir folgten dabei Hans Vaihingers Philosophie des »Als-ob«. Das Ausgangsstaunen seiner Philosophie begann mit der Frage: Wieso erreichen wir oft Richtiges mit bewusst falschen Annahmen? Es scheint so, als erreichten wir tatsächlich Sinnvolles auch mit Begriffen, Annahmen und Modellen, die von der Wirklichkeit abweichen und teilweise in sich widersprüchlich sind.

In den meisten Unternehmen hält sich ebenfalls die Überzeugung, Profile oder Kompetenzen von Führungskräften seien verantwortlich für den Führungserfolg. Die Sammlung der Kompetenzen und Eigenschaften, der wir die Struktur dieses Buches zugrunde legten, haben wir aus diversen Veröffentlichungen (Führungsleitlinien, Kompetenzfeldern usw.) großer deutscher Unternehmen zusammengetragen, und wir selbst ertappen uns häufig dabei, dass wir Erfolge oder Probleme von Teams, Abteilungen oder Bereichen den Qualitäten ihrer jeweiligen Führungskraft zuschreiben. Das mag vielleicht daran liegen, dass wir in unserer Sozialisation als Berater häufig den unappetitlichen Satz gehört hatten: »Der Fisch stinkt immer vom Kopf her …«

Führung ist komplex und zu wenig erforscht und verstanden. Es gibt mehr Bücher über Führung als Wissen darüber. Bei der Sichtung der wissenschaftlichen Literatur zur Führung tauchte bei uns eine von Ludwig Wittgenstein inspirierte – in anderem Zusammenhang gebrauchte – Vermutung auf, dass, auch wenn alle psychologischen

Fragen zur Führung gelöst wären, dies keine Auswirkung auf die Führungspraxis haben würde.

Das Autorenteam arbeitet seit vielen Jahren in unterschiedlichen Kontexten in der Führungsbildung und wundert sich noch immer, dass auch die Realität eher der Logik des Betrachters folgt, als sich selbst treu zu bleiben. Versuchen wir, einen Bereich der Führungsarbeit oder Führungskompetenz zu verstehen, so gelingt das auch, und wir finden immer genug Ursachen für Wirkungen und Ansätze für Lernen und Veränderung. Betrachten wir das Ganze und seine zahlreichen Einflussgrößen, rückt die Führungsarbeit Einzelner tatsächlich in den Hintergrund.

Solange uns die Realität so uneindeutig erscheint, leisten wir uns selbst den Luxus, kein abschließendes Urteil zu fällen, was nun richtig sei: die Arbeit mit dem Ganzen oder der Blick auf das Individuelle.

Dieses Buch haben wir für Trainer und Berater gemacht, die manchmal recht kurzfristig in Situationen kommen (so wie wir), in denen sie zu Führungsthemen Workshop- oder Trainingssequenzen anbieten müssen und schnell gute Ideen für Inputs und Übungen brauchen. Die Inhalte dieser Texte und Übungen gehen jedoch weit über den oben beschriebenen Eigenschaftsansatz hinaus. Sie verbinden das Ganze mit dem Individuellen und synthetisieren systemische Wirklichkeiten mit den Überzeugungen humanistischer Psychologie.

Jedes Kapitel dieses Buchs ist einer bestimmten Kompetenz gewidmet und besteht aus drei Teilen:

- Der »Essay« bildet eine Einführung ins Thema, wobei uns der Denkanstoß wichtig ist, nicht etwa lexikalische Vollständigkeit.
- Die »Visualisierung« beinhaltet zusammenfassendes Material, das Sie zur Präsentation auf dem Flipchart, zum Verteilen als Paper oder zur Visualisierung nutzen können.
- Die »Lerndesigns« ermöglichen, sich mit dem Thema lebendig auseinanderzusetzen. Die allermeisten der Übungen haben wir selbst entwickelt oder weiterentwickelt, und viele haben in der Praxis tatsächlich funktioniert!

Ein Buch schreiben ist ein Abenteuer. Wir danken unseren Gefährten in der MAI-CONSULTING: Arnd Küppers, Christoph Röckelein, Utz A. Thorweihe, Sabine Hahn, Silvia Schillinger, Vanessa Lehmann für ihre Begleitung und die freundliche Überlassung einiger ihrer besten Lerndesigns.

Wir danken auch Ingeborg Sachsenmeier vom Beltz Verlag für ihre großartige Hilfe und bezwingende Geduld, Sabine Rothmund für wunderbare Cartoons, Mathias Gruner für sein Lektorat und seine Struktur sowie allen unseren Kunden, bei denen wir unsere Ideen ausprobieren durften und bei den Menschen, von denen wir gelernt haben. Unseren Familien danken wir, dass sie uns noch vermisst haben.

Zehn Thesen

Thesen und Antithesen über Führen – eine Einladung zum Dialog

Anarchie ist die Utopie guter Führung. Führen ist Verschwendung. Organisationen erzeugen meist Unterverantwortung. In Unternehmen sind sie Mitarbeiter – zu Hause Väter oder Mütter, bauen Häuser, führen Vereine, übernehmen Funktionen in der Gesellschaft. Unternehmen leisten, dass sich Menschen weniger zutrauen als möglich. Die Vision guter Führung ist die Selbstführung jedes Einzelnen bis zu den Grenzen seiner Möglichkeiten. Hierarchie hat alles unter Kontrolle. In der Anarchie weiß jeder, worauf es ankommt.

Führen ist die Kunst, soziale Beziehungen zielgerichtet zu gestalten. *Kunst* ist Führung deshalb, weil gutes Handwerkszeug dazu nötig ist. Aber erst Kreativität und Persönlichkeit machen aus Handwerkern Künstler.

Um professionelle *soziale Beziehungen* herzustellen, setzt es Herzensbildung voraus. Soziale Beziehungen zeichnen sich dadurch aus, dass Menschen füreinander wichtig sind. Was der andere denkt, fühlt und tut, hat Bedeutung. Das gelingt nur mit einer Haltung von Wertschätzung, die daraus resultiert, dass der andere vertraut ist. Das bedeutet: wissen, was den anderen bewegt, was er tut, wo Stärken und Grenzen sind. *Zielgerichtet* sind Beziehungen dann, wenn sie professionelle Distanz halten. Abhängigkeit von der Zuwendung anderer verhindert, konfrontieren zu können.

Führungskräfte und nicht Mitarbeiter *gestalten* den Kontakt proaktiv und sind verantwortlich.

Führungskräfte verstehen Organisationen. Organisationen sind keine Maschinen, sind keine Märkte, sind keine Heerlager, sind keine Dschungel, sind keine Geldmaschinen, sind keine Glaubensgemeinschaften, sind keine Familien. Sie sind nicht logisch und nicht vernünftig. Sie gehorchen nicht der Mathematik und nicht den Naturgesetzen. Organisationen sind Kommunikation, sind Gesellschaften und funktionieren auch so. Führungskräfte brauchen Grundwissen über soziale Systeme.

Führungskräfte verstehen Menschen. Sie haben Menschenkenntnis und mögen Menschen. Wer Kinder großzieht, Kindergeburtstage managt, wer in seiner Jugend Pfadfinder, Ministrant, Handballtrainer oder Jugendgruppenleiter war, der hat einen Vorsprung, der durch 100 Führungsseminare nicht aufzuholen ist.

Führungskräfte vermitteln Sinn. Wer Menschen bewegt, weiß, wozu und wohin. Sie haben Woher- und Wohin-Geschichten, die sie immer wieder erzählen und die ihnen geglaubt werden. Sie wollen Menschen entwickeln, sich und andere an Grenzen und darüber hinausführen. Und loslassen können.

Führungskräfte wollen alles besser. Sie freuen sich, wenn alles (ohne sie) gut läuft, und stören immer wieder mutig, damit überlegt wird, wie man es besser tun kann. In gut gelaunter Unzufriedenheit locken sie die Zufriedenen in das Reich der positiven Komparative.

Führungskräfte sind auf einer Seite. Sie halten Grenzen ein und pflegen Distanz zu Mitarbeitern. Sie machen sich nie gemein und halten Loyalität zum Unternehmen, auch in schwierigen Zeiten. Sie sind auf der Seite des Ganzen und keine Ab-Teilungs-Egoisten.

Führungskräfte streiten. Sie haben Positionen und halten stand. Sie wollen mehr und setzen sich ein. Sie arbeiten und denken kontrapunktisch, sie denken quer und fragen nach. Sie spüren die Spannung zwischen Ist und Soll und halten sie aufrecht. Sie reden die Differenz nicht klein, indem sie das Ist größer oder das Soll kleiner machen, als sie sind.

Führungskräfte sind Vorbilder, geben Zuwendung, ziehen Grenzen und stecken Ziele. Sie wagen, machen deshalb Fehler und scheitern auch. Sie handeln vorbildlich, ohne Vorbild sein zu wollen. Sie verzeihen Menschen das Menschsein und lieben es, andere wertzuschätzen. Sie haben Mut, Nein zu sagen.

Führungskräfte sind kreative Zögerer (ein Begriff von Dirk Baecker). Wenn sie immer so entscheiden, wie alle das tun würden, machen sie keinen Unterschied. Sie nutzen den Freiraum zwischen Reiz und Reaktion und füllen ihn mit Über-Denken aus. Sie blicken von oben auf das Ganze, um in alten Situationen neu und in neuen Situationen adäquat reagieren zu können.

Führungskräfte sind nicht gut, weil sie Führungskräfte sind, sondern sie *müssen* gut sein, weil sie Führungskräfte sind. Was jeweils wichtig ist an einer Führungskraft, welche Kompetenzen sie braucht, welches Verhalten sie zeigen soll, ist immer vom Horizont der Betrachter bestimmt. In jedem Fall sind Führer, weil sie hervorgehoben sind, Erwartungen und Projektionen ausgesetzt – wohl am meisten ihren eigenen. Diese Thesenliste ist eine Facette unserer Erwartungen und könnte problemlos fortgesetzt und umgeschrieben werden. Der Begriff Führungskraft wäre auch durch das Wort Mitarbeiter ergänzungsfähig oder sogar ersetzbar und würde das Gespräch über die Thesen noch interessanter machen. Hilfreicher, statt Führungskompetenzen zu büffeln, so zeigt uns die Erfahrung, ist es, wenn Führungskräfte gemeinsam im Dialog herausfinden, wie sie geführt werden wollen und wie sie führen wollen, und erst nach dieser Klärung ihr Lernen danach ausrichten. Diese Thesen könnten ein Einstieg für dieses Gespräch sein.

Mitarbeiterführungs-kompetenz

Führungsanspruch

Führen wollen – Führung erhalten. Der bloße Anspruch, eine Führungskraft zu sein, reicht nicht aus; es muss auch den geben, der gewillt ist, diesen Anspruch zu bestätigen.

Essay: Wie alles gekommen ist: Führen im Neandertal

Damals zu Zeiten der Neandertaler waren Führungskräfte Anführer, heute sind sie meist vorgesetzt. Lässt man Gruppen spielerisch-experimentell solche Vorgesetzten wählen (»Wem in dieser Gruppe würden Sie zutrauen, Sie in einer schwierigen Situation zu führen?«), so zeigt es sich immer wieder, konzentrieren sich die Wahlen meist auf einige wenige, die etwas zu haben scheinen, was andere nicht bekommen. Führung ist ein Geschenk. Formelle Macht besitzen Inhaber von Positionen, Beziehungsmacht dagegen wird verliehen als Zutrauen der Gruppe. Man kann sich denken: Verbinden sich Positions- und Beziehungsmacht in einer Person, ist das ein Glücksfall. Eine Gruppe vertraut sich an, traut zu. Wem traut sie zu? Nach welchen Kriterien sucht sie aus?

Unterstellt man auch dem Verhalten Evolution, hatte die Menschheit einige Zehntausend Jahre Zeit, die Mechanik des Führens und Geführtwerdens einzuüben.

Instinktarm und unbewehrt in die Welt geworfen, war für den Menschen diese Form der Arbeitsteilung einfach und überlebenswichtig. Jagen, abwehren oder angreifen: Individuen zum Ganzen erfolgreich zusammenführen – darum ging es schon immer.

Gehorsam war dabei sinnvolle Tugend. Der Alltag und psychologische Experimente zeigen, dass Menschen sich gehorsam verhalten: Sie tun in der Regel das, was von ihnen erwartet wird, beziehungsweise das, was sie denken, was von ihnen erwartet wird. Das ist nicht immer das Gleiche! In Organisationen ist es oft zu sehen: Angestellte haben mehr Angst, als von ihnen verlangt wird.

Zynische Erklärungen für den verbreiteten Gehorsam gehen davon aus, dass die Ungehorsamen zu kurze Zeit auf der Welt waren, um ihre Gene weiterzugeben: »Komm endlich rein in die Höhle, draußen sucht der Säbelzahntiger nach Fressen.« – »Ich will aber nicht …« Den traurigen Rest der Geschichte kann man sich denken.

»Keiner hat das Recht, zu gehorchen«, sagt Hannah Arendt. Wir stimmen zu. Dennoch empfehlen wir Führungskräften, manchmal schlicht auf bewährte Säbelzahntigerautorität zu vertrauen.

Vermittels Evolution hat sich die Community der Geführten im Laufe der Jahrtausende auf eine Reihe von Erwartungen an ihre Chefs verständigt, so scheint es. Heinrich Wottawa und Iris Gluminski (1995, S. 133) zählen einige solcher Eigenschaften auf, die wir in der folgenden Visualisierung weiter ausführen – ob sie stimmen, ist nicht belegbar, plausibel scheinen sie jedoch und regen Gespräche an.

Visualisierung: Ice-Age-Recruiting

Körpergröße, Kraft, Sitzfleisch: Nach einer immer wieder zitierten Studie von Guido Heineck[1] sind Führungskräfte immer noch viel (körper)größer als andere. Wir wissen, dass Körpergröße nichts mit Intelligenz zu tun hat. Größe und Kraft scheinen indes unter Männern immer noch bedeutsame Kriterien zu sein. Langen Menschen werden Führungseigenschaften zugeschrieben, weil man zu ihnen aufschauen muss. Viele behaupten, dass Ausharrungsvermögen bei (nächtlichen) Sitzungen die wichtigste Eigenschaft für Führungskräfte sei.

Weitgehende Übereinstimmung mit den Gruppennormen und Repräsentanz nach außen. Anführer sind Teil der Gruppe, und sie sind es nicht. Häufig geben sie die Projektionsfläche für Ideale ab. Anführer verkörpern, was der Gruppe wichtig ist. Sie erhalten die Sympathien, immer aber auch die Rivalität Einzelner. Nur wer repräsentiert, was die meisten über die Gruppe und ihren Führer denken wollen, kann auf Dauer innen führen und außen repräsentieren.

Erwartungskonformes Führungsverhalten. Anführer sind sie, weil sie Gehör finden, weil ihre Aufmerksamkeit ein seltenes Gut ist, um das gerungen wird. Ihre Anerkennung ist wertvoller als die anderer. Wer anführen will, spürt, was in der Gruppe als wichtig und richtig gilt.

Konsistenz und Beharrung sind zentral. Nicht zweifeln, nicht schwanken, nicht schwächeln. Beharrlich eintreten für die Position, die allen nützt. Vorbild sein und konsequent im Tun.

Fähigkeit zur Konfliktlösung (auch in Grenzfällen). Ignorieren von Konflikt oder Gefahr wird als Angst interpretiert. Ein Anführer geht aktiv in die Auseinandersetzung und löst sie mit Blick auf das Ganze.

Überlegenes Wissen und Seniorität. Kompetenz war für Anführer der Frühzeit lebensversichernd: entscheiden über die rechte Jagdvariante, über Essbares und Giftiges – und damit recht behalten. Sie mussten wissen, welche Pflanzen essbar waren, welche nicht usw. In einer Zeit, in der sich die äußeren Verhältnisse kaum ändern, ist Erfah-

---

1 http://heineck.he.ohost.de; Stand vom 8.1.2008

rung eine wichtige Ressource bei Problemlösungen. Damals war Alter die Trophäe des Erfolgs, also Ausweis der richtigen Strategie.

- ***Entscheidungen, die sich auch langfristig bewähren.*** Führungspersönlichkeiten der alten Schule geben ihren Mithöhlenbewohnern das Gefühl, nicht an kurzfristigen Erfolgen orientiert zu sein, sondern langfristig für das Ganze zu denken. Man denke dabei nur an ungezählte Piratenfilme, in denen die Mannschaft meutert, weil sie alle Bounty-Vorräte essen will, aber der Kapitän eine Kokosnuss auf den Tisch haut und damit beweist: Sie bewegt sich doch. (Oder so ähnlich.)

- ***Entscheidungsverhalten unter Risiko oder Unsicherheit.*** Ob wir das Lager verlegen, weil die Büffelherde alles niedertrampeln könnte, oder das Opfer schlachten und unsere Jagdvorbereitungen beginnen, das muss schnell und ohne Zweifel entschieden werden.

- ***Sicherheit durch Dominanz.*** Angst dominiert Menschen. Wer Angst nimmt, darf Menschen dominieren. Anführer geben Sicherheit durch Konsistenz und Konsequenz in der Entscheidung.

- ***Charisma.*** Charisma hat man nicht, sondern man bekommt es. Führungscharisma erhält derjenige, der die Projektionen all derer versammelt, die noch an Sicherheiten glauben können.

- ***Der Nutzen von Unterführern.*** Wer den Anführernachwuchs in der zweiten Reihe steuert, zeigt sich als tauglicher Führer, denn er hat neben den eigenen Anhängern auch die des Unterführers hinter sich.

»Wir wählen jetzt mal den Chef«

Inhalte und Zielsetzung: Offene spielerische Auseinandersetzung mit Führungseigenschaften und Führungsanspruch. Herauskristallisieren von Führungspersonen durch Wechselwirkung von Positions- und Beziehungsmacht.
Teilnehmer: 4–15 Personen.
Dauer: 1,5–3 Stunden.
Ressourcen: Freier Raum mit genügend Platz, Stühle werden für die Kleingruppenarbeit entsprechend der Teilnehmerzahl benötigt, aber keine Tische.
Vorbereitung: Keine.

Um die Bereitschaft der Teilnehmer für das Vorgehen zu erhöhen, hilft es, die Übung als Lernexperiment anzukündigen.

Ablauf: Zunächst wird das Thema »Führungskräfte-Recruiting im Neandertal!« visualisiert, anschließend werden Kleingruppen (4–5 Personen) gebildet. In diesen Teilgruppen wird das Thema diskutiert. Der Auftrag an alle Kleingruppen lautet:

> »Erstens: ... Sprechen Sie über die Steinzeitannahmen und erarbeiten Sie eine gemeinsam getragene Prioritätenreihenfolge für die Gegenwart (mit einem Schmunzeln). Nutzen Sie diese Eigenschaften auch schon für die Diskussion!
> Zweitens: Schätzen Sie sich gegenseitig bezüglich dieser Kriterien ein. Wer entspricht welchem Kriterium am besten? Und ... bitte keine Scheu! Es sollte nicht bloß klar werden, wer am ältesten und wer am größten ist! Das wäre langweilig und würde die ganze Kleingruppe diskreditieren ...«

Die Gruppenmitglieder sollen sich gegenseitig anhand der erarbeiteten Skala einschätzen. Wer entspricht welchen Punkten am besten?

Um die *Chefwahl* durchzuführen, wird ein Dreiviertelkreis gebildet. In das offene Viertel wird ein gekennzeichneter Stuhl gestellt: der Chefsessel. Jeder kann auf dem Chefsessel Platz nehmen. Derjenige, der entweder eine Minute unangefochten auf einem Chefsessel sitzen bleibt oder nach genau zehn Minuten den Sesselplatz innehat, ist der neue Chef. Wichtige Vorgabe: »Nicht reden, nicht schlagen, nicht kratzen!«

Kommentar: Das Lerndesign ist gut geeignet für Teams mit jüngeren Teilnehmern. Ähnlich wie im Tierreich entsteht dann ein Rumbalgen der Jungtiere (natürlich nicht körperlich). Es kann genutzt werden, um das Storming einer Gruppe mit mehr als zehn Menschen zu beschleunigen. Selbst wenn der Chef anwesend ist, bilden sich ab dieser Größe informelle Unterführer.

Anmerkungen zur Wirkungsweise: Die bei der Visualisierung beschriebenen archaischen Eigenschaften einer Führungskraft regen zur offenen und intensiven, teils spielerischen Diskussion über Führungsqualitäten an. Jeder Diskussionsteilnehmer setzt sich während der Diskussion gedanklich immer in Relation zu den anderen. Um dies als Feedback erlebbar zu machen, kann als nächster Schritt das Lerndesign »Wir wählen jetzt mal den Chef« folgen.

Achtung: Nicht anwenden bei Workshops mit schwacher Führungskraft und schwachen Mitarbeitern/Unterführern.

Abhärten

Inhalte und Zielsetzung:	Ausprobieren und Einüben verschiedener Handlungs- und Reaktionsalternativen in unangenehmen Situationen.
Lernkonzept:	Werkstatt, Reise, Workshop, Arbeitsalltag.
Teilnehmer:	4–15 Personen.
Dauer:	1,5–3 Stunden.
Ressourcen:	Freier Raum mit Platz für alle Personen, mit Stühlen, ohne Tische.
Vorbereitung:	Keine.

Anmerkungen zur Wirkungsweise: Die Übung funktioniert wie ein Training und hat einen ähnlich abhärtenden Effekt wie ein abwechselnd heißes und kaltes Duschen à la Kneipp.

Ablauf: Formulieren Sie Vorwürfe an den rechten Nachbarn. Der Leiter beginnt mit einem Beispiel. Die Angesprochenen sollen mit verschiedenen Strategien reagieren: verblüffen, recht geben, fragen, absurd antworten, schweigen …

Variante: Äußern Sie Vorwürfe im Raum, jemand antwortet. Der Moderator gibt jeweils das Reaktionsmuster vor.

Kommentar und Achtung: Bei empfindlichen Personen können durch grobe, treffende Vorwürfe erhebliche Irritationen auftreten. Weisen Sie auf dieses Risiko hin. Das Risiko ist geringer, wenn vom Moderator für jede Runde das Reaktionsmuster vorgegeben wird. Dann ist es allerdings auch langweiliger.

Literaturtipps

Wottawa, H./Gluminski, I. (1995): *Psychologische Theorien für Unternehmen*. Göttingen: Verlag für Angewandte Psychologie.
Kühn, S./Platte, I./Wottawa, H. (2006): *Psychologische Theorien für Unternehmen* (2., neu bearbeitete Auflage). Göttingen: Vandenhoeck & Ruprecht.
Dieses Buch ist eine Fundgrube. Wer das, was er über Organisationen sagen möchte, psychologisch fundiert tun möchte, liest dieses Buch.

Überzeugungskraft und Durchsetzungsfähigkeit

Essay: Wenn Arbeiterkinder Führungskräfte werden

Manchen Menschen folgt man unwillkürlich. Andere haben es schwer, Gefolgschaft zu gewinnen – trotz überzeugender Argumente. Menschen unterscheiden sich hinsichtlich ihrer Führungsfähigkeit und Überzeugungskraft erheblich. Anteil daran haben die Erfahrungen und Zuschreibungen aus der Herkunftsfamilie. Dazu gehören die Geschwisterkonstellation, in die ein Kind hineingeboren wurde, die Botschaften und mentalen Modelle, mit denen es aufwuchs. Sie können zu einem dominierenden Lebensthema werden oder Hintergrundmelodie bleiben. Es gibt jedoch keine Geschwisterrolle oder Familienherkunft, die zur Führungskraft prädestiniert.

Wer lernen will, sich durchzusetzen, für den ist es hilfreich, der Frage nachzugehen, welche Bedeutung die Rolle in der Familie für das eigene Erleben und Verhalten hat. Habe ich gelernt, frühzeitig zu sagen, wo es langgeht, oder passe ich mich an? Stelle ich unangenehme Fragen, beschwere ich mich oder falle ich lieber nicht auf? Tue ich, was man mir sagt, oder stelle ich Forderungen, entwickle Visionen und setze sie um?

In der Familie bildet sich die Basis der Vorstellungen, wie man führt und folgt, wie man sich diszipliniert, wie man mit Macht umgeht, wie man Risiken eingeht, wie man arbeitet und spielt.

Virginia Satir, eine Begründerin der Familientherapie, betonte fünf Dinge, die wir in unserer Familie lernen:

- wie wir mit anderen kommunizieren,
- an welchen Regeln wir uns orientieren,
- was bestimmte Erfahrungen bedeuten,
- wie wir mit Bedrohung umgehen sowie
- was die größtmögliche Bedrohung ist und wie wir sie abwenden.

Älteste Kinder fühlen sich oft für das Wohlergehen der Familie verantwortlich und kümmern sich um die Fortführung der Familientradition. Daraus kann der Wunsch erwachsen, im Leben eine heroische Mission zu erfüllen. Verantwortungsgefühl, Gewissenhaftigkeit und Fürsorglichkeit entwickeln am ehesten sie. Die jüngsten Kinder bleiben mit größerer Wahrscheinlichkeit kindlicher und sorgloser. Älteste Kinder pflegen gegen ihre jüngeren Geschwister manchmal Vorbehalte oder empfinden sogar Abneigung, da sie die Spätergeborenen als Eindringlinge erleben, die ihnen die Liebe und Aufmerksamkeit der Eltern nun streitig machen.

Manchmal leidet das älteste Kind unter dem Druck, sich durch besondere Leistungen auszeichnen zu müssen. Von Erstgeborenen werden oft große Dinge erwartet. Das jüngste Kind wird in der Familie meistens verwöhnt, die Erwartung an die Umwelt, umsorgt zu werden, kann bis ins Erwachsenenleben anhalten.

Die Jüngsten sind häufig sorgenfreier, durch familiäre Verantwortlichkeiten weniger belastet, sie haben meist weniger Respekt gegenüber Autoritäten und achten weniger auf Konventionen.

Einzelkinder benehmen sich früher wie Erwachsene und sind sozial unabhängiger. Sie schauen weniger danach, was ihre Altersgenossen tun. Sie neigen gelegentlich zur Ängstlichkeit, weil sie in der Regel durch die Eltern viel Aufmerksamkeit und Schutz erfahren haben. Sie vereinigen Eigenschaften sowohl ältester als auch jüngster Kinder, scheinen jedoch eher denen der ältesten zuzuneigen, da sie ebenso oft wie diese im Zentrum der elterlichen Fürsorge und Erwartung stehen. Weil sie meist die ungeteilte elterliche Aufmerksamkeit besitzen, bewahren Einzelkinder vielfach ihr ganzes Leben hindurch eine enge Bindung an die Eltern.

In der Zusammenarbeit haben Kollegen, die in einer gleichen Geschwisterposition stehen, häufig größere Anpassungsschwierigkeiten und mehr Konflikte untereinander. Unter sonst gleichen Bedingungen kommen Kollegen aus komplementären Geschwisterpositionen in der Regel besser miteinander aus.

In Konstellationen, in denen älteste Kinder zusammenarbeiten, sind aufgrund des Mangels an komplementären Rollen Schwierigkeiten wahrscheinlicher. Es kann zu Machtkämpfen kommen. In Teams von jüngsten Kindern ist ein Kampf um die Kinderrolle wahrscheinlich, da beide erwarten, umsorgt zu werden.

Ein mittleres Kind kann Merkmale des ältesten oder jüngeren Kindes zeigen, aber auch beide in sich vereinigen. Ein mittleres Kind, wenn es nicht der einzige Junge oder das einzige Mädchen ist, muss sich seine Rolle in der Familie oft erst erkämpfen. Ein solches Kind mag den starken Erwartungen, die meist an älteste oder jüngste Kinder gerichtet sind, entgehen, dafür muss es häufig große Anstrengungen unternehmen, um überhaupt beachtet zu werden.

Einen weiteren wichtigen Unterschied beim Verständnis, welche Wirkungen Geschwisterkonstellationen haben, bilden das Geschlecht und die Einstellung der Eltern zu den traditionellen Geschlechterrollen.

Diese Einstellung beeinflusst die an ihre Kinder gestellten Erwartungen nachhaltig. Zum Beispiel werden in vielen Kulturen Söhne bevorzugt. Das bedeutet: Ein älterer Bruder mit einer jüngeren Schwester befindet sich in einer vorteilhafteren Position als eine ältere Schwester mit einem jüngeren Bruder. In letzterem Fall wird die Schwester meist das für ein ältestes Kind typische Verantwortungsgefühl entwickeln, während hohe Erwartungen und späterer Erfolg ihrem jüngeren Bruder zufallen.

Visualisierung: Mama hat gesagt …

Einen guten ersten Einstieg, sich über die eigenen Familienbotschaften und deren Wirkungen klar zu werden, bietet das transaktionsanalytische Konzept der »inneren Antreiber«. Dabei handelt es sich um fokussierte Botschaften, die in der Kindheit durch Erziehung oder andere Einflüsse entstanden sind. Die fünf Antreiber sind:

- Sei stark!
- Sei perfekt!
- Sei (anderen) gefällig!
- Beeil dich!
- Streng dich an!

Diesen Antreibern entsprechen grundlegende Bedürfnisse, die Sie der folgenden Übersicht entnehmen können:

Antreiber	**Bedürfnis**
Sei stark!	Sicherheit in sozialen Kontakten
Sei perfekt!	Wissen und Können entsprechend den Fähigkeiten entfalten
Sei (anderen) gefällig!	Liebe, Zugehörigkeit
Beeil dich!	Die Fülle des Lebens erfahren
Streng dich an!	Etwas leisten

Die Botschaften, wie sie in den Antreibern formuliert sind, können auch belastend und einengend wirken, wenn sie überbetont werden. Sie haben dann für das Selbstgefühl einen abwertenden Charakter.

Antreiber	**Belastung**
Sei stark!	Ich darf keine Schwäche zeigen. Ich darf nicht ratlos wirken.
Sei perfekt!	Ich muss noch besser werden. Ich bin noch nicht gut genug.
Sei (anderen) gefällig!	Ich muss es allen recht machen. Ich muss alle zufriedenstellen.
Beeil dich!	Ich werde nie fertig damit. Ich darf keine Zeit vergeuden.
Streng dich an!	Ich muss mich (mehr) bemühen. Ich muss es versuchen, auch wenn es mir nicht gelingen wird.

Das transaktionsanalytische Konzept der Antreiber ist trivial und reduziert individuelle Komplexität. Es passt jedoch auf ein Flipchart und dient im Führungsseminar als Schlüssel zu Türen, die zur Selbstexplorationen führen.

Lerndesign

Clanrolle und Herkunft

Inhalte und Zielsetzung: Den individuellen Erfahrungshintergrund erfassen, Analogiebildung heutige Rolle zu früherer Familienrolle, Verständnis für berufliche Rolle gewinnen.
Ort: Werkstatt, Reise, Workshop, Arbeitsalltag.
Teilnehmer: 1–15 Personen.
Dauer: 1 Stunde.
Ressourcen: Raum mit Stuhlkreis.
Vorbereitung: Keine.

Anmerkungen zur Wirkungsweise: In der Diskussion zu den Antreibern werden den Personen sowohl die positiven als auch die negativen Wirkungen der Antreiber bewusst. Optimal ist es, wenn Sie die Diskussion so gestalten, dass auch eine Einschätzung beziehungsweise ein Feedback (s. S. 31 ff.) der anderen erfolgen.

Grundlegende Aussagen: »Antreiber« ist ein Begriff aus der Transaktionsanalyse (TA). Mit den gegebenen Erläuterungen sind sie auch ohne tiefere Einführung in die TA verständlich. Als Warm-up kann zum Beispiel eine soziometrische Aufstellung nach Position in der Familie beziehungsweise individueller

Gültigkeit der Antreiber gewählt werden. Dieses Lerndesign ist gut geeignet für Gruppen gleichen Rangs oder quer gemischte Gruppen, weniger gut für Teilnehmer mit deren Führungskraft.

Ablauf: Die Antreibertypen werden wie dargestellt kurz erläutert und mit Beispielen beschrieben. Bauen Sie in die Präsentation schon kurze Diskussionen zu den Vor- und Nachteilen der jeweiligen Antreiber ein. Sprechen Sie anschließend über folgende Fragen:

- In welche Konstellation sind Sie hineingeboren worden?
- Wie heißen Ihre Familienbotschaften? Was sind die entscheidenden Sätze, die Sie gelernt haben? Welche Führungsvorbilder haben Sie?
- Welche Antreiber haben Sie? Welche bestärken, welche behindern Sie?
- Welche Botschaften wären gut für Ihre Arbeit? Was würden Sie tun, wenn diese Botschaften für Sie bestimmend wären? Beschreiben Sie, inwiefern Sie sich anders verhalten würden.

Das Ziel besteht darin, dass alle Teilnehmer ihre jeweiligen ein bis zwei Hauptantreiber und deren Ursprung kennen.

Variante: Für die Antreiber gibt es auch sehr einfache, kostenlose Tests, die man im Vorfeld zur Diskussion stellen kann.

Kommentar: Bei mehr als sechs Personen sollten für die Gespräche Kleingruppen gebildet werden.

Skulptur

Inhalte und Zielsetzung:	Sichtweise darstellen, Beziehungen transparent machen, Lösungen für Organisationsfragestellungen suchen.
Ort:	Werkstatt, Reise, Workshop (Arbeitsalltag nur mit Moderation).
Teilnehmer:	1–15 Personen.
Dauer:	1–2 Stunden.
Ressourcen:	Freier Raum mit Platz für alle Personen ohne Tische, Stühle.
Vorbereitung:	Keine Vorbereitung für die eigentliche Durchführung notwendig. Allerdings ist speziell für die Version, in der eine Person ihre subjektive Wahrnehmung der real betroffenen Personen darstellt, schon eine Vertrauensbasis erforderlich. Diese sollte vorher gegebenenfalls mit Warm-up-Übungen geschaffen werden. In der Supervisionsgruppe sollte die Vertrauensbasis ohnehin gegeben sein.

Anmerkungen zur Wirkungsweise: Die Technik der Skulptur gehört zu den ausdrucksorientierten Verfahren in der Beratung. Das Aufstellen bedeutsamer Beziehungen, Strukturen und Dynamiken zeigt die psychischen und sozialen Architekturen eines Systems, die Denken und Tun beeinflussen.

Die Methode ist personennah und gruppenorientiert zugleich und öffnet allen Beteiligten den Blick auf einen Teil der Organisation. Skulpturen gestatten es, die Komplexität der gegenseitigen Bezogenheiten in ihrer Gleichzeitigkeit darzustellen. Bei Verfahren, die sich ausschließlich der Sprache bedienen, ist eine ähnliche Dichte wie bei dieser symbolischen Repräsentation kaum möglich.

Grundlage der Wirkung sind dabei mehr die Emotionen des Protagonisten und der Beteiligten, über die neue Erkenntnisse entstehen, und weniger analytisch erfassbare kausale Wirkungsketten.

Variationen

- Die Gruppe stellt sich selbst.
- Eine Person aus der Gruppe stellt ihre subjektive Wahrnehmung der anwesenden Gruppe dar.
- Eine Person bearbeitet im Rahmen einer Supervision ihr Homesystem, zum Beispiel ihre Familiensituation oder ihr Arbeitsumfeld.

Ablauf: Geben Sie zunächst eine kurze Einführung in das Vorgehen zur Aufstellung. Beispielsweise mit den Worten:

> »Aufstellungen sind ein Mittel, um die Sicht einer Person auf ein soziales System sichtbar und vor allem für diese Person emotional erfahrbar zu machen. Ziel ist es nicht, die wahre, von allen getragene Struktur zu erstellen, sondern eben die individuelle Sicht des Protagonisten. Es besteht ein Unterschied zu einer Umfeldanalyse eines Projekts (obwohl auch diese mithilfe von Aufstellungen erstellt werden kann), bei dem die unterschiedlichen Sichtweisen der Beteiligten insgesamt Berücksichtigung finden.«

Die Anweisung für die Teilnehmer kann dann lauten:

> »Der Protagonist, Herr/Frau XYZ, ist praktisch so etwas wie der Regisseur. Ich bin sein Helfer, um seine Sicht darzustellen. Sie alle sind Rollenstatisten und sollten sich bitte entsprechend den Anweisungen von Herrn/Frau XYZ verhalten. Bitte bauen Sie keine eigene Interpretation ein.«

Unterstützende Fragen an den Gestalter sind:

- Sie haben ein Bild im Kopf? Stellen Sie es hier auf die Bühne.
- Was machen …? (Personen, Subsysteme)
- Was denken diese über die anderen? (Beziehungen, Interdependenzen)
- Wie könnten Sie diese Beziehung gestalterisch ausdrücken? (Skulptur)

- Wer gehört noch dazu?
- Fehlt noch etwas?

Folgende Gestaltungsprinzipien können dem Protagonisten vom Prozessberater vorgeschlagen werden:

- *Räumlicher Abstand* als Symbol für emotionale Distanz: Wer steht wem wie nah?
- *Oben/unten* als Symbol der hierarchischen Strukturierung im tatsächlichen Organigramm oder in Bezug auf den Einfluss im System: Wer setzt sich am stärksten durch, steht vielleicht gar auf einem Podest (Stuhl oder Ähnliches)? Wer sitzt nur auf dem Stuhl?
- *Mimik und Gestik* als Ausdruck differenzierter Systemstrukturen: Wer fasst wen an? Wer schaut wohin? Wer steht eventuell gebeugt und mit geballten Fäusten? Wer hat offene Hände? Wer rüttelt heimlich am Fuß des »auf dem Podest« stehenden Mitglieds?

Variation: Die Methode kann auch genutzt werden, um ein ganzes Team im Kontext einer Gesamtorganisation darzustellen, und ist dann ähnlich wie eine Umfeldanalyse des Teams, wie man sie im Projektmanagement kennt.

Kommentar: Wenn sich Gruppen selbst stellen, ergibt sich aufgrund der Gruppenkohäsion häufig die Form eines verbeulten Kreises ohne große Aussagekraft. Der Moderator kann dem begegnen, indem er erkennbare Unterschiede durch Eingriffe vergrößert und den Personenkreis auffordert, selbst ein »Vergrößerungsglas« auf die Unterschiede zu legen.

Die Konzentration auf die Sicht des Protagonisten und die Beschränkung des Moderators auf Unterstützung, diese zu entwickeln, unterscheiden diese Art der Aufstellung von denen Bert Hellingers, die aus unserer Sicht ein zu hohes Risiko von Fehlinterpretation und Manipulation bergen.

Begeisterungsfähigkeit und Optimismus: Humor, Fun-Dealing

Essay: Positiv denken ist aber was für Doofe

Wäre Brecht Unternehmensberater gewesen, hätte er einen seiner Zitate-Klassiker wie folgt marktgerecht adaptiert: »Es ist schlimm, in einem Unternehmen zu arbeiten, in dem es keinen Humor gibt. Aber noch schlimmer ist es, in einem Unternehmen zu arbeiten, in dem man Humor braucht.«

Arbeits- und Freizeitverhalten ändern sich; die harte Trennung löst sich auf. Unternehmen, die Humor implementieren, steigern ihre Attraktivität. Ein Mitarbeiter sagte einmal: »Es wäre schön, wenn ich beim Überschreiten der Schwelle meines Unternehmens nicht einen großen Teil meiner Persönlichkeit an den Nagel hängen müsste.«

Der Arbeit am ähnlichsten ist von allen menschlichen Tätigkeiten das Spiel. Einige Dynamiken und Rituale, die im Sandkasten gelten, haben – zwar mit anderen Ausprägungen und Konsequenzen – auch bei der Arbeit ihre Gültigkeit. Vielleicht ist deshalb Humor so tabuisiert, um die Trennlinie zwischen Spiel und Arbeit, die sowieso nicht allzu scharf ist, zu erhalten.

Akzeptiert als Form der Psychohygiene in Männergesellschaften sind Ironie und Zynismus. Zynismus ist die eingefrorene Aggression der Fastresignierten, die vom mühsam erklommenen Turm ihrer Arroganz auf die Verhältnisse hinunterschauen, als deren Opfer sie sich fühlen und die sie mit ihrem Überlegenheitsvoyeurismus stabilisieren. Manchmal findet man in Unternehmen echte Zynikerkartelle, die Themen okkupiert haben, um sie zu »monopolemisieren«, und keine anderen Herangehensweisen mehr zulassen.

Humor dagegen ist ein Kulturmerkmal und Führungsinstrument, das hilft, die Sache ernster zu nehmen als sich selbst. Humor taut tiefgefrorene Zyniker auf, öffnet den Blick, schafft Distanz zu Dingen und erzeugt Nähe zu Personen. Lachen ist Selbstreflexion für das Herz, die aus dem Bauch kommt.

Humor scheint eine ähnlich obskure Eigenschaft zu sein wie Teamfähigkeit. Humor gilt – wie Teamfähigkeit – als nicht erlernbar. Humor hat man oder man hat ihn nicht, vorausgesetzt wird er sowieso. Beim Humor jedoch endet der Spaß: Sagen Sie einmal jemandem im Feedback, dass er keinen Humor hat! Das wird derjenige nicht lustig finden!

Bestimmte das Sein das Bewusstsein, dann wäre es wichtig, ein Umfeld zu erzeugen, in dem Spaß gemacht wird. Spaß ist der praktisch veranlagte kleine Bruder des Humors, der alles Zeug dazu hat, einmal so zu werden wie sein großer Bruder, wenn man ihn lässt und sich nicht lustig über ihn macht.

Humor und Spaß sind Führungsinstrumente und zu ernst, um sie Amateuren zu überlassen

Wie verändert man eine Kultur? Eine gute Möglichkeit besteht darin, einfach so zu tun, als wäre die neue Kultur schon da. Humor wird durch Humor erzeugt. Aus den USA kam in den späten 1990ern ein Ansatz, den Matt Weinstein (2002) unter dem Etikett »Management by fun« veröffentlicht hat. Ein solcher Ansatz kann hervorragend missverstanden werden; es geht jedoch nicht um Verdummung oder Infantilisierung der Mitarbeiter, sondern darum, eine Form zu finden, wie passende Rituale der Freude gefunden und gepflegt werden können. Weinstein schildert überzeugend, wie Fröhlichkeit und Verspieltheit in Unternehmen bewusst erzeugt werden können und welchen Sinn das haben kann.

Eingeschränkte Emotionalität bewirkt Stagnation in Denken und Handeln – positive Emotionen begünstigen den Arbeitsflow. Humor im Unternehmen begünstigt Kreativität, entschärft Konflikte und fördert ein positives Arbeitsklima. Geht es immer mehr darum, den ganzen Menschen mit Leidenschaft und Identifikation für das Unternehmen zu gewinnen, sind Ansätze aus dem Management by Fun ein guter Weg. Wir haben vor allem bei Führungskräften im Verkauf gute Erfahrungen gemacht.

Einer der Autoren dieses Buches hatte seinen ersten großen Workshop zum Thema Fun-Dealing anlässlich eines Managementmeetings eines großen schwäbischen Unternehmens. Die Maßgabe war, einen innovativen und dynamischen Managementansatz zu präsentieren. So versuchte der Autor, in einem pflichtethisch-protestantisch eingefärbten Umfeld das Neue und Ungewöhnliche zu wagen und einen Humorworkshop durchzuführen. Der Termin fiel dann ausgerechnet auf den 12. September 2001. Dass das Thema Humor an diesem Tag nicht so einfach angenommen werden wollte, kann man sich vorstellen. Dennoch ging es irgendwie gut, weil Schwaben eben wissen: »Pflicht heißt: Lust zu etwas zu haben, wozu man keine Lust hat« (Gerhard Uhlenbruck). Dafür war der Trainer den Schwaben dann sehr dankbar.

Visualisierung: Praktische Kritik an reiner Vernunft

Spaß entlastet, verbindet, mobilisiert. Wenn viele gemeinsam lachen, verbünden sie sich für einen Moment. Lachen ist eine emotionalisierte Abstimmung über eine Situation, bei der es schwerfällt, in Opposition zu sein.

Fun-Dealing lässt Geschichten entstehen, die erzählt werden und Gemeinsamkeit stiften. Spaßelemente schaffen »Insidergefühle« und fördern Dazugehörigkeit und Identifikation. Gemeinsames Lachen gehört zu den wesentlichen Bande stiftenden Verhaltensweisen in Gruppen. Lachen ist stressmindernd und überführt in eine andere Haltung.

Spaß erzeugt ein gutes Arbeitsklima. Arbeiten in einer Welt unter großem Druck und mit viel Tempo setzt Mitarbeiter einer hohen sozialen und psychischen Belastung aus. Weil die Arbeit immer höhere Anforderungen an die Mitarbeiter stellt, wollen sie Arbeit nicht als Fron, sondern mit Fun erleben. Lachen und Spaß entlasten. Positive Emotionen fördern den Arbeitsflow. Gute Stimmung bewirkt Gutes.

Spaß entlastet, verbindet, mobilisiert.
Spaß erzeugt ein gutes Arbeitsklima.
Spaß gibt Denkferien, reduziert Komplexität.
Freude erzeugt Freude.

Humor statt Realitätsentsorgungsparks. Die Hohlheit der Freizeitindustrie, die Trivialität des Fernsehens und die Plattheit der Esoterik verlocken zu lebenslangen Denkferien, die gerne genommen werden. Guter Humor aber schützt nicht vor Realität. Er durchbohrt sie lachend und verschafft einen Höhlendurchgang auf ihre Rückseite, von wo sie ganz schön dumm aus der Wäsche schauen kann.

Freude erzeugt Freude. Zahlreiche sozialpsychologische Studien zeigen, dass Menschen das, was ihnen an Gutem widerfährt, weitergeben. Dabei helfen nicht Appelle weiter, sondern nur gefühlsecht Erlebtes. Wir erzählen gerne von einem Experiment, das den Zusammenhang zwischen »Gut-drauf-Sein« und Hilfsbereitschaft illustriert. Positive Erlebnisse beeinflussen einen eben doch.

Ein psychologisches Experiment
Schauplatz ist eine Telefonzelle (das Ganze ist also schon eine Weile her). Die Zeit des Handys war noch nicht angebrochen, und so wurde diese Telefonzelle rege frequentiert. Die Forscher interessiert nicht, was für ein Gespräch mit wem

geführt wurde, sie richten ihr Augenmerk auf ein typisches Verhalten, das (fast) jeder an den Tag legt: Man hat sich verabschiedet, den Hörer aufgelegt, und bevor man die Telefonzelle verlässt, kommt unweigerlich der kurze Handgriff in die Wechselgeldklappe. Der Vorgänger könnte ja vergessen haben, das Restgeld mitzunehmen.
Bei einer Reihe von Testpersonen haben die psychologischen Experimentatoren eben dort ein bisschen Geld hinterlassen, bei anderen fand sich – erwartungsgemäß – nichts.
Gleich, ob nun etwas Kleingeld vorgefunden wurde oder nicht, die folgende Situation war für alle die gleiche: In dem Moment, als der Telefonierende die Tür öffnet, lässt eine vorbeilaufende Studentin einige Bücher fallen, die sie, offensichtlich aus der Bibliothek kommend, mühsam auf den Armen balanciert hat.
Natürlich: Der wohlerzogene Mensch wird flugs hinzuspringen und die Bücher für die junge Dame aufheben. Interessant: Diejenigen, die kurz zuvor etwas Geld in der Klappe gefunden hatten (und es war wirklich nur ein geringer Betrag!), waren um immerhin viermal »wohlerzogener« als die anderen, denen dieses kleine, angenehme Erlebnis versagt geblieben war.

Diese Studie zeigt: Wer sich wohlfühlt, neigt eher dazu, Gutes zu tun. Was einem an Gutem widerfährt, wird weitergegeben.

Lerndesign

Fun-Dealing

Inhalte und Zielsetzung:	Auflockern einer trockenen Arbeitsatmosphäre, die Wirkung von Spaß in der Organisation entfalten, Kreativität fördern, lustiges Feedback geben.
Lernkonzept:	Werkstatt, Workshop, Führungsalltag.
Teilnehmer:	9–25 Personen.
Dauer:	2–3 Stunden.
Ressourcen:	freier Raum mit genügend Platz, Stühle, keine Tische, ausreichend Metaplanwände und Moderationsmaterial.
Vorbereitung:	Kopien des Fun-Dealing-Reservoirs anfertigen.

Ablauf: Der Moderator setzt in der Gruppe mit Spaß eine Diskussion über Spaß in Gang. Er nutzt die Visualisierung, um den »Nutzen« von Spaß darzustellen. Es werden Kleingruppen gebildet, am besten nach bestehenden Organisationseinheiten oder Arbeitsteams. Die Aufgabe jeder Kleingruppe besteht darin, für alle anderen Kleingruppen einen kreativen und möglichst gut passenden Fun-Vorschlag zu erarbeiten und ihnen diesen zu verkaufen.

Es wird ein fester Preis für einen Fun-Vorschlag vereinbart. Am besten mit echtem Geld. Jede Gruppe muss genau einen Vorschlag bei irgendeinem Anbieter kaufen.

- *Erarbeiten der Fun-Vorschläge.* Jede Kleingruppe erarbeitet für jede andere Gruppe einen möglichst gut passenden Fun-Vorschlag zusammen mit einer Verkaufsidee und Präsentation für diese Gruppe. Als Ideenquelle dazu dient das Fun-Dealing-Reservoir. Jede Gruppe baut ihren Stand auf. Alle Stände bilden einen großen Kreis im Raum.
- *Fun-Deals durchführen.* Die erste Kleingruppe setzt sich in die Mitte und lässt sich der Reihe nach die Fun-Dealing-Ideen vorstellen, die für sie entwickelt wurden. Sie kauft den Vorschlag, der ihr am besten gefällt und den sie in der Arbeit wirklich anwenden wird. Der Reihe nach wählen sich alle Kleingruppen einen Vorschlag aus.

Variante: Das Lerndesign kann beschleunigt werden, indem nur Vorschläge aus dem Fun-Dealing-Reservoir genommen werden und die Präsentation knapp und einfach gehalten wird. Dann macht es aber auch weniger Spaß.

Anmerkungen zur Wirkungsweise: Management by Fun ist eine sehr amerikanische Idee. Wir haben also die folgende Liste ein wenig europäisiert.

Das Fun-Dealing-Reservoir

- **Relaxzone:** Richten Sie einen Platz ein, der für alle zugänglich ist, die entspannen, sich ausruhen oder Stress abbauen wollen: mit Matratze, Plastikpalme und Boxsack. Gerne dort, wo viel Durchgangsverkehr herrscht: in der Nähe des Eingangs, bei der Kantine, beim Meetingraum.
- **Zahlen für den Kollegen dahinter:** Zahlen Sie einmal im Monat heimlich für den Kollegen mit, der in der Kantine an der Kasse hinter Ihnen steht. Achten Sie darauf, dass Sie ihn nicht (gut) kennen.
- **Unsichtbarer Fisch:** An zentraler Stelle wird ein Aquarium aufgestellt, das einen unsichtbaren Fisch enthält. Das gesamte Team ist für die Pflege des Tiers verantwortlich und zelebriert die Fütterung.
- **Alternative:** Die Pflege eines gemeinsamen Tamagochis.
- **Sammeln und eine Ausstellung eröffnen:** Werfen Sie hässliche Krawatten nicht weg, sammeln Sie diese und stellen Sie sie an einem gut zugänglichen Ort aus, sodass die Sammlung jederzeit leicht ergänzt werden kann. Alle sechs Monate wird die hässlichste Krawatte gewählt und preisgekrönt.
- **Anonymes Lob:** Geben Sie dem Kollegen, der es Ihrer Meinung nach (aus welchem Grund auch immer) verdient hat, ein positives Feedback, indem Sie ihm anonym eine Überraschung zukommen lassen (eine Karte, etwas Schokolade, ein kleines Geschenk oder dergleichen). Einmal im Monat werden die schönsten Überraschungen prämiert.
- **Kabarett:** Gründen Sie eine Kabarettgruppe, die sich witzig und kritisch mit der Organisation auseinandersetzt.
- **Happy Family:** Überreichen Sie Karten, Geschenke und Überraschungen für die Familienangehörigen der Mitarbeiter, denn auch sie tragen einen Teil der Last.
- **Tag des schlechten Geschmacks:** Ziehen Sie sich möglichst schlecht an. Das schrecklichste Outfit wird belohnt und veröffentlicht – mit Bild.
- **Tag des guten Geschmacks:** Ziehen Sie sich möglichst schick an – edler Zwirn beziehungsweise Kleid mit Pumps. Das schönste Outfit wird prämiert, natürlich auch hier mit Bild.

- **Der geheime Freund:** Per Los wird jedem Mitarbeiter ein »geheimer Freund« zugeteilt, dem er für ein bis drei Monate auf kreative und spontane Weise Freude bereiten soll. Die Herausforderung besteht darin, die Anonymität zu wahren.
- **Das Unternehmen fotografieren:** Alle Mitarbeiter erhalten eine Sofortbildkamera und dieselbe Aufgabe: »Schießen Sie ein Foto von Ihrem Lieblingskollegen, Ihrem Chef, Ihrer Lieblingsstelle, der hässlichsten Kaffeetasse. Die Bilder werden noch am selben Tag öffentlich aufgehängt.«
- **Tombola:** Sie veranstalten eine Tombola, bei der spezielle Preise winken, zum Beispiel 100 kg Chips, eine Geldspende im Namen des Gewinners an eine gemeinnützige Organisation, ein halbes Jahr lang monatlich ein Hausputz, eine Karriereberatung bei einer hochrangigen Führungskraft nach eigener Wahl, Katzen- oder Hundefutter für ein Jahr, Gratiserstellung der Einkommenssteuererklärung, Babysittergutscheine, ein Jahr lang jeden Monat zwei Pfund Kekse, jeweils von der Geschäftsleitung persönlich überreicht, eine Nacht im örtlichen Luxushotel, Erstattung der privaten Telefonrechnung für einen Monat, eine Speise in der Kantine wird nach dem Gewinner benannt und viele weitere Möglichkeiten.
- **Rollentausch:** Eine Party, komplett organisiert, gestaltet und durchgeführt von den Führungskräften. Sie sind für alles verantwortlich – von der Raumgestaltung bis zum Aufräumen danach. Dabei gilt: je höher die hierarchische Position, desto körperlicher der Job.
- **Willkommensritual:** Der herzliche Empfang eines neuen Mitarbeiters: Aufstellung im Kreis. Der Neuling geht mit verbundenen Augen zu jedem Mitarbeiter und bekommt von diesem – als symbolischen Vertrauensvorschuss – ein »Geheimnis« mitgeteilt.
- **Sharity-Projekt:** Das Team unterstützt eine gemeinnützige Sache – mit Zeit, Geld, Arbeitseinsatz, Werbeaktionen ...
- **Eis:** An besonders heißen Tagen kommt ein Eiswagen aufs Betriebsgelände. Eine Kugel kostet 20 Pfennige – dummerweise gelten nur noch Cents.
- **Zauberer:** Ein Zauberer oder Kleinkünstler wird exklusiv in eine Abteilung eingeladen. Sein einstündiger Auftritt wird erst einen Tag vorher angekündigt. Gegebenenfalls bringt er den Mitarbeitern einen kleinen Trick bei.
- **Film:** Es wird ein Wettbewerb ausgeschrieben. Die Aufgabe lautet: Verschiedene Teams machen einen kleinen Videofilm über sich selbst. Dabei sind die Bedingungen: Alle Mitarbeiter müssen vorkommen, der Film sollte nicht länger als fünf Minuten dauern – und er sollte ungewöhnlich sein. Der beste Film wird anschließend prämiert.
- **Schwarzes Brett:** Zu wöchentlich oder monatlich wechselnden Themen (zum Beispiel Fotos der Haustiere, Strafzettel, Gedichte usw.) sollen alle Mitarbeiter Beiträge aufhängen.
- **Einen Witzospielomaten aufstellen:** Für einen ganzen Tag wird ein »Witzospielomat« (ein echter Profischauspieler) an einem zentralen Ort aufgestellt. Auslösen lässt er sich nur durch Geschenke oder Komplimente.
- **Rent-a-Band:** Eine dreiköpfige Formation macht Straßenmusik in geschlossenen Räumen. Minutenweise zu mieten und zu bezahlen. Eine Art wandelnde Jukebox mit frei zu wählenden Musikwünschen. Maximale Dauer: 10 Minuten.
- **Shiatsu-Massage:** Eine Shiatsu-Trainerin steht für alle Mitarbeiter mit Verspannungen zur Verfügung.
- **Überraschungsexkursion:** Eine unangekündigte Exkursion während der Arbeitszeit: ein Kinoausflug, ein Essen, eine Musikaufführung usw.

- **Mitbringsel aus dem Spielwarenladen:** Spielsachen schaffen ein günstiges Umfeld. Bringen Sie Ihren Kollegen (und natürlich auch sich selbst) immer wieder einmal etwas mit.
- **Papierflieger-Wettstreit:** Zu bestimmten Anlässen (Frühlingsbeginn, nach Projektabschluss und dergleichen) findet als »arbeitsunabhängige Teambildungsaktivität« ein spontaner Papierflieger-Wettstreit statt. Ebenso kann ein Volleyballturnier in der Werkshalle oder Ähnliches veranstaltet werden. Natürlich erfolgen diese Aktivitäten während der Arbeitszeit.
- **Wandernder Blumenstrauß:** Morgens wird ein Blumenstrauß verschenkt, mit der Maßgabe, dass er nur für eine halbe Stunde auf dem eigenen Schreibtisch stehen darf und dann weitergegeben werden muss. Der Letzte abends darf ihn mit nach Hause nehmen.
- **Stresshilfe-Set:** Ein Köfferchen mit Kaugummi, Aspirin, Comicheft, aufziehbaren Spielfiguren, einem Gummiball, einer Tafel Schokolade, einem Massageball etc. Hilft bei zusammengebissenen Zähnen, Muskelverspannung und sonstigen Stresssymptomen am Arbeitsplatz. Zu vergeben beim ersten Anzeichen mangelnden Wohlbefindens.
- **Mitternachtstorte ins Hotel:** Kollegen auf Geschäftreise im Ausland wird als kleine Überraschung in ihrem Hotel genau um Mitternacht ein Stück Torte serviert, alternativ ein kühles Bier. Natürlich anonym.
- **Chauffeur:** Zu einem besonderen Anlass (Jubiläum, runder Geburtstag) wird einem Mitarbeiter für einen Tag ein Fahrzeug aus dem Fuhrpark zur Verfügung gestellt – inklusive Chauffeur.
- **Bluff:** Sie laden zu einer Besprechung ein, die – wieder mal – eher langweilig zu werden verheißt. Dann aber überraschen Sie Ihre Mitarbeiter, vielleicht mit einer Essenseinladung.

Literaturtipp

Weinstein, M. (2002): Management by fun. Die ungewöhnliche Form, mehr Motivation und Engagement zu erzeugen. München: mvg.

Feedbackfähigkeit

Essay: Eine Ich-Botschaft ist eine Du-Botschaft ist eine Ich-Botschaft

In Kommunikationstrainings wird Feedback gerne gelehrt und geübt: Geeichte Sprachformeln sollen auch dem blutigsten Beziehungsmetzger zeigen, wie er es schmerzlos tun kann.

Du-Botschaften verklären sich zu unhinterfragbaren Ich-Botschaften, die aber immer Du-Botschaften bleiben. Was soll ein Feedback sonst sein, wenn nicht ein klarer Appell an den anderen? Die Kunst jedoch ist lang und das Seminar zu kurz für das schwierige Vorhaben, Du-Erfahrungen in Ich-Botschaften umzudeuten, denn Du-Erfahrungen möchten sich am liebsten auch als Du-Botschaften artikulieren.

In vielen Organisationen sind 360-Grad-Feedbacks jetzt in Mode gekommen. Alle sagen es allen. Der Kollege ... den Kollegen ... den Vorgesetzten ... den Mitarbeitern ... den Kooperationspartnern ... den internen Kunden ... den externen Kunden ... offene Feedbackkultur wird allen verordnet. Dabei werden Regeln und Systematiken für das Vorgehen und die Formulierungen in Folien und Dramaturgien gepresst. Solche Form und Absicht produzieren jedoch meist Schwindel als Symptom der 360-Grad-Eingekreisten und Einkreiser. Den vorgefertigten Kommunikationsschleifchen fehlt irgendwann das Wesentliche: wertschätzende Konfrontation und echte Auseinandersetzung. Solche Veranstaltungen reihen sich ein in die zahlreichen Rituale der Belanglosigkeit, wie sie in Unternehmen gefeiert werden, um dumpfe Gefühle von Hilflosigkeit angesichts eines dilettantischen Kommunikationsverhaltens zu besänftigen.

Was die Lehrbücher lehren ...

Die klassische Form des Feedbacks regelt folgendes Vorgehen:

- Geben Sie nur eine Verhaltensbeschreibung. Beschreiben Sie nicht Eigenschaften, die Sie beim Empfänger des Feedbacks zu sehen meinen, sondern beschreiben Sie, welches Verhalten Sie bei ihm wahrnehmen.
- Formulieren Sie dann Ihre Reaktion auf dieses Verhalten. Beschreiben Sie, wie sein Verhalten auf Sie wirkt und welche Reaktionen Sie bei sich beobachten können, die damit offensichtlich zusammenhängen.
- Formulieren Sie dann Ihren Wunsch, wie er sich verhalten soll, und sagen Sie, bei welcher Verhaltensänderung Sie nicht mehr unangenehm berührt wären.

Natürlich kann das gelingen. Die empfohlene Formulierung folgt einer bestimmten Vorstellung vom Ablauf eines Wahrnehmungsprozesses: Zunächst werden physiologische Sinnesreize aufgenommen, dann werden sie kognitiv interpretiert. Die Interpretation eines Verhaltens erzeugt entsprechende Affekte und innere Reaktionen. Danach geschieht ein Abgleich zwischen Soll und Ist, eine Intention entsteht, und das hat Handeln als Konsequenz. Dieses beschriebene Wahrnehmungsmodell wird in der Trainerliteratur immer wieder rekapituliert, ist aber deshalb nicht unbedingt richtig oder wirksam.

Es gibt verschiedene Formen von Erklärungen, die ganz faustisch stocken, was denn nun am Anfang war: die Tat, das Gefühl, das Wort? Je nach theoretischer Ausrichtung wäre es möglich, jeden Aspekt des beschriebenen Wahrnehmungsprozesses an den Beginn der Kausalkette zu setzen, und nichts wäre falsch. So könnte man eine hirnphysiologisch-tiefenpsychologische Erklärungsvariante annehmen, in der unbewusste Handlungen am Anfang stehen (»es handelt uns«), und erst im Nachhinein finden wir Begründungszusammenhänge, die unser Handeln erklären sollen. – Wie würde ein Feedbackprozess aussehen, der dieser Wahrnehmungskette folgt?

Bedürfnisse bestimmen Wahrnehmung. Jedem erscheint die Welt in unterschiedlichen Vorder- und Hintergrundphänomenen, je nach Bedürfnislage werden unterschiedliche Dinge wichtig. Feedback als Ich-Botschaft – wie beschrieben – zu formulieren ist sinnvoll, und wenn es so gemacht wird, dann hat es auch Wirkung. Verhalten eines anderen jedoch phänomenologisch zu beschreiben, ohne eigene Motive zu projizieren, gleichzeitig die subjektive Reaktion auf dieses Verhalten danach zu differenzieren, welche Saite in Resonanz kommt durch Verhalten des anderen und welche Saite vom Beobachter selbst angespielt wurde, quasi autobiografisch von selbst klingt, überfordert den Alltag und normale Führungsarbeit sowieso.

Es nicht so zu sagen, wie es sich anfühlt, sondern wie es kommunikationstheoretisch richtig ist, braucht entweder die Übung der langjährigen Introspektion oder die Sprachkorsettage der Feedbackformeln, die überbordende Du-Botschaften in wohlgeformte Ich-Botschaften einschnüren. Die Gefahr der Korsettage: Für das, was gesagt werden soll, bleibt die Luft weg.

Weil Menschen in Kausalitäten denken, vermuten sie hinter Verhalten Eigenschaften und Charakter und meinen, damit Verhalten zu erklären. Dieses Bild drückt sich aus in Formulierungen: Die Erfahrung gebietet, dass man sagt: Du bist so und so, und nicht: Wenn du das tust, habe ich dies und jenes Gefühl.

Es gibt Feedback und es gibt erlebte und ausgesprochene Wahrheit. Die Sprachregelungen aus den 1970ern sind kontraintuitiv; sie vermitteln eine Haltung von Übervorsicht und führen zu verschraubter Kompliziertheit. Sie erzeugen damit genau das, wogegen sie kämpfen: mangelnde Authentizität.

Besser wäre es, wenn Gedachtes und Gesprochenes tatsächlich zusammenpassten. Das ist dann vielleicht nicht immer kommunikationstheoretisch korrekt, aber ehrlich. Wichtiger ist der Mut, zu sagen, was ist, als die richtige Formulierung zu wählen.

Was Führungskräfte können sollen: professionelle Kommunikation. Sie unterscheidet sich von der alltäglichen durch die Zielorientierung. Ein Feedback ist eine überlegte Intervention, um Verhalten beim Gegenüber zu stabilisieren oder zu ändern. Manchmal auch nur, um Luft rauszulassen. Gutes Feedback braucht kein Regelwerk, aber eine Grundhaltung von Respekt für den anderen. Wen man nicht wertschätzen kann, dem sollte man kein Feedback geben, sondern in sich gehen und nachdenken, wo und warum der Wertschatz vergraben wurde. Wertschätzung heißt, Achtung vor dem Gewordensein des anderen empfinden zu können. Das funktioniert nur, wenn man sich ein wenig in dem Gewordensein des anderen auskennt.

Ein klares, negatives Feedback kann ein besonderes Geschenk sein. Es kostet den Feedbackgeber viel mehr Mühe und ist deshalb meist ehrlich. Eheberater geben den Ehepaaren, die viel streiten, bessere Prognosen, als denen, die sich nichts mehr zu sagen haben und denen alles gleichgültig ist. Wer streitet, so konnotieren sie positiv die Malaise, glaube noch, der andere könne sich ändern.

Visualisierung: Sagen, was ist

Nun doch einige Anregungen, die helfen können, dass Feedback gelingt:

Formuliere Feedback nur über Dinge, die beeinflussbar sind. Es ist zwecklos, aber beliebt, über Dinge zu reden, die nicht veränderbar sind. Feedback hat nicht vornehmlich die Aufgabe der eigenen psychohygienischen Läuterung, sondern soll helfen, Verhalten zu verändern. Wenn Sie nicht selbst daran glauben, dass der Feedbacknehmer etwas ändern kann, dann lassen Sie es lieber.

Prüfe deine Motivation. In allen Arbeitsbeziehungen kommt es zu Irritationen und Frustrationen und damit auch zu Verwerfungen. Denn: Wenn alles stimmt, stimmt etwas nicht. Innerlich führt jeder ein schwarzes Rabattmarkenbuch für seine Mitmenschen. Enttäuschungen oder Kränkungen werden darin als Rabattmarke eingeklebt. Feedback sollte nicht dazu dienen, dieses Rabattmarkenbuch mit einem Schlag einzulösen.

Prüfe deine Emotionalität. Gerade bei kritischem Feedback sollte man sich fragen: Hat die Wut dich oder hast du die Wut? Professionelle Kommunikation soll ihre Emotion in den Dienst nehmen, nicht umgekehrt.

Sag ehrlich, was du denkst und fühlst, aber sei nicht verletzend. Die meisten Menschen ertragen auch kritisches Feedback – und sie schätzen es sogar. Verwechseln Sie Klarheit nicht mit Brutalität.

Verzeihe den Menschen ihr Menschsein! Missionare, die predigen, es besser wissen und glauben, auf der richtigen Seite zu sein, landen meist im Kochtopf. Es hat wohl wenig Sinn, sich mit den Schwächen eines Mitarbeiters auseinanderzusetzen (»Die stärkste Kraft reicht nicht an die Energie heran, mit der manch einer seine Schwäche verteidigt«, schrieb Karl Kraus). Nutzbringender ist es, Stärken zu stärken.

Feedback geben oder die Wahrheit sagen? – Die Stuhltriade

Inhalte und Zielsetzung: Verstärken der Feedbackkultur, der offenen Kommunikation und des Austauschs.
Lernkonzept: Werkstatt, Reise, Workshop.
Teilnehmer: 3–25 Personen.
Dauer: Ungefähr 1 Stunde.
Ressourcen: Freier Raum mit Platz für alle Personen ohne Tische, aber Stühle.
Vorbereitung: Keine für die eigentliche Durchführung.

Ablauf: Zunächst werden die »Feedbacktipps« (s. S. 33) visualisiert. Dann bauen die Teilnehmer Stuhlkonstellationen. Das heißt: Im Raum werden mit Stühlen Dreierkonstellationen gestellt. Dabei stehen zwei Stühle einander zugewandt, der dritte mit der Rückenlehne zu den beiden anderen. Alle Teilnehmer stehen und suchen sich je nach Interesse einen Platz. Wer Feedback erhalten will, setzt sich auf den Stuhl, der mit der Rückenlehne zu den anderen steht. Die Feedbackgeber besetzen die anderen Stühle und reden über den Dritten, ohne ihn direkt anzusprechen. Dabei können sie sich die Fragen aus der Visualisierung als Hilfe nehmen.

Nach fünf Minuten wird die Runde vom Moderator beendet, eine neue wird begonnen. Das heißt, alle stehen auf und suchen sich neue Plätze. Es sind sehr viele Runden möglich.

Die Abschlussrunde (optional) kann folgendermaßen erfolgen: Es wird ein Stuhlkreis gebildet. Der Moderator erläutert, dass die Einschätzung von Personen immer subjektiv ist, und jeder aus der Runde reflektiert für sich diesen Gedanken, indem er folgenden Satz sagt:

> »Danke. Ich habe es gehört. Ich werde darüber nachdenken. Aber ich bin nicht auf der Welt, um so zu sein, wie ihr mich haben wollt.«

Anmerkungen zur Wirkungsweise: Die Aufteilung in Dreiergruppen, die eigene Auswahl der Rolle und teilweise die der anderen Personen machen es relativ leicht, diese Feedbackmethode in Gang zu bringen. Zudem entsteht zwischen den drei Personen eine kleine Vertraulichkeit. Es ist wahrscheinlich nicht gerade der ärgste Feind, der sich als Feedbackgeber hinzugesellt.

Kommentar: Um die Teilnehmer zum Mitmachen zu bewegen, sind je nach »Steifheit« der Gruppe vorher einige Warm-up-Übungen sinnvoll. Die Abschlussrunde bewirkt, dass bei empfindsameren Personen das Feedback nicht massiv einschlägt und eventuelle Störungen gelindert werden. Je nach Anzahl der Durchgänge wird sehr viel Feedback ausgetauscht. Dafür ist keine Öffentlichkeit in der Großgruppe gegeben. Sie kann mit dem Lerndesign »Ganggespräch« hergestellt werden.

Behind the back

Inhalte und Zielsetzung:	Verstärken der Feedbackkultur, der offenen Kommunikation und des Austauschs.
Lernkonzept:	Werkstatt, Reise, Workshop.
Teilnehmer:	3–15 Personen.
Dauer:	0,5–3 Stunden.
Ressourcen:	Freier Raum mit Platz für alle Personen ohne Tische, Stühle im Kreis.
Vorbereitung:	Keine für die eigentliche Durchführung

Ablauf: Zunächst werden wieder die »Feedbacktipps« (s. S. 33) visualisiert. Die Gruppe sitzt im Stuhlkreis. Der Moderator erläutert das Vorgehen und sucht nach einer freiwilligen Person, die den Anfang als Feedbacknehmer macht. Diese Person dreht ihren Stuhl nach außen um und nimmt darauf mit dem Blick nach außen Platz.

Die Gruppe redet etwa fünf bis zehn Minuten über die Person, ohne sie direkt anzusprechen. Der Moderator intensiviert das Feedback mit einigen kräftigeren Hypothesen.

Die Person dreht sich wieder um und sagt zum Abschluss:

> »Danke. Ich habe es gehört. Ich werde darüber nachdenken. Aber ich bin nicht auf der Welt, um so zu sein, wie ihr mich haben wollt.«

Für die nächste Runde wird wiederum eine freiwillige Person gesucht.

Anmerkungen zur Wirkungsweise: Durch die Offenheit in der Kommunikation wird das Feedback allen Teilnehmern bekannt. Eine Form von Öffentlichkeit und damit auch Vertraulichkeit werden hergestellt. Es entstehen dadurch Gruppensichten auf die Personen und deren Verhalten. Üblicherweise wird die Gruppe viel mehr positive Dinge nennen und nur wenige negative. Die Wertschätzung des Positiven festigt die Rolle in der Gruppe, das wenige Negative regt stark zum Nachdenken an.

Kommentar: Um die Teilnehmer zum Mitmachen zu bewegen, sind je nach Steifheit der Gruppe vorher einige Warm-up-Übungen sinnvoll. Der Abschlusssatz des Feedbacknehmers bewirkt, dass bei empfindsameren Personen das Feedback nicht massiv einschlägt und eventuelle Störungen gelindert werden. Das Feedback hat die maximale Öffentlichkeit der Gruppe und gewinnt dadurch an Intensität.

Magic Psycho Market

Inhalte und Zielsetzung:	Dies ist unsere Lieblingsfeedbackübung! Der Magic Psycho Market ist eine dynamische Methode zu Selbstwahrnehmung und Fremdeinschätzung; gefragt sind Kreativität und rhetorische Überzeugungskraft. Sinn: Interaktion, Balance.
Teilnehmer:	12–20 Personen.
Dauer:	3–4 Stunden.
Ressourcen:	Freier Raum mit Platz für alle Personen ohne Tische, Stühle im Kreis, Moderationsmaterial.
Vorbereitung:	Keine.

Ablauf: Shopbesetzung festlegen. Die Teilnehmer bilden Kleingruppen nach dem Kriterium: sich Leute suchen, mit denen man Pferde stehlen würde. Der Trainer gibt daraufhin ungefähr folgende Anweisung:

> »Jede Gruppe hier ist nun ein kleiner Magic Shop. Ihre Aufgabe wird es sein, für jeden Anwesenden – außer den Kollegen ihres eigenen Zauberladens – eine Eigenschaft zu finden, die demjenigen zugutekäme; eine, von der Sie sagen würden, es wäre sinnvoll, wenn er diese Eigenschaft besäße. Es kann auch eine Fähigkeit sein, die der Betreffende bereits besitzt und ausbauen sollte. Ob vorhanden oder ausbaufähig: Es wird die Eigenschaft sein, die Sie ihm verkaufen wollen. Umgekehrt ist auch Folgendes Ihre Aufgabe: Sie überlegen sich für jeden – wiederum außer den Kollegen Ihres eigenen Zauberladens – eine Eigenschaft, von der Sie sagen würden, die hat er gar nicht nötig. Von der sollte er eher Abstand nehmen, weil er sie nicht braucht. Das wird die Eigenschaft sein, die derjenige bei Ihne recyceln kann.
> Die Eigenschaften, die Sie verkaufen und recyceln möchten, sollten persönlich auf die Person zugeschnitten sein, sie sollten auch originell sein und realisierbar. Schreiben Sie für jede dieser Eigenschaften ein Kärtchen, auch für die Recyclingeigenschaft, oder noch besser: Finden Sie einen symbolischen Gegenstand dafür.«

Vorbereitung der Shops: Die Teilnehmer haben nun eine Stunde Zeit (manchmal braucht es etwas mehr), um die Aufgabe zu erfüllen. Danach kommen alle wieder zusammen und jede Gruppe baut einen eigenen Magic Shop auf. Je schöner und origineller, umso besser. Pinnwände eignen sich gut dafür. Zum Magic-Shop-Meeting sollte jeder zwei 5-Euro-Scheine mitbringen.

Kaufplädoyers: Der erste Kunde setzt sich nun in die Mitte und hört sich der Reihe nach im Uhrzeigersinn von jedem Magic-Shop-Keeper eine flammende Verkaufsrede an, warum er gerade diese Eigenschaft kaufen sollte. (Ausgenommen sind von diesen Kaufplädoyers natürlich die Leute des eigenen Shops.) In der zweiten Runde kommen dann die Recyclingeigenschaften dran.

Einkauf: Erst nachdem der Kunde sich alles angehört hat, entscheidet er, was er wo kauft, und begründet kurz seine Wahl. Die Eigenschaft, die er für sich haben will, kostet fünf Euro; die Eigenschaft, die er loswerden will, kostet ebenfalls fünf Euro – er gibt eben etwas zum Recyceln ab, das er nicht mehr haben möchte. Der Kunde kann jeweils nur eine Eigenschaft kaufen und nur eine recyceln. Es spielt keine Rolle, bei wem er kauft, ob er sich für beide Produkte aus einem Shop entscheidet oder ob er sein Geld unter verschiedenen Anbietern aufteilt. In jedem Fall müssen zehn Euro über die Ladentheke gehen.

Alle Teilnehmer werden so einmal zum Kunden. Es gibt dann tatsächlich Shop-Keeper, die richtig Geld verdienen, und andere, die leer ausgehen.

Anmerkungen zur Wirkungsweise: Dadurch, dass sowohl die fehlenden als auch abzugebenden Eigenschaften verkauft werden müssen, ergibt sich ein sehr wertschätzendes Feedback für den jeweiligen Einkäufer. Er kauft und recycelt nur Eigenschaften, deren Verkaufsargumente (= Feedback) er vollständig annehmen kann.

Kommentar: Das Lerndesign ist speziell geeignet für Gruppen, die sich schon relativ gut kennen. Zum Beispiel Arbeitsgruppen, Projektgruppen …

Coachingfähigkeit

Essay: Die Erotik der Problembeziehung

Die Kurzzeittherapie nach Steve de Shazer hat sich in den letzten Jahren zu einem sehr verbreiteten Ansatz im Coaching entwickelt. Dieser Ansatz ist auch für lösungsorientierte Gespräche nützlich. Im Folgenden sollen einige Grundgedanken und Prämissen dazu vorgestellt werden.

Sich an Lösungen, nicht an Problemen zu orientieren ist ein pragmatischer Weg, Gesprächssituationen konstruktiv zu gestalten. Wenn ein Mensch ein Problem schildert, wird das Gespräch von diesem Problem dominiert. Alle Argumente dokumentieren dessen (vermeintliche) Unlösbarkeit. Ob eine Situation als Problem wahrgenommen wird, ist jedoch abhängig von den Zuschreibungen und Bedeutungen, die einer Situation gegeben werden. Indem ein Mensch Situationen und Zustände als Problem beschreibt, erschafft er einen Kontext, in dem er – aufgrund seiner persönlichen Bewertung und Interpretation – das Problem als Problem sieht. In anderen Zusammenhängen würde er sein Problem vielleicht nicht als ein solches empfinden.

Lösungsorientiertes Denken bedeutet, nicht das Problem verstehen zu wollen, sondern die Lösung, indem Situationen oder deren einzelne Aspekte neu beschrieben und anders bewertet werden. In lösungsorientierten Gesprächen steht daher die Ausnahme (der Augenblick, in dem das Problem ausnahmsweise nicht spürbar war) im Vordergrund: Gab es einen Zeitpunkt, zu dem das Problem nicht da war? Welche Umstände herrschten zu diesem Zeitpunkt? Wie kann man diese Umstände, diesen »Kontext« wieder herbeiführen?

Wenn Menschen Schwierigkeiten haben, versuchen sie normalerweise, diese zu beheben. Das heißt, es gibt ein Problem und dazu einen Lösungsversuch. Oft funktioniert das. Aus der Schwierigkeit wird erst dann eine Belastung, wenn die Lösung nicht funktioniert.

Das Problem mit Problemen ist, dass, wenn eine Lösung nicht funktioniert, meist nicht eine neue Lösung, sondern nur mehr dieselbe Lösung versucht wird. Manchmal führt das dazu, dass ein Problem stabilisiert oder sogar verstärkt wird.

Wenn Lösungen Probleme nicht lösen, sind sie keine Lösungen mehr, sondern Teil des Problems; es sind dann Lösungsprobleme. Lösungen werden vor allem dann zu Lösungsproblemen, wenn die Überzeugung vorherrscht, die versuchte Lösung sei die einzige Möglichkeit, das Problem aus der Welt zu schaffen.

Ein Beispiel: In einem Albtraum werde ich von einem bösen Drachen verfolgt und brauche schnellstens ein Schwert. Je näher der Drache kommt, desto dringender bräuchte ich es. Ich suche intensiver danach, werde aber gleichzeitig immer fahriger, nervöser, unkonzentrierter – und immer weniger Erfolg versprechend.

Ich werde das Schwert nicht finden. Dem Feueratem des Drachens entgehe ich nur, wenn ich nicht meinen Lösungsversuch, die Suche nach dem Schwert, weiter intensiviere, sondern wenn ich eine andere Lösung in einem anderen Kontext versuche: Ich wache auf.

Man könnte nun bemerken, dass Probleme, die in Träumen auftreten, nicht zum Vergleich taugen. Das ist jedoch nicht richtig. Unterschiede zwischen Traum und Wirklichkeit sind nur marginal, zumindest wenn es Lösungsmuster betrifft. Dennoch, hier ein Beispiel aus dem »richtigen Leben«:

Ein Chef ist unzufrieden mit der Leistung seiner Mitarbeiter: Sie liefern nur 80 Prozent dessen, was sie eigentlich leisten könnten. Daraufhin setzt der Chef die Ziele auf 125 Prozent, um die Leistung zu bekommen, die er sich erhofft. Ergebnis: Die Mitarbeiter fühlen sich unter Druck gesetzt und leisten dadurch noch weniger. Daraufhin setzt er wieder die Ziele höher …

Visualisierung: Lösungen, die Probleme nicht lösen, sind Probleme

Probleme sind die Folgen von Ursachen, so das gängige mentale Modell; werden die Ursachen beseitigt, verschwinden die Probleme. In problemzentrierten Gesprächen wird deshalb versucht, einfühlsam das Gegenüber mit dessen Sicht der Realität zu verstehen. Meist führt das nicht dazu, dass das Problem gelöst wird, sondern dazu, dass sich das Problem für den Zuhörer ähnlich unlösbar darstellt wie für den Sprecher.

Um nun mit einem tatsächlich lösungsorientierten Gesprächsansatz zu arbeiten, empfiehlt es sich, bestimmte Gesprächshaltungen einzunehmen, die eigentlich dem widersprechen, wie normalerweise Probleme angegangen werden.

Grundhaltung 1: Nur wer etwas ändern möchte, kann etwas ändern. Viele Problemgespräche dienen dem Problembringer dazu, nur eine Zustimmung zu seiner Weltsicht zu erhalten. Er beschreibt sich als Opfer der Verhältnisse. Er beklagt sich. Solche Gespräche mögen angenehm sein, weil sie Menschen verbinden in der gemeinsamen Bestätigung von Trostlosigkeiten. Sie verändern jedoch nichts.

Ein Problem macht sich verdächtig, wenn es zu lange ungelöst bleibt, weil es die Vermutung nährt, dass es an dem vermeintlich Schlechten auch etwas Gutes gibt, das sich jemand bewahren möchte. Kein Verhalten wird auf Dauer aufrechterhalten, wenn nicht jemand auch einen Gewinn daraus zieht. »Cui bono?«, lautet also die Frage. Erst wenn der Nutzen, den ein Mensch aus einem Problem zieht, geringer ist als das damit verbundene Leid, ist ein Mensch bereit, etwas zu ändern. Erst dann sind lösungsorientierte Gespräche wirksam.

Es lohnt sich nur, über Dinge zu reden, an denen der Problembesitzer etwas verändern kann. Sieht er sich nur zu einem Anteil von zehn Prozent an dem Problem verantwortlich, dann sollten hundert Prozent der Gesprächszeit für diese zehn Prozent genutzt werden. Es gilt die Grundhaltung: Jeder ist für sein Leben voll verantwortlich. Jeder kann jederzeit entscheiden und ist frei. Das bedeutet für den Coach: Machen Sie das Opfer zum Täter. Fragen Sie Ihren Gesprächspartner beispielsweise:

- Wie machen Sie das, dass sich Ihr Kunde so verhält? Was tun Sie, wenn er sich so verhält? Was denken Sie, welches Verhalten Ihrerseits würde dazu führen, dass er damit aufhört?
- Was müssten Sie tun, damit das Beschlossene nicht umgesetzt wird?

Grundhaltung 2: »Die Zukunft ist wichtiger als die Vergangenheit«. Allzu menschlich ist es, in Ursache-Wirkung-Beziehungen zu denken und einem Problem auf den Grund zu kommen, indem man dessen Ursache herausfindet. Diese Ursache liegt vor der Wirkung, also in der Vergangenheit. Ein Problemursachengespräch wird deshalb vor allem um die Vergangenheit kreisen. Dieser Weg ist nicht schlecht, und wenn er hilft, dann ist er richtig.

Klassisch wäre es zwar, zu sagen, die Ursache eines Verhaltens liege in der Charaktereigenschaft, dessen Ursache wiederum in der Kindheit oder in den Genen. Lösungsorientiertes Denken heißt dagegen, die Auflösung des Problems nicht in der Ursache zu suchen, sondern in der Frage, wie sich die Zukunft verändern lässt.

Grundhaltung 3: »Die Lösung ist schon vorhanden«. Ein Problem ist die Ahnung einer Lösung. Wer unter einem Problem leidet, muss eine Idee davon haben, wie es ist, wenn das Problem nicht da ist. Das heißt aber in den meisten Fällen, dass Zustände bekannt sind, in denen das Problem nicht da ist. Diese Momente, diese Zeiten interessieren. Denn sie bringen den Betroffenen nicht dem Problem, sondern der Lösung näher. Menschen haben eine quasierotische Beziehung zu ihrem »Problem«. Sie sagen zwar, dass sie es loswerden wollen, in der Regel erklären sie aber einem geneigten Zuhörer, warum diese und jene Lösung nicht funktionieren kann. Sie kleben förmlich am Problem. Ein guter Gesprächspartner versucht, diese erotische Beziehung zum Problem nicht zu zerstören, sondern verführt mit attraktiven Lösungen.

Es sind die Ausnahmezeiten, in denen das Problem Urlaub hat, und jedem Problemopfer erscheint es so, als könne es auf solche willkürlichen Urlaubsplanungen keinen Einfluss nehmen. Bei der Suche nach solchen Einflüssen geht es nicht darum, die einzige richtige Schraube zu finden, an der gedreht werden muss, damit sich etwas löst. Es geht darum, herauszufinden, welches Verhalten des Problembesitzers (und mag es noch so banal sein) irgendeine Wirkung auf das Erscheinen der Ausnahme hatte. Beispielsweise kann gefragt werden: Welches Verhalten haben Sie zu der Zeit gezeigt, als die Zusammenarbeit besser war? Könnten Sie das jetzt wieder so machen?

Grundhaltung 4: »Kleine Änderungen in der Sichtweise oder im Tun genügen«. Problemverhalten entsteht aus der Wahrnehmung, aus den Sichtweisen und Überzeugungen des Problembesitzers und aus der Überzeugung, dass die aktuell probierte Lösung die richtige sei. Oft genügt schon eine kleine Veränderung im Verhalten oder in der Wahrnehmung, um eine grundsätzliche Veränderung zu erzeugen. Es geht nicht darum, einen Charakter zu verstehen, sondern Spielregeln zu ändern, denn nicht Eigenschaften bestimmen Verhalten, sondern die Spielregeln: »Immer wenn …, dann …« Keine Interpretationen und Psychologisierungen! Es reicht, die Spielregeln zu ändern. Statt zu sagen: »Der Chef ist aggressiv«, ist es besser, zu sagen: »Der Chef zeigt sich aggressiv.« Das vermeidet die Gefahr, eine Charaktereigenschaft für das Verhalten verantwortlich zu machen.

Geben Sie Komplimente! Der Gesprächspartner kommt mit Sorgen und erwartet von Ihnen die Konfrontation mit seinen Schwächen und seinem Versagen. Überraschenderweise bekommt er jedoch keins auf die Mütze, sondern er erhält Bestätigung. Das entkrampft und sorgt für eine positive Haltung, in der man auch Neues ausprobieren kann.

Der Nutzen liegt in einer Umdeutung des Verhaltens. Ein als problematisch erlebtes Verhalten wird positiv interpretiert und so als »normales« Verhalten dargestellt. Dabei wird sehr spezifisch zusammengestellt, was an Leistungen bisher erreicht wurde. Aufrichtigkeit und ein auf das Wertesystem des Gesprächspartners gemünzter Respekt sind Pflicht; lobhudelnde Worthülsen werden schnell durchschaut.

Statt	Umdeuten
Passiv sein.	Fähig sein, die Dinge zu akzeptieren, wie sie sind.
Gefühllos sein.	Sich vor Verletzungen schützen.
Verführerisch sein.	Auf andere anziehend und liebenswürdig wirken wollen.
Umherirren.	Alle vorhandenen Möglichkeiten erforschen.
Widerspenstig sein.	Seinen eigenen Weg suchen.
Sich selbst abwerten.	Sich seine eigenen Fehler eingestehen.
Kontrollieren.	Struktur und Überblick in eine Welt bringen wollen.

Fragen nach Skalen. Skalen ermöglichen Differenzierung. Dabei wird der subjektiv erreichbare optimale Zustand mit 10 Punkten bewertet und der schlechteste, der je erlebt wurde, mit 0. Die Skalenabfrage bietet die Möglichkeit, Unterschiede einzuführen, die alltagssprachlich verschwimmen.

- Wo stehen Sie in Ihrem Problem jetzt, wenn 0 die schlechteste all Ihrer Situationen ist und 10 die beste, die Ihnen möglich erscheint?
- Wie wäre es, wenn es einen Punkt oder zwei (drei, vier) Punkte besser wäre?

Lösungsorientierte Gespräche

Folgende Grundhaltungen sollten beachtet werden:

- Wer etwas ändern möchte, kann etwas ändern.
- Die Zukunft ist wichtiger als die Vergangenheit.
- Die Lösung ist schon vorhanden.
- Kleine Änderungen in der Sichtweise oder im Tun genügen.

Literaturtipp

Steve de Shazer, S. (2006): Der Dreh. Überraschende Wendungen und Lösungen in der Kurzzeittherapie. Heidelberg: Carl-Auer-Systeme.
Steve de Shazer hat viele hervorragende Bücher zur Kurzzeittherapie verfasst. Das Buch »Der Dreh« finden wir sehr praxistauglich, weil es eine klar strukturierte Vorgehensweise für lösungsorientierte Gespräche liefert, die auch ohne viel Übung schnell umsetzbar ist.

Lerndesign

»Geh mir weg mir deiner Lösung, sie wäre der Tod für mein Problem«

Inhalte und Zielsetzung: Einüben von hilfreichen Fragetechniken aus der Kurzzeittherapie, Coachingfähigkeit verbessern.
Teilnehmer: 2 Personen, in Workshops auch als Paaraufgabe möglich.
Dauer: Circa 1 Stunde.
Ressourcen: Raum oder Bereich zum ungestörten und unbeobachteten Gespräch.
Vorbereitung: Keine für die eigentliche Durchführung.

Ablauf: Finden und rekonstruieren Sie Ausnahmen. Denn: Ein Problem ist nicht permanent vorhanden, es gibt Zeiten und Phasen, in denen das Problem abwesend oder zumindest weniger stark ist. Führen Sie ein Gespräch mit jemandem, der ein Problem hat, und gehen Sie dabei wie folgt vor: Fragen Sie nach den Momenten, in denen das Problem nicht oder kaum da war: die Ausnahme. Arbeiten Sie den Unterschied möglichst genau heraus.

Bei Gesprächspartnern, die sehr gut beschreiben können, wo die Unterschiede zwischen den Ausnahmen und den Beschwerdephasen liegen, können Sie sich noch mehr von dem berichten lassen, was hilfreich ist.

Einige Gesprächspartner werden keine Ausnahme nennen, aber eine Antwort auf die Wunderfrage geben können: Die Wunderfrage hilft, ein möglichst klares Bild von einer Situation ohne Problem zu zeichnen.

Die Wunderfrage

Um den Zugang zum Gesprächspartner zu verbessern und um zu erkunden, was der Klient wünscht und was seine Ziele sind, wurde die Wunderfrage entwickelt: »Angenommen, es würde in der kommenden Nacht, während Sie schlafen, ein Wunder geschehen und Ihr Problem wäre gelöst. Woran würden Sie das am nächsten Morgen merken? Woran würde Ihr Mann/Ihre Frau merken, dass ein Wunder geschehen ist, ohne dass Sie ein Wort darüber gesagt haben?«
Die Wunderfrage verhilft zu einem möglichst klaren Bild, wie eine Lösung aussehen könnte.

Lassen Sie sich ein detailliertes Bild von einer Situation beschreiben, in der das Problem wie durch ein Wunder gelöst wäre. Fragen Sie anschließend, welche der beschriebenen Veränderungen sich am leichtesten realisieren ließen.

Einige sehen keine Ausnahmen, keine Wunder und haben keinen Schimmer von Hoffnung. Führen Sie dennoch Differenzen ein: Wann ist es am schlimmsten? Wo? Wann? Bei wem? Nutzen Sie dazu zum Beispiel die Skalenabfrage.

Variante: Nutzung eines zusätzlichen Reflecting-Teams. Dieses besteht aus mehreren Personen, die anfangs nur zuhören. Das Team gibt zu erreichten Zwischenschritten in Gesprächspausen seine Sichtweisen als sogenannte Hypothesen zu dem Gesprächsverlauf ab. Hypothesen sind Vermutungen über die Fragestellungen, die hinter dem Gespräch stecken, aber eventuell nicht genannt beziehungsweise von den Gesprächspartnern nicht erkannt wurden.

Kommentar: Natürlich ersetzt diese kleine Übung kein Coaching. Die Beschäftigung mit den Grundannahmen und Techniken der Kurzzeittherapie sind jedoch auch für die alltägliche Problemlösearbeit einer Führungskraft brauchbar.

Literaturtipp

Migge, B. (2007): Handbuch Coaching und Beratung (2., überarbeitete Aufl.). Weinheim und Basel: Beltz.
Björn Migges Coachingbuch ist inzwischen zum Klassiker in der Beraterszene geworden. Kein Handbuch bietet so viele unterschiedliche Zugangswege, Ideen und Anregungen für helfende Gespräche.

Gruppendynamisches Wissen

Essay: Gruppen sind keine Menschen

Systemtheoretisch werden soziale Systeme (zum Beispiel Gruppen) und psychische Systeme (Menschen) unterschieden. Will man Gruppen verstehen, werden sie als eigene Einheit betrachtet, für die psychische Systeme nur einen Teil der Umwelt darstellen. Das ermöglicht, Aussagen über Gruppengesetze zu machen, die unabhängig von der Persönlichkeit der Gruppenteilnehmer sind.

Konformität und Dissonanz

Meinungen und Überzeugungen werden beeinflusst von Einzelnen oder von Gruppen, an denen Menschen teilnehmen, in denen sie Mitglied sind oder an denen sie sich orientieren wollen.

Die Gruppe fühlt sich nicht gefährdet, wenn die Äußerungen Einzelner grundsätzlich mit den mentalen Modellen der Mehrheit übereinstimmen. Meinungsunterschiede bei Nebensächlichkeiten sowie nützliche oder widerlegbare, abweichende Informationen gefährden die Zugehörigkeit nicht. Ist die Gruppe dem Andersdenkenden wichtig oder hat er keine Alternative, versucht er seine Meinung der der Gruppe anzunähern oder auch die Gruppe zu beeinflussen.

Die Gruppe kann ein Interesse daran haben, die Person, die auf ihrer abweichenden Meinung beharrt, auszustoßen, um handlungsfähig zu bleiben (Uniformitätsdruck).

Wenn es keine objektiven Maßstäbe gibt und man sich noch keine feste Meinung gebildet hat, dann orientieren sich die meisten Menschen an den Personen, die ihnen ähnlich sind, die sie für kompetent halten oder zu denen sie gehören möchten.

Treten jedoch bei wesentlichen Fragen größere Meinungsunterschiede auf, führt das zu Dynamik. Innerhalb einer Person oder einer Gruppe kann eine sogenannte kognitive Dissonanz entstehen. Ein unangenehmer Spannungszustand, weil zwei Überzeugungen unvereinbar scheinen. Das beschriebene Phänomen wurde zum ersten Mal bei einer Glaubensgemeinschaft untersucht. Bestandteil des Glaubenssystems dieser Sekte war der zu einem bestimmten Zeitpunkt hereinbrechende Weltuntergang. Als dieser nicht zum vorgesehenen Zeitpunkt eintrat, lösten die Sektenmitglieder die Spannung zwischen den beiden Überzeugungen (»Der Weltuntergang kommt« versus »Die Gruppe hat den rechten Glauben«) und erfanden eine plausible Erklärung

(»Eben weil wir als Gruppe so gläubig waren, wurden alle verschont«). Solche Prozeduren festigen die Kohäsion einer Gruppe ungemein. (Vgl. Slater 2005, S. 153 ff.)

Verhalten, Attraktivität und Abhängigkeit

Die psychologische Austauschtheorie gibt Hinweise, wie attraktiv jemand eine Gruppe findet und warum er in ihr bleibt. Jedes Verhalten wird durch die erwarteten oder bereits erlebten Konsequenzen bedingt. Belohntes Verhalten wird wiederholt, bestraftes Verhalten nimmt ab. Der Gewinn (Belohnungen minus Kosten), den eine Person in einer Gruppe erhält, kann über den Parameter Zufriedenheit beziehungsweise Unzufriedenheit mit der Gruppe abgefragt werden.

Gruppen, in denen Personen bleiben oder bleiben müssen, obwohl sie nicht attraktiv sind oder weil keine Alternative vorhanden ist (Familie, Schulklasse, Berufsgruppe), werden als Zwangsgruppen bezeichnet.

Prinzipiell müssen Menschen immer wieder zwei Grundbedürfnisse miteinander ausbalancieren: Autonomie und Interdependenz oder Wirksamkeit und Bezogenheit, das heißt die Motivation, Einfluss zu nehmen und dazuzugehören.

Ein Individuum vergleicht die in einer Beziehung erhaltenen Gewinne aber auch mit vorhandenen Alternativen, also mit anderen Gruppen, die ihm offenstehen, und mit seinen früheren Erfahrungen über bereits eingetretene Gewinne.

Eine Person ist von einer Gruppe abhängig, wenn die in ihr erhaltenen Gewinne über denen aus möglichen Alternativen liegen, wenn es demnach im Augenblick keine andere Gruppierung gibt, in der die Person mehr erhalten könnte. Eine Beziehung ist dann attraktiv, wenn die Ergebnisse über dem gleichen Vergleichsniveau liegen, wenn somit die Person mehr gewinnt, als sie eigentlich erwartete.

Abhängigkeit führt zu Normenkonformität, einer eher äußeren handlungsmäßigen Anpassung an die Erwartungen und Verhaltensweisen der Gruppe. Attraktivität führt zur Einstellungskonformität, also auch zu einer inneren Übernahme der Gruppennormen.

Attraktivität: Welche Personen erhalten positive Zuschreibungen?

Zunächst muss die Chance für Kommunikation gegeben sein. Das bedeutet: Ein potenzieller Freund/Partner oder eine mögliche Gruppe muss zunächst ins Blickfeld einer Person treten. Zwei basale Bedingungen dafür sind physische Nähe und die Erwartung, der Kontakt werde lohnend sein.

Freundschaften und Partnerschaften entstehen in der Regel in der nächsten räumlichen Nähe und im gleichen sozialen Milieu. Mit der Häufigkeit des Kontakts steigt die Chance, dass eine Beziehung oder Gruppe attraktiver wird, allerdings nur dann, wenn der Kontakt lohnend bleibt und keine bessere Alternative in Sicht ist. Werden durch den Kontakt Vorurteile bestätigt, dann nimmt die Ablehnung der anderen noch zu.

Manche Menschen bleiben für längere Zeit oder dauerhaft attraktiv. In intimen Beziehungen, Partnerschaften und Freundschaften sind es spezifische Verhaltensweisen in bestimmten Phasen des Kontaktes, die zur Aufrechterhaltung oder zum Abbruch führen: Zu Beginn fühlen sich die meisten Menschen zu äußerlich ähnlich attraktiven Menschen hingezogen. Wichtig für das Gefühl der Sympathie ist dabei die aufeinander abgestimmte Zunahme an Selbstoffenbarung und Ähnlichkeit der Einstellungen zu wichtigen anderen Personen und Fragen. Bedeutsam ist das Gefühl, richtig wahrgenommen zu werden, auch bei den nicht so wünschenswerten Seiten. Schließlich verbindet nicht so sehr das Ausmaß an positiver Kommunikation, sondern die Nichteskalation von negativem Verhalten.

In aufgabenorientierten Gruppen sind die Mitglieder eher zufrieden, wenn sie sich gegenseitig helfen, wenn jeder arbeitsteilig zur Zielerreichung beiträgt und sich die Mitglieder unter anderem auch deshalb attraktiv finden.

Zufriedenheit entsteht bei der Bestätigung der eigenen Selbst- und Weltkonstruktionen. Dadurch fühlen sich Menschen als denkende, fühlende und handelnde Person anerkannt und gewinnen Sicherheit für ihr weiteres Handeln. Wenn sie einen sinnvollen Beitrag leisten können, erleben sie, dass sie Einfluss nehmen können. Auch dies erhöht das psychische Wohlbefinden (gelegentlich sogar das physische).

Die Macht der Minderheit

Normalerweise ist die Mehrheit einer Gruppe in der Lage, die Minderheit zu konformem Verhalten zu veranlassen. Interessant ist die Frage, unter welchen Umständen Minderheiten Mehrheiten beeinflussen können.

In einem Experiment stellten die Untersuchenden einer Mehrheit von vier Personen eine Minderheit von zwei scheinbaren Versuchsteilnehmern gegenüber (in Wirklichkeit handelte es sich um Mitarbeiter der Versuchsleiter).

Allen Teilnehmern wurden blaue Dias (in verschiedenen Ausprägungen und Schattierungen, aber immer blau) gezeigt. Die Minderheit behauptete durchgehend gemeinsam, die blauen Farbdias seien grün. Die Frage war: Unter welchen Umständen und wie oft gelingt es der Minderheit, die Mehrheit zur Änderung ihrer Meinung zu beeinflussen.

8,42 Prozent der Versuchspersonen bezeichneten die Dias als grün. 32 Prozent gaben zumindest ein Mal an, grün gesehen zu haben.

In den modifizierten Fortführungen des Experimentes wurden Bedingungen extrahiert, unter denen Minderheiten besonders einflussreich sein können.

Dazu sollten Minderheiten konstant bei ihrer Meinung bleiben. Wenn sie als vielseitig erscheinen und ihr Verhaltensstil flexibel, aber entschieden ist, wenn sie es schaffen, ein Mitglied der Mehrheit zu überzeugen, und wenn die Mehrheit ihre abweichende Meinung nicht wegerklären kann, sondern sie zum gründlicheren Nachdenken gebracht wird, dann ist das eine gute Basis, um Mehrheiten zu beeinflussen.

Selbst wenn eine Minderheit zunächst keine öffentlich geäußerte Meinungsänderung bewirkt, so kann innerlich empfundener Zweifel bei der Mehrheit langfristig zu einem Umdenken führen. Minderheiten, die ernst genommen werden, können bei der Mehrheit eine gründlichere Informationsverarbeitung veranlassen.

Gruppenstruktur und Soziometrie

Soziometrie ist der Sammelbegriff für Techniken, mit denen die emotionale Struktur einer Gruppe (also das, was die Mitglieder einer Gruppe in Bezug auf die jeweils anderen fühlen und denken) analysiert werden kann. Dies geschieht auf der Grundlage gegenseitiger Wahlen der Gruppenmitglieder.

Für das Ergebnis des soziometrischen Tests sind zwei Elemente entscheidend: erstens die vorgeschriebene Art der Wahlen (schriftlich oder per Handauflegen) sowie zweitens das Kriterium, nach dem gewählt wird.

Die Struktur, die dann sichtbar wird, bildet ab, wie die Gruppe – bezogen auf das Kriterium – sich differenziert. Ein Soziogramm ist eine grafische Darstellung dieser Gruppenbeziehungen.

Die Anzahl möglicher Kommunikationsbeziehungen potenziert sich bei steigender Gruppengröße. Während es bei zwei Partnern lediglich eine Interaktion gibt, sind es bei zehn Personen schon 45 Zweierbeziehungen und – unter Berücksichtigung sämtlicher Dreier-, Viererbeziehungen usw. – stattliche 1.014 Kombinationen von Kommunikationsbeziehungen. Berücksichtigt man zudem perspektivische Unterschiede der Interaktionen – denn die Interaktion von A zu B ist eine andere als die von B zu A –, verdoppelt sich diese Zahl.

Zahl der Individuen	**Zweiköpfige Beziehungen A, B, C A → B, A → C, B → C**	**Alle möglichen Beziehungen A → B, B → C, A → C, A → B → C**
2	1	1
3	3	4
4	6	11
5	10	26
6	15	57
7	21	120
8	28	247
9	36	502
10	45	1.014

Tabelle modifiziert aus dem Buch »Macht in Gruppen« von Oliver König (1996/2007)

Gruppen reduzieren diese Komplexität über die Entwicklung von Strukturen. Diese Formationen beschreiben unterschiedliche Frequenzen in der Interaktion und ungleiche Verteilungen von Sympathie, Kompetenzvermutung und Einflussgestattung. Sie bleiben meist verdeckt, man spricht nicht darüber.

Diese Gruppenstrukturen wandeln und stabilisieren sich im Verlauf der Gruppe immer wieder. Diese Dynamik der Zuschreibungen von Kompetenz, Einfluss, Sympathie und Ablehnung beeinflussen Arbeits- und Entscheidungsfähigkeiten. Sie bestimmen nachhaltig die Meinungsbildung in der Gruppe.

Strukturen in Gruppen können in Soziogrammen analysiert und bearbeitet werden. Wie erwähnt, sind Soziogramme grafische Abbildungen des Wahlverhaltens einer Gruppe in Bezug auf einen bedeutsamen Aspekt der Dynamik.

Visualisierung: Soziometrie – Beziehungslandkarten

Werden soziometrische Wahlen visualisiert, treten bestimmte soziometrische Konfigurationen häufiger auf. Sie bestimmen den Charakter einer Gruppe. Für die Analyse von Arbeitsgruppen sind solche Konfigurationen weniger unter dem Beziehungsaspekt, sondern vielmehr vor dem Hintergrund der Meinungsbildung und der vorherrschenden mentalen Modelle der Gruppe interessant. Die folgenden Konfigurationsbilder meinen zwar Kontakthäufigkeit und Beziehungsdichte, könnten aber auch gelesen werden als: Wer beeinflusst wen? Wer übernimmt wessen Meinung? Wer hat (Meinungs-)Macht in einer Gruppe.

Das Paar: A und B wählen sich gegenseitig.

Das Dreieck: A, B und C wählen sich gegenseitig.

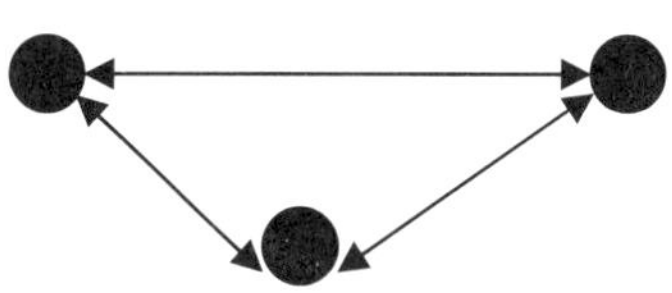

Die Kette: A wählt B und B wählt C.

Der Stern: Eine Person wird sehr häufig gewählt, dagegen gibt es untereinander nur sehr wenige Wahlen.

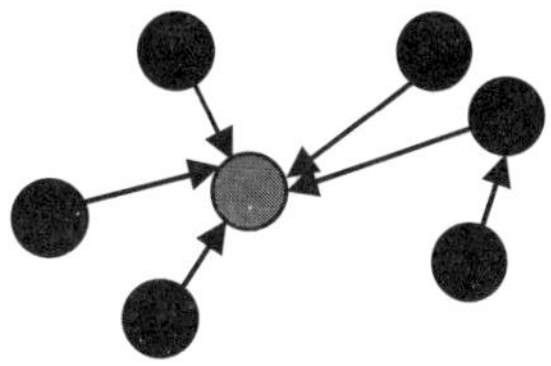

Die Clique: Einige Personen wählen sich untereinander sehr häufig, nicht jedoch andere Gruppenmitglieder. Die typische Clique erhält von der übrigen Gruppe kaum Wahlen.

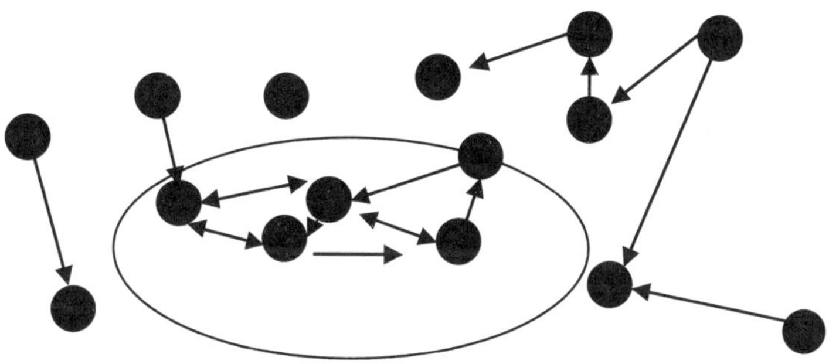

Der Star: Eine oft gewählte Person, der Mittelpunkt eines Sternes, das heißt eventuell die beliebteste, mächtigste, kompetenteste Person.

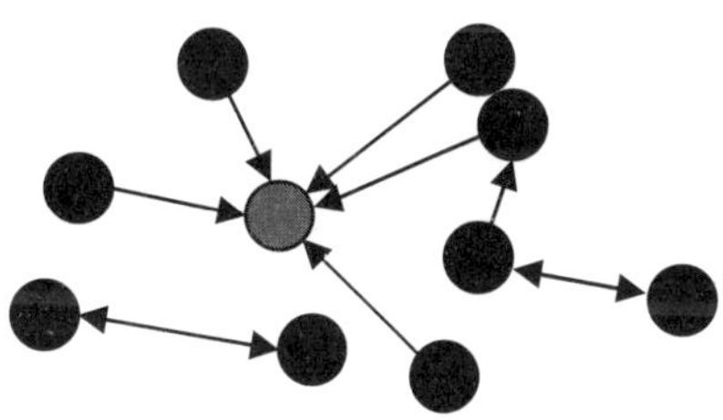

Der Isolierte: Eine Person, die keine Wahlen empfängt und selbst auch niemanden wählt.

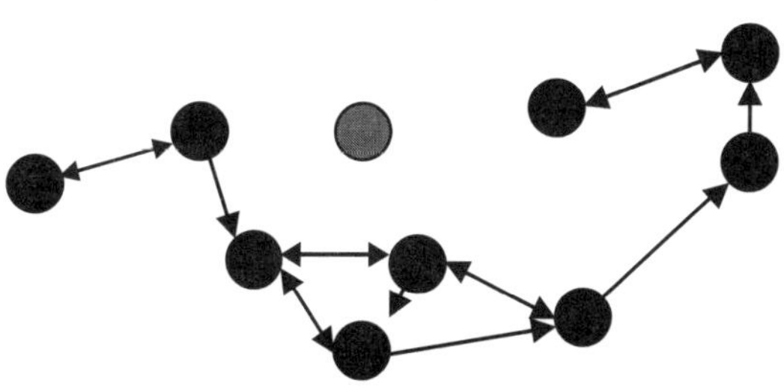

Der Vergessene: Eine Person, die zwar andere wählt, aber selbst von niemandem gewählt wird.

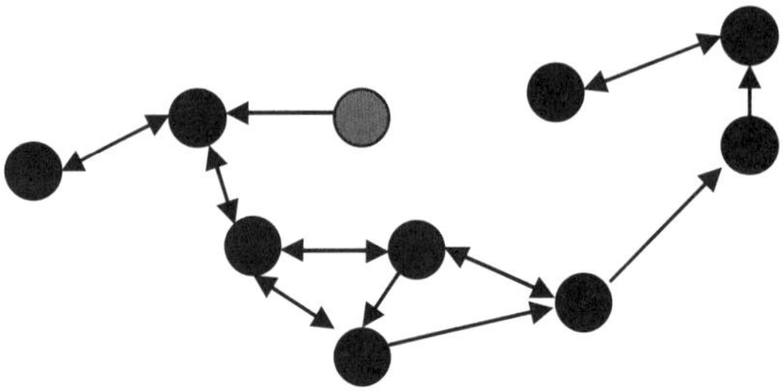

Der Star der Ablehnung: Eine Person, die nur Ablehnung empfängt.

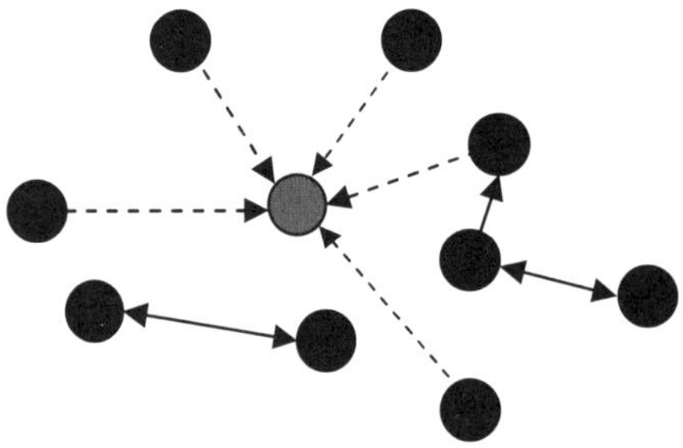

Die graue Eminenz: Eine isolierte Person, die nur eine gegenseitige Beziehung zum Star besitzt.

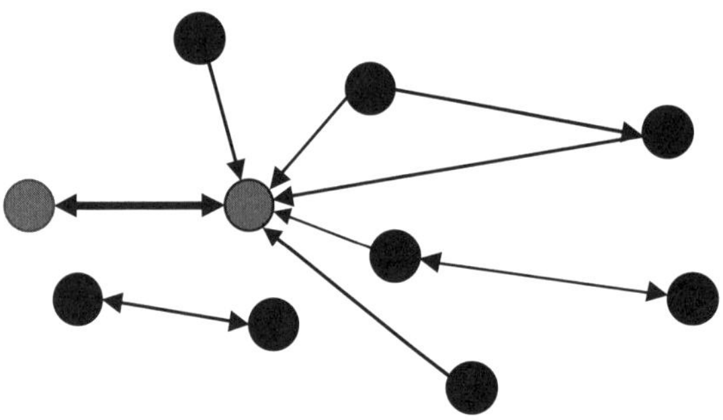

Literaturtipps

Schäfers, B. (Hrsg.) (2002): Einführung in die Gruppensoziologie. Geschichte, Theorien, Analysen (3., korrigierte Aufl.). Wiesbaden: Quelle & Meyer.
Eine kleine wissenschaftliche Bibel der Gruppenforschung. Hier steht alles drin, was man über Gruppen wissen muss, allerdings nur, wenn man sich gründlich einliest.

Slater, L. (2005): Von Menschen und Ratten. Die berühmten Experimente der Psychologie (2. Aufl.). Weinheim und Basel: Beltz.
Ein wunderbares, fast zärtliches Geschichtenbuch über einige Ikonen der psychologischen Forschung. Lehrreich, unterhaltsam, nachttischkompatibel.

Soziometrische Wahl

Inhalte und Zielsetzung:	Auseinandersetzung mit der Bedeutung von Konsequenz und verwandten Begriffen, Balance zwischen den Extremen finden.
Teilnehmer:	5–20 Personen.
Dauer:	0,5–1,5 Stunden.
Ressourcen:	Freier Raum mit genügend Platz.
Vorbereitung:	Keine.

Ablauf: Zunächst lässt man die *Gruppe aufstehen:* Bei allen »Aktionen« empfiehlt es sich, die Gruppe vorher aufstehen zu lassen. Erfahrungsgemäß gibt es in Gruppen häufig eine Unlust, sich aktiv zu beteiligen. Natürlich ist es angenehmer, passiv zu bleiben. Wenn eine Gruppe dem Leiter die Bitte, aufzustehen, bereits erfüllt hat, so ist es nur noch ein kleiner Schritt, die nächste Bitte – die für die Teilnehmer ja viel entscheidender ist – auch noch zu erfüllen.

Anschließend wird eine *kleine Einführung* gegeben: Die Teilnehmer haben ein Recht, zu wissen, worauf sie sich einlassen. Eine kurze Erklärung dessen, was nun folgt und warum man das tut, ist sinnvoll. Dabei sollten Begriffe wie »Übung« oder »Spiel« vermieden werden. Solche Bezeichnungen werten das Folgende ab und verführen dazu, es nicht ernst zu nehmen. Sätze wie »Ich möchte Sie einladen zu einem kleinen Lernexperiment/zu einer kurzen Gruppenanalyse …« helfen dagegen bei der Einführung. Die Formulierungen des Leiters sollten die Haltung vermitteln: Ihr tut es für euch, nicht für mich. Es ist nur ein Angebot.

Drei Wahlen maximal: Die »Uridee« der Soziometrie legt drei wirksame Kräfte in Gruppen zugrunde: Anziehung, Neutralität und Abstoßung. Alle Kriterien für die Wahlen sollten diesem Dreischritt folgen. Die Formulierungen der Kriterien sind jedoch eher »weich«. Das heißt, sie lassen Interpretationsspielraum zu und ermöglichen es auch, auszuweichen.

Der Leiter beginnt mit der positiven Wahl, geht dann zur neutralen und zum Schluss zur negativen (wenn überhaupt). Wobei die neutrale Wahl im Sinne eines »bisher noch nicht« formuliert sein sollte und die negative Wahl einen »Unterschied ohne Abwertung« deutlich macht.

Die Kriterien der Wahl sind natürlich orientiert am Gruppengeschehen und am Reifegrad der Gruppe.

Beispiel positive Wahl: »Mit wem haben Sie bisher schon viel und gut zusammengearbeitet?«
Beispiel neutrale Wahl: »Mit wem haben sie bisher noch nicht zusammengearbeitet?«
Beispiel negative Wahl: »Mit wem klappt die Zusammenarbeit nicht so gut? Wo wollen Sie etwas verbessern?«

Üblicherweise wird gewählt, indem man der Person die Hand auf die Schulter legt. Jeder kann nur eine Wahl treffen. Die Gruppe bleibt so lange in der Position, bis der Leiter jede Wahl angesprochen und erfragt hat, »was diese Hand bedeutet«.

Nach allen Wahlen erfolgt das *klärende Gespräch*: Alle Wahlen sollen in einem kurzen Gespräch zu zweit erläutert werden. Dazu bleibt die Gruppe im Raum. Jeder sucht sich die Partner, die ihn gewählt haben und von denen er gewählt wurde. Es geht darum, die Wahl zu erklären und zu vertiefen. Meistens beginnen hier schon die ersten Beziehungsklärungen.

Soziometrische Wahlen ohne die Möglichkeit, mit den Wahlpartnern zu sprechen, sind unvollständig, manchmal sogar schädlich.

Varianten:

- Am häufigsten sind Wahlen, bei denen die Teilnehmer eine Wahl treffen, zum Beispiel durch Hand-auf-die-Schulter-Legen. Bei kleineren Gruppen kann jeder Teilnehmer zwei Wahlen treffen. Aber Vorsicht vor »Knoten«!
- Wahlen können auch nach Eigenschaften von Personen getroffen werden, zum Beispiel: »Von welcher Eigenschaft muss eine Führungskraft am meisten haben?« Die Teilnehmer nennen diese Eigenschaft. »Wählen Sie nun die Person, die diese Eigenschaft am meisten verkörpert.« Die zweite Wahl kann dann sein: »Welchem Teilnehmer wünschen Sie, dass er diese Eigenschaft verstärkt?«
- Die soziometrische Wahl kann als guter Ersatz für ein Feedback am Ende einer Veranstaltung genutzt werden, zum Beispiel mit der Fragestellung: »Wer hat in dieser Veranstaltung am meisten zum Erfolg beigetragen?« Dann wird keine neutrale und negative Frage gestellt.

Anmerkungen zur Wirkungsweise: Soziometrische Wahlen legen die Beziehungen der Gruppe in Bezug auf die abgefragte Dimension offen. Sie beschleunigen daher die Dynamik und Entwicklung der Gruppe.

Soziometrische Wahlen helfen den Teilnehmern und dem Moderator, sich der Strukturen bewusst zu werden. Die Gruppenstruktur – Standpunkte, Sichtweisen, Meinungen, Sympathien, Kompetenzen oder Ähnliches – wird verhandelbar. Im Gespräch danach finden die ersten Beziehungsklärungen statt.

Orientierung geben

Keine Karte ohne Land

Wenn es eine Herausforderung für Führungskräfte gibt, dann ist das die Frage nach Orientierung. Vor ihrer Führungszeit war das leicht: Die Vorgaben waren klarer, genauso wie die Grenzen, auch der Weg war eher vorgezeichnet. Es gab einen Chef, der zu wissen schien, was er wollte, oder zumindest so tat, als ob, und wenn nicht, dann gab es zumindest ein System, das Vorgaben generierte.

Irgendwie waren die Verhältnisse klar und die Aufgaben klar verteilt. Die »Roadmaps« der einzelnen Projekte waren einfach zu lesen. Orientierung gaben meistens die anderen: die etwas Älteren, diejenigen, die sich im Verlauf jahrelanger Betriebszugehörigkeit Stufe für Stufe hochgearbeitet hatten. Die »Altvorderen« eben, die Väter und die Mütter, die das Sagen und das (Macht-)Wissen hatten und die häufig als solche Vaterfiguren von ihren Mitarbeitern wahrgenommen wurden – oder wahrgenommen werden wollten. Sie waren es, die Orientierung gaben, die das hierarchische Familiensystem als Modell für die Führung ihrer Organisation bewusst oder unbewusst anwendeten.

Andere Zeiten – andere Probleme

Die Zeiten und Rollenverhältnisse haben sich geändert, scheint es. Denn oft wird verzweifelt nach dem »richtigen« Führungsstil gesucht. Viele Führungskräfteseminare sind seitdem ins Land gegangen. Populär ist aktuell das Arbeitsorganisationsmodell des eigenverantwortlichen und sich selbst steuernden Teams, nicht mehr die Abteilung mit einer autoritären Chef-Zuarbeiter-Hierarchie.

Natürlich gibt es auch in Teams jemanden, der das Sagen hat, allerdings ist er heute im Durchschnitt wesentlich jünger. Auch seine Rolle ist eine neue geworden: Er ist mehr in operative Prozesse eingebunden und er gibt seltener Anweisungen. Er moderiert, stellt eher Fragen, als dass er Antworten gibt, und ist mit »Führung« eher vorsichtig. In jedem Fall ist (oder hat) er oder sie nicht mehr die gegebene unangefochtene Autorität, die er noch in traditionellen Strukturen innehatte. Immer häufiger lässt sich beobachten, dass Führungskräfte von ihren Mitarbeitern übergangen werden, die sich mit einem Problem oder einer Idee gleich an die nächste Instanz, also an den Vorgesetzten der Führungskraft wenden. Um das Familienbild zu bemühen: Der Chef ist keine Vaterfigur mehr, sondern nunmehr eher so etwas wie ein älteres Geschwister.

Umstrukturierung und Veränderung gibt es immer – und in diesem Kontext ist der Bedarf nach Orientierung am größten, nach einer Führungskraft, die doch bitte wissen möge, wo es »langgeht«, und die in der Lage ist, Ziele zu stecken, Werte vorzuleben und zu vermitteln, Entscheidungen zu treffen, die dem Wohl des Unternehmens dienen. Da sieht sich die Führungskraft mit ähnlichen Problemen konfrontiert wie der ältere Bruder, dem aufgetragen wurde, während des elterlichen Kinobesuchs auf seine kleine Schwester aufzupassen.

Er übernimmt damit Verantwortung von den Eltern – ohne aber ihre Macht oder Autorität zu besitzen. Ein einfaches Machtwort reicht nicht aus, sondern es entsteht eine Paradoxie: schützen zu müssen, ohne zu gängeln, führen zu müssen, ohne zu befehlen, trösten zu müssen, ohne Eltern zu sein.

In heutigen Organisationsstrukturen gelangen Führungskräfte häufiger in diese Situationen: Sie sind somit eher Bruder oder Schwester, weniger Eltern. Aber trotzdem müssen sie führen, leiten, entscheiden und auch die Verantwortung tragen. Das erzeugt eine Spannung: Bin ich Teil des Teams oder leite ich das Team? Oder bin ich beides? Und tatsächlich: Moderne Führungskräfte müssen genauso gut sein als Teammitglied, als kooperativer Kollege, als Teil eines Ganzen. Und für sie gelten die gleichen kulturellen Regeln, an die sie sich halten müssen. Zur gleichen Zeit aber haben sie Steuerungsfunktion, müssen sie Entscheidungen treffen. Sie müssen nach außen für das Team einstehen und die Verantwortung für die Ergebnisse übernehmen. Kurz: Sie können nur erfolgreich sein, wenn sie nach außen und innen Akzeptanz erfahren und erzeugen. Und eigentlich müssen sie so führen, dass es keiner im Team so richtig merkt.

Diese Autorität (s. S. 13) »en passant« ist in komplexen Situationen sehr hilfreich. Denn sie steht für Orientierungsfähigkeit. Gemeint ist allerdings jene, die man zugesprochen bekommt – nicht die ererbte. Akzeptanz einerseits und Gefolgschaft andererseits sind daher die Symptome für wirksame Autorität im Führungskontext. Es klingt so wie gleichberechtigte, partnerschaftliche Arbeit. Fragen Sie aber nicht Ihr Team: Es ist ein Teil der Landschaft, über die Sie sich eine Karte erstellen müssen …

Licht: damals aus dem Osten

Orientierung – im Kern und Ursprung ist es die Ausrichtung von Landkarten nach dem Osten, nach dem aufgehenden Licht gemeint. Orientierung steht damit für Standortbestimmung, Ausrichtung und Einstellung. Und das ist Führungssache.

Frühere Landkarten wurden »orientiert« – nach dem Orient ausgerichtet, während sie heute »genordet« werden. Waren es für die früheren Seefahrer die Sterne, die Orientierung gaben, nutzen heutige Expeditionsleiter GPS und andere Bezugssysteme, um den Standort zu finden. Führung in komplexen Situationen muss drei Dinge können:

- das *richtige* Bezugssystem finden,
- über Methoden und Instrumente zur Ausrichtung und Einstellung des eigenen Systems verfügen und

- vor allem: das eigene Handwerkszeug der Wahrnehmung und Orientierung kennen und beherrschen.

»Ich lebe ohnehin nur von den Zwischenräumen« (Peter Handke)[2] oder Führung im dritten Raum

Und um es noch diffiziler zu machen: Führung kann heute nicht mehr von klaren Trennungslinien und Grenzen sprechen, die Orientierungspunkte sind nicht fix, sondern beweglich. Daher gibt es nicht nur ein Diesseits und Jenseits von Entscheidungen, vielmehr existieren auch Zwischenräume. Diese Zwischenräume sind Prozesse, Entwicklungen, die das Entscheidende hervorbringen. Statt von festen Systemen, die »ein für alle Mal« geordnet sind, muss man heute eher von fluiden Konzepten sprechen.

Objektivität und Subjektivität sind nicht mehr eindeutig, postmoderne Führung trägt sich eher durch die Orientierungsfähigkeit *trotz* wechselnder Bedingungen.

Kompass, Sextant, Karte, Peilung zum Zeitpunkt x?

Schauen wir auf ein System, dann ist es wie das Lesen einer geografischen Karte: Dann entdecken wir Symbole, Zeichen, Handlungen, die wiederkehren. Wir erkennen weiße Flecken, und im Gespräch mit den Klienten oder Kunden beginnen wir zu entdecken: Muster, Wiederholungen, Rhythmen. Karteninterpretation in der Geografie setzt auf beides: auf das Kombinieren von sichtbaren Zeichen mit dem Wissen und der Erfahrung derer, die das Terrain kennen.

Im beraterischen Kontext ist es zentral, die Landkarte nicht mit der Landschaft zu verwechseln. Und es ist der Blick auf die Karte jener Landschaft zu jenem Zeitpunkt: Alle Erosionen, Verwerfungen, Rupturen, Ausbrüche, die kommen, sind nicht sichtbar.

Die Karte ist das Mittel zur Orientierung in der Landschaft. Die Karteninterpretation ist die Methode, um die Inhalte der Karte zu erschließen und Vermutungen über die Form und Gestalt der Landschaft anzustellen.

Was hat das mit Führung zu tun? Gute Führung erstellt kontinuierlich Landkarten: intuitiv, evaluativ, systematisch, traditionell – gute Führung verschafft sich permanent ein Bild über die Zusammenhänge. Führungserfolg entsteht aber erst, wenn die Deutung der Zusammenhänge schlüssig ist und zu angemessenem Handeln führt. Orientierung geben äußere Zeichen einerseits und inneres Wissen andererseits. Interpretationsfähigkeit ist sehr mit Intelligenz gekoppelt: Sie steht dafür, Tendenzen und Zusammenhänge auch dort zu erkennen, wo sie nicht offensichtlich sind. Führung orientiert sich also durch Interpretation der sogenannten »Realität«.

---

2 Handke, Peter: Aber ich lebe nur von den Zwischenräumen, Frankfurt am Main 1990.

Die gewählten Methoden, Mittel und Werkzeuge der Interpretation sind entscheidend für die Ergebnisse. Ein beschlagenes Fernglas, ein verbogener Sextant, ein defekter Kompass sind fatal, wenn aus der Betrachtung der Karte Konsequenzen gezogen werden müssen. Kompetente Führung kennt daher die wirksamen Methoden zur Konstruktion der Landkarte:

- Beziehungsmanagement,
- Dialoge,
- Kontemplation,
- Interpretationsfähigkeit sowie
- Entscheidungsfähigkeit.

Zu diesen äußeren Faktoren, die trainierbar und gestaltbar sind, gehört eine Art inneres Orientierungssystem, wie es die Bienen besitzen: sensible Organe der Wahrnehmung für das, was in der Landschaft tatsächlich *ist*. Im Gegensatz zu den »Methoden« sind sie schwerer trainierbar oder entwickelbar, aber nur Mut: Sie existieren! Zentrale Wahrnehmungsorgane für Führungskräfte, die Orientierung haben und geben wollen, sind:

- Intuition,
- Werteklarheit,
- Empathiefähigkeit und
- systemische Intelligenz.

Eigene Orientierung zu haben ist die Voraussetzung dafür, Orientierung geben zu können. Wer die Legende seiner Landkarte kennt und lesen kann, wer die Struktur der Karte erkennt und deuten kann *und* wer in der Landschaft selbst die Wahrnehmungsfähigkeit für das Wesentliche besitzt, der wird Wege finden und Ziele erreichen können.

Wege zum Wesentlichen

»Ich vereinfache nicht – ich sehe nur manches einfacher« – das ist das Fazit erfolgreicher Führungskräfte. Es gelingt ihnen, die Komplexität zu reduzieren und das Wesentliche zu deuten. Große Datenmengen und aufwendige Analysen sind dabei selten zu finden – sehr viel häufiger jedoch eine Unmenge von Kontakten, eine Intensität in den Dialogen, ein klarer Blick und ein direkter Zugang zu sich selbst.

Visualisierung: Einfachheit diesseits und jenseits der Komplexität

Kontexte von Führung. Die »Balanced Leadercard« von Führungskräften zeigt die elementaren Kontexte für Führungskräfte:

Hierarchie	Ressourcen	Ideale	Ethik	Kunden
Zeit	Anerkennung	Umwelt	Teams	Erfolg
Teamgeist	Selbstbewusstsein	Familie	Macht	Netzwerke
Krisen	Sinn	Veränderung	Marktbedingungen	Konflikte

Kontextanalyse: Ich bin mein Kontext

Inhalte und Zielsetzung: Die Kontextanalyse dient dazu, die Landschaft Ihrer Beziehungen sichtbar und bewusst zu machen. Verknüpfungen, Erwartungen der anderen, Blockaden, Hürden und Brücken können so erkannt und bearbeitet werden.

Teilnehmer: 5–15 Personen.

Dauer: 1–2 Stunden.

Ressourcen: Freier Raum mit genügend Platz, Stuhlkreis, keine Tische, ausreichend Platz für Einzelarbeit, ausreichend Flipcharts, Moderationsmaterial.

Vorbereitung: Keine.

Ablauf: Zunächst wird die Einzelaufgabe gestellt. Sie kann mit folgenden Worten eingeleitet werden:

> »Listen Sie zunächst alle für Sie relevanten Gruppen und Personen und Anspruchskräfte auf. Finden Sie entsprechende Titel, auch wenn es sich um informelle Gruppen handelt oder auch formale Einheiten ihrer Organisation. – Sollte Ihre Liste mehr als neun Elemente enthalten, dann wählen Sie die neun wichtigsten aus.
> Beginnen Sie anschließend die Landkarte Ihrer Position als Führungskraft aufzuzeichnen: Auf einem weißen Papier notieren Sie sich selbst mit Ihrem Namen in der Mitte.
> Reflektieren Sie und entscheiden Sie: Die Größe der Kreise um die anderen Gruppen oder Personen Ihrer Liste bezeichnet die Bedeutung, die diese in Ihrer Organisation haben. Reflektieren Sie ebenso die (emotionale) Nähe oder Distanz der gewählten Personen oder Gruppen zu Ihnen.
> Zeichnen Sie nun die Kreise auf der ganzen Fläche des Papiers ein. Mit der Strichstärke oder Anzahl der Striche zwischen den Kreisen und Ihnen markieren Sie die Häufigkeit der Kommunikation (drei Striche bedeutet hoch, zwei Striche: mittel, ein Strich: gering), die Sie mit diesen Gruppen pflegen.
> Die Qualität der Kommunikation erhält dann die folgenden Zeichen:

++	sehr positiv
+	positiv
!-!	blockiert
0	indifferent
ϟ	konfliktreiche Beziehungen

> Stellen Sie sich anschließend die Fragen: Welche Erwartungen haben die einzelnen Gruppen beziehungsweise Personen an Sie? Welche Erwartungen haben Sie an die einzelnen Personen? Notieren Sie diese in Stichworten auf die Kommunikationslinien.

Betrachten Sie Ihre Landkarte und reflektieren Sie diese Situation:
- Welche Kontakte sind Ihnen aufgefallen?
- In welchen Beziehungen wollen Sie Veränderungen sehen?
- Welche Elemente stärken Sie und geben Ihnen Kraft?
- Welche Bedingungen sind für Sie neu?

Suchen Sie nun eine Person in der Gruppe auf, mit der Sie ein Gespräch führen können.«

Varianten: Sie können die Kontextanalyse ebenfalls in Gruppen bis zu acht Personen durchführen. Zunächst erstellt jeder seine eigene Landkarte. Anschließend legen alle ihre Landkarten in die Mitte des Raumes und erläutern kurz, was ihnen aufgefallen ist.

Oder es erfolgt eine Aufteilung in Teilgruppen, dann erstellt nicht jeder seine eigene Kontextanalyse, sondern eine Person aus jeder Teilgruppe fertigt die Analyse mithilfe einer anderen Person an. Die anderen aus der Teilgruppe helfen als Reflecting-Team.

Dabei gilt in Leitungsteams: Klären Sie am besten sofort, was zu klären ist, oder machen Sie Termine mit den Menschen, die Ihnen zur Veränderung Ihrer Landkarte wichtig sind.

Anmerkungen zur Wirkungsweise: Das Lerndesign ist sehr einfach, schafft aber dennoch Klarheit über den Kontext, in dem Sie sich befinden, und hilft diesen sehr gut zu reflektieren.

Führung von unten nach oben nach unten

Essay: Jeder hat den Chef, den er verdient

Chefs sind beliebt: als Projektionsfläche. Sie werden hingenommen wie Wetter und sind ähnlich beliebt als Gegenstand von Tratsch- und Jammerrunden. Jeder zehnte Chef wird als Ekelpaket beschrieben. Forsa-Umfragen entdecken: Jeder vierte Arbeitnehmer möchte einen anderen Vorgesetzten »vorgesetzt« bekommen.

Solche Umfragen sind zwar vor allem lukrative Medienstrohfeuer, spiegeln jedoch auch Stimmungen. Der Führung mangelnde Fähigkeiten zuzuschreiben ist ein beliebtes Erklärungsmuster für fast jedes Problem. Führungskräfte leiden an Überforderungen, das zeigen die Zahlen: Sie sind anfällig für psychische Erkrankungen und zahlen einen hohen Preis. Jemand sagte einmal: »Wer Karriere macht, hat keine Biografie.« Um die Fußballmetapher zu bemühen: Die Schuld hat immer zuerst der Trainer. Nicht weil es so ist, sondern weil die Konsequenzen überschaubar bleiben.

Der Chef ist schuld

Maßnahmenfreundlich wird in Unternehmen Komplexität da reduziert, wo Führung als One-Man-Show missverstanden wird, damit bei festgestelltem Führungsdefizit Seminare Abhilfe von der Ratlosigkeit schaffen können. Personalentwickler, die sich in hippen systemischen Fortbildungen im Netz der Interdependenz verstricken, schwenken dann wieder auf kommode Big-Man-Theorien aus den 1950er-Jahren ein, als Führung tatsächlich noch genau das war: eine »Führer befiehl, wir folgen«-Veranstaltung. Führung, obwohl Produkt zahlreicher Multiplikanden, wird als Primzahl gehandelt.

Aber: Führung kann nur in der Interdependenz verstanden werden. Führung ist Kommunikation der besonderen Art, in der der eine möglicherweise denkt, er habe was zu sagen, und der andere vielleicht vermutet, er habe das zu tun. Würde die Fußballmetapher passen, wäre Führung nicht die Intervention des Trainers am Spielfeldrand, sondern vielmehr der Ball, von vielen getreten …

Führungsstilmittel oder stilisierte Führung

Natürlich erleben wir die klassischen Führungsstile, meist Top down. Ob mit Max Weber autokratisch, charismatisch, bürokratisch oder mit Kurt Lewin autoritär, als

Laisser-faire, kooperativ. Auch Management by Objectives, by Delegation, by Exception, by Direction and Control, by Walking around – alles ist zu seiner Zeit erlaubt und sicher und existiert in allen Variationen.

Mitarbeiter treffen den Chef an mit einem Stil oder einem Gemisch dieser Stile. Und sie mögen ihn. Oder sie mögen ihn nicht. Und sie agieren nicht unter – sondern mit seiner Führung. Er oder sie führt – und die Mitarbeiter führen sich dabei irgendwie auf. Es verspricht ihnen lange Jahre der Ruhe, wenn es gut geht. Ohne Störung, ohne Veränderung – und schließlich ohne Erfolg. Alle erkennen die Spielregeln des Chefs und spielen mit, wahren damit die Freiräume, erhalten Vorhersagbarkeit, beklagen weiterhin die Defizite und denken an alles – nur nicht an eine mögliche Entwicklung dieser Organisation oder dieser Beziehung. So bleiben die Türen zu, und im Geschäft herrscht Frieden. Alles zufrieden …

Von der Lust, zu spielen

Wiederkehrende Muster in der Kommunikation werden auch Spiele genannt. Sie sind einerseits nur teilweise rational und sie laufen nach einem Schema ab, das sich häufig mit »Immer wenn …« beschreiben lässt.

> »Immer wenn mein Chef Stress hat, unterbricht er mich in Gesprächen und teilt mir unklare Aufträge zu.« – »Ich komme dann selbst in Hektik und könnte türenknallend rausrennen.«

So oder so ähnlich beginnen die Spiele, in denen häufig nicht bewusste Einflüsse des Eltern- oder Kindheits-Ich (im Modell der Transaktionsanalyse) eine große Rolle spielen. Die Spiele enden mit unguten Gefühlen. Und: Sie kommen wieder und sind relativ vorhersagbar.

Warum wir mitspielen

Wir spielen – meistens unbewusst – deshalb mit, weil es uns eine Rückkopplung beschert. »Strokes« werden fleißig in Spielen gesammelt, das sind die ersehnten kleinen und großen Einheiten positiver und negativer Anerkennung. Da werden ausgewachsene Männer zu rebellischen Kindern und erfolgreiche Frauen zu sorgenden Müttern, je nach Skript, auf das sie jeweils zurückgreifen.

Ein Spiel besteht aus einer immer gleichen Abfolge verdeckter Transaktionen. Dabei bevorzugt jeder ganz bestimmte Spiele, die der Einzelne in seiner Kindheit gelernt hat, um sich in seiner Familie durchzusetzen. Irgendwann waren wir also einmal mit diesem Muster – Türenknallen – erfolgreich, und nun, oft unter Stress, greifen wir darauf zurück.

Spiele laufen immer wieder nach einem bestimmten Muster ab.

- *»Trick« als Auslöser:* Der Trick besteht darin, dass Spieler A bei sich, beim anderen etwas übersieht oder missversteht oder verzerrt darstellt. Oder, im Umgang mit dem Chef: dessen Muster nicht entspricht. Das ist ein wunderbarer »Köder«, der den Auslöser für das Spiel darstellt.
- *»Wunder Punkt«:* Wenn Spieler B mit dem »Trick« an einem »wunden Punkt« getroffen wurde, dann steigt er in das Spiel mit ein.
- *»Verdeckte Transaktion«:* Nun entsteht eine Transaktion, bei der sowohl eine offene als auch eine verdeckte Transaktion abläuft. Zum Beispiel offen: »Wie viel Zeit brauchen Sie noch?«, und gleichzeitig verdeckt denkend und signalisierend: »Es kann ja wohl nicht wahr sein, dass Sie noch nicht fertig sind.«
- *»Wechsel des Ich-Zustands«:* Einer der Spieler wechselt vom scheinbar vernünftigen Ich-Zustand in einen anderen und dabei wird die verdeckte Transaktion offenbar. Der Chef ergreift zum Beispiel die Eltern-Ich-Form: »Ich kann beim besten Willen nicht verstehen …«
- *»Verblüffung oder Verärgerung«:* Der andere erkennt den Wechsel und reagiert auf das Gesprochene verblüfft beziehungsweise verärgert. Damit endet in der Regel das Spiel.
- *»Nutzeffekt«:* Solche Spiele enden mit unguten Gefühlen. Berne (2007) geht davon aus, dass diese unguten Gefühle unbewusst »erwünscht« und absichtlich herbeigeführt sind, da sie eine Art von Zuwendung darstellen.

Im Führungskontext bedeutet das: Führungskräfte und Mitarbeiter müssen fähig sein, Ausstiegsstrategien zu entwickeln. Das geht grundsätzlich durch eine Haltung von Achtung, Anerkennung und Aufmerksamkeit. Doch das ist leicht gesagt: Die verdeckten Ebenen sind ja eben deshalb verdeckt, weil man sie selbst – als Akteur in einer Transaktion – nicht sieht und trotzdem verwendet.

Spielen mit den Rollen als Chef oder Chefin – zwölf Beispiele

Erstes Spiel: Der »Kontrolleur« – »Ich bin der Beste!«

Chefrolle: Er oder sie gebärdet sich als unfehlbarer Herr im Haus, macht am liebsten alles selbst und traut den anderen wenig zu. Er hat Angst davor, dass die Dinge aus dem Ruder laufen; sichtbar wird das in Überverantwortung. Er redet vieles schön und weiß es besser. Sein Gewinn: das Gefühl, besser zu sein. Doch der Schuss geht nach hinten los: Seine Selbstüberforderung erzeugt genau die Fehler und verstärkt eben die Probleme, die er oder sie vermeiden will.
Mitarbeiterrolle: Mitarbeiter eines solchen Vorgesetzten verstehen es gut, sich unbedarft und wenig qualifiziert zu zeigen. Träumend von Spielräumen, sind sie schon zufrieden.

Möglicher Gewinn: Bei einem Chef, der auf alles eine Antwort hat, können Mitarbeiter unterverantwortlich bleiben. Allerdings: Sie entwickeln sich nicht und bleiben unter ihren Möglichkeiten.
Änderung: Das Spiel und die Vorteile von Chef und Mitarbeiter aufdecken. Eben diejenigen Ängste bearbeiten, die vermieden werden sollen. Hilfreich sind dabei aus der Sicht der Mitarbeiter folgende Verhaltensweisen:

- Sich gut informieren und vorsichtig, aber proaktiv auf kommende Probleme zugehen.
- Penibel und präzise sein.
- Langsam die Spielräume ausdehnen (»Wollen Sie über dieses Detail tatsächlich weiterhin informiert sein?«).

Zweites Spiel: Der »Ausbeuter« – Arbeit – Macht – Sinn

Chefrolle: Der Ausbeuter verlangt immer zweihundert Prozent – von sich und von den anderen. Er riecht nach Workaholic. Besonders leiden unter ihm die Leistungsorientierten, die guten Töchter und die treuen Seelen, die nie Nein sagen können.
Mitarbeiterrolle: Wer den Ausgebeutetenmodus stabilisieren möchte, wartet auf Erlösung. »Es ist vollbracht«, bleibt der ungehörte Satz und meint: endlich Anerkennung. Die kommt aber nie. Der Ausgebeutete bleibt am leeren Tropf der Zuwendung hängen.
Möglicher Gewinn: Der Workaholic beschreibt sich als Sisyphos, der keine Zeit zum Denken hat, weil die Aufgabe ihn ganz gefangen nimmt. Die Arbeit ersetzt Sinn und die Frage danach.
Änderung: Alle sollten ihre Vaterproblematik überdenken:

- Eigenes Verhalten (Koabhängigkeit) prüfen.
- Der Chef kennt keine Grenzen, also muss jeder sie für sich selbst setzen.
- Man muss nicht jeden Termin hinnehmen: »Wenn ich dies hier mache, bleibt das dort liegen.«

Drittes Spiel: Der »Choleriker« – böse, böse, böse

Chefrolle: Der Choleriker brüllt seine Launen unberechenbar und unvermittelt heraus. Angst macht er dabei vor allem dem Arglosen und dem Zurückhalter. Hinter der Wut steht die Traurigkeit über alte Erfahrungen mit der Botschaft: Du gehörst nicht dazu. Die Expression des Schmerzes über das Ausgeschlossensein zementiert jedoch ebendies. Selten nur ist der böse Chef in großen Unternehmen zu finden, sein Refugium ist der Mittelstand oder das Kleinunternehmen. Dort feiern sich die Inkarnationen der Urbilder vom bösen Patriarchen noch als Realität. Im großen Ganzen des Konzerns müssen sie es subtiler tun, finden aber auch dort ihre Wege.
Mitarbeiterrolle: Der Mitarbeiter darf zuhören und leiden und sich beschweren. Er ist koabhängig und stabilisiert die Lage mit Verzweiflung. Er schützt sich vor dem Bösen,

indem er mit den Anfällen des Chefs umzugehen lernt. Er duldet mit Ausdauer auf der Suche nach Gelassenheit.
Möglicher Gewinn: Er ist Opfer und als solches nie schuld, denn die Verantwortung hat der Chef. Übereinstimmende Feindbilder stärken das Gruppengefühl.
Änderung: Nicht sachlich argumentieren, sondern warten, bis es vorbei ist, und sich dabei schöne Dinge vorstellen. Blickkontakt halten (das erzeugt »Beißhemmung«), aufrechte Körperhaltung, die eigenen Ziele und Bedürfnisse nicht aus dem Auge verlieren.

Viertes Spiel: Der »Blender«

Chefrolle: Der Blender oder Karrierist ist so maßgeschneidert wie geltungssüchtig. Teure Dienstwagen kennzeichnen seinen Status als Überflieger. Er buckelt nach oben und nutzt dabei seine Mitarbeiter – als Schachfiguren.
Mitarbeiterrolle: Wer Ja sagt, kommt mit ihm gut aus – der Kompetente dagegen wird als Konkurrent wahrgenommen und hat nichts zu lachen.
Möglicher Gewinn: Wer ihm recht gibt und ihm die Bewunderung zollt, die er zu verdienen vorgibt, schiebt eine ruhige Kugel.
Änderung: Ihn bauchpinseln und nicht mit Kritik, sondern mit Ergänzungen und Vorschlägen kommen. Die eigenen Leistungen schriftlich fixieren, zum Beispiel indem der E-Mail-Verteiler erweitert wird, denn er gibt fremde Ideen gerne als die eigenen aus.

Fünftes Spiel: Der »Aussitzer«

Chefrolle: Er besteht auf perfekten Ergebnissen. Kein Fehler darf passieren! Er wägt ab, betrachtet sämtliche Facetten von allen Seiten, überlegt hin und her – und kommt nie so recht zum Abschluss.
Mitarbeiterrolle: Gefährdet sind dynamische Mitarbeiter.
Möglicher Gewinn: Wenn Gefahr im Verzug ist, schlagen Sie ihm eine neue Risikostudie vor – er wird akribisch die Gefahren untersuchen und so die eigentliche Gefahr übersehen: Das können Sie dann übernehmen und so erfolgreich sein.
Änderung: Keine Pistole auf die Brust, sondern fürsorglich und bestätigend sein, Gesprächsbereitschaft signalisieren. Gegen Zeitdruck vorbauen, Ruhe und Zuversicht ausstrahlen.

Sechstes Spiel: Der »Ahnungslose«

Chefrolle: »Die unfähigsten Mitarbeiter werden systematisch dorthin versetzt, wo sie am wenigsten Schaden anrichten können: ins Management.« Er ist fachlich und als Führungskraft an der falschen Stelle, die er mit recht viel Vitamin B erreicht hat.
Mitarbeiterrolle: Gefährdet sind kompetente und sachorientierte Mitarbeiter.
Möglicher Gewinn: Mitarbeiter können ihre eigenen Fähigkeiten einbringen, indem sie Projekte in der Sprache des Chefs »absegnen« lassen und dabei erfolgreich Nischen erobern. Dabei können einige zu den eigentlichen Chefs werden, die eher den Chef informell führen, als dass sie geführt werden.

Änderung: Nicht konfrontieren, nicht zu genau nachfragen. Seine verrückten Anweisungen nach einiger Zeit noch einmal zur Sprache bringen (»Ich habe mich inzwischen damit beschäftigt …«). Ideen schildern und ihn um Rat fragen.

Siebtes Spiel: Der »Kreativ-Spontane«

Chefrolle: Immer schnell, er ist begeistert von sich und seinen Ideen. Kreativ, flexibel, voll von Innovationen, ist er mitreißend und begeisterungsfähig. Probleme werden zu Herausforderungen, gerne auch oberflächlich übergangen, Krisen werden nicht wahrgenommen und der Aktionismus verhindert die gründliche Reflexion, zum Beispiel von Fehlern. Er treibt vieles an, bringt aber wenig zu Ende.
Mitarbeiterrolle: Besonders gefährdet sind gewissenhafte, sehr regelkonforme und detailverliebte Mitarbeiter. In Konflikt gerät, wer Bedenkenträger ist und die Ja-aber-Strategie anwendet. So verstärken sie das Muster des Chefs: »Das ist doch alles kein Problem – und wer eines hat, der ist nicht okay.«
Möglicher Gewinn: »Okay, Chef«-Strategie. Akzeptieren Sie den Aktionismus des Chefs und lassen Sie ihn machen. Er ist viel unterwegs, immer woanders. Sie führen ihn, indem Sie ihm Anerkennung für seine Vielfalt geben – und gleichzeitig Ihre Arbeit konzentriert verfolgen.
Änderung: Gespür für die Halbwertszeit entwickeln, manches erledigt sich nach ein paar Tagen von selbst; priorisieren helfen, nicht abwiegeln.

Achtes Spiel: Der »Patriarch«

Chefrolle: Der Patriarch will nur das Beste. Er sieht sich als Vaterfigur, die Respekt verdient und der Moral wichtig ist. Er ist autoritär.
Mitarbeiterrolle: Gefährdet sind innovative Mitarbeiter sowie solche mit einem Vaterkomplex.
Möglicher Gewinn: Der »Patriarch« ist sowohl bestimmend, dominant oder zornig als auch fürsorglich, schützend und bewahrend. Er braucht Mitarbeiter, für die er da sein kann. Dabei kann eine großzügige Seite, auch der Nutzen seiner Macht nach oben ein möglicher Gewinn sein. Ist diese Chance da, können Mitarbeiter sie nutzen – aber leider immer nur, solange sie sich selbst »familiär« nicht aus ihrer Rolle bewegen …
Änderung: Kritik ist für den Patriarchen wie Majestätsbeleidigung. Zollen Sie ihm Respekt, sprechen Sie seine Sprache, argumentieren Sie mit seinen Worten. Lassen Sie sich nicht kleinmachen, aber versuchen Sie auch nicht, gegen ihn zu kämpfen. Wenn er Sie liebt, haben Sie gewonnen.

Neuntes Spiel: Der »Tyrann«

Chefrolle: Der Tyrann steuert durch Bedrohung, Strafen und öffentliche Opfer. Er zeigt allen, was geschieht, wenn man seinen Anweisungen nicht folgt. Er kontrolliert penibel und prangert Fehler öffentlich oder – was noch schlimmer ist – durch neue persönliche Anweisungen an. Ist er Choleriker, hat er ab und zu Wutausbrüche. Er hat in seiner persönlichen Geschichte wahrscheinlich Verachtung und Hass selbst erlebt.

Mitarbeiterrolle: In dieser Situation sind alle gefährdet. Es kann nur darum gehen, keine persönlichen Schäden davonzutragen – Selbstschutz notwendig.
Möglicher Gewinn: Vorteile sind selten in dieser Situation. Tyrannen werden sie finden und zunichtemachen.
Änderung: Inneres »Mantra« vorsagen: »Das alles hat mit mir persönlich nichts zu tun. Der Chef hat das Problem, nicht ich.« Den Chef am besten wie eine Raubkatze behandeln, das heißt auf Distanz halten und von außerhalb des Käfigs zuschauen. Sie machen das tyrannische Verhalten sichtbar, indem sie immer wieder andere Beteiligte ins Haus einladen.

Zehntes Spiel: Der »Unnahbare«

Chefrolle: Er ist kühl, sachlich, geht keine oder kaum Beziehungen ein, hat Angst vor Nähe. Die sichtbare Arroganz ist ein Regulativ für sein Distanzbedürfnis. Er wird sich auf Sie einlassen – wenn Sie Zahlen, Daten und Fakten mitbringen.
Mitarbeiterrolle: Sie haben eine Chance auf Objektivität – sprechen Sie keinen Satz zu viel. Setzen Sie lieber kleine Zeichen der Akzeptanz und akzeptieren Sie seine Korrektheit. Besonders gefährdet sind Menschen, denen Beziehungsorientierung und die persönliche Ebene wichtig sind.
Möglicher Gewinn: Persönliche Freiheit und Andersartigkeit haben ihren Raum. Sie werden lediglich an Ihren Ergebnissen gemessen.
Änderung: Distanzbedürfnis akzeptieren, keine Gefühle, keine Spontanideen, kein Lob erwarten, eher informelle Teams bilden, die in kleinen Häppchen bescheiden und sachlich ihre Ergebnisse einbringen.

Elftes Spiel: Der »Hektiker«

Chefrolle: Er ist sehr in Eile, immer, von einem Projekt zum nächsten. Er zeigt allen, wie spontan und kreativ er ist, kann aber leider selten etwas zu Ende bringen, überhört auch die eine oder andere Warnung. Viele Parktickets und Blitzlichtfotos stören ihn nicht, er ist schließlich der engagierteste Dienstleister und hält sich für multitaskingfähig.
Mitarbeiterrolle: Eher Miss Moneypenny – bleiben Sie ruhig und sorgen Sie für die Erfüllung der Kontinuität. Wenn Sie vorstrukturieren, bilanzieren, sortieren, wird man es Ihnen danken. Beschränken Sie sich bei Informationen auf das Notwendigste, was Sie zur Überzeugung brauchen – Ihr Chef hat keine Zeit für lange Überlegungen!
Möglicher Gewinn: Sie können Ideen spontan einbringen, sie auch selbst recht schnell umsetzen.
Änderung: Freuen Sie sich über seine Kreativität, bringen Sie Reihenfolge und Prioritäten in Ihre Aktionen, auch einmal etwas aussitzen.

Spiel: Der »Harmoniesüchtige«

Chefrolle: Sehr nett zu allen, bloß kein Streit, immer heißt es einerseits–andererseits. Er ist stets offen für neue Ideen, immer sehr freundlich. Es sind häufig Menschen mit

geringem Selbstvertrauen, sie trauen sich einfach nicht, andere zu konfrontieren und eigene Grenzen zu setzen. Sie haben meist Angst vor Liebesentzug: Angst vor ungenügender Anerkennung.
Mitarbeiterrolle: Das bedeutet für die Mitarbeiter, bloß keinen Streit suchen. Alles kann geäußert werden und ist irgendwie okay. Benennen Sie die Themen, aber klären Sie sie nicht vor der Gruppe oder vor Ihrem Chef – er hält das nicht aus.
Möglicher Gewinn: Wie gut, dass auch verrückte Ideen hier ihren Platz haben und Vorurteilsfreiheit zu herrschen scheint.
Änderung: Zeigen Sie sich erwachsen und lösen Sie Ihre Konflikte mit Kollegen selbst und selbstbewusst.

Visualisierung: Kommunikationsspiele

Jedes Spiel läuft nach einem Schema ab (von dem es einige Variationen gibt).

- Spieler A stellt Spieler B verzerrt dar.
- Wenn Spieler B an einem wunden Punkt getroffen wurde, steigt er in das Spiel ein.

- Spieler A und B klären ihre Differenzen rational und erwachsen. Das wäre der Fall persönlicher Reife und das Spiel ist damit beendet.
- Der Normalfall: Einer der Spieler wechselt in einen anderen Zustand (Kindheits- oder Eltern-Ich) und reagiert emotional und nicht nachvollziehbar.
- Der andere Spieler ist verblüfft oder verärgert. Damit endet in der Regel das Spiel. Zurück bleiben ein ungelöster Konflikt, ein ungutes Gefühl, eine Verletzung.

Erarbeiten Sie Ausstiegsvarianten, indem Sie die Chefrollen anwenden, zum Beispiel:

- Stellen Sie »Kontakt« her: Was braucht dieser Chef zunächst von Ihnen, um erfolgreich »in seinem Sinne« zu sein? Benötigt er Anerkennung, Fakten, Gehorsam oder eher Aktivität? Oder was gibt es sonst noch, was er braucht?
- Behalten Sie Ihr Interesse und Ihre Befindlichkeit im Blick: An welchem Punkt geht die Wertschätzung eines der Beteiligten verloren?
- Prüfen Sie (in einer Einzelreflexion oder im Gespräch mit einem Partner), ob Sie unbewusste Wechsel in andere Zustände vermieden haben.
- Wählen Sie eine konkrete Situation. Entscheiden Sie sich für ein neues Verhalten und probieren Sie es aus!

Fazit: Die Kernfrage lautet: »Wie führe ich meinen Chef?« – Denn erst, wenn Sie erkannt haben, wen Sie vor (beziehungsweise über) sich haben, können Sie adäquat reagieren. Und: Wenn die Bedingungen nicht so sind, wie Sie es sich erträumen, können Sie auf diese Weise trotzdem Einfluss nehmen, ohne immer wieder zum »Opfer« zu werden. – Wenn Sie das »Spiel« so durchbrechen konnten, herzlichen Glückwunsch! Wenn Sie noch nicht zufrieden sind: Was hat sich an der Situation durch Ihr verändertes Verhalten geändert?

Lerndesign

»Wahr ist bei uns ...«

Inhalte und Zielsetzung:	Den Dingen auf den Grund gehen und sie beim Namen nennen, intensive Gruppenreflexion.
Teilnehmer:	4–20 Personen.
Dauer:	1–1,5 Stunden.
Ressourcen:	Raum mit genügend Platz, Stuhlkreis, keine Tische.
Vorbereitung:	Am besten geeignet ist diese Methode nach einem Open Staff, in dem die Berater ihre Sichtweise schildern und dabei auch Namen der Beteiligten nennen.

Ablauf: Alle Teilnehmer setzen sich im Kreis, der Moderator ist außerhalb. Der Stuhlkreis wird enger gemacht. Das Licht wird abgedunkelt. Die Blicke richten sich nicht auf andere Personen, sondern in die Kreismitte. Erläutern Sie kurz das Vorgehen.

»Die ›Wahr-ist-Runde‹ ist eine Methode, bei der jeder individuell seine Sichtweise in den Kreis spricht. Jeder sagt in seinem Beitrag nur einen Satz und beginnt mit ›Wahr ist bei uns …‹. Es gibt keine Reihenfolge, jeder spricht einen Satz, wenn er möchte und eine Lücke ist.«

Anmerkungen zur Wirkungsweise: Am intensivsten wird es, wenn der Raum abgedunkelt wird und der Berater und die Gruppe lange Pausen aushalten, bis meistens noch tiefer gehende Themen aufgegriffen werden.

Literaturtipp

Siegert, W. (1999): Wie führe ich meinen Vorgesetzten? Eine interaktive Anleitung zur besseren Zusammenarbeit (2., durchgesehene Aufl.). Wien: Expert-Verlag Linde.
Ein leicht verdauliches Panoptikum von Ideen, die faire Kommunikation über Hierarchieebenen erleichtern. Alle Modelle sind falsch, aber doch nützlich, um im konkreten Führungsalltag schwierige Situationen besser zu meistern.

Schwierige Situationen in Gruppen meistern

Essay: Dialog und Konflikt in Gruppen

Konflikte sind in Gruppen aus einer Vielzahl von Gründen notwendig oder sogar gewollt. Werden sie offen, sind sie nicht zu ignorieren, stören den Fluss der Kommunikation und erzwingen Engagement der Beteiligten. Die Fähigkeit einer Gruppe, die Verhandlung von Unterschieden zu ermöglichen und zu tolerieren, ist eine Voraussetzung für die Erlangung ihres Leistungsvorteils gegenüber Einzelnen. Nicht eine Anzahl von Problemlösetechniken hilft dabei, sondern die Erfahrung, dass Widerspruch und Dialog gewollt und nützlich sind. Diese Erfahrung transformiert die Gruppe allmählich: Dialogkultur beginnt.

Gruppe als komplexes soziales System

Eine Gruppe als soziales System zu verstehen heißt, Verhalten, Denken oder Fühlen nicht nur als Vorgang in einem Individuum wahrzunehmen, sondern ebenso als Teil eines Gruppengeschehens zu berücksichtigen – als etwas, was von der Gruppe bestimmt wird und sie gleichzeitig bestimmt. Damit wird ein Teil der Innenwelt Beteiligter zur Außenwelt anderer Beteiligter. Neben der Außenwelt Organisation hat sich die Gruppe selbst als Außenbedingung. Eine Gruppe bildet somit eine hohe Eigenkomplexität aus, die Inhalt und Form ihrer Aktivitäten bestimmt (Wahrnehmungen, Informationsverarbeitungen, Entscheidungen, Handlungen, Bewertungen).

Sympathien zwischen Personen korrelieren mit Sympathien zu Sachpositionen. Die Architektur der sozialen Struktur beeinflusst Arbeitsergebnisse einer Gruppe. Meinungen, Haltungen und Entscheidungen sind mitbestimmt durch die Struktur und Dynamik der Beziehungen in der Gruppe und bestimmen wiederum sie mit. Eine sachliche Position im Gruppenkontext einzunehmen bedeutet für das Individuum auch, sich in der sozialen Struktur der Gruppe zu positionieren. In Gruppen stehen Personen für Positionen. Eine sachliche Position wirkt sich aus auf die affektive Beziehung zu einer anderen Person. Eine affektive Beziehung zu einer Person hat eine Auswirkung auf die eigene sachliche Position. Personen richten dabei ihr Handeln so aus, dass sie konsistent zu ihrer Rolle in der Gruppe sind und konsistent zu den Menschen in der Gruppe, die sie wertschätzen und von denen sie wertgeschätzt werden möchten.

Komplexität erzeugt differente Einschätzungen. Wird die Freiheit zwischen Reiz und Reaktion zur Reflexion genutzt, entstehen Räume für unterschiedliche Perspektiven und differente Bewertungen. Alternative Handlungsoptionen eröffnen sich und verlangen Entscheidungen. Offenes Verhandeln von Unterschieden ist jedoch nur in solchen Zusammenhängen zugelassen, in denen nicht von vornherein Machtverhältnisse so etabliert wurden, dass Widerspruch sinnlos oder sogar verboten ist. (Man stelle sich eine Feuerwehr vor, die am Brandort eine ausführliche Diskussion über das Ziel der Löschmaßnahme beginnt.)

Konflikt setzt Widerspruch voraus. Nur wo es erlaubt ist, zu widersprechen, kommt es zum Dialog, der Perspektivenaustausch und Weiterentwicklung ermöglicht. Vermeidung von Widerspruch fixiert Gruppen inhaltlich und emotional auf einem Status quo. Widerspruch in einer Gruppe bedeutet, sich gegen eine Aussage, Meinung oder Haltung zu stellen, die von einem Teilnehmer der Gruppe geäußert wurde. Widerspruch fordert auf zum Dialog über Einschätzungen der Realität, die Grundlage ist für das Handeln der Gruppe. Widerspruch stellt diese Basis zunächst infrage und löst Unsicherheit aus. Das Management von Unsicherheit ist die zentrale Aufgabe der Gruppe, die eine Dialogkultur entwickelt.

Sicherheit in solcher Unsicherheit erwächst durch Vertrauen. Lernen Personen in Gruppen sich persönlich kennen, entsteht Vertrauen. Vertrauen ermöglicht es, den eigenen Erwartungen in Bezug auf den anderen zu trauen. Wer vertraut, erwartet vom anderen, dass dessen Verhalten hinreichend kalkulierbar bleibt und Verhaltenserwartungen nicht enttäuscht werden. Dies ist die Grundlage für das Experiment des Widerspruchs. Ist der Widerspruch einigermaßen plausibel, ist das Richtige zunächst unentscheidbar. Zwischen Blockade und Integration des Widerspruchs liegt das weite Feld einer Konfliktkommunikation in der Gruppe.

Konflikt und Interdependenz

Konflikte entstehen in Kontexten, in denen die Konfliktparteien aufeinander angewiesen sind. Nur wenn das Handeln einer Partei auch Konsequenzen hat für die andere und man Kooperation braucht, können Konflikte nachhaltig sein. Das erklärt die Sorge, die mit Konflikten verbunden ist: Sie unterbrechen die Ordnung, beeinträchtigen den Fluss der Interaktion und damit die Gruppenleistung. Die Gruppe, in der ein Konflikt auftritt, sieht sich vor die Notwendigkeit gestellt, dessen Auswirkungen zu begrenzen, um arbeitsfähig zu bleiben. Es entsteht ein gewisser Druck, systemerhaltend aktiv zu werden. Ist die Interdependenz der Konfliktparteien eine notwendige Bedingung für nachhaltige Konflikte, so motiviert sie zugleich die Suche nach einer Lösung.

Gelingt es einer Gruppe nicht, trotz Konflikten systemerhaltend wirksam zu sein, ist davon auszugehen, dass bereits vor Auftreten des Konflikts die Attraktivität der Gruppe nicht ausreicht. Dabei kann es geschehen, dass Konflikte so eskalieren und Wahrnehmungen so verändert und/oder verzerrt werden, dass eine Trennung günstiger erscheint als das Fortbestehen der Gruppe.

Konformität und Entscheidung

Die Möglichkeit, in einer Gruppe Komplexität durch Struktur zu reduzieren, riskiert die Vielfalt der Perspektiven. Wenn diese Strukturen tabu sind, also die Rigidität der Gruppennormen hoch ist und Unterschiede nicht verhandelt werden, besteht die Gefahr einer Reduktion der Perspektiven. Weil Vielfalt der Gruppe jedoch zugeschrieben ist, wird das kollektive Einverständnis überschätzt. Das Individuum ist sich sicher, richtig zu liegen, wenn es sich im Einklang mit der Gruppe weiß. Der emotionale Einklang mit der Gruppe ist jedoch oft die Ursache des Einverständnisses und nicht seine Folge (s. Kapitel »Gruppendynamisches Wissen«, S. 44 und »Gruppenentscheidungen«, S. 107).

Entwicklung zum Dialog

Eine Arbeitsgruppe steht vor der Aufgabe, die Interaktion ihrer Mitglieder so zu organisieren, dass sich im Gruppenergebnis die Pluralität der Kompetenzen wiederfindet. Jede Gruppe entwickelt Interaktionsmuster, die die enorme Zahl möglicher Interaktionen und Beziehungen reduziert und strukturiert, denn mit steigender Gruppengröße potenziert sich die Zahl der Kommunikationsbeziehungen (siehe Abschnitt »Gruppenstruktur und Soziometrie«, S. 47 ff.).

Gruppenstrukturen wandeln und stabilisieren sich immer wieder. Die Dynamik der Zuschreibungen von Kompetenz, Einfluss, Sympathie und Ablehnung beeinflusst Arbeits- und Entscheidungsfähigkeiten. Sie bestimmt nachhaltig die Meinungsbildung in der Gruppe. Eine Gruppe, die einzelnen Personen und damit einzelnen Positionen zu viel oder zu wenig Raum gibt, lässt kreatives Potenzial ungenutzt.

Zu Anfang wird der Gruppe Orientierung durch Leitung gegeben. Es liegt an ihr, Verantwortung allmählich freizugeben. Ein Gruppenprozess ist dann erfolgreich, wenn die Verantwortung bei den Mitgliedern aufgehoben ist. Verantwortung läuft jedoch Gefahr, an einzelnen Personen kleben zu bleiben. Je größer die Gruppe, desto eher geschieht dies. Oder sie diffundiert, wie das zynische Bonmot erklärt: Was bedeutet TEAM? Toll, ein anderer macht's!

In der Kennenlernphase sind die Teilnehmer wenig leistungsfähig. Man richtet sich an der Leitung aus und schätzt im Verborgenen die Attraktivität des Themas und die der Personen ein. Ist die Zeit der Orientierung abgeschlossen, positionieren sich Teilnehmer im thematischen und soziodynamischen Feld der Gruppe. Kompetenz und Sympathie werden verteilt und erobert. Diese Zeit ist geprägt von Unruhe und Auseinandersetzung. Die unterschiedlichen Zuschreibungen von Sympathie, Unbeliebtheit, Gleichgültigkeit und Aversion strukturieren die Gruppe. Die Dynamik im Geflecht dieser Beziehungen beeinträchtigt die Informationsverarbeitung (Wahrnehmung, Gewichtung) und Produktivität in dieser Zeit nachhaltig. Die Kohäsion (Gruppenanziehung) ist dabei abhängig von der Attraktivität, die die Mitglieder sowie Aufgaben und Ziele der Gruppe auf Einzelne haben. Jeder Teilnehmer eröffnet eine persönliche Kosten-Nutzen-Bilanz. Ist die Bilanz aus der subjektiven Sicht des

Individuums absehbar negativ, verlassen Personen die Gruppe. Sind Arbeitsgruppen, deren Teilnehmer nicht frei entscheiden können, nicht attraktiv, werden die Gruppenmitglieder gleichgültig oder beginnen Kampf- und Konkurrenzspiele. Entwicklungen stagnieren.

Nach solchen Auseinandersetzungen entstehen Verhaltenssicherheiten meist dadurch, dass bei Individuen Anteile sichtbar werden, die sie für unterschiedliche Aufgaben und Positionen prädestinieren. Gruppen tendieren dazu, Verhaltensangebote Einzelner dauerhaft in Anspruch zu nehmen oder einzufordern. Erfahrungen werden zu Erwartungen transformiert. Einzelne übernehmen solche Rollen aktiv oder erleben die Rolle als zugewiesen. Status, Macht und Einfluss sind dabei unterschiedlich auf diese Rollen verteilt, jedoch stabil.

Gruppen entwickeln sich weiter, wenn es ihnen gelingt, die Tumulte der Positionierungen zu überstehen und die Festschreibung der erreichten Verteilungen aufzugeben. Die Festschreibung bietet Ruhe und Verhaltenssicherheit, ja sogar eine gewisse Behaglichkeit der Routine, begrenzt jedoch Veränderungen, die aus Perspektivenwechseln entstehen. Die Reflexion über die selbst gewählten Begrenzungen verändert das Potenzial der Gruppe erneut. Es wird der Gruppe möglich, Handlungen und Ziele – und damit auch Positionen und Festschreibungen – zu hinterfragen und deren Korrektur oder Neuausrichtung zu wagen. Autorität und Hierarchie werden dabei Zug um Zug ersetzt durch Verständigungsprozesse, die eine Dialogkultur etablieren.

Wie schafft man Dialogkultur?

»Ein Gespräch, wir sind«, sagt Hölderlin – für die Gruppe gilt das im Besonderen. Eine Gruppe denkt nach, indem sie spricht. Die Qualität ihres Outputs ist von der Qualität ihres Gesprächs bestimmt. Ein gutes Gespräch zeichnet sich durch gegenseitiges Verstehen aus, Verständnis wächst. Das Verstehen der Meinung des anderen ist nicht gleichbedeutend mit der Übernahme der Meinung des anderen. Verstanden haben ist nicht gleichbedeutend mit dem Einverstandensein. Gruppendiskussionen sind häufig dadurch gekennzeichnet, dass versucht wird, den anderen von der eigenen Meinung zu überzeugen, ohne dass die Position des anderen tatsächlich klar ist. Im Dialog werden zunächst Unterschiede der Positionen herausgearbeitet. Fragen, um zu verstehen, ist hier hilfreicher als diskutieren, um zu überzeugen. Eine Haltung von Neugier auf den Unterschied und auf die Information, die den Unterschied macht, verhindert eine Verhärtung der Positionen. Echte Unvereinbarkeiten gibt es selten, viel häufiger sind Missverständnisse oder unausgesprochene Interessen, ohne deren Offenlegung Haltungen und Positionen unverständlich bleiben. Der Dialog zwischen Positionen fragt immer nach den dahinterliegenden Motivationen, die zum Teil den Beteiligten selbst nicht deutlich sind.

Eine Gruppe braucht das Gespräch über das Gespräch. Vor dem Beginn einer Kooperation in der Gruppe ist es sinnvoll, Strategiegespräche zu führen. Je nach Größe und Aufgabenschwierigkeit benötigen Gruppen bis zu einem Viertel der Arbeitszeit für diesen Klärungsprozess. Wichtige Entscheidungen sollten konsensuell getroffen werden. Eine hilfreiche Haltung in diesem Prozess ist die Überzeugung: Solange mein Gegenüber eine andere Position zur gleichen Sache hat, kann ich von ihm lernen. Mehrheitsabstimmungen teilen Gruppen. Ist Einhelligkeit nicht möglich, sollten zeitlich begrenzte Kompromisse geschlossen werden. Dabei können Reflexionsschleifen installiert werden, in denen die Gruppe prüft, ob die bisherigen Strategien zielführend waren. Gibt es die Sorge, Entscheidungen nicht mehr revidieren zu können, werden flexible Lösungen verhindert. Konfliktparteien werden dann beweglicher, wenn die Chance besteht, die Gültigkeit einer Entscheidung zeitlich zu begrenzen. Erfahrungsgemäß brauchen Gruppen in schwierigen Entscheidungssituationen neutrale Moderatoren.

Der eskalierende Konflikt – mit verhärteten Fronten und Kämpfern, die siegen wollen – droht, wenn er zuvor verdrängt wurde. Was vermieden werden sollte, kommt hoch mit Macht, weil es weggeschoben wurde. Gruppen, die lange Zeit Widerspruch unterdrücken oder Unterschiede nicht verhandeln, sind anfälliger für Eskalation. Erfahrene Gruppenleitungen wissen, dass sogenannte Störungen (Desinteresse, Langeweile, Abwertung, Unpünktlichkeit, Schweigen etc.) nicht unbeachtet bleiben dürfen. Werden sie angesprochen, sind sie besprechbar, im Verborgenen gewinnen sie an Macht.

Ist der Konflikt eskaliert, gibt es meist keine Chance, Standpunkte besprechbar zu machen. Kreativer Umgang ist erst im Abstand möglich. Abstand zur Situation, auch zur eigenen Position, gelingt nur, wenn die Situation, in der der Konflikt aufgebrochen und eskaliert ist, unterbrochen wird.

Es gibt Teams, die Rituale entwickelt haben, in denen sie bewusst den Konflikt erzeugen: Eine kleine Gruppe wird ausgewählt, die die Aufgabe hat, den Meinungsbildungsprozess der Gruppe bewusst durch Widerspruch zu unterbrechen und Alternativen zu formulieren, die bisher noch nicht in Betracht kamen oder bereits verworfen wurden. Das Team verschreibt sich quasi den Konflikt selbst – in homöopathischer Dosierung – und schützt sich so vor der Willkür eines hereinbrechenden Konfliktunwetters.

Visualisierung: Tipps für alle, die sich durchsetzen wollen, aber in der Minderheit sind

Alternative bieten! Wenn Sie eine Gruppe von etwas abbringen wollen, dann müssen Sie den Konflikt wagen – »Halt, so nicht!« –, Gruppen, die das nicht gewohnt sind, brauchen sofort eine Alternative. Reifere Gruppen können solche Irritationen auch nutzen, ohne schnelle neue Lösungen noch einmal über alles nachzudenken. Sie haben die Überzeugung: Solange einer eine andere Meinung hat, kann ich von ihm lernen. (Reife Gruppen sind leider ganz, ganz selten.)

Konsistenz und Glaubwürdigkeit! Vertreten Sie Ihre Meinung konsistent. Wackeln Sie nicht. Bleiben Sie eher stur (aber nur, wenn Sie wirklich im Recht sind!). Ihre Festigkeit sorgt dann dafür, dass andere zweifeln. Glaubwürdig ist der, der nicht anders kann.

Zeitgeist! Gute Chancen haben Minderheitenmeinungen, wenn sie im Trend liegen oder eine in der Gesellschaft aufkommende Meinung widerspiegeln.

Nicht für sich selbst! Es ist gut, wenn Ihnen geglaubt wird, dass Sie das, was Sie denken und sagen, nicht aus Eigennutz tun, sondern zum Wohle des Ganzen. Dass Ihnen das geglaubt wird, ist ein Geschenk, das Sie nicht einfordern können.

Ähnlichkeit ist günstig! Wenn Sie sich in Ihren Äußerungen und in Ihrem Äußeren von der Mehrheit zu sehr unterscheiden, sinken Ihre Chancen, zu überzeugen.

Beharrlichkeit. Cato der Ältere forderte nach jeder seiner Reden, wirklich nach jeder, dass Karthago zerstört werden müsse. Manche hielten das für Altersstarrsinn, andere für Konsistenz. Karthago wurde letzten Endes dann doch dem Erdboden gleichgemacht. Möglicherweise sind Altersstarrsinn und Konsistenz ununterscheidbar.

Lerndesign

Vom Umgang mit schwierigen Gruppen

Inhalte und Zielsetzung:	Die Gruppe hart konfrontieren und den Auftrag neu definieren lassen.
Teilnehmer:	4–15 Personen.
Dauer:	Situationsabhängig.
Ressourcen:	Flipchart.
Vorbereitung:	Den folgenden Text am besten auswendig lernen.

Ablauf: Wenn sich Berater mit Gruppen in schwierigen Situationen befinden und gängige Interventionsformen bereits erschöpft sind, hilft meist dieses letzte Mittel der Konfrontation: Der Berater verlässt den Raum. Ratsam für Berater ist dieses Vorgehen meist, wenn die Workshopgruppe eben das nicht tut, was sie soll: an sich arbeiten.

Vor dem Hinausgehen sollten Sie aber in etwa Folgendes sagen. Sie können einen Teil des folgenden Textes auch ans Flipchart schreiben:

»Mir imponiert die Gruppe damit, dass sie es immer schafft, Konflikte so zu handhaben, dass es nach Einvernehmen aussieht. Die Gruppe scheint die Fähigkeit zu haben, Informationen und Erwartungen an Einzelne immer so auszudrücken, dass jeder dafür oder dagegen sein kann und sich nicht angesprochen fühlt.«

»Mir imponiert die Gruppe damit, dass sie ihre Beziehungen untereinander und zu mir nicht durch die Äußerungen unterschiedlicher Ansichten, Wünsche und Sichten gefährdet. Das erspart allen eine intensivere Klärung, bewahrt das bestehende Gleichgewicht und sieht nach Übereinstimmung und Harmonie aus. Ich möchte Sie bitten, darüber gemeinsam nachzudenken und zu klären, wie Sie im weiteren Verlauf des Workshops mit diesem Verhalten umgehen wollen. Ich, in meiner Rolle als Ihr Berater, befinde mich in einem Dilemma, wenn wir weiterhin die Form der Unverbindlichkeit pflegen, wie sie üblicherweise in einem ICE-Großraumabteil vorkommt. Dann gefährden Sie Ihre Art und Weise der Beziehungskultur, die Sie in diesem Workshop – und möglicherweise auch sonst – praktizieren, nicht. Gleichzeitig vermute ich, dass Sie sich nicht wirklich mit Ihrer Führungsarbeit auseinandersetzen und wir dadurch keinen nachhaltigen Lernerfolg erreichen. Zugleich möchte ich Sie davor warnen, diese Verhaltensweisen unreflektiert und schnell zu verändern. Schnelle Änderung könnte die beschriebenen positiven Effekte umkehren. Konflikte träten hervor und könnten Ihre Beziehungen auf eine neue Basis stellen. Der Preis für die Vermeidung dieses Risikos liegt darin, dass Chancen und Synergieeffekte aus klärenden Konflikten nicht realisiert werden.
Nachdem Sie sich darüber jetzt gleich ausgetauscht haben werden, können Sie mich wieder in den Raum bitten. Ich sitze vor der Tür. Bevor Sie mich aber wieder hereinholen werden, möchte ich Sie bitten, den Auftrag, den Sie an mich und an sich selbst haben, am Flipchart hier niederzuschreiben.« – Der Berater verlässt den Raum.

Es wird dann eine intensive Diskussion geben, nach deren Abschluss man Sie in der Regel wieder in den Raum zurückbittet. Erfahrungsgemäß kann das bis zu zwei Stunden dauern. Manchmal ist alles schon nach 20 Minuten erledigt.

Anmerkungen zur Wirkungsweise: Diese mutige Intervention hat meist zur Folge, dass eine neue Bedingung für die Möglichkeit geschaffen wird, den Kommunikationsstil der Gruppe zu verändern. Die Streitachse Berater-Gruppe wird aufgegeben und es entstehen neue Dialogbeziehungen. Die Heftigkeit der Intervention sorgt dafür, dass die Gruppe sich tatsächlich Gedanken über ihr Verhalten machen wird. In den allermeisten Fällen findet die Gruppe den Mut, tatsächlich in neuer Weise miteinander auch unterschwellige Konflikte zu besprechen. Übrigens: Diese Intervention lässt sich nur ein einziges Mal in einer Gruppe anwenden. Häufiger haben es sich die Autoren noch nicht getraut.

Virtuelle Teams führen

Essay: Geht eigentlich nicht! Was man aber trotzdem tun kann

Nähe, Distanz, Netzwerke

Zunächst einmal: Virtuelle Teams sind nicht virtuell. Sie sind wahrhaftige Teams, die nur mit der Eigenschaft der räumlichen oder zeitlichen Distanz umgehen müssen. Auch diese Teams haben einen Zweck, Ziele, Aufgabenpakete, Beziehungen, Führung, Personen, Qualifikationen, Werte – auch von ihnen werden Ergebnisse verlangt.

Es mag sein, dass diese Menschen sich noch nie gesehen haben: Das bringen die Globalisierung und die Vernetzung mit sich, aber auch die Möglichkeiten der Medien – virtuelle Teams gibt es häufig schon an einem Standort. Seitdem per E-Mail, Chat, Videokonferenzen und Co. Informationen fließen können, existieren diese Teams auf Distanz. Was sich ändert, sind Form und Inhalt ihrer Kommunikation. Und damit rücken sie von einem Pol des Nähe-Distanz-Kontinuums an den anderen. Das beginnt schon – das haben Studien gezeigt – ab einer Distanz von 15 Metern. Die Häufigkeit und Wahrscheinlichkeit der direkten Kommunikation nehmen rapide ab, je weiter die Beteiligten voneinander entfernt sind. So beginnt die Arbeit im Netzwerk eigentlich für die meisten Menschen jeden Tag. Sie scheitern deswegen nicht zwangsläufig. Aber sie wissen in vielen Fällen nicht, wie es weitergehen soll, wenn sie scheitern, oder wie sie dem Scheitern vorbeugen können.

Eine Metapher fällt – und hilft: die Fußballmannschaft

Häufig und gern werden Sportteams als Metaphern für Arbeitsteams verwendet. Es ist auch ein gutes Gefühl, sich die tägliche Arbeit als spaßigen Sport vorzustellen und das Gefühl zu vermitteln: Wir alle kämpfen für den Sieg, einer für alle, alle für einen. Was »virtuelle Teams« ausmacht, kann die klassische Teammetapher kaum mehr leisten: Das Team bewegt sich nicht mehr gemeinsam auf dem Rasen, der Gegner ist ebenfalls unsichtbar, manchmal sogar der Ball, kaum einer kann das Ganze in seiner Dynamik überblicken – das gelingt auch im Sport gerade noch dem Trainer, wenn es gut geht –, das gemeinsame Spiel ist schwerer fassbar, Unvorhersehbarkeiten sind nicht nur unvorhersehbar, sondern auch schwer sichtbar.

Trotzdem hilft der Gedanke: ein Ziel, eine Strategie, ein Zusammenhalt – und zeigt den wichtigsten Anspruch an Führung von virtuellen Teams: auf vielen kreativen Wegen sichtbar zu machen, was unsichtbar geworden ist, das fühlbar und kommunizierbar zu machen, was unfassbar geworden ist.

Was man sieht, wenn man sich nicht sieht

Die Behauptung aller Teamentwickler ist: Wenn man sich nicht sieht, wenn die persönliche »Chemie« nicht stimmt, wenn die Chance auf Wahrnehmung fehlt, wenn die Beziehungen nicht geklärt sind, wenn kein Face-to-Face-Kontakt möglich ist, dann kann ein Team bei der Lösung komplexer Probleme nicht arbeitsfähig sein. Und diese Behauptung stimmt – kaum jemandem gelingt es bisher, einen Konflikt ohne Schaden an der Beziehung ausschließlich per E-Mail zu klären.

Und trotzdem: Teams, die in der virtuellen Realität, auf Distanz miteinander arbeiten, sind keine Seltenheit. Immer wieder wird der Mythos betont, man müsse »auf der persönlichen Ebene« Kontakt haben, damit eine Beziehung funktioniert. Gleichzeitig wird das ständig widerlegt: In ICQ, Foren, Weblogs, Computer- und Netzwerkspielen bauen täglich Millionen von Usern Millionen von Beziehungen auf und ab und um. Man sieht dann das, was man sehen will und in diesem Moment benötigt, und konstruiert sich selbst und die anderen. Man wählt aus, legt sich zusätzliche Identitäten zu, wechselt seine Geschichte wie Kleider – je nach Anlass und Rahmen. Es zeigt sich, dass Menschen dies nutzen – ob zu deren psychischem Wohl oder Unwohl, sei dahingestellt –, es wird genutzt und ist da. Chat unter jenem, Blog unter diesem Pseudonym. Man sieht sich – nicht.

Teamentwicklung 2.0

»Virtuelle Teams« sind Gruppen, die ebenso an ihren Ergebnissen gemessen werden wie andere Teams. Sie existieren deshalb als Teams, weil sie eine komplexe Aufgabe mit ihren Teamfähigkeiten lösen können, die Gruppe »weiß« mehr als ein Einzelner. Und das hat große Vorteile – endlich können die aktuellen Experten des Themas zusammenarbeiten und nicht nur die gerade räumlich verfügbaren. Diese Experten, die zu diesem Zeitpunkt ihre Identität für das jeweilige Thema zur Verfügung stellen, müssen

- sehr diszipliniert arbeiten und denken können,
- hohe Fähigkeiten zur Selbstorganisation haben,
- sich auf klare Arbeitsstrukturen einlassen können,
- komplementär Verantwortung tragen,
- Vertrauen in die anderen Teammitglieder haben können,
- fähig sein, über Distanz eine Teamidentität aufzubauen,

- über Rückmeldeschleifen ihre eigene Effizienz kontrollieren,
- sehr, sehr, sehr kommunikationsfähig sein.

Paradox: Nur die reflektiertesten Teamplayer der Realität finden sich tatsächlich in der Virtualität zurecht. Oft nicht sehr gern, aber sehr gut. Denn sie können ahnen, wie es den anderen ergeht, nur sie können antizipieren, was die Mitstreiter benötigen, um gute Arbeit leisten zu können. Und sie können visualisieren und verbalisieren, was sie empfinden, was sie stört, was sie klären müssen. »Es« sagen zu können, heißt aber zunächst: es entdecken, bei sich selbst, bei den anderen, im Kontext. Und es dann so sagen zu können, dass die anderen es als hilfreich verstehen, das sind die Meisterstücke virtueller Teamarbeit.

Führung per E-Mail? Unmöglich, aber wahr: Führung 2.0

Und wen wundert es: Virtuelle Teams benötigen meisterhafte Führung. Mehr denn je und mehr als andere. Denn in Distanz muss besonders geführt werden: Durch Anerkennung, Vorgabe, Klärung, Sichtbarmachen, Versprachlichung, Verbindlichkeit. Die Führung dieser Teams muss auf höchstem Niveau kommunizieren können: und vor allem klar und prägnant – Sprachgenies mit Fingerspitzengefühl für Regungen auf allen Ebenen der Kommunikation (Grüße an Herrn Schulz von Thun!) sind gefragt.

Um die Distanzen zu managen und persönliche und inhaltliche Nähe zu erzeugen, ist intellektuelle und emotionale Präzisionsarbeit in der Führung notwendig.

Führung muss bei »virtuellen Teams«

- hilfreiche Strukturen geben und anpassen,
- die Beteiligung klären,
- die persönlichen Perspektiven der Teammitglieder kennen und erspüren,
- Anerkennung immer wieder aussprechen,
- Ermutiger und Verbildlicher sein,
- sehr gute Nerven haben,
- über ein ausgeprägtes Vorstellungsvermögen verfügen,
- helfen, es selbst zu tun (»Remote-Management«),
- viel Erfahrung in der Führung wirklicher Teams haben,
- es schaffen, Sinn und Horizont immer wieder zu zeigen.

Vertrauen: schon wieder besser als Kontrolle!

> »Die Aufgabe dieser Führungskraft besteht im Schaffen einer gruppenspezifischen Vision, einer klaren Idee und auch im Regelfall aus einer der Aufgabenstellung entsprechenden Projektkultur: Vor allem bei einem virtuellen Team ist diese integrative Kraft durch den ›sozialen Klebstoff‹ der Unternehmens- beziehungsweise

> Projektkultur dringend erforderlich. … Virtuelle Teams … brauchen wirkliche Spielführer, die über ihre Autorität Ziele und Regeln definieren« (Scholz 2002).

Trotz allem: Virtuelle Teams werden nie virtuell werden – es sind die virtuellen Arbeitsweisen und der virtuelle Kontakt, die neue Führungsqualitäten erfordern. Dort, wo diese Arbeit Erfolg hat, haben sich die Teammitglieder in einer guten Story kennengelernt – auch wenn der Kontakt virtuell blieb. Diese Menschen haben in der Geschichte ein Bild voneinander gewonnen, das Führung ermöglichen und beeinflussen kann. Ob das Bild allerdings ein Original oder eine Fälschung ist – für den Erfolg der Arbeit ist es nicht wichtig.

Visualisierung: Nette E-Mails und mehr

Was tun, wenn es nicht richtig tut. So können Sie reagieren, wenn sich in der virtuellen Teamarbeit Probleme auftun:

Phänomene virtueller Teams	**Das könnte helfen beziehungsweise die Ursache sein …**
Der Start stockt.	Wahrscheinlich gibt es grundsätzliche Probleme. Teamzusammensetzung und Projektauftrag prüfen. Gemeinsames Verständnis des Auftrags klären und sichern. Mitdenken und kreative Beteiligung ermöglichen, wenig kontrollieren. Eventuell noch unvorbelastete Teammitglieder finden: Sie stellen neue Fragen und frischen auf, motivieren neu.
Es kommt zur Stagnation auf dem Weg.	Gemeinsam nach Gründen suchen. Die Stagnation benennen und Beteiligung an der Problemlösung ermöglichen. Nach den Methoden fragen, wie man vorwärtskommen kann. Erwartungen abfragen und in virtueller Konferenz klären. Unterstützung anbieten. Dokumentation des schon Geleisteten, aber auch der bisherigen Handlungsmuster, die erkannt werden müssen.
Nur manche Teammitglieder machen wirklich mit.	Einzelgespräche führen. Nach Möglichkeiten und Unterschieden fragen. Teamkulturen erfragen. Zugehörigkeiten klären oder Team neu gründen. Bewusstheit für das Ganze schaffen.
Das Engagement scheint nicht hoch zu sein.	Frühzeitig ansprechen und auch mit den Einzelnen durchsprechen. Problemanalyse betreiben: Kompetenzen, Ressourcen, anderes? Bedeutsamkeit der Arbeit klären. Rückkopplungen prüfen: rechtzeitige Anerkennung?

Phänomene virtueller Teams	**Das könnte helfen beziehungsweise die Ursache sein …**
Es kommt zu Zielkonflikten und Zeitüberschreitungen.	Verbindlichkeit erhöhen durch frühzeitige Transparenz und Mitteilung an Auftraggeber. Unterstützungsbedarf klären. Gemeinsames Gespräch im Team über die Neuausrichtung.
Konflikt-management	Aufgabenbezogene Probleme auch aufgabenbezogen klären. Verständnis, Ziel, Zweck klären. Mitarbeiterbezogene Probleme prüfen auf: • kulturelle Unterschiede, • Probleme zwischen einzelnen oder mehreren Mitarbeitern. Führungsbezogene Probleme am besten mit einem externen Mediator lösen.
Aus den Augen, aus dem Sinn: Wer nicht am gleichen Ort ist, wird vergessen.	Dokumentieren Sie, wann Sie zu wem Kontakt hatten. Klären Sie die Regelmäßigkeit Ihrer Kommunikation per Zeitplan. Teammitglieder aktiv (und persönlich) besuchen. Ressourcenlagen klären. Neue Vereinbarungen treffen. Informelle Treffen stärken.

SMS-Architekturen

Inhalte und Zielsetzung:	Umgang mit reduzierter Kommunikation lernen.
Teilnehmer:	4–10 Personen.
Dauer:	1,5–2 Stunden.
Ressourcen:	Zwei Räume mit genügend Platz und Höhe, zweimal zehn Stühle, zwei Mobiltelefone mit Empfang; gegebenenfalls Digitalkamera und Beamer.
Vorbereitung:	In den beiden Räumen müssen gleich viele Stühle gleicher Art stehen.

Ablauf: Die Aufgabenstellung an die Teams lautet folgendermaßen:

> »Ihre Aufgabe wird es sein, eine möglichst hohe und komplexe Stuhlpyramide zu bauen. Es gibt zwei Teams, die Architekten und die Arbeiter. Die Architekten bleiben im Raum und bauen die Pyramide, die die Vorlage für die Kopie ist. Die Arbeiter gehen hinaus, haben zunächst Pause und sammeln sich dann im anderen Raum. Die Architekten übermitteln die Anweisungen zum Bau der Stuhlpyramide nur per SMS. Es darf kein Sichtkontakt bestehen. Die Teams dürfen nicht miteinander sprechen. Die Aufgabe ist erledigt, wenn die Arbeiter die Pyramide exakt nachgebaut haben.«

Auswertung: Für die Auswertung empfiehlt es sich, einige Fotos der Bauaktivitäten und der Personen zu machen, die man gleich mit einem Beamer zeigt. Vor allem ist es gut, die Stimmungen der Teilnehmer dabei einzufangen. Auswertungsfragen: Wie war der Verlauf der Stimmung in beiden Teams? Welche Rolle spielten die Emotionen der jeweiligen Seiten für die Kommunikation? Welche Analogien gibt es zu virtuellen Teams?

Varianten: Die Kommunikation erfolgt mit Moderationskarten (nur Text, keine Skizzen). Es darf gesprochen werden, um die Kommunikation zu verbessern. Sichtkontakt ist weiterhin verboten.

Anmerkungen zur Wirkungsweise: Nach anfänglicher Begeisterung der Architekten beim schnellen Bau der Pyramide kommt für sie eine lange, zähe Phase des Wartens auf den Erfolg der Arbeiter beim Nachbau. Die Emotionen der jeweils anderen Seite scheinen keine Rolle zu spielen und werden in den SMS nicht erwähnt. Sie beeinflussen aber stark die Energie und das Nachdenken über möglichst schnell erfolgreiche Strategien.

Literaturtipp

Scholz, C. (2002): Virtuelle Teams – Neuer Wein in neue Schläuche. In: *Zeitschrift für Führung und Organisation (zfo)*, 1, 26–33.
Scholz beschreibt die grundlegenden Chancen und Hindernisse virtueller Teams. Virtualität entsteht demnach sehr schnell und oft unbemerkt und folgt dann ihren eigenen Regeln. Wer es auch wissenschaftlich will, liest es.

Lernen ermöglichen und Lernkulturen etablieren

Essay: Das Pisa der Bosse – Trainings für die Katz?

Wir können nicht nicht lernen

Forschungen zeigen: So wie der Leopard auf das Laufen, der Fisch auf das Leben im Wasser oder der Affe auf das Klettern spezialisiert ist, ist der Mensch durch seine spezifische neuronale Entwicklung ebenfalls Spezialist: im Lernen. Das Gehirn lernt ständig, andauernd werden neue Reize zum Lernen gefiltert und ausgewertet, neue »Spuren« gelegt. Lernen am Erfolg findet anders statt als am Misserfolg, Lernen in Gruppen anders als das Lernen allein. Willentliches (intentionales) Lernen ist etwas anderes als beiläufiges Lernen – wie gern würden wir unser Lernen noch viel gezielter steuern! In jedem Falle stimmt: Menschen können gar nicht anders als lernen. Permanent sind sie in einem Prozess der Verhaltensänderung in Reaktion auf ihre Umwelt. Und Sie ahnen es: Je emotionaler und reiz-voller das Umfeld, desto intensiver der Lernprozess.

Wie Systeme lernen können und es dann auch tun

Welche Organisation von heute beansprucht nicht, eine lernende Organisation zu sein? Natürlich sind dabei die Menschen gemeint. Es geht um das Lernen als reflektierte Erfahrung. Synaptische Verbindungen und neuronale Prozesse stehen im Hintergrund, im Vordergrund stehen fünf Eckpfeiler der lernenden Organisation, die Peter Senge (Senge u. a. 2004) ausweist und ohne die es tatsächlich nicht geht – und die wir um die Umsetzung erweitern. Unabdingbar für eine lernende Entwicklung sind daher:

- *Personal Mastery – individuelle Reife.* Wenn die Persönlichkeitsentwicklung der Mitglieder einer Organisation ein wahrhafter Teil des gemeinsamen Lernens ist, verbessert sich die Organisation. Persönlichkeit entwickeln heißt, sinnvolle und angemessene Ressourcen, Wege und Herausforderungen für den Einzelnen finden und vor allem: dies zu wollen.
- *Mental Models.* Die mentalen Modelle sind die Bilder, die wir mitbringen, unsere Glaubenssätze und Grundannahmen, aus denen heraus wir die Welt beurteilen. Wer mentale Modelle entdecken, benennen und besprechen kann, kann sie sichtbar machen und verändern.

Gute externe Berater lenken den Blick auf diese mentalen Modelle – sie haben die Methoden, die Haltungen und das Wissen dafür, mit ihnen umzugehen, sie weiterzuentwickeln und nutzbar zu machen. Warum Externe? – Weil interne Berater auch nur das sehen können, was ihr System sieht. Sie sind schließlich Teile davon.

- *Shared Visioning – die Notwendigkeit einer gemeinsamen Vision.* Der Daseinszweck (die Mission) und die Ziele sind allen klar und: Sie sind spürbar und erlebbar. Wenn eine Organisation sich entwickelt, weiß sie durch ihre Vision, wozu und wohin. Visionen kann man sich aber nicht downloaden, man kann sie auch nicht ausrufen – sie entstehen durch gemeinsamen Abgleich, durch Lust und Leidenschaft, durch Auseinandersetzung und Abstraktion. Das geschieht nie virtuell, selten schriftlich, fast immer nur in der direkten Begegnung. Kontakt- und Konfliktscheue Zeitgenossen können sich alternativ an Helmut Schmidts bekannten Satz halten: »Wer Visionen hat, soll zum Arzt gehen.«
- *Team-Learning.* Die Mitglieder einer Gruppe sind auf ein gemeinsames Ziel hin verbunden. Interaktion erzeugt Rückkopplung und Zugehörigkeit. Wenn Menschen in Teams lernen, erfahren sie sich selbst und ihre Wirksamkeit, und sie können entdecken, dass sie im Team mehr leisten als allein. Teamlernen verbindet das Lernen im Team – aneinander – und das Lernen als Team – bezogen auf die Aufgabe. Auch hier ist Begegnung unabdingbar – ein Team reift erst dann, wenn es eine Zeit für und mit Unterschieden gibt.
- *Systems Thinking – Denken in Systemen und als System.* Mitglieder sind fähig, ihr Systemverhalten zu reflektieren. Sie besitzen systemisches Wissen und systemische Intelligenz. Sie können die Metaebene in ihrem Tun einnehmen und dadurch Muster und Gesetzmäßigkeiten ihrer Kultur und ihres Verhaltens erkennen. Im Denken, Besprechen und Bearbeiten dieser Erkenntnisse können Veränderungsprozesse bewusst gestaltet werden. Wenn Gruppen über Systeme nachdenken wollen, müssen die Mitglieder miteinander sprechen und lernen, das Wesentliche besprechbar zu machen.

Alle fünf »Disziplinen« sind in Kombination miteinander notwendig, um eine lernende Organisation zu entwickeln, die immer fähiger wird, mit den Anforderungen ihrer Umwelt und ihrer »Inwelt« umzugehen.

Der Reflex der meisten Organisationen ist: Dort schicken wir unsere Führungskräfte hin. Alle. Die ganze Riege sollte das doch wissen! Und wenn jeder das dann »intus hat« und das Umsetzungscontrolling funktioniert, dann sind wir schon im nächsten Jahr viel besser! – Gesagt – getan – gescheitert. Und vergessen.

Leider reagieren Personalentwickler und Führungstrainingsanbieter immer noch auf den klassischen »Input«-Effekt. Schulungen und Trainings werden verabreicht wie Aspirin, nach der Ursache der Kopfschmerzen jedoch fragt niemand, nach den Gesundheitsfaktoren für die Zukunft auch nicht. Wissen wird verteilt – »Das müssen die doch wissen, das haben wir doch ›kommuniziert‹!« – und der Seminarerfolg wird erfolgreich evaluiert. Ein Jahr später folgt das nächste neue Thema, das ebenso sehr mehr oder weniger nützliches Wissen beinhaltet. An den Strukturen des Arbeitens und am konkreten Verhalten ändert sich derweil gar nichts. Die alten Muster bleiben, an denen die mögliche Anwendung des Neuerlernten scheitert. Und die Bewahrer der Strukturen behalten recht: Das Geld hätte man doch auch sparen können.

Was uns übrig bleibt: Lernende unter Lernenden zu sein

Solange Sie also Einzelne zur Fortbildung »Teamentwicklung im Unternehmen« anmelden und Portfolio-Jäger die Schulung »Innovationsorientierung« buchen, ist die Chance, auf eine Rückwirkung in die Organisation gering.

»Bildung ist das, was übrig bleibt, wenn das Gelernte wieder vergessen ist«, hat einmal jemand gesagt. Lernen ist erst dann gelernt, wenn es Nachhaltigkeit hat und erzeugt. Faktoren dieser Nachhaltigkeit in Lernkulturen sind:

- *Face-to-Face-Situationen:* Gelingende Begegnungen von Menschen zu notwendigen Themen sind der Ausgangspunkt allen Lernens. Hier wird das »Material« relevant und emotional, und es wird in einen sozialen Prozess eingebettet. Dort erst hat es auch die Chance, tatsächlich zu bleiben.
- *Soziale Kompetenz im Prozess entwickeln:* Zu den Inhalten des Lernens gehört untrennbar der Umgang der Lernenden miteinander. Je intensiver und irritierender das Lernen ist, desto bedeutender sind die sozialen Kompetenzen, in und mit denen gelernt wird.
- *Gemeinschaftsgefühl und Interdependenz:* Lernen erhält Dynamik und Bedeutung, wenn Gruppen gemeinsam Erfolg haben. Sinnhaftigkeit wird durch die Anerkennung im Feedback sofort erlebbar und verankert so das Neue mit einer sozialen Erfahrung. Was früher schon Pädagogen und Philosophen wussten, können heute die Neurobiologen physisch nachweisen: Wird das Lernen von positiven Rückmeldungen und emotional positiven Erfahrungen begleitet, kann das Wissen auch in kreativen Prozessen verwendet werden.
- *Individuelle Verantwortung:* Komplementär zur Gruppenleistung steht die Verantwortung des Einzelnen. Wenn klar und sichtbar ist, was der Einzelne zum Gesamterfolg der Gruppe, des Teams, des Unternehmens beiträgt, dann ist die Chance auf Erfolg sehr hoch. Die individuellen Ziele müssen zu den Zielen der Gemeinschaft passen: Dazu verhilft ein Abgleich in der Gruppe, ein Austausch über Motive und Erfolgsvorstellungen.
- *Prozessreflexion und Feedback:* Double-Loop-Learning ist Veränderungslernen. Nur wer in regelmäßigen Abständen dazu fähig ist, den Prozess zu betrachten und Konsequenzen für das weitere Vorgehen zu ziehen, kann langfristig Lernkulturen etablieren. In der Tradition der Benediktiner wusste das schon Ignatius von Loyola (Gründer des Jesuitenordens, 1491–1556): Die »wichtigste Viertelstunde des Tages« war die Reflexion über den Tag selbst. Feedback unter diesen Bedingungen: Eine wichtige Viertelstunde des Tages – zu zweit oder mehreren …

Sowohl im Verlauf als auch am Ende (wenn es das gibt) des Lernprozesses gibt es Chancen zur Reflexion. (Liebe Ingenieure: Das ist so etwas wie die Wartung beim Auto.) – Erfolgreiche Lerner halten inne und schauen nicht nur auf die Zwischenergebnisse und verändern so ihre Handlungen und Maßnahmen (Single-Loop-Learning, Anpassungslernen), sondern sie ziehen im Prozess Rückschlüsse auf die Ziele, die sie sich gesetzt haben. Wenn dort Korrekturen notwendig sind, verändern sie die Maßnahmen (»die richtigen Dinge tun«), weil sich die Ziele verändert haben.

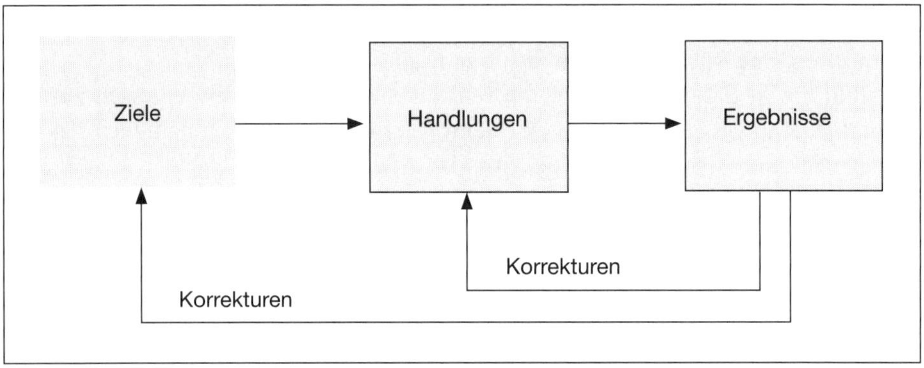

Double-Loop-Learning

Auf diese Weise ändern sich zunächst nicht die Lernenden – das Lernen ändert sich und hat eine nachhaltige Wirkung. Organisationen, die tatsächliche Entwicklungen wünschen – und nicht nur Alibi-Personalentwicklung betreiben –, finden wirkungsvolle Lerndesigns für ihre Führungskräfte. Es gelingt ihnen, die Betroffenen zu Beteiligten zu machen und, noch mehr, die vorhandene, meist hierarchische Struktur sinnvoll zu ergänzen: mit neuen Schnittmengen in der Organisation, mit funktionalen Einheiten, die gemeinsam lernen und sich in der angeleiteten Auseinandersetzung entwickeln. Dort entstehen mutige Kamingespräche, erhellende Führungsfokusse, vertiefende Führungsdialoge. Jeder erhält die Chance, das neue Wissen gleichzeitig zu erhalten und die neue Erfahrung mit-zu-teilen – und damit ein Teil des Lernprozesses zu werden. Und jeder Lernprozess ist ein Veränderungsprozess. Wenn er gelingt, ist hinterher etwas anders als vorher. Neues Verhalten ist möglich und hat die Chance, sich zu etablieren und zu festigen.

Visualisierung: Wer sagt, dass er jeden Tag dazulernt, lügt!

Warum Organisationen nichts lernen (wollen): fünf Hürden.

- Menschen wollen ihr individuelles Wissen nicht kollektivieren. Jeder behält Machtwissen für sich und zeigt so seine Unersetzbarkeit.

- Das Vertrauen für das gemeinsame Lernen fehlt. Eine Atmosphäre, in der Fehlerkultur möglich ist, fehlt – die Menschen haben Angst vor Bloßstellung und persönlichen Nachteilen, Macht wird nicht abgegeben.
- Neue Erkenntnisse und Handlungen werden nicht umgesetzt. Die Akzeptanz fehlt, weil »das Gelernte« als Vorgabe und Erlass eingefordert und Eigenverantwortung nicht ermöglicht wird. Es fehlen das »Wir« und der Sinn in der Umsetzung.
- Prozessreflexion scheitert: Es gibt keine Zeit, keine Kompetenz, keine Kritikfähigkeit, kein Interesse (es könnte tatsächlich zu Veränderungen führen).
- Persönliches Feedback findet nicht statt, und es gibt keine Auswirkungen auf die Systemebene.

Lerndesign

»Commedia della situazione« – Szenencoaching

Inhalte und Zielsetzung:	Bearbeitung der Situation eines Teilnehmers mithilfe eines Szenenspiels. Suche nach alternativen Sichtweisen und Handlungsoptionen.
Teilnehmer:	6–15 Personen.
Dauer:	1–2 Stunden.
Ressourcen:	Freier Raum mit genügend Platz für eine Bühne, Stühle, gegebenenfalls einzelne Einrichtungsgegenstände.
Vorbereitung:	Keine.

Ablauf: Zunächst erfolgt die *Themensuche.* Jeder Teilnehmer sucht sich im Seminarraum oder außerhalb einen Gegenstand, der etwas mit ihm gemeinsam hat. Ein erster Teilnehmer wählt sich jemanden aus, der ihn zu diesen Gemeinsamkeiten interviewt. Dabei wird ein Thema des Teilnehmers herausgearbeitet, zum Beispiel Zurückhaltung gegenüber unbekannten Menschen oder Wutausbrüche und andere Affektsituationen, die ab und zu auftauchen. Danach wählt sich der Interviewer einen Teilnehmer, der nun seinerseits ein solches Interview mit ihm führt.

Themenauswahl: Alle Teilnehmer stellen sich im Kreis auf. Die Teilnehmer, die gerne an ihrem Thema arbeiten würden, sollen einen Schritt vortreten. Die anderen wählen den Teilnehmer, dessen Thema sie interessiert und sie bearbeiten möchten. Der Gewinner ist Protagonist im folgenden Spiel.

Stegreifspiel: Der Moderator interviewt den Protagonisten und fragt nach einer Szene, in der ihm dieses Thema intensiv begegnet ist. Die Szene wird, soweit möglich, im Raum eingerichtet.

Der Protagonist wählt Teilnehmer als Rollenspieler für die beteiligten Personen und gibt ihnen Anweisungen, wie sie sich zu verhalten haben. Während dieser Zeit spielt eine andere Person die Rolle des Protagonisten. Wenn auf diese Weise alle Rollenspieler der Reihe nach in ihre Aufgabe eingeführt worden sind, startet die eigentliche Spielsequenz. Andere Teilnehmer können nun probeweise die Rolle des Protagonisten einnehmen und sich wie er verhalten, während er es sich von außen ansieht. Oder sie probieren neue Möglichkeiten aus. Der Protagonist spielt nun selbst seine Rolle mit neuen Varianten. Das Spiel ist zu Ende, wenn mit verschiedenen Konstellationen ausreichend experimentiert wurde.

Sharing: Alle Mitspieler erzählen, was sie in der Rolle erlebt haben und was das mit ihrer Persönlichkeit und Erfahrung zu tun hat. Eine analytische Interpretation des Gespielten ist nicht Teil des Sharings.

Prozess reflektieren: Der Ablauf von der Themensuche bis zum Sharing wird reflektiert. Mögliche Fragestellungen dazu sind: Warum wurde er/sie als Protagonist gewählt? Was hat gut geklappt keim Spielaufbau? Was hätte man besser machen können? Welche neuen Erfahrungen hat der Protagonist?

Variante: Um die Intensität zu erhöhen, kann das sogenannte »Doppeln« eingesetzt werden. Ein Doppel ist eine Person, die seitlich leicht hinter dem Protagonisten genau dessen Körperhaltung einnimmt. Das Doppel spricht wesentliche Sätze des Protagonisten nach und verstärkt mit neuen Formulierungen die erkannten Emotionen und Aussagen.

Doppeln hilft dem Protagonisten, die eigene Befindlichkeit der damaligen Situation deutlicher zu spüren. Bei genügend Teilnehmern können auch mehrere Personen gleichzeitig den Protagonisten doppeln.

Anmerkungen zur Wirkungsweise: Das Erleben des Spiels ist emotional genauso wirksam wie das damalige Erleben der Szene in der Realität. So wird eine andere Geschichte emotional neben die damalige gesetzt und steht als Alternative für ähnliche Situationen bereit. Die anderen Verhaltensweisen, mit denen experimentiert wurde, können vom Protagonisten zukünftig besser abgewägt und eingesetzt werden.

Lerndesign

Literaturtipps

Senge, P./Kleiner, A./Smith, B./Roberts, C./Ross, R. (2004): Das Fieldbook zur fünften Disziplin (5. Aufl.). Stuttgart: Klett-Cotta.
Umfassendes Überblickswerk für Führungskräfte und strategische Planer. Mittlerweile das »Praxis-Manual« zur »fünften Disziplin«, einer der Klassiker der Management-Literatur. Gut für Organisationsentwicker und Berater: Anleitungen für Planspiele oder Gruppenübungen.

Schulz von Thun, F. (2006): Praxisberatung in Gruppen. Erlebnisaktivierende Methoden mit 20 Fallbeispielen (6., aktualisierte Aufl.). Weinheim und Basel: Beltz.
Vom Klassiker der Kommunikationspsychologie ein guter Fundus von Ideen und Methoden für die Arbeit mit Gruppen. Repertoireerweiterungen sind immer erlaubt!

Age Diversity Management

Essay: Das Grauen

Der »age quake« beziehungsweise die demografische Alterung wird in den kommenden Jahrzehnten unsere Gesellschaft spürbar verändern. Dies kündigt einen sozialen Wandel an, der auch an Unternehmen nicht spurlos vorüberziehen kann. Einhergehend mit dem demografischen Wandel wird sich zwangsläufig die Lebensarbeitszeit der Menschen ändern. Dies bedeutet: Das Durchschnittsalter der Mitarbeiter steigt.

Bis zum Jahr 2015 wird die Anzahl jüngerer Erwerbstätiger von 15 bis 29 Jahren auf etwa 20 Prozent zurückgehen und danach stagnieren. Dieser Rückgang läuft bereits seit zwanzig Jahren. 1984 waren es noch 33 Prozent.

Die Gruppe der 30- bis 49-Jährigen wird von heute 55 Prozent auf 47 Prozent im Jahr 2015 sinken: Der Anteil der über 40-jährigen Erwerbspersonen nimmt zu. Dieser Prozess beginnt zurzeit.

Die Gruppe der über 50-Jährigen wird mit einer besonders deutlichen Zunahme von 23 Prozent ab dem Jahr 2010 auf 35 Prozent bis zum Jahr 2015 steigen. Der Anteil älterer Erwerbspersonen wird sich in den nächsten fünfzehn Jahren wesentlich vergrößern. Bereits ab dem Jahr 2010 wird über die Hälfte der Erwerbspersonen über 40 Jahre alt sein.

Wollen Unternehmen von diesen gesellschaftlichen Rahmenbedingungen profitieren, gelingt dies, indem sie das spezifische Potenzial älterer Mitarbeiter nutzen. Wissen und Handeln der Führungskräfte sind dabei entscheidend: Altersmythen sind durch adäquates Wissen zu ersetzen, Führungshandeln gilt es an die Zielgruppe anzupassen.

Bezogen darauf, was konkret zu tun ist, ist die Kategorie Alter genauso wenig vorhersagerelevant wie der Begriff Jugend. Dennoch ist die Kategorie naturgemäß gefüllt mit Bildern und Überzeugungen. Aussagen über den Umgang mit älteren Mitarbeitern zu generalisieren wäre allerdings ähnlich seriös, wie Aussagen über Blondinen zu machen. Forschungsergebnisse beschreiben allerdings mittlere Häufigkeiten von Möglichkeiten bei der Auseinandersetzung mit älteren Mitarbeitern, die Leitlinien darstellen können:

- *Routine und Expertenwissen* sind die Kernkompetenzen älterer Mitarbeiter. Dieses Wissen und Können zeichnen sich dadurch aus, dass sie nicht aus klassischen Wissenskonserven (Büchern) schöpfen, sondern bewährtes Handlungswissen sind. Sie wissen häufig, wie man ein bestimmtes Ziel in einem bestimmten System erreicht.

In der Regel wissen alte Hasen, wie der Hase läuft, weil sie formelle und vor allem informelle Strukturen und Abläufe gut kennen. Sie sind die besten Pfadfinder für die kleinen Dienstwege, die zum Ziel führen.

- Ihre *Erfahrung* zeigt ihnen Lösungen auf, in denen eine Kunst sichtbar wird: unterschiedliche Interessen ausbalancieren zu können.
- *Sie tun sich leichter mit komplexen Sachverhalten*, weil die Erfahrung ihnen ermöglicht, Phänomene schneller einzuordnen. Diese Fähigkeit kann zu einer höheren Entscheidungs- und Handlungsökonomie verhelfen, indem mit wenig Aufwand viel erreicht wird. Psychologen wählten dafür den plastischen Begriff der kristallinen Intelligenz und verbildlichen damit eine Form von Weisheit, in der sich Effekte des vorangegangenen Lernens kristallisiert haben.
- *Ältere sind gelassener.* Studien zeigen, dass ältere Menschen besser darin sind als jüngere, ihre eigenen Emotionen und die anderer Menschen angemessen wahrzunehmen und zu regulieren. Bei gleichem subjektivem Erleben und Ausdruck ist die physiologische Emotionsreaktion bei Älteren weniger stark, ebenso die Häufigkeit und Dauer negativer Emotionen. In Gesprächen über Konflikte zeigen ältere Menschen weniger Ärger und sprechen häufiger auch Positives an.

Klassische Vorurteile über Alter bei der Führungskraft erzeugen mangelndes Zutrauen und provozieren bei Älteren genau das Verzichts- und Rückzugsverhalten, das die Vorurteile bestätigt und bei Jüngeren zu Ausgrenzungsverhalten führt.

Chancen für eine erfolgreiche Führungspraxis hängen davon ab, ob neues Zutrauen entsteht, indem ergraute Altersstereotypen durch junge mentale Modelle ersetzt werden.

Visualisierung: Opa-Management

Sixty-four. Bedingt durch den demografischen Wandel wird sich die Lebensarbeitszeit ändern. Das Durchschnittsalter wird steigen und es wird vermehrt Menschen jenseits der 60 unter den Mitarbeitern geben. Das hat Konsequenzen für Führung.

Yes, we can. Defizithypothesen über Alter erzeugen häufig erst das, wovor sie warnen. Ältere Mitarbeiter gelten im Allgemeinen als krankheitsanfällig, müde, desinteressiert, langsam und unproduktiv. Defizithypothesen sind der Anfang und das Ende des Teufelskreises. Sie erzeugen mangelndes Zutrauen. Mangelndes Zutrauen führt zu niedrigem Selbstvertrauen und negativen Selbstetikettierungen …

Believe! Empirisch betrachtet sind mehrheitlich keine Verschlechterungen der beruflichen Leistungen mit dem Lebensalter nachweisbar.

Das Sein bestimmt das Altsein! Allerdings hat die Gestaltung der Arbeitsbedingungen Einfluss auf den Prozess des Alterns. Wenn in der Altersstufe der »Erhaltung« –

zwischen 45 und 65 Jahren – trainierende und lernanregende Anreize fehlen, so verkümmert die Leistungsfähigkeit. Den Möglichkeiten der flexiblen Arbeitsgestaltung und der Weiterbildung wird entscheidendes Gewicht bei der Integration der älteren Mitarbeiter zukommen.

Think-Tank-Oldies. Hinsichtlich innovativer Ideen sind Ältere nicht unterlegen; das ist für Wissenschaftler und Künstler gut erforscht. Neue Ideen entstehen nicht selten beim Zusammentreffen heterogenen Wissens; die Kombination von früher erworbenem und neu gelerntem Wissen bietet Innovationschancen.

Dank Matthäus! Die kristalline Intelligenz der Älteren bedarf einer Aufwertung und kann als spezifische Fähigkeit betrachtet werden, die vorwiegend das Alter mit sich bringt. Das Matthäusprinzip (»Wer hat, dem wird gegeben«) beschreibt die Bedingung, unter der Ältere günstigere Lernbedingungen als Jüngere haben: Ihre umfassenderen Erfahrungen bieten auch umfassendere Einordnungsmöglichkeiten für neues Wissen, sofern ihnen das zugänglich gemacht wird.

Alter hat Sinn. Die zunehmende Vereinzelung der Gesellschaft führt dazu, dass dem beruflichen Kontext Funktionen zugeschrieben werden, die ehemals im Sozialen und Privaten verankert waren. Der Sinn einer Arbeit wird bedeutsamer. Ältere bevorzugen einen Sinn bei ihrer Tätigkeit gegenüber bloßen Karriereversprechen.

Verantwortungsprofis. Ältere Mitarbeiter sehen in einem delegativen Führungsstil eine Anerkennung ihrer Fähigkeiten und die Einsatzmöglichkeit ihrer Erfahrungen. In diesem Sinne bevorzugen sie, in abgegrenzten Handlungs- und Verantwortungsspielräumen eigeninitiativ und selbstständig zu agieren.

Jedes Unternehmen hat die Alten, die es verdient. Im Zusammenhang mit Alter wird eine Unternehmenskultur benötigt, die dem Alter beziehungsweise dem Älterwerden Wertschätzung entgegenbringt und den intergenerativen Austausch fördert. Eine jugendorientierte Unternehmenskultur, die nur jüngeren Menschen eine optimale Leistungsfähigkeit zutraut, läuft Gefahr, dass ältere Mitarbeiter, im Sinne einer sich selbst erfüllenden Prophezeiung, die ihrem Alter entgegengebrachten negativen Erwartungen akzeptieren und sich dem Fremdbild anpassen.

Lerndesign

Sich vom Ende her denken

Inhalte und Zielsetzung:	Thematisieren des Alters, Austausch und dadurch Abbau von Vorurteilen.
Teilnehmer:	4–15 Personen.
Dauer:	1,5–2,5 Stunden.
Ressourcen:	Freier Raum mit Platz für alle Personen ohne Tische, Stühle, ein zweiter Gruppenarbeitsraum, Metaplanwände und Moderationsmaterial, Metermaßbänder entsprechend der Anzahl der Teilnehmer mit 100 cm Länge.
Vorbereitung:	Keine.

Ablauf: Zu Beginn erhält jeder Teilnehmer ein *Metermaß über das Alter*. Jeder lebt so, als könne er hundert Jahre alt werden. Also bekommt jeder Teilnehmer ein Band von hundert Zentimetern, von dem er die Teile abschneiden soll, die ihm nicht (mehr) zur Verfügung stehen. Die Anweisung an die Teilnehmer lautet:

> »Nehmen wir eine tatsächliche Lebenserwartung von 80 Jahren an; schneiden Sie also 20 cm ab. Schneiden Sie nun noch die Anzahl der bereits gelebten Jahre ab.«

Sprechen Sie anschließend über folgende Fragen:

- Wie lange und mit welchen Schwerpunkten nehme ich am Arbeitsleben teil?
- Was bedeutet das für Sie?
- Haben Sie den Eindruck, noch viel Zeit zu haben?
- Was denken Sie über den Satz: »Das Beste liegt noch vor dir?«

Gruppe nach Alter aufteilen: Teilen Sie nun die Teilnehmergruppe in über und unter 50-Jährige. Die beiden Gruppen reden über folgende Frage: Welche Bilder und Vorurteile über die Lebensphase der anderen Gruppe kennen Sie? Sammeln Sie die Vorurteile.

Im Anschluss daran konfrontieren sich die beiden Gruppen gegenseitig mit den gesammelten Vorurteilen. Sie stehen sich dabei gegenüber. Lassen Sie die Gruppen die Vorurteile tatsächlich so formulieren, dass sie als Vorwurf klingen und in der Gruppe Emotionalität entsteht.

Reflexion: Jede Altersgruppe für sich überlegt nun, inwieweit diese Vorurteile ihre Rolle im Unternehmen tatsächlich prägen.

Mischen der Gruppen: Im letzten Schritt werden – je nach Zusammensetzung – kleine Einheiten gebildet (Zweier- oder Dreiergruppen), die gemeinsam über folgende Fragen sprechen:

- Welche Vorurteile stimmen für mich persönlich, welche nicht?
- Inwieweit könnte es sein, dass mich die Vorurteile beeinflussen, sodass ich sie selbst glaube und sie deshalb mein Verhalten bestimmen?
- Wenn jemand mir etwas anderes zutrauen würde, welches Verhalten könnte ich realisieren, weil ich eigentlich glaube, dass ich in der Lage dazu bin?

Kommentar: Das Lerndesign ist ähnlich den bekannten Modellen zum Kulturaustausch. Der erste Teil mit dem Maßband dient der emotionalen Hinführung auf das Thema. Man sieht es eben besser, wenn man seine Lebenszeit vor Augen in der Hand hält.

Literaturtipps

Stamov Roßnagel, C. (2008): Mythos »alter« Mitarbeiter. Lernkompetenz jenseits der 40?! Weinheim und Basel: Beltz.
Der Bremer Wissenschaftler Christian Stamow Roßnagel widmet sich dem Lernen und der Weiterbildung jenseits des 40. Lebensjahres. Das Buch gibt Anstöße, die berufliche Weiterbildung Älterer angemessen zu gestalten. Informativ und recht ausführlich beschreibt der Autor, welche Lernformen es gibt und welche Methoden sich für das lebenslange Lernen eignen. Denn: Es gibt keine Altersgrenzen für das Lernen.

Psychologie Heute Compact-Heft »Älterwerden« (November 2008). Die Beiträge in diesem Heft zeichnen eindrucksvoll ein neues Bild vom Alter. Tenor: »Älter werden wir später!« Denn: Entwicklung ist in jedem Alter möglich. Auch als älterer Mensch bleibt man kompetent, produktiv und ist bereit und fähig, Neues zu lernen.

Unternehmerkompetenz

Ergebnisorientierung

Essay: Sisyphos, irritiert

Sisyphos als Protagonist

Sisyphos war dazu verdammt, auf ewig einen riesigen Felsbrocken einen Berg hinaufzuwälzen, der jedes Mal, wenn er fast den Gipfel erreicht hatte, wieder an den Fuß des Berges hinabrollte. Angesichts der Hoffnungslosigkeit, die diese Arbeit begleitete, war dies eine schreckliche Strafe. Warum Sisyphos die Strafe erhielt, wird nicht ganz klar. Homer sagt, er sei der Weiseste und Klügste unter allen Menschen gewesen. Manche sagen, er habe den Tod in Ketten gelegt und habe dafür die Strafe erhalten. Insgesamt wird ihm eine gewisse Leichtfertigkeit im Umgang mit den Göttern vorgeworfen.

Für die französische Existenzphilosophie wurde eine Schrift von Albert Camus (1942/1958) bedeutsam: »Der Mythos von Sisyphos. Ein Versuch über das Absurde«. Camus sieht in Sisyphos, der unentwegt und mit äußerster Energie das an sich Sinnlose tut, ein Bild des heldenhaften Menschen schlechthin: Da wir die Welt, in die wir hineingestellt sind, nicht zu ändern vermögen, könne all unser Handeln allein nach seiner Intensität beurteilt werden.

Was tut Sisyphos wirklich?

Camus denkt darüber nach, was in dem Helden vorgeht, während er den Stein wieder in den Abgrund rollen sieht:

> »Auf diesem Rückweg, während dieser Pause, interessiert mich Sisyphos … Ich sehe, wie dieser Mann schwerfälligen, aber gleichmäßigen Schrittes zu der Qual hinuntergeht, deren Ende er nicht kennt. Die Stunde, die gleichsam ein Aufatmen ist und ebenso zuverlässig wiederkehrt wie sein Unheil, ist die Stunde des Bewusstseins … Dieser Mythos ist tragisch, weil sein Held bewusst ist. Worin bestünde tatsächlich seine Strafe, wenn ihm bei jedem Schritt die Hoffnung auf Erfolg neue Kraft gäbe? Sisyphos … kennt das ganze Ausmaß seiner unseligen Lage: Über sie denkt er während des Abstieges nach.
> Das Wissen, das seine eigentliche Qual bewirken sollte, vollendet gleichzeitig seinen Sieg. Es gibt kein Schicksal, das durch Verachtung nicht überwunden werden kann.« (Camus 1942/1958, S. 99)

Und: Sisyphos erkennt den Felsen als seine Aufgabe. Es ist sein Felsen geworden – nicht eine der Arbeitsphasen ist sein Ergebnis, sondern sein ganzes Dasein mit dem Felsen ist das existenzielle Ergebnis.

Führungskraft – als glücklicher Sisyphos?

Möglicherweise war Sisyphos ein glücklicher Mensch – in der Erkenntnis des Absurden hat er es vielleicht besiegt. Vermutlich bleibt aber auch die Qual der Strafe. Führungskräfte, die ihre Rollen professionell reflektieren, entdecken häufig diese Aspekte ihres Führungshandelns: wiederholend, gegen Windmühlen kämpfend, redundant. Glück eines Sisyphos wäre, die Zirkularität des eigenen Handelns zu entdecken: eher Garten als Fließband, eher Kreislauf als Strecke. Führen ist Neubeginnen, Anfänger sein. Nicht immer mit denselben Anfängen: immer mit einem neuen Beginn. Und nicht immer mit denselben Fehlern: sondern mit neuen Fehlern.

Visualisierung: Ergebnisorientierung ...

... mag keine Abläufe, denn Abläufe lieben es, abzulaufen. Nichts ist so beliebt wie die Routine. Sie quält zwar, lullt aber wohlig warm ein. Wer überwiegend Routinen pflegt, läuft Gefahr, das Ziel aus dem Auge zu verlieren. Verwaltungsapparate zeigen diese Tendenz vortrefflich: Das »Wozu?« stellt sich selten als Frage – die Beteiligten in Verwaltungssystemen sind sich sicher, dass dieser oder jene Erlass, diese oder jene Vorgabe schon irgendeinen Sinn hat. Denken mit Fragen und Lösungen »out of the box« sind nicht erwünscht – stören sie doch viel zu häufig die Abläufe der Abläufe ...

... ist Arbeiten wie Sisyphos. Arbeit wächst immer um das Ausmaß an Zeit, die man dafür erübrigen kann. Seinem Charakter nach nimmt sich das Tagesgeschäft alle Zeit. Der Stein, der hochgerollt werden muss, lässt keine Zeit, anzuhalten und nachzudenken. Führungskräfte haben die Aufgabe, nicht nur die Dinge richtig zu machen, sondern gleichzeitig darüber nachzudenken, ob sie die richtigen Dinge tun. Ergebnisorientiert sein heißt: es immer besser machen wollen und das Ganze im Blick haben – zyklisch nicht linear!

... heißt: Stören! Häufig begegnet uns bei Führungskräften eine Haltung, die sich daran orientiert, dass sie zufrieden sind, wenn es läuft. Was Führungskräfte brauchen, ist Mut, stören zu wollen, also Abläufe zu unterbrechen, um es besser zu machen. Störungen sind Irritationen – Irritationen sind Störungen aus der Sicht derer, die doch gerade alles richtig tun. Ob sie das Richtige tun, wird nicht gern infrage gestellt, »weil es doch gerade so gut (ab)läuft«. Also aufgepasst: Eine Teamentwicklung kann ebenso eine Irritation sein wie keine Teamentwicklung – je nachdem, wie verhaftet das System in seinen Abläufen ist, denn es haben sich auch schon Teams buchstäblich zu Tode entwickelt … Wir können hier nur polarisierend Beispiele geben: Organisationen mit übertriebenen Diskussionskulturen werden es als irritierend erleben, wenn die Führungsebene sie darin stört, indem sie in neuen Maßen Vorgaben macht, Ergebnisse erwartet oder Zeitpunkte setzt. Organisationen mit übertriebenem Top-down-Prinzip werden gestört (vor allem von Beratern!), indem Dialogrunden stattfinden und Hinterfragen ermöglicht wird. Führung hat im Irritieren oft die gleiche Aufgabe wie gute Beratung: nämlich nicht so zu sein, wie das System, das man vorfindet. Gute Führungskräfte bereiten durch frühzeitige Störungen ihre Organisation auf das vor, was sie in Zukunft erwartet: nämlich Veränderungen, die sehr störend wirken werden …

… braucht Bedenken: Das ist der Anfang. »Nur wer einen besseren Lösungsvorschlag hat, darf Bedenken äußern.« Dieser weitverbreitete Irrtum führt dazu, dass alles so bleibt, wie es ist. Das Bauchgefühl, dass es anders sein könnte, dass es besser gehen könnte, muss sich äußern können.

Führungskräfte brauchen einen Möglichkeitssinn (s. S. 266), mit der Idee, dass es anders und besser sein könnte. Die Kunst besteht darin, eine Gruppe dazu zu bringen, sich stören zu lassen und darüber nachzudenken, wie sie es besser machen kann.

Sisyphos im Kartenhaus

Inhalte und Zielsetzung: Zugang zu den Themenfeldern Wiederholung, Veränderung, Neuanfang, Scheitern, Anstrengung, Ergebnisorientierung, Motivation, Selbstmanagement, Mut und Konsequenz.
Teilnehmer: 6–12 Personen.
Dauer: 2–4 Stunden.
Ressourcen: Als Material werden gebraucht nagelneue Spielkarten, ausreichend große Tische mit glatten Oberflächen, pro Teilnehmer ein Block und ein Stift, Musik.
Vorbereitung: Material beschaffen und auslegen.

Ablauf: Zunächst erfolgt die *Einleitung*. Zur Einstimmung kündigt der Berater den experimentellen Charakter der Übung an. Das Stichwort »Erfahrungsexperiment« kann dabei eingebracht werden. Anschließend bittet er die Teilnehmer, Beobachtungspaare zu bilden (Patenschaften). Die Spielregeln werden bekannt gegeben. Jeder baut aus einem kompletten Kartenstapel ein Kartenhaus und notiert die Anzahl der Neubeginne. Die Paten sitzen sich dabei gegenüber. Es ist verboten, zu sprechen. Es dürfen keine Hilfsmittel hinzugezogen werden.

Sisyphos erleben: Alle sitzen an dem einen Tisch, die Paten jeweils gegenüber, sanfte Musik läuft im Hintergrund: So kann die Übung ihren meditativen Charakter entfalten.

Zwischenübung: Als Intervention hat sich die überraschende Aufforderung »Kurze Unterbrechung – erzählen Sie sich jetzt Ihr Leben in 60 Sekunden« bewährt. – Die körperliche Konzentration geht dabei in eine gedankliche des Formulierens über (beziehungsweise werden anschließend umgekehrt die Formulierungen wieder mitgenommen in den konzentrierten Kartenhausbau).

Sisyphos verstehen: Die Auswertung geschieht durch die Paten, jeder kann sich so seine Erlebnisse vom anderen berichten lassen. Möglich ist auch das individuelle Erstellen einer emotionalen Landkarte der letzten 30 Minuten: Kontinent meiner Vergangenheit, Fluss der Gegenwart, Hauptstadt meiner Aufgaben etc.

Gezielte Reflexionsfragen zu einem ausgewählten Thema (s. Varianten) vertiefen die Beschäftigung mit sich und dem Gegenüber.

Varianten

Simulationsphase verlängern: Die Simulationsphase lässt sich (je nach Stimmung der Gruppe) auch auf eine Stunde oder länger ausdehnen. Allerdings empfiehlt es sich, dann mehrere Interventionen zu machen. Hier einige weitere Vorschläge für solche Unterbrechungen:

- Drei Sätze formulieren, warum die Arbeit von Sisyphos nicht nur sinnlos war.
- Mit vier Sätzen beschreiben, worum es im letzten Film ging, den man im Kino gesehen hat.
- Fünf Mitschüler aus der Grundschulzeit namentlich nennen (ersatzweise Lehrer).
- Ganz spontan, als wäre das Gegenüber der Chef oder ein wichtiger Kollege, ihm kurz etwas sagen, was man schon lang sagen wollte.
- Ein Gemälde, das einem vorschwebt, skizzierend beschreiben.
- Zwanzig Kniebeugen machen und mit erhöhtem Puls die Karten weiterlegen.

Aufzeichnen: Zwei Kameras zur Aufzeichnung nutzen. Das erhöht einerseits die Konzentration (durch den Status der Beobachtung), andererseits lassen sich anschließend Einzelsituationen besser analysieren.

Spielregeln verschärfen: Zum Beispiel einen Keil unter ein Tischbein legen, einen Handschuh anziehen lassen, beim Legen der Karten werden mit einem Bein kreisende Bewegungen gemacht. Viele weitere »Verschärfungen« sind möglich.

Anmerkungen zur Wirkungsweise: Die Gruppe erlebt in der Sisyphos-Simulation grundlegende Erfahrungen ihres Lebens und Arbeitens. Die Teilnehmer sitzen schweigend an einem Tisch, bauen Kartenhäuschen und notieren die Anzahl ihrer Neubeginne.

»Sisyphos« ist als Einstiegssetting in eine Vielzahl von personennahen und teambezogenen Themen geeignet.

Das Lerndesign ist überall dort einsetzbar, wo eine kleine Gruppe oder ein Team ausreichend Zeit hat, um über grundsätzliche Erfahrungen des eigenen Tuns zu reflektieren.

Zukunftsorientierung

Essay: Das Beste liegt noch vor dir

Ora et labora: Seit dem frühen Mittelalter verknüpft in unserer Kultur der Leitspruch des Benediktinerordens den Begriff der Arbeit mit der Würde des Menschen. Mehr noch: Die Arbeit wurde so zu seiner sozialen Natur. In ihr trägt der Mensch die Verantwortung für sich und andere. Was aber nun, da infolge einer ständig steigenden Produktivität unserer Volkswirtschaften »Arbeit für alle« immer mehr zur Mangelerscheinung wird? Was geschieht, wenn selbst diejenigen, die heute hoch produktiv arbeiten, nicht sicher sein können, übermorgen noch ihrem Beruf nachgehen zu können? Wohin mit der latenten Gefahr einer Demotivation durch drohende Beschäftigungsunsicherheit? Wo liegen die Grenzen der Eigenverantwortung in nicht selbstständigen Beschäftigungsverhältnissen? Welche Rolle könnte ein modifizierter Arbeitsbegriff spielen, etwa in Gestalt einer »flexiblen Tätigkeit«?

Die folgende Anekdote ist verbrieft (vgl. www.brandeins.de 6/2004):

> Eines Morgens im April 1961 wurde Lyndon B. Johnson, damals amerikanischer Vizepräsident, bei der Durchsicht der Post auf seinem Schreibtisch mit einem Zettel konfrontiert, der eine ganze Epoche auslösen sollte. Auf dem Zettel ohne Anrede stand sinngemäß: Sie sind doch auch Chef des Weltraumausschusses – dann teilen Sie mir mal mit, wie der Stand der Dinge ist und wo die Russen derzeit stehen. Schaffen wir es, einen Mann auf den Mond zu bringen und wieder heil zurück? Arbeiten wir rund um die Uhr daran? Wenn nein: Warum nicht? Was könnte die Sache beschleunigen? Sind alle fähigen Leute damit beschäftigt? Verwenden wir die richtigen Techniken oder sind Alternativen bekannt? Welche Hindernisse gibt es und wie können wir sie beseitigen? Erwarte raschen Bericht, beste Grüße, John F. Kennedy.

Der Rest ist Geschichte: Johnson erstellte innerhalb weniger Tage den gewünschten Bericht, und bald darauf hielt Kennedy eine Rede an die Nation. Er glaube daran, sagte er, dass diese Nation sich selbst verpflichten sollte, noch vor Ende des Jahrzehnts das Ziel zu erreichen, einen Menschen auf dem Mond landen zu lassen und ihn sicher auf die Erde zurückzubringen.

Den 20. Juli 1969 erlebte Kennedy nicht mehr. Und doch war es ganz wesentlich seiner Vision und Initiative zu verdanken, dass acht Jahre und drei Monate nach seinem Zettel ein uralter Menschheitstraum wahr wurde: An jenem Tag, als Neil Armstrong unter den gebannten Augen der Weltgemeinde als erster Mensch den Mond betrat – und von Apollo 11 wieder wohlbehalten auf die Erde zurückgebracht wurde. Vergessen war der Schock, den die Russen in den 1950er-Jahren mit dem Sputnik ausgelöst hatten. Begonnen hatte vielmehr ein Technologieschub sondergleichen. Und kulturell war ein neuer Blick von außen auf die Welt als Ganzes gewonnen. (Der Technologieschub trug übrigens, bei ähnlich enormem Aufwand, vornehmlich friedlich-zivile Züge – verglichen mit dem tragischen Ergebnis in Japan und dem Beginn des Wettrüstens, beides Resultate des Baus der ersten Atombombe ein Vierteljahrhundert zuvor.)

Kennedys realisierter Traum von der bemannten Mondlandung ist ein Leitbild par excellence: Idee und Vision verknüpfen sich perfekt mit Organisation und Motivation. Theorie und Praxis kommen zusammen. Aus einer Idee entsteht eine Vision, die konsequent auf ihre Machbarkeit hin überprüft wird (Organisation) und die alle Beteiligten überzeugend einbindet (Motivation). In der Rede an die Nation band Kennedy alle Amerikaner ein, indem er die gesamte Gesellschaft dazu ermutigte, sich selbst zu verpflichten, diese ungeheure Aufgabe umzusetzen. So wurde in diesem Fall die Verantwortung, durch Überzeugung, auf alle verteilt. Mit großem Erfolg.

Eine kühne Vision kann nur im möglichst perfekten Zusammenspiel von Arbeit und Verantwortung verwirklicht werden. Und in einem Klima, das offen genug ist, sich Ungewöhnlichem nicht zu verschließen, und in dem jeder bereit ist, Verantwortung zu übernehmen. Außerdem braucht es einen Leitwolf, der das Bild der Vision vorantreibt.

Der Leit(bild)wolf muss Konflikte einkalkulieren, was aber nicht heißt, dass er rücksichtslos vorgehen sollte. Je klarer die Orientierung formuliert ist, desto eher gewinnt er Mitstreiter, die sich verantwortlich einbinden. Niemand kann gezwungen werden, an der Erfüllung eines Leitbildes mitzuwirken, wenn er nicht innerlich davon überzeugt ist. Ist ein Leitbild erst mal akzeptiert, wird die Bereitschaft, flexibel daran zu arbeiten und mitzugestalten, selbstverständlich. Ein Leitbild ist das große Ziel, auf das sich alle Beteiligten zubewegen.

Visualisierung: Visionen – Futur II steuert Präsens

Menschen brauchen Visionen. Organisationen brauchen ebenfalls Visionen. Indem eine Organisation an Bildern des Erstrebten arbeitet, bestimmt sie ihren Platz in der Gegenwart aus der Perspektive der Zukunft. Visionen sind Sinnsteuerungsinstrumente.

Visionen brauchen Dialog. Eine Organisation denkt, indem die Menschen in ihr miteinander sprechen. Visionsprozesse starten neue Gespräche. Sie sind Begründungsgeschichten aus der Zukunft, die Veränderungen im Jetzt rechtfertigen. Visionen, die Flurwände zieren, statt Auseinandersetzung und Orientierung zu erzeugen, sind plakative Führungsfehler.

Visionen richten etwas aus. Ihr Nutzen liegt in der Zugkraft für die Organisation. Visionen sind Attraktoren. Je plastischer und mutiger sie sind, desto mehr können sie Einfluss nehmen. Visionen berühren Kindheitsträume, keine Renditeerwartungen.

Lerndesign

Leidenschaft reloaded

Inhalte und Zielsetzung: Zugang zu den eigenen Wünschen, Visionen, Stolz, Vernetzung des Teams zur Stärkung der visionären Ressourcen.
Teilnehmer: 6–12 Personen.
Dauer: 1,5–2 Stunden.
Ressourcen: Metaplanwände, Moderationsmaterial, genügend Platz, Raum mit Stuhlkreis, keine Tische.
Vorbereitung: Keine.

Ablauf: Zunächst erfolgt die *Abfrage der Eigenschaften*. Die Teilnehmer werden gebeten, angenommene oder bereits erlebte Eigenschaften der Anwesenden auf Moderationskarten zu notieren. Die Teilnehmer sollen sich fragen: Wer wirkt hier *wie* auf mich? Wer hat hier welche Ausstrahlung? Die Anweisung lautet:

> »Schreiben Sie für jeden der Teilnehmer im Raum eine Eigenschaftskarte. Schreiben Sie auf die Rückseite den Namen der gemeinten Person. Erfinden Sie dabei neue Eigenschaftsbegriffe, um vielleicht auch Gegensätze auszudrücken, zum Beispiel halbweise, spontanüberlegt, willensgefühlsstark, humorübergrenzend, kokettinitiativ ...«

Die Karten werden dann so aufgehängt, dass die Eigenschaft sichtbar ist, Kommentare werden nicht abgegeben. Zur Einführung sagt der Berater:

»Die Jugend ist die Zeit, wo wir noch unseren Träumen und Visionen am nächsten scheinen. Wir sind vielleicht naiv, dafür aber leidenschaftlich und zumindest sehr von uns selbst überzeugt. Mit der Zeit verliert sich manchmal die Eigenschaft, für etwas zu brennen, und das ist vielleicht auch gut so. Dennoch möchte ich Sie auf eine kleine Reise in Ihre Vergangenheit einladen, um von dieser Reise ein kleines Souvenir in die Gegenwart mitnehmen zu können. Bitte arbeiten Sie 20 Minuten in Zweiergesprächen an folgenden Fragen:

- Als Sie jung waren, welche Träume hatten Sie von sich und der Welt?
- Wofür sind Sie angetreten? Was war Ihre Idee von sich?
- Was ist jetzt daraus geworden? Wie haben Sie das (modifiziert) umgesetzt?«

Skala der Realisationen: Der Berater bittet die Gruppe, sich auf einer gedachten Skalenlinie im Raum zwischen folgenden Polen zu positionieren:

Habe alle meine Träume realisiert	–	Skalenpunkt 10
Habe keinen meiner Träume realisiert	–	Skalenpunkt 1

Die Befragten positionieren sich nach ihrer subjektiven Einschätzung zwischen den beiden Polen auf der Skala. Der Berater interviewt die Teilnehmer in lockeren kurzen Gesprächen jeweils über ihren Träume-Realisationsgrad.

Eigenschaftssuche: Zurück im Stuhlkreis arbeitet jeder an den Fragen: Wenn ich an die (Visions-)Ziele denke, die ich jetzt umsetzen möchte, was bräuchte ich an Kraft oder Bewegung, um dies zu erreichen? Nehmen Sie sich eine Eigenschaft und/oder Zuschreibung von der Pinnwand, die Ihnen gefällt und von der Sie gerne mehr hätten. Schauen Sie nach, wem diese Zuschreibung gehört, die Sie genommen haben. Einem anderen? Ihnen selbst?

Austausch: Sprechen Sie 20 Minuten, wenn möglich mit dem Partner, dessen Zuschreibung Sie genommen haben oder mit einem anderen über folgende Fragen: Wer in Ihrem gegenwärtigen Leben verkörpert am meisten von dem, was Sie sich wünschen? Wie wären Sie, wenn Sie das hätten, was Sie sich wünschen? Wie könnten Sie diese Eigenschaft in Verhalten übersetzen?

Abschluss: Abschließende Gesprächsrunde zu konkreten individuellen Umsetzungsideen, zu den Gedanken und Gefühlen, die während der Bearbeitung des Themas entstanden sind, und über die überraschenden Zuschreibungen, die jeder erhalten hat.

Anmerkungen zur Wirkungsweise: Das Lerndesign ermöglicht eine tiefgehende Auseinandersetzung mit den eigenen Zielsetzungen, den damit verbundenen Erfolgen und Misserfolgen und animiert manchmal, sich alten Wünschen neu zuzuwenden. Auf der sachlichen Ebene eröffnet das Lerndesign Gespräche über Vision und Emotion. Die Kraft der Gefühle und die Gefahren der Enttäuschung werden spürbar.

Entscheidungsfähigkeit

Essay: Jede Entscheidung ist ein kleiner Tod

Entscheidungen sind das tägliche Brot der Führungskraft. Wo gewartet wird, bis alle Informationen vorliegen, droht es zu schimmeln. Was bleibt, ist die Notwendigkeit, ein Risiko zu wagen. Solcher Wagemut ist abhängig von der Kultur, in der die Führungskraft agiert. In hierarchischen Unternehmen regiert häufig die Illusion, es gebe ein Richtig und ein Falsch. Das fördert Unsicherheit und erzeugt Absicherungsmentalitäten.

Sich nicht zu entscheiden ist – psychologisch gesehen – eine besondere Form des Geizes. Wer sein Geld behält und es nicht ausgibt, dem bleiben theoretisch alle Optionen offen, sein Geld für alles Mögliche auszugeben. Jemand sagte, wenn jung sein heißt, dass alle Möglichkeiten offenstehen, dann macht uns jede Entscheidung ein wenig älter. Vielleicht fällt es deshalb manchmal so schwer, sich zu entscheiden?

Die klassische Form der Entscheidungsmatrix geht auf Benjamin Franklin zurück. Er soll seinem Neffen, der sich nicht zwischen zwei Frauen entscheiden konnte, folgenden Rat gegeben haben:

> »Wenn du zweifelst, notiere alle Gründe, pro und contra, in zwei nebeneinanderliegenden Spalten auf einem Blatt Papier, und nachdem du sie zwei oder drei Tage bedacht hast, führe eine Operation aus, die manchen algebraischen Aufgaben ähnelt; prüfe, welche Gründe oder Motive in der einen Spalte denen in der anderen an Wichtigkeit entsprechen – eins zu eins, eins zu zwei, zwei zu drei oder wie auch immer –, und wenn du alle Gleichwertigkeiten auf beiden Seiten gestrichen hast, kannst du sehen, wo noch ein Rest bleibt … Dieser Art moralischer Algebra habe ich mich häufig in wichtigen und zweifelhaften Angelegenheiten bedient, und obwohl sie nicht mathematisch exakt sein kann, hat sie sich für mich häufig als außerordentlich nützlich erwiesen. Nebenbei bemerkt, wenn du sie nicht lernst, wirst du dich, fürchte ich, nie verheiraten.
> Dein dich liebender Onkel
> B. Franklin« (Gigerenzer 2007, S. 13)

Berichtet wird, dass jener Neffe, nachdem er dem Rat des Onkels gefolgt war und die Matrix eine eindeutige Richtung vorgab, genau das Gegenteil tat, weil er feststellen musste, dass sein Herz sich bereits entschieden hatte. Wir wissen nicht, ob jener Neffe mit der Entscheidung glücklich wurde. Franklins Matrix jedenfalls hat bis heute über

200 Jahre überlebt, wird immer noch fleißig benutzt, hinterlässt bei den meisten aber, die sie anwenden, ein Gefühl von Unzufriedenheit. Zweifel bleiben.

Hippe Neurobiologen würden uns nun zu erklären versuchen, dass wichtige Gehirnareale bereits Entscheidungen treffen, ohne dass wir das wollten. Und bereits Sigmund Freud wusste, dass das Unbewusste uns steuert und dass dem Bewusstsein häufig nur die undankbare Rolle zukommt, die bereits einige Etagen tiefer getroffene Entscheidung zu rechtfertigen.

Die Neurobiologen sind aufgrund einiger einfacher Versuche mit verkabelten Versuchspersonen in Laborsituationen auf die Erkenntnis gestoßen, dass die allgemeinen Schlüsse, die sie jetzt medienwirksam präsentieren, stimmen. Bleibt abzuwarten, wann ihre Versuchsanordnungen etwas mehr Komplexität zulassen, als das Greifen oder Nichtgreifen einer Versuchsperson nach dem Wasserglas besitzt.

Franklins Gegenspieler sind die Intuitiven. Sie hören nach innen und folgen der Stimme. Dabei raten sie ab, zu viele Informationen zu sammeln. Sie heben hervor, dass neben der bekannten Leistung des Gedächtnisses, sich zu erinnern, die ebenso wichtige Leistung des Vergessens steht. Würden vor einer Entscheidung alle Informationen gesammelt und ausgelotet, würde also nichts vergessen, bliebe dennoch offen, welche Information tatsächlich relevant ist. Intuition ist eine Form bewährter Vergesslichkeit und kann zumindest Auskunft darüber geben, welche Information von Bedeutung ist.

Dieses »adaptive Vergessen« macht uns überlebensfähig (man stelle sich vor, wir wären unfähig, zu vergessen!) und diesem bewährten Rest dessen, was uns in Entscheidungssituationen als Ahnung in den Sinn kommt, sollen wir vertrauen. Gerd Gigerenzer (2007) stellt dazu folgende Regel auf: Nutze einfache Faustregeln und mache dir die evolvierten Fähigkeiten des Gehirns zunutze; dazu gehört zum Beispiel Wiedererkennung. Einfache Faustregeln entwickeln sich aus Erfahrungen und sozialen Instinkten und führen so oft zu guten Ergebnissen, weil sie unwichtige Informationen ignorieren. Die Kunst des Weglassens von Information und die Konzentration auf die Kriterien, die uns wichtig, aus Erfahrung wichtig, erscheinen, ist das Geheimnis guter Intuition.

Gerd Gigerenzer, Direktor am Max-Planck-Institut für Bildungsforschung in Berlin, erregte Aufsehen, als das Wirtschaftsmagazin »Capital« im Jahr 2000 ein Börsenspiel veranstaltete und er hundert Passanten auf der Straße befragte, welche Aktien sie kaufen würden.

Die meisten nannten Aktien, von denen sie schon einmal gehört hatten. Das Aktienpaket, das Gigerenzer auf dieser Basis zusammenstellte, schnitt besser ab als 88 Prozent der von Fachleuten zusammengestellten Portfolios.

James Surowiecki plädiert in seinem Bestseller »Die Weisheit der Vielen« (2005) für Gruppenentscheidungen, da sie durch die Anhäufung von Informationen oft bessere Entscheidungen treffen als Einzelne. Solche Gruppenentscheidungen ähneln im Grunde Formen statistischer Auswahlverfahren: Die Gesamtheit aller möglichen Ausgänge eines Ereignisses wird durch eine große Anzahl von Menschen repräsentiert und ist damit in der Lage, die Zukunft zu prognostizieren.

Am 20. Januar 2008 wurde ein Großexperiment durchgeführt. Günter Jauch testete im Rahmen des TV-Formats »Wer wird Millionär?« Surowieckis Thesen und ließ das Publikum gegen Experten bei Schätz- und Wissensfragen antreten. Das Ergebnis war – immerhin – unentschieden.

Gruppenentscheidungen

Lässt man Gruppen entscheiden, könnte es gefährlich werden. Gruppen haben viele Vorteile, in Entscheidungsfragen muss man jedoch achtsam sein. Die Gefahr liegt in dem, was Psychologen »Groupthink« nennen. Sie meinen damit das starke Streben nach Einmütigkeit und Harmonie in einer Gruppe – auf Kosten einer kritischen Analyse. Dieses Harmoniestreben führt zu Symptomen wie Selbstüberschätzung (Gruppen entscheiden risikoreicher als Einzelpersonen), Engstirnigkeit und Druck auf Andersdenkende. Das führt zu einer mangelhaften Bewertung von Alternativen, zu einer unzureichenden Informationssuche und dazu, dass Pläne für Eventualfälle fehlen.

Die Gefahr ist dann besonders groß, wenn das Gremium sehr kohäsiv ist. Je härter die Randbedingungen, desto stärker wird die Gruppenkohäsion. Diese dient der Stressreduktion und hilft so, mit schwierigen Situationen fertig zu werden.

Starke Abschottung nach außen, fehlende Entscheidungsprozeduren und Homogenität des sozialen und ideologischen Hintergrundes sind starke Prädiktoren für Fehlentscheidungen durch Gruppen.

Kommen vorangegangene Erfolge, Zeit- und Rechtfertigungsdruck dazu, herrschen Harmonie- und Konsistenznorm (zum Beispiel indem man sich aufgrund von Probeabstimmungen von vornherein festgelegt hat) und besteht ein direktiver Führungsstil, sind Fehlentscheidungen wahrscheinlich. Die Tschernobylgeschichte dient im Zusammenhang mit falschen Entscheidungen, Komplexitätsproblemen und Groupthinkphänomenen als klassische Parabel der Entscheidungsfallenwarner. »Das Unglück von Tschernobyl ist, wenn man die unmittelbaren Ursachen betrachtet, zu hundert Prozent auf psychologische Faktoren zurückzuführen« (Dörner 1997/2003, S. 48).

Im Reaktor des Kraftwerkes wurden in der Nacht vor dem Unglück Experimente durchgeführt. Die Experimente machten es nötig, auch die Notkühlsysteme abzuschalten. Da Feiertage bevorstanden, sollte der Reaktor nach Abschluss der Versuche heruntergefahren werden. Das Team hatte es deshalb eilig, schnell mit den Experimenten fertig zu werden. In der Vergangenheit war das Team mit verschiedenen Preisen ausgezeichnet worden und es war bis zum Moment des Unglücks davon überzeugt, alles unter Kontrolle zu haben. Das erfolgsverwöhnte Team war es gewohnt, Sicherheitsvorschriften zu übergehen und Warnungen der Apparaturen zu ignorieren. Die Erfahrung zeigte ihnen, dass das Umgehen der Vorschriften keine negativen Konsequenzen zeitigte, vielmehr die Arbeit sich leichter tun ließ. Man kann sich gut vorstellen, dass die Bedenken Einzelner, die sie bei diesem Vorgehen bekamen, dem Gruppendruck zum Opfer fielen.

Von Entrapment spricht man, wenn eine Handlung, in die bereits Ressourcen in Form von Zeit, Geld, Aufwand oder persönlicher Identifikation investiert wurden und die zunehmend zu Verlusten führt, fortgeführt wird.

Eine Beendigung einer verlustreichen Handlung würde weitere Verluste verhindern, gleichzeitig aber bedeutete sie das Eingeständnis, zu Anfang eine falsche Entscheidung getroffen zu haben. Menschen sind im Gewinnbereich risikoscheu, im Verlustbereich risikofreudig. Das Stoppen einer verlustreichen Handlung hieße: Die bisherigen Verluste werden realisiert, weitere Verluste werden verhindert. Eine Handlung fortsetzen brächte immerhin die Chance, Verluste auszugleichen, wenn auch mit der Gefahr eines vollständigen Fiaskos. Durch die Risikofreude im Verlustbereich bedingt, wird eine objektiv nicht zu rechtfertigende Handlung häufig fortgesetzt.

Gruppenentscheidungen sind in der Regel mit einem höheren Aufwand verbunden als Einzelentscheidungen. Damit dieser nicht als vergeblich erlebt wird, sucht die Gruppe nach Rechtfertigungen der ursprünglichen Entscheidung.

Gruppen neigen zur Polarisierung. Sie extremisieren Meinungen, die bei ihren Mitgliedern vorherrschen. Die Gefahr ist groß, dass objektiv schlüssige Einwände und Argumente ins Abseits gedrängt werden und dieser Polarisierung zum Opfer fallen. Und schließlich gibt die ruhige, besonnene Mehrheit der laut schreienden Minderheit nach.

Visualisierung: Worüber man nicht reden kann, darüber muss man schweigen

Zum Beteiligungsgrad der Führungskraft und der Mitarbeiter. Ein Teil der immer wieder auftauchenden Problematik bei Entscheidungsprozessen ist die Unklarheit darüber, was vorab bereits entschieden und nicht mehr veränderbar ist und worüber noch gesprochen werden kann. In einer Klärung vor dem Entscheidungsprozess unter Zuhilfenahme der nachfolgenden Tabelle, kann unterschieden werden, was fest ist und was vakant.

Die Führungskraft hat vorab allein entschieden …	**Das Team kann entscheiden …**
gar nichts	ob, was, wann, wie, durch wen etwas geschieht
dass etwas geschieht	was, wann, wie, durch wen etwas geschieht
ob und was geschieht	wann, wie, durch wen etwas geschieht
ob, wann, wie, durch wen etwas geschieht	(in Kenntnis der Gründe) nachzufragen und Stellung zu beziehen
alles	nichts (nur Kenntnisnahme der Entscheidung)
alles	nichts (Entscheidung wird dem Team vorenthalten)

Der Komplikator

Inhalte und Zielsetzung: Verständnis für komplexe Systeme und Groupthink.
Teilnehmer: 4–15 Personen.
Dauer: 20–30 Minuten.
Ressourcen: Freier Raum mit Platz für alle Personen ohne Tische und Stühle.
Vorbereitung: Der Moderator sollte für sich auf einer Moderationskarte die Störtabelle auflisten (s. S. 110) und die genannten Werte versetzt (Zeitverzögerung) danebenschreiben, damit er nicht durcheinanderkommt.

Ablauf: Die Gruppe stellt sich in einer geraden Reihe auf. Der Moderator steht gegenüber und kündigt das Lerndesign an:

> »Es geht nun darum, dass Sie als Gruppe etwas äußerst Komplexes steuern – nämlich mich, Ihren Moderator. Es hört sich zunächst ganz einfach an, aber Sie werden schnell merken, dass es die Aufgabe in sich hat. Sie steuern mich, und ich gehe nach Ihren Kommandos vor- und rückwärts. Aber denken Sie nicht, dass ich mich genau so bewege, wie Sie mir das sagen. Es ist etwas komplizierter, und genau darum geht es. Natürlich dürfen Sie sich darüber austauschen, was als Nächstes probiert werden soll.«

Der Moderator legt in etwas Abstand zur Teilnehmerreihe drei Karten auf den Boden. Eine grüne dort, wo er steht, eine rote zwei Schritte vor sich und eine rote zwei Schritte hinter sich. Das ist der Zielkorridor, in dem der Moderator durch die Kommandos gehalten werden sollte. Jeder in der Gruppe sagt der Reihe nach eine Zahl zwischen –5 und +5. Abhängig von den Kommandos der Teilnehmer bewegt sich der Moderator nach einer bestimmten Regel. Eine denkbare Bewegungsregel des Moderators ist wie folgt: Er befolgt das vorvorletzte Kommando, indem er es mit 2 multipliziert und einen festgelegten Wert aus einer Störtabelle addiert. (Eine Störtabelle dient dazu, einen beliebigen störenden Einfluss einzusetzen, um die Lösung zu erschweren, zum Beispiel +2 Schritte, +3 Schritte, +2 Schritte, +3 Schritte usw. Bitte nur sehr einfache Störtabellen verwenden.)

Es kann einige Runden dauern, bis die Gruppe die Steuerung des Moderators durchschaut hat. Falls der Raum nicht ausreicht, nennt der Moderator nur noch die positive oder negative Entfernung von der grünen Zielposition.

Teilnehmer	Kommando	Zeitversatz	*2	Störtabelle	Schritte	Position
						0
Name1	**-2**			2	**2**	2
Name2	**-3**			3	**3**	5
Name3	**-3**	-2	-4	2	**-2**	3
Name4	**-3**	-3	-6	3	**-3**	0
Name5	**-1**	-3	-6	2	**-4**	-4
Name6	**0**	-3	-6	3	**-3**	-7
Name7	**-1**	-1	-2	2	**0**	-7
Name8	**-2**	0	0	3	**3**	-4
Name9	**-1**	-1	-2	2	**0**	-4
Name1	**0**	-2	-4	3	**-1**	-5
Name2	**0**	-1	-2	2	**0**	-5
Name3	**-1**	0	0	3	**3**	-2
Name4	**-2**	0	0	2	**2**	0
..	**..**	..	...	...	**...**	...

Reflexion: Diskutieren Sie mit der Gruppe: Welche Überlegungen waren erfolgreich? Warum? Von wem kamen sie? Wer in der Gruppe hatte welche Rolle (Experte, Koordinator, Leiter etc.)? Warum hat sich das so ergeben? Sie könnten das zum Beispiel dadurch transparent machen, dass Sie eine soziometrische Wahl (s. S. 48) dazu durchführen, wer am meisten zur Lösung beigetragen hat.

Anmerkungen zur Wirkungsweise: Zunächst entsteht sicher eine Verwirrung, weil es sich nicht auf den ersten Blick erschließt, wie das Ganze funktioniert. Dadurch, dass alle Teilnehmer darüber nachdenken und es normalerweise auch schaffen, die Lösung zu finden, wird ein hoher Lerneffekt erreicht.

Zentral bei dieser Übung ist, dass die Gruppe die Zeit als wesentliche Einflussgröße erkennt. Menschen haben bei der Steuerung häufig ein Problem Zeitverzögerungen zu berücksichtigen. Denken Sie nur daran, wie schwierig es sein muss, am Morgen in einem Hotel, wenn alle duschen (Störgröße), die Temperatur richtig einzustellen.

Variante: Falls die Gruppe die Lösung längere Zeit nicht findet, können Sie einige Vereinfachungen vornehmen, zum Beispiel Neustart und nur ein Zeitintervall verzögern, die Störtabelle weglassen oder zumindest auf einen festen Wert setzen.

Komplexe Entscheidungssituation

Inhalte und Zielsetzung: Erkennen der Vor- und Nachteile von Gruppenentscheidungen in komplexen Situationen.
Teilnehmer: 5–15 Personen.
Dauer: 3 Stunden.

Ressourcen:	Raum mit Stühlen und mindestens einem Tisch je fünf Teilnehmer. Je ein Ökolopoly®-Spiel[1] für fünf Teilnehmer.
Vorbereitung:	Es ist wichtig, dass der Moderator das Spiel und die Regeln gut kennt.

Ablauf: Die Gruppe wird in Teams zu jeweils drei bis fünf Personen aufgeteilt. Der Moderator erläutert die Grundlagen und wesentlichen Regeln des Spiels. Nach dieser Erläuterung werden zunächst einige Proberunden durchgeführt. Die Teams spielen einige *Proberunden* (ungefähr 30 Minuten), der Moderator »besucht« jedes Team und erläutert bei Bedarf die Spielregeln detailliert.

Wettbewerb: Die Teams spielen anschließend 1,5 Stunden im Wettbewerb gegeneinander. Wenn ein Team gescheitert ist, beginnt es von Neuem. Es werden nur Ergebnisse gezählt, die nach mindestens fünf Runden entstanden sind. Der Moderator wandert während des Wettbewerbs von Team zu Team und beobachtet die Rollenverteilungen der Teams und den Einigungsvorgang bis zur jeweiligen Entscheidung.

Reflexion und Auswertung: Nach dem Spielende wird das Siegerteam gefeiert und es erfolgt im Stuhlkreis eine Auswertung. Der Moderator fragt zum Beispiel:

»Wie lief es? Was hätte man besser machen können? Wurden die Ressourcen des Teams optimal genutzt? Wer hat das Team inhaltlich geführt? Wer hat das Team geführt? Woran liegt es, dass diese Person diese Rolle hatte? Hat er diese Rolle auch im Berufsleben? Welche Analogien zum Arbeitsleben lassen sich ziehen? Welche Auswirkungen hatte die Konkurrenz durch den Wettbewerb auf das Vorgehen?«

Anmerkungen zur Wirkungsweise: Das Spiel Ökolopoly® ist schon 1984 erschienen. Es enthält in den Abhängigkeiten die Sichtweise der damaligen Welle der Umweltbewegung. Auch wenn diese nicht stimmen, ist das nicht weiter hinderlich. Der Vorteil von Ökolopoly® ist, dass man die Wechselwirkungen aller Entscheidungen immer eins zu eins auf dem Spielbrett verfolgt, während man die Auswirkungen einstellt. Und obwohl die Wechselwirkungen sichtbar sind, ist es trotzdem anspruchsvoll zu lösen.
Prinzipiell kann natürlich auch jedes andere Unternehmensplanspiel für dieses Lerndesign herangezogen werden. Die meisten anderen verstecken die Wechselwirkungen allerdings in einer Black Box, während sie bei Ökolopoy® auf das Spielbrett gedruckt sind.

---

1 Ein von Frederic Vester 1976 konzipiertes Strategiespiel: »ecopolicy«. 1984 von Ravensburger veröffentlicht. Auch auf dem Computer spielbar: http://www.frederic-vester.de/deu/ecopolicy; Stand 1.7.2008.

Konsequenz

Essay: Was Großmutter noch wusste – Kapitalismus und Verwöhnung

Eine zentrale Idee des Kapitalismus ist der Kredit als die Wette auf eine Idee und deren Gelingen. Während in früheren Zeiten eine Belohnung die Konsequenz für langes Sparen war, wird heutzutage von hinten her gedacht: Erst leistet man sich etwas, etwas dafür leisten kann man danach immer noch. Besonders Banken haben ein großes Interesse daran, fast jede Form von Konsum oder Investition wird so überhaupt erst ermöglicht.

Das Gleiche gilt für eine berufliche Karriere, die sich heute nicht mehr durch konsequentes Handeln, zum Beispiel durch eine langjährige Betriebszugehörigkeit, erzwingen oder erwarten lässt. Sprünge und Lücken in der Patchwork-Biografie sind die Regel. Die Welt ist komplexer geworden. Wenn-dann-Folgen werden seltener. Ursache und Wirkung sind nicht mehr leicht erkennbar, schlimmer noch: Es gibt keine logische Konsequenz mehr.

Was ist Konsequenz?

Konsequenz braucht eine klare Zielformulierung. Konsequenz findet als positiven Gegenwert (als »Geschwisterwert«) die Flexibilität. Es ist die Bereitschaft, den Plan zu ändern, den Weg zu verlassen. Menschen oder Systeme, die sich selbst als »sehr konsequent« bezeichnen, sind es häufig nicht mehr im gesunden Maße: Sie sind eher dogmatisch, rigide, engstirnig, verbohrt. Menschen, die sich als »extrem flexibel« beschreiben, sind häufig eher unberechenbar, beliebig, lenkbar wie Seifenblasen, inkonsequent. Daher braucht Konsequenz eine klare Zielformulierung, die auf einer Vorstellung dessen basiert, was denn geschehen soll, was denn konsequent (lat.: consequi – folgen, erreichen) verfolgt werden soll.

Das Wertequadrat zur Konsequenz

Konsequenz	Flexibilität/Varianz
Rigidität/ Dogmatismus	Beliebigkeit/ Inkonsequenz

Konsequent führen ist damit die Ausrichtung des Führungsverhaltens zwischen Zielorientierung und Prozessflexibilität, zwischen Klarheit in der Vision und Varianz auf dem Weg. Wenn die Idee groß genug ist, dürfen die Schritte dorthin ruhig klein sein – aber konsequent. Im Sinne des Gegenwertes sind Umwege erlaubt, wenn das Ziel dabei nicht aus den Augen verloren wird.

Was bringt Konsequenz? Der »Tipping Point« (Gladwell 2002)

Der »Tipping Point« ist der Punkt (zum Beispiel bei einer Epidemie), an dem ein bestimmtes Einzelphänomen in einen Trend umschlägt. Es ist so etwas wie der Tropfen, der das Fass zum Überlaufen bringt, oder das Gramm, das die Waage in eine andere Richtung ausschlagen lässt. Übersetzt auf Führungsverhalten heißt das: Solange man konsequent an einer Idee festhält und sich gegen Widerstände Schritt für Schritt behauptet, kann man diesen Tipping Point erreichen. Ist er erreicht, wird alles zum Selbstläufer und das vorher eingeübte und mühevoll durchgehaltene Verhalten wird zum treibenden Faktor.

Beispiele dafür sind:

- Ein Erfinder, der an sich glaubt.
- Der Exbürgermeister von New York, Rudolph Giuliani, mit seiner Null-Toleranz-Strategie.
- Die Verbreitung der bekannten und beliebten Schuhmarke Hush Puppies.
- Die Einführung neuer Technologien.

»Konsequent, damit …«

Unser Rechtswesen und die Frage nach Bestrafung oder Belohnung richten den Blick meistens in die Vergangenheit. Großmutter hätte gesagt: »Das war nur konsequent, weil …« – und dabei Gründe und Begründungen angefügt, die in der Vergangenheit liegen. »Ich muss eben konsequent sein, weil …« zeigt, dass auf ein vergangenes Ereignis reagiert wird. Konsequenz wird als die Wirkung einer Ursache beschrieben: »Weil du zu spät gekommen bist, musst du nun die Konsequenzen ziehen«, »Weil die Planung schlecht war, haben wir als Folge nun ein Chaos im Projekt«.

Konsequenz – konsequent als Führungskompetenz gedacht – ist jedoch de facto viel mehr ein Verhalten mit dem Blick auf die Zukunft. Das Zukünfige ist das, was sich beeinflussen lässt. Deshalb empfehlen wir in der Führungskräfteentwicklung, die Grammatik des Denkens probeweise ein wenig zu verändern. Die kleine Konjunktion »damit« leitet Zwecksätze ein: Solche Sätze verfolgen Ziele. Aus Konsequenz wird eine Wirkung und keine Ursache mehr.

Die Konsequenz aus Konsequenz

»Wir sind konsequent in unserem Führungsverhalten, *damit* …«, was auch immer in Zukunft geschehen kann oder soll. »Damit« verändert die Perspektive: Lösungsorientierung, Zielorientierung und Orientierung an dem, was denn wirklich erreicht werden soll, werden so möglich. Es verändert die Beziehungen der handelnden Personen untereinander. Es fordert heraus, nicht mehr im Problemnutzen zu wühlen. Es verändert die Kommunikation – und damit auch das Gespräch zwischen der Großmutter und ihren Enkeln …

Drei Geschichten zur Konsequenz

Erste Geschichte: Ein Stückchen Weisheit
Von Sokrates (griechischer Philosoph, nicht der ehemalige brasilianische Nationalspieler) wird die folgende Geschichte erzählt. Es geht um die drei Siebe Wahrheit, Güte, Notwendigkeit.
Eines Tages kam einer zu Sokrates und war voller Aufregung. »He, Sokrates, hast du das gehört, was dein Freund getan hat? Das muss ich dir gleich erzählen.« »Moment mal«, unterbrach ihn der Weise, »hast du das, was du mir sagen willst, durch die drei Siebe gesiebt?« »Drei Siebe?«, fragte der andere voller Verwunderung. »Ja, mein Lieber, drei Siebe. Lass sehen, ob das, was du mir zu sagen hast, durch die drei Siebe hindurchgeht. – Das erste Sieb ist die Wahrheit. Hast du alles, was du mir erzählen willst, geprüft, ob es wahr ist?«
»Nein, ich hörte es irgendwo und …«
»So, so! Aber sicher hast du es mit dem zweiten Sieb geprüft. Es ist das Sieb der Güte. Ist das, was du mir erzählen willst – wenn es schon nicht als wahr erwiesen ist –, so doch wenigstens gut?«
Zögernd sagte der andere: »Nein, das nicht, im Gegenteil …«
»Aha!«, unterbrach Sokrates, »so lass uns auch das dritte Sieb noch anwenden und lass uns fragen, ob es notwendig ist, mir das zu erzählen, was dich erregt?«
»Notwendig nun gerade nicht …«
»Also«, lächelte der Weise, »wenn das, was du mir da erzählen willst, weder erwiesenermaßen wahr noch gut noch notwendig ist, so lass es begraben sein und belaste dich und mich nicht damit!«

Zweite Geschichte: Konsequenz braucht Gelassenheit. – Beppo Straßenkehrer (Ende 1980)
Er fuhr jeden Morgen lange vor Tagesanbruch mit seinem alten, quietschenden Fahrrad in die Stadt zu einem großen Gebäude. Dort wartete er in einem Hof zusammen mit seinen Kollegen, bis man ihm einen Besen und einen Karren gab und ihm eine bestimmte Straße zuwies, die er kehren sollte.

Beppo liebte diese Stunden vor Tagesanbruch, wenn die Stadt noch schlief. Und er tat seine Arbeit gern und gründlich. Er wusste, es war eine sehr notwendige Arbeit. Wenn er so die Straßen kehrte, tat er es langsam, aber stetig:
Bei jedem Schritt einen Atemzug und bei jedem Atemzug einen Besenstrich.
Dazwischen blieb er manchmal ein Weilchen stehen und blickte nachdenklich vor sich hin. Und dann ging es wieder weiter:
Schritt – Atemzug – Besenstrich.
Während er sich so dahinbewegte, vor sich die schmutzige Straße und hinter sich die saubere, kamen ihm oft große Gedanken. Aber es waren Gedanken ohne Worte, Gedanken, die sich so schwer mitteilen ließen wie ein bestimmter Duft, an den man sich nur gerade eben noch erinnert, oder wie eine Farbe, von der man geträumt hat. Nach der Arbeit, wenn er bei Momo saß, erklärte er ihr seine großen Gedanken. Und da sie auf ihre besondere Art zuhörte, löste sich seine Zunge, und er fand die richtigen Worte.
»Siehst du, Momo«, sagte er dann zum Beispiel, »es ist so: Manchmal hat man eine sehr lange Straße vor sich. Man denkt, die ist so schrecklich lang; das kann man niemals schaffen, denkt man.«
Er blickte eine Weile schweigend vor sich hin, dann fuhr er fort: »Und dann fängt man an, sich zu beeilen. Und man eilt sich immer mehr. Jedes Mal, wenn man aufblickt, sieht man, dass es gar nicht weniger wird, was noch vor einem liegt. Und man strengt sich noch mehr an, man kriegt es mit der Angst, und zum Schluss ist man ganz außer Puste und kann nicht mehr. Und die Straße liegt immer noch vor einem. So darf man es nicht machen.«
Er dachte einige Zeit nach. Dann sprach er weiter: »Man darf nie an die ganze Straße auf einmal denken, verstehst du? Man muss nur an den nächsten Schritt denken, an den nächsten Atemzug, an den nächsten Besenstrich. Und immer wieder nur an den nächsten.«
Wieder hielt er inne und überlegte, ehe er hinzufügte: »Dann macht es Freude; das ist wichtig, dann macht man seine Sache gut. Und so soll es sein.«
Und abermals nach einer langen Pause fuhr er fort: »Auf einmal merkt man, dass man Schritt für Schritt die ganze Straße gemacht hat. Man hat gar nicht gemerkt wie, und man ist nicht außer Puste.«
Er nickte vor sich hin und sagte abschließend: »Das ist wichtig.«

Dritte Geschichte: Mal wieder Watzlawick[1]

Ein Ehepaar wünscht sich sehnlichst ein Kind – die Eltern halten es zunächst für unwahrscheinlich, eines zu bekommen. Die beiden sind überglücklich, als es dann doch zur Schwangerschaft kommt, und als das Kind geboren wird, wählten sie für das Kind einen Namen, der der empfundenen Größe des Ereignisses entsprechen sollte. Sie nannten ihn »Formidable«.

---

1 http://video.google.com/videoplay?docid=-662169397831283639

Formidable wuchs auf, blieb aber – im Gegensatz zu seinem Namen – eher klein, schmächtig und wird daher immer von seinen Kameraden gehänselt und gedemütigt.
Er führt ein sehr unauffälliges Leben, heiratet und sagt schließlich auf dem Sterbebett zu seiner Frau: »Weißt du, ich habe mich mit diesem Namen nun ein Leben lang herumgeplagt. Ich möchte nicht, dass er auf meinem Grabstein steht. Schreib, was du willst, bitte aber nicht meinen Namen auf den Grabstein.«
Als treue, einfühlsame Frau überlegt sie sich, was denn nun das Passende sein könnte, und entscheidet sich für folgende Inschrift: »Hier liegt ein Mann, der sein ganzes Leben lang seiner Frau treu war.«
Und so kam es, dass Menschen, die am Grab vorbeigingen und die Inschrift lasen, kurz lesend innehielten und zueinander sagten: »Tiens, c'est formidable.«

Visualisierung: Der Matrix-Würfel

Leverage-Matrix. Diese Matrix kann man verwenden, um Ideen zu Handlungen, bei denen man konsequent sein will, zu gewichten.

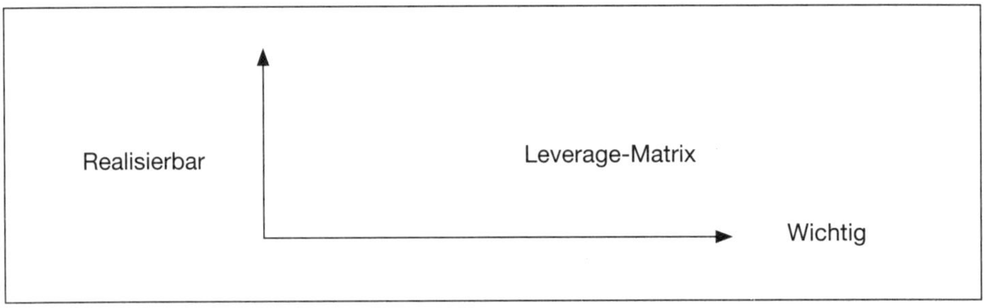

K-Würfel. Die aus der Leverage-Matrix gewonnenen Ergebnisse können auf einen Würfel geklebt werden und in einem entsprechenden Ritual wird gewürfelt, welche Handlung für die kommende Woche ganz oben auf der Prioritätenliste stehen soll. Aus symbolischen Gründen kann der Würfel mit persönlichen Gegenständen, Zetteln oder Münzen usw. gefüllt werden. Folgende Ergebnisse können zum Beispiel notiert werden:

Konsequenz heißt:
- Verantwortung übernehmen.
- Verantwortung abgeben.
- Das rechte Maß finden.
- Loben und Fehler deutlich machen.
- Konsequenzen ziehen und durchhalten (auch negative).
- Prioritäten herausarbeiten.
- Nicht zu viel auf einmal machen.

- Entscheidungen ändern, wenn es klare Begründungen dafür gibt.
- Versprochenes einhalten.
- Zu den Werten stehen, die man geäußert hat.
- Entscheidungen akzeptieren.
- Entscheidungen treffen.
- Rückmeldungen geben.
- Vereinbarungen folgen.
- Beim Thema bleiben.
- Termine einhalten.
- Ehrlich sein.
- Nicht stur sein.
- Absprachen einhalten.
- Anweisungen befolgen.
- Anweisungen ändern.
- Unterstützung geben.
- Sich selbst treu bleiben.
- Vorleben.
- Aussteigen, wenn eigene Werte unvereinbar sind mit der Unternehmenskultur.
- Fehler zugeben dürfen, wollen, können.
- Konsequenz einfordern.
- Erfolge feiern.
- Nein sagen können, dürfen, wollen.
- Aus Fehlern lernen und Gutes bewahren.
- Leben und leben lassen.
- Abweichungen vom Sollpfad dokumentieren und diesen gegebenenfalls anpassen.
- Konzentriert arbeiten.
- Pünktlich sein.

Lerndesign

Schnelles Wertequadrat im Stehen

Inhalte und Zielsetzung:	Auseinandersetzung mit der Bedeutung von Konsequenz und verwandten Begriffen, Balance zwischen den Extremen finden.
Teilnehmer:	4–15 Personen.
Dauer:	1–2 Stunden.
Ressourcen:	Freier Raum mit genügend Platz, keine Stühle und Tische, 4 Metaplanwände, Moderationsmaterial.
Vorbereitung:	Aufbau des Konsequenz-Quadrats im Raum.

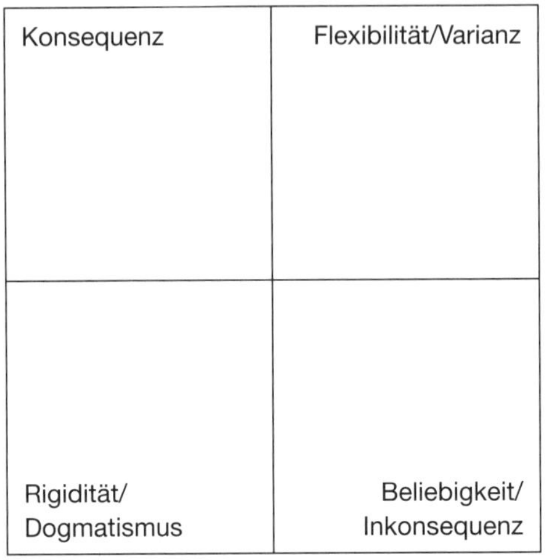

Die Ecken des Quadrates sind durch eine Stellwand oder Ähnliches gekennzeichnet, die vier zentralen Begriffe sind auf Schildern deutlich sichtbar, die Außenlinien des Quadrats und die Diagonallinien sind mit Tesakrepp auf dem Boden markiert.

Ablauf: Zunächst erfolgt die *Einführung in das Wertequadrat:* Der Moderator erläutert die Begriffe in den Ecken des Wertequadrats, während er die Begriffe abwandert (Wert, positiver Geschwisterwert, abwertende Übertreibung, Gegenteil). Dabei fragt er die Teilnehmer nach ihren Erfahrungen und möglichen Definitionen dieser Begriffe. Als Nächstes kommt die *Positionierung im Quadrat,* die mit folgenden Worten eingeleitet wird:

> »Bitte positionieren Sie sich nun im Quadrat an der Stelle, von der Sie sagen würden: ›So nehme ich das Unternehmen, den Bereich, das Team, das Thema xy bei uns wahr.‹«

Der Moderator fragt bei einzelnen Teilnehmern nach und setzt ein Gespräch in Gang (vor allem an Extremwerten, Mitte- und Linienpositionen). Mögliche Fragen sind:

- Wo genau stehen Sie? Warum haben Sie sich hierhin gestellt?
- Standen Sie schon immer hier, wo hätten Sie vor fünf Jahren gestanden?
- Welches konkrete Beispiel haben Sie vor Augen, wenn Sie hier stehen?
- Was heißt Konsequenz für Sie?
- Haben Sie sich auch schon mal in den »Ecken« erlebt? Können Sie ein Beispiel nennen?
- Wo würden Sie gerne stehen, zum Beispiel in zwei Jahren?
- Wo müsste Ihrer Meinung nach das Unternehmen stehen, damit Sie insgesamt noch erfolgreicher sind?
- In welche Richtung müsste sich etwas verändern, wo stünden Sie dann?

- Was konkret müssten Sie, die Gruppe, das Unternehmen tun, damit Sie die ersten ein bis drei Schritte in diese Richtung machen können?

Durch die Fragen werden die Teilnehmer in einen Austausch darüber gebracht, welche Konsequenzen aus Handeln erwachsen und was möglicherweise zu verbessern ist.
Variante: Die Positionierung im Wertequadrat kann auch genutzt werden, um individuelle Themen der Teilnehmer (zum Beispiel aus dem Führungsalltag) zu besprechen und zu lokalisieren. Dazu bringt jeder Teilnehmer ein Thema ein, das er in Bezug auf Konsequenz durchdenken möchte. Während er es den anderen vorstellt, platziert er sich mitsamt einer Moderationskarte an die aktuelle Position im Quadrat. In Kleingruppen- oder Paararbeit wird nun an der jeweiligen Zielposition der individuellen Themen gearbeitet. In einer zweiten Runde erläutert jeder Teilnehmer – an seiner Zielposition stehend –, mit welchen Maßnahmen und Schritten er diese erreichen wird.

Anmerkungen zur Wirkungsweise: Die Stellung der Teilnehmer im Raum macht deren Positionen sichtbar. Die Übergänge der vier Begriffe verdeutlichen, dass es viele Grauzonen und Handlungs- beziehungsweise Positionsalternativen gibt. Durch die Bewegung und Aktivität der Teilnehmer kommt auch das Nachdenken in Gang.
Die Gruppe kommt in Bewegung, und auf lebendige Weise miteinander ins Gespräch. Veränderungsrichtungen werden für die ganze Gruppe im Raum sichtbar. In der Positionierung und durch das Nachfragen der Moderation werden Beispiele genannt und somit die abstrakten Begriffe mit konkreten Erfahrungen hinterlegt. Die Unterschiedlichkeiten der Gruppe, vor allem die verschiedenen Assoziationen rund um den Begriff der »Konsequenz«, werden sehr gut sichtbar und können als direkter Gesprächsanlass genutzt werden.

Auf den Punkt kommen

Inhalte und Zielsetzung:	Positive Beispiele für eigene Konsequenz und Konsequenzerfahrung bewusst machen, Austausch zum Thema Konsequenz.
Teilnehmer:	4–15 Personen.
Dauer:	0,5–1 Stunde.
Ressourcen:	Freier Raum mit genügend Platz, Stühle, keine Tische, Platz für Zweiergespräche.
Vorbereitung:	Keine.

Ablauf: Zunächst werden Zweiergruppen gebildet. Der eine erzählt ein Beispiel für Konsequenz und der andere fragt so lange, bis er zum Kern des Beispiels vordringt. Der Erzähler liefert ein Beispiel aus dem beruflichen oder privaten

Bereich, bei dem er überzeugt ist, konsequent gehandelt zu haben. Die zweite Person hört zu und versucht unter Anwendung von bestimmten Fragetechniken, die Geschichte immer weiter auf das Wesentliche zu reduzieren. Er hilft dem Erzähler, auf den Punkt zu kommen.

Als Fragetechnik kann der sogenannten *Fragetrichter* eingesetzt werden:

Phase	Mögliche Fragen
Sammeln	Was alles? Was noch? Und außerdem? Gibt es weitere Aspekte?
Fokussieren	Was genau? Was ist besonders wichtig? Wie können/sollen ...? Wer? Womit? Warum? Wo? Bis wann?
Bestätigen Prüfen	Habe ich richtig verstanden, dass ...? Sie meinen also, dass ...? Stimmt es, dass ...?

Am Ende steht ein prägnanter Satz oder ein Prinzip, die unabhängig vom konkreten Beispiel das Thema Konsequenz beschreiben. Dieser Satz wird auf eine Moderationskarte geschrieben. Die Personen wechseln nun die Rollen und machen einen zweiten Durchgang.

Die Karten werden an einer Metaplantafel präsentiert. Das folgende Gespräch mit der ganzen Gruppe (oder in Kleingruppen, auch im Zweiergespräch) bezieht die Sätze auf den gemeinsamen Arbeitskontext und diskutiert sie unter folgenden Fragestellungen: Was davon tun wir? Warum ist das wichtig für uns? Wo fehlt es uns an Konsequenz? Woran erkennen wir unser konsequentes Handeln in der Zukunft?

Anmerkungen zur Wirkungsweise: Die Teilnehmer haben im geschützten Zweiergespräch neue Möglichkeiten, sich ihrer Sichtweise und Deutung des Themas Konsequenz zu nähern.

Durch die Fragetechniken wird auf der Metaebene Konsequenz angewendet: von der Schale wird zum Kern vorgedrungen, von außen geht es nach innen auf den Punkt. Es wird auf das Wesentliche fokussiert.

Risikobereitschaft

Essay: Wer kein Risiko eingeht, läuft das größte Risiko

> »Die Betrachtung der Folgen von Maßnahmen bietet hervorragende Möglichkeiten zur Korrektur eigener falscher Verhaltenstendenzen und zur Korrektur falscher Annahmen der Realität. Denn wenn sich etwas einstellt, was man als Folge einer Maßnahme eigentlich nicht erwartet hat, so muss das ja seine Gründe haben. Und aus der Analyse dieser Gründe kann man lernen, was man in Zukunft besser oder anders machen sollte.«[1]

Die Betrachtung der Folgen von Maßnahmen ... das ist nicht jedermanns Sache im Führungskontext. Maßnahmen ja, Pläne ja, Reformen ja – aber Folgen? Interessiert es wirklich, was aus den guten Vorsätzen, den flammenden Reden, den hehren Zielen, der neuen Kampagne geworden ist? Und wenn es interessiert, wie sehr wird schöngeredet und wie wenig wollen die Verursacher wirklich ihre Wirkungen kennenlernen! Zur Beförderung hatte das Projekt doch ausgereicht ...

Risikobereitschaft ist also eine Frage der Neugier. Lust auf sich selbst und auf andere, neue Wege können nur entstehen, wenn man sich ein wenig weg von den gewohnten Wegen wagt. Gewohnte Wege: des Denkens, des Verhaltens, des Kommunizierens, des Erforschens, des Investierens ... die Reihe ist beliebig fortsetzbar. »Gewohnt« hat man doch bisher sehr gut in dieser Art und Weise, »wohn-lich« eingerichtet ist unser Bild von der Welt, das wir so ungern verlassen, denn es bedeutet: Verunsicherung. Gegen Verunsicherung und Risiko pflegen wir daher in fast jeder Organisation mehr oder weniger stämmige heilige Kühe – Glaubenssätze, die uns vor Verunsicherung schützen, die die Dinge überschaubar halten, die in der so hübsch eingerichteten »Wohnung« des Denkens und Verhaltens keine Änderung erfordern:

- Das haben wir immer schon so gemacht!
- Bei uns geht das nicht!
- Dafür gibt es klare Vorschriften.

Einleuchtend – und wirklich gute Gründe und Wege, kein Risiko einzugehen.

Führungskräfte stehen persönlich und durch ihre Aufgabe im Spannungsfeld von Stabilität und Dynamik. In großen Konzernen werden sie häufig von Anfang an ge-

1 www.brandeins.de, 8/2007

prägt von Strukturen, Strategien, Organisation und Bürokratie. Dort klären sie ihre Aufgaben, dort managen sie ihre Ziele, darin haben sie Erfolg und daran werden sie gemessen. Nichts Schlechtes ist dabei: All das verleiht Organisationen und Personen Stabilität, schafft Übersicht, Klarheit, Abgrenzungen. Die viel gelobten Tugenden Ordnung, Pünktlichkeit, Sauberkeit finden wir hier, davon spricht das Ausland, wenn es an Deutschland denkt. Jeder Projektmanager spricht in jedem Meeting von der Erfüllung der Aufgaben und von der Umsetzung von Arbeitspaketen und strategischen Zielen.

Dennoch lohnt ein Blick auf die Sprache: Erfüllung und Umsetzung. Erfüllen, also füllen kann man Gefäße, in festgelegten Rahmen. Dort lässt sich das Maß der Erfüllung dann auch am Pegel messen. Umsetzung: Etwas, das vorher an einer Stelle stand, wird an eine neue Stelle versetzt. Ein Arbeitspaket. Nach vorn. Schritt für Schritt. Dem Ziel entgegen – auch diese Strecke ist messbar: Wie weit sind Ziel und Maßnahmen umgesetzt? So kommen wir weiter: in unserer Welt, in unserem Denken, in unserem Projekt.

Ungewissheit, Fehler und Entdeckungen

Was aber nun, wenn wir uns aus dieser gewohnten Welt ein wenig hinausbewegen? Es ein wenig anders tun als zuvor? Im klassischen Projektdenken ist das auch ein Teil der Organisation: Ein »Change Request« wird eingereicht, und die Projektleitung entscheidet, ob das Veränderungsanliegen umgesetzt wird. Das ist ein Weg zur Verbesserung im System – sicherlich. Veränderung wird so ein Teil des Geschäfts. Aber das ist kein Risiko.

Risiko entsteht dann, wenn wir als Personen oder Organisationen unsicheres Terrain betreten. Wirklich unsicher ist es dann, wenn wir unsere gewohnten Maßstäbe verlassen und unsere bewährten (das kommt von »bewahren« …) Sichtweisen verändern.

Es ist schon viel zitiert, steht aber als bewährte Analogie: Als Christoph Kolumbus den Auftrag bekam, den Seeweg nach Indien zu suchen, war das Ziel klar. Auch die Aufgabe war gut definiert, die Ressourcen dafür waren bereitgestellt. Und trotzdem: Die Endeckung Amerikas war – gemessen an der Aufgabe – eine echte Zielverfehlung des Projekts.

Wir können die Liste berühmter Fehlentscheidungen fortsetzen und entdecken so die Kontexte, in denen Risikobereitschaft Entwicklung überhaupt erst ermöglicht, verstanden als Lust auf Ungewissheit, mit Mut zu Fehlern. So entsteht die Chance zur wirklichen Entdeckung von Neuem, von Neuland.

Risikobereitschaft: am Beispiel Kleinkindentwicklung

Wie verlockend wäre gleich nach der Geburt das Verharren im Gewohnten: Trotz Wachstum würde niemand seine Wiege verlassen – aller Schaden wäre abgewendet!

Allen wäre es warm, weich und wohlig. Jedoch: Unser Entwicklungsdrang, unsere Lerngier, unsere Neulust verführen uns zur Bereitschaft, körperliches Risiko einzugehen, zu fallen, uns wehzutun – und ermöglichen uns so, laufen zu lernen. Und dann rennen, und klettern, und dann …

In diesem Kontext sind Eltern die Führungskräfte, die Entwicklung ermöglichen. Man stelle sich nun Eltern vor, die kein Risiko zuließen, und Kinder, die keine Risikobereitschaft mitbrächten – niemand hätte je das Laufen gelernt!

Damit ist nicht mehr verwunderlich: Untersuchungen haben im Auftrage von Unfallversicherern nachgewiesen, dass in Kindergärten, in denen riskante Spiele verboten sind, schwere Unfälle zunehmen, weil Kinder nicht zu fallen gelernt haben.

Risikobereitschaft ist damit eine grundlegende Voraussetzung in einer jeden Entwicklung.

Risikobereitschaft: am Beispiel Sinnsuche

Stille ist im Pavillon aus Jade
Krähen fliegen stumm
Zu beschneiten Kirschbäumen
Im Mondlicht
Ich sitze
Und weine

Es spricht hier Goethe – auf Deutsch, nachdem die Worte vorher japanisch waren. Die Rückübersetzung von Wanderers Nachtlied: »Über allen Gipfeln/Ist Ruh,/In allen Wipfeln/Spürest du/Kaum einen Hauch;/Die Vöglein schweigen im Walde./Warte nur, balde/Ruhest du auch.«, zeigt ein deutliches Risiko in der Sinnübertragung: Durch den kulturellen Kontext, den Aufbruch in neue Sinnmaßstäbe, das Finden neuer Formen entsteht eine Folge von Fehlern. Man kann es so sehen. Oder als Entstehung von etwas Neuem.

Risikobereitschaft: am Beispiel Unternehmen

Am Beispiel Cisco/Intel kann man den Umgang mit unternehmerischem Risiko gut verstehen. Cisco/Intel betreibt Corporate Venturing: Es streut breit Investitionen in potenziell interessante Start-ups, die relevante Technologien entwickeln könnten.

Dort treten Experiment und Lernen an die Stelle von Planung: Scheitern wird evaluiert und bewertet. Und es besteht die Einstellung: Man braucht 1.000 Ideen, um 100 Konzepte zu entwickeln, von denen zehn ausprobiert werden, wovon eines wirklichen Erfolg bringt. Fazit: Die Risikobereitschaft und das Scheitern vieler sind die Voraussetzung für den Erfolg weniger.

Risiko – eine Sache der Relationen

Es ist selten der Risikotyp, der sich entscheidet, eine angestellte Führungskraft (in einem Konzern) zu werden, sondern meist der Clevere. Ab wann von Risikobereitschaft gesprochen werden kann, ist eine Frage der Verhältnisse. Vor einiger Zeit war zu lesen, dass ein Scheich die Großstadt Lyon in der Wüste im gleichen Maßstab aufbauen wolle – ihm gefalle die französische Stadt so sehr, dass er sie auch bei sich so haben wolle.[1] Ist das Risikobereitschaft? Es gibt wenig zu verlieren – wenig Neues zu entdecken. Der gewohnte Rahmen wird kaum verlassen: 1,8 Milliarden Euro sind genug Venture-Kapital für dieses Vorhaben.

Zur gleichen Zeit investiert vielleicht eine Studentin ihr ganzes Erspartes in eine Studienreise. Sie verlässt damit ihr gewohntes Terrain und lässt sich gezielt irritieren – von Neuem, von anderen Menschen und von fremden Inhalten. Sie geht das Risiko ein, das Geld zu verlieren, ohne später bessere Noten oder Abschlüsse zu erhalten. Der Schritt ins Ausland – den heute übrigens immer weniger deutsche Studenten unternehmen – führt in ein wenig Ungewissheit und erfordert persönliche Risikobereitschaft.

Leicht kann man so unterscheiden: risikobereite Führungskräfte, die ein wirkliches Risiko eingehen, und solche, die scheinbare Risiken eingehen. Risikobereitschaft ist daher eine Sache des Akteurs und der Ebene, auf der er oder sie Risiko eingeht:

- finanziell/materiell,
- persönlich/charakterlich,
- sozial/gesellschaftlich,
- strategisch und taktisch.

Vorsicht Falle: Risikobereitschaft vortäuschen

Gern werden auf der Ebene Taktik/Strategie Lappalien als Risiken aufgebläht und dargestellt: Wie heldenhaft wirkt es ja auch, wenn man zunächst die Mücke – zum Beispiel ein Layoutproblem – zu einem Designdrachen aufbläst, um dann selbst zum Besieger dieses Drachens zu werden! Aus Sehnsucht nach Selbstbestätigung und aus Angst vor dem Scheitern erzeugen Menschen gern ihr eigenes Pseudorisiko, das sie dann vor den verwunderten Augen der Öffentlichkeit eingehen. Anbieter vielerlei Dienstleistungen – nicht zuletzt Beratung – leben häufig davon, den eigenen Beratungsbedarf zunächst zu erschaffen: durch komplizierte Studien, unverständliche Folien, sogenannte Experten, um danach das riskante Unterfangen in Angriff zu nehmen – Erfolg natürlich vorprogrammiert: Seht her – den habe ich erlegt!

---

1 http://www.berlinonline.de/berliner-zeitung/archiv/.bin/dump.fcgi/2008/0201/seite1/0050/index.html, Stand: 2.6.2008

Risiko: Bereit ja – aber bewusst?

Wer zu Risiko bereit ist, setzt ein Stück seines Besitzstandes aufs Spiel. Der Gewinn daraus ist ungewiss. Der Neffe aus Shakespeares »Kaufmann von Venedig« bettelt seinen Oheim an, ihm doch einen weiteren Kredit für eine Unternehmung zu gewähren, denn die erste Investition habe noch keine Wirkung gezeigt:

> »Ihr lieht mir viel, und wie ein wilder Junge/Verlor ich, was Ihr lieht; allein, beliebt's Euch/Noch einen Pfeil desselben Wegs zu schießen/Wohin der erste flog, so zweifl ich nicht/Ich will so lauschen, dass ich beide finde.« (aus: Shakespeare, Der Kaufmann von Venedig, Uraufführung 1605, 1. Aufzug, 1. Szene)

Auch wenn das Wort »Risiko« wahrscheinlich aus dem italienischen (risico, risco) stammt und im 16. Jahrhundert in die deutsche Kaufmannssprache übernommen worden ist, gibt es doch nicht das abgebildete Spektrum wieder: Ist es ein gewagter Einsatz bei einem geschäftlichen Unternehmen oder ein halsbrecherisches Risiko, das unkalkulierbar ist? Wie ist Risikobereitschaft also einzuschätzen? Wie immer geht es um das rechte Maß: bereit zu Unsicherheit, aber in einer bewussten Abschätzung des möglichen Verlustes. Zielklarheit, Prioritäten und aktive Reflexion helfen dabei, Risiken bewusst einzugehen.

Warum fehlt aber häufig genau diese Klarheit? Warum gehen Menschen häufig sehr direkt hohe Risiken ein, ohne sich dessen bewusst zu werden? Was treibt – ansonsten hochqualifizierte – Menschen dazu, den möglichen »Verlust«, der durch eine leichte Terminverspätung entsteht, mit einem womöglich tödlichen Risiko aufzuwiegen, durch überhöhte Geschwindigkeit einen Unfall zu verursachen? Was treibt sie an?

Ein möglicher Zugang führt über mindestens einen der »Antreiber« (s. S. 19, Visualisierung: Mama hat gesagt …) die in der Transaktionsanalyse (TA) ausführlich beschrieben werden: »Beeil dich!« Ausgehend davon, dass je nach Biografie unterschiedliche Antreiber in unseren Lebensskripten verankert wurden, beschreibt die TA, inwiefern diese häufig sehr dominanten, aber unbewussten inneren Botschaften das Handeln von Menschen bestimmen. Mit dem Antrieb: »Du musst schnell sein, damit du von deiner Umwelt akzeptiert wirst«, geraten sehr viele Menschen in Hektik. Gepaart mit »Sei anderen gefällig« ist die Verspätung – und damit die überhöhte Geschwindigkeit – vorprogrammiert: Der letzte Termin wurde überzogen, denn es gab noch so viele Rückfragen, die beantwortet werden mussten – damit aber der nächste Termin (der wahrscheinlich schon ohne Zeitpuffer in die Agenda des Tages gequetscht wurde) schnell erreicht werden kann – »Beeil dich!« –, wird eine überhöhte Gefahr fast stillschweigend in Kauf genommen. Als Erklärung des tatsächlichen Unfalls dienen dann meist »der Termindruck, die Hektik des Alltags, die Langsamkeit des Vordermanns, die schier unüberschaubaren Anforderungen«.

Risikobereitschaft ist also nichts für unbewusste, unreflektierte Menschen, die durch ihr eigenes Verhalten noch andere in ihr Risikoverhalten mit hineinziehen.

Die eigene Haltung bei Risiken kennenlernen

Damit wird klar, woraus der Stoff ist, aus dem unsere Risikobereitschaft gemacht wurde und wird: Es ist unsere Biografie – unsere Erfahrungen und die Klarheit über unsere Reaktionsmuster in unsicheren Situationen bestimmen unser Verhältnis zum Risiko. Vielleicht fühlen wir die Nähe zu einem der folgenden Sätze aus dem Volksmund. Wann haben Sie sie erfahren? Welche Situationen kommen Ihnen in den Sinn, wenn Sie einen der folgenden Sätze hören?

- Mut zur Lücke!
- Lieber den Spatz in der Hand als die Taube auf dem Dach.
- Wer nicht wagt, der nicht gewinnt.
- Carpe diem.
- »Attempto« – ich wage es.
- Es gibt nichts Gutes, außer man tut es.
- Wer sich in Gefahr begibt, kommt darin um.

Inwiefern sind diese Sätze Bestandteil Ihrer Herkunftskultur – oder Ihrer Ursprungsfamilie?

Niemand ist ohne die Warnungen oder Ermutigungen seiner Eltern oder Beziehungspersonen aufgewachsen. Und niemand ist frei von der Risikohaltung seines jeweiligen Umfeldes. Damit wird Risikobereitschaft zum Entwicklungsfeld jedes Menschen in seiner Situation. Um das eigene Entwicklungsfeld abzustecken, genügt die Frage: Was ist in meinem Umfeld und mit meiner Herkunft das Risiko, das mir Unbehagen oder Angst bereitet, das ich aber trotzdem einigermaßen überschauen kann? Ist es eher: das Gespräch mit dem Chef zu suchen oder einen neuen Vorschlag im Projekt zu machen? Was hindert?

Risikobereitschaft: auch eine Frage der Gelassenheit

> Gmäeß eneir Sutide eneir elgnihcesn Uvinisterät, ist es nchit witihcg in wlecehr Rneflogheie die Bstachuebn in eneim Wrot snid, das ezniige was wcthiig ist, ist dass der estre und der leztte Bstabchue an der ritihcegn Pstoiion snid. Der Rset knan ein ttoaelr Bsinöldn sien, tedztorm knan man ihn onhe Pemoblre lseen.

Welchem Risiko also stehen wir gegenüber? Der Text zeigt – ja, es gibt Risiken, die uns die gewohnten Muster zu verlassen zwingen, uns neue Situationen gegenüberstellen, die zunächst irritieren. Bei vielen bricht Angst aus, Panik, die Orientierung zu verlieren – Führungskräfte aber brauchen in Zeiten drohender Desorientierung vor allem eines: den Blick für das Wesentliche. Mit einem kleinen Augenzwinkern zeigt der Text auch: Selbst wenn alles vom Chaos bedroht ist – die Sinnkonstruktionsfähigkeit unseres Gehirns, gepaart mit ein wenig Gelassenheit, kann Sicherheit vermitteln!

Organisationaler Umgang mit Risiko – Erfolgsfaktoren

Unternehmen verlangen Risikobereitschaft von ihren Führungskräften. Sie können für die Ausprägung dieser Eigenschaft einige Voraussetzungen schaffen, die den Umgang mit dem Risiko, also auch den Umgang mit den möglichen Fehlern schaffen:

- *Klima:* Das Topmanagement kann das Klima schaffen für Risikobereitschaft. Gelingt es, über Fehler zu sprechen und aktiv nach Risiko zu fragen, ohne dass dabei jemand in Misskredit gerät?
- *Wollen:* der innere Schweinehund.
- *Haltung:* Gelingt es, Fehler und Risiken als hochrelevante Informationen zu betrachten, die Aufschluss über das System liefern, und werden dabei Schuldzuschreibungen vermieden?

Risikobereit sein, Gefahren kennenlernen – aber nicht riskant handeln

Auch Führungskräfte können bei ihren Mitarbeitern Risikobereitschaft erzeugen. Vertrauen ist notwendig und ein gutes Management bei Fehlern oder Scheitern. Wieder einmal Vorbild sein: Wer einen klaren Kopf behält und auch in schwierigen Situationen die möglichen Gefahren erkennen kann, ist klar im Vorteil. Risiko gelassen abwägen, es eingehen und dabei nicht riskant (also nicht: kopflos, um Kopf und Kragen) handeln, das wäre die Devise. Menschen, die Neues möglich machen, haben gelernt, Risiko auf sich zu nehmen, Irritationen und Unsicherheit auszuhalten. Sie sind für Verunsicherung ausgebildet:

- Sie können sich selbst und andere gezielt irritieren und aus der Irritation lernen.
- Sie können sich selbst mit Verunsicherung konfrontieren: durch eingeholtes Feedback, durch das Erleben von Kontrasten, durch ungewöhnliche Handlungsweisen, Fremdheit im weitesten Sinne.
- Sie gehen immer wieder das Risiko ein, in Konflikt zu geraten.
- Sie planen ihre Projekte gut – entdecken aber deshalb Neuland, weil sie gezielt Unklarheiten als Risiken definieren und sie auch als solche eingehen – damit Neues entstehen kann.
- Sie wandeln um: bestehende Gefahren in Risiken. Als Beispiel dient immer wieder die Erfindung des Regenschirms – früher bestand die Gefahr, im Regen nass zu werden. Wenn man den Himmel betrachtet und den nun erfundenen Schirm nicht mitnimmt, dann geht man ein entsprechendes Risiko ein. Wenn man ihn jedoch mitnimmt, geht man das Risiko ein, ihn irgendwo liegen zu lassen …

Fazit: Wenn etwas Neues entstehen soll, muss man immer etwas tun, was man vorher noch nie getan hat – und das benötigt Risikobereitschaft.

Risikotischtennisbällewegschnippübung – oder: Angst vor Flaschen

Inhalte und Zielsetzung:	Die Erkenntnis, dass Risikobereitschaft zum Erreichen des angestrebten Ergebnisses erforderlich ist.
Teilnehmer:	4–15 Personen.
Dauer:	15–30 Minuten.
Ressourcen:	Freier Raum mit genügend Platz, Stehtisch, Glasflasche und Tischtennisball.
Vorbereitung:	Keine.

Ablauf: Auf einem Tisch steht eine leere Flasche, auf der Flaschenöffnung liegt ein Tischtennisball. Die Gruppe stellt sich in eine Reihe; jeder Teilnehmer geht mit zügigem Schritt auf die Flasche zu und versucht, mit zur Seite ausgestrecktem Arm, ohne anzuhalten, den Ball mit den Fingern von der Flasche zu schnippen. Den meisten gelingt es beim ersten Mal nicht. Viele schnippen aus Angst, sich an der Flasche wehzutun, mit den Fingern über den Ball.

Es folgt eine Auswertung in der Gruppe über Fragen zur eigenen Risikobereitschaft und zu den Ursachen, wenn es nicht geklappt hat. Danach folgt ein erneuter Durchgang (meist klappt es viel besser).

Anmerkungen zur Wirkungsweise: Beim Scheitern liegt die Ursache darin, dass man sich innerlich nicht wirklich entschieden hat, den Ball zu treffen. Die Vorstellung ist unangenehm, dass man mit dem Finger den Flaschenhals treffen könnte.

Entscheidungen und konsequentes Handeln bringen meistens das Risiko mit sich, kleine oder größere Unannehmlichkeiten zur Folge zu haben. Daher ein Zögern, Ausweichen, Vermeiden.

Innovationsorientierung

Essay: Innovationen – kein Fall für den Zufall

»Nun seien Sie doch einmal schnell kreativ und innovativ« – wie wunderbar paradox können Aufforderungen an Führungskräfte, Mitarbeiter oder Berater doch sein. Dabei sind Kreativität und Innovationsorientierung einerseits sehr selbstverständlich und in jedem Führungsalltag notwendig – ständig fordert eine neue Situation neue Antworten und Lösungen. Andererseits ist Schöpfergeist unter Stress selten einklagbar und mit Vorwürfen kaum einlösbar. Was also tun, wenn Kreativität gefragt ist, die Angst vor dem Scheitern aber im Nacken sitzt?

Angst verhält sich zu Kreativität wie Sauerkraut zu Vanilleeis …

… es passt einfach nicht. Das hat neurobiologische und psychologische Gründe: Unter Angst reagiert der Körper mit seinem vegetativen System. Der Blutdruck geht hoch, die Muskeln spannen an, Adrenalin wird ausgeschüttet – der Körper ist zur Flucht oder zum Angriff bereit, das alte Muster aus den Zeiten des Säbelzahntigers. Studien haben gezeigt, dass selbst das gelernte Erfahrungswissen kaum aktiviert wird, da der »Tunnelblick« entsteht, die höchste Konzentration ist auf unsere instinktiven Reaktionen gerichtet. Schnelle Reaktionen sind dann überlebenswichtig. Ähnlich angestrengt fokussiert verhalten sich jene, die in einem starken, beharrlichen System kreative Lösungen finden wollen oder neue Wege vorschlagen – sie isolieren sich von dem angestammten Wertesystem und damit von dem sozialen System, das ihnen die Irritation nicht verzeihen wird.

Anders in Kontexten, in denen Erfahrungswissen und ungewöhnliche Kombinationen von neuen und vorhandenen Informationen tatsächlich möglich sind. Das geschieht dort, wo wir im Zentrum der Konzentration sind, im weiten Blick, im »Flow« vielleicht, in jedem Falle aber ohne existenzielle Angst.

Kreativität scheint die jeweils evolutionäre Antwort auf Veränderung in den Rahmenbedingungen zu sein. Wie aber sollen wir heute Bedingungen schaffen für die Lösung von Problemen, die wir nicht einmal kennen? Eines ist sicher: nicht durch ein Lernen in Angst und Zwang.

»Probleme können nicht mit denselben Verhaltensweisen gelöst werden wie denjenigen, die sie erzeugt haben.« (Albert Einstein)

Da müssen Methoden her

Kreativitätsmethoden suggerieren: Wenn du es so und so machst, dann bist du kreativ. Dann fällt dir etwas Neues ein. Auch das ist ein Paradox: Kreativität entsteht selten unter Wenn-dann-Bedingungen, Ursache und Wirkung sind im Innovationsprozess nicht eindeutig nachweisbar oder voneinander zu trennen. Es geht beim Entdecken von Kreativität eher um ein Sowohl-als-auch, nämlich um ein Neuverknüpfen des Vorhandenen. Deshalb sind fertige Methoden für wahre Kreativität eher Einschränkung als Möglichkeit. Und doch: In vielen festgefahrenen Diskussionen können ein Fishbone-Diagramm, eine 7-5-3-Methode, ein Assoziativverfahren helfen, neue Aspekte und Perspektiven auf ein altes Thema zu finden. Das Wahre und Gute daran: Die Kreativität entsteht nicht durch die Methode, sondern in dem Moment, in dem man sich auf die Methode einlässt. Berater für Kreativmethoden sind sehr einsam – weil sie zwar Wege kennen, aber nicht die Landkarte, auf denen die Trainierten diese Wege beschreiten werden …

Die entscheidende Rolle: Kind sein

Vor allem da Kind sein, wo man spielt – Spiel als Inbegriff von Kreativität. Gemeint sind das kindliche Spiel, die kreative Offenheit, die Lust an den Möglichkeiten. Sogar die japanische Kriegskunst vermittelt »kindlichen Anfängergeist« als notwendiges Prinzip höchster Meisterschaft. Kind sein heißt in diesem Sinne:

- Anfänger werden,
- Vorurteilsfreiheit üben,
- vergeben und vergessen,
- hinterfragen,
- frei kombinieren,
- staunen können,
- Neues versuchen – »Wann haben Sie zum letzten Mal etwas zum ersten Mal gemacht?«

So werden die Variablen und Unbekannten der neuen Realität wahrnehmbar. Nur in dieser Haltung ist Kreativität – und damit Problemlösung – möglich.

Warum Innovation zum Lachen ist – aber nicht lächerlich

Schopenhauer erzählt über das Lachen. Lachen sei die Reaktion auf das »Nichtzusammengehen zweier ein Ding bildender Faktoren«. Man lacht über Inkongruenz. Und tatsächlich – warum lachen wir über Witze wie: »Ich würde gern das Kleid im Schaufenster anprobieren!« – »Sie können auch gern eine Kabine benutzen!«? – Weil das eine Ding, nämlich die Ortsangabe »im«, zwei Deutungsmöglichkeiten zulässt. Es überrascht uns, wenn wir deshalb eine ungewöhnliche Antwort hören. Das irritiert, lässt uns die Sache neu ansehen und zeigt uns, wie wenig wir Ungewöhnliches, das Nichtgewohnte, im Alltag erkennen. Jemand deckt einen neuen Aspekt auf, überschreitet Grenzen, unerwartet – das erzeugt Spannung. Lachen ermöglicht die Abfuhr dieses Affekts, wohltuende Druckentlastung, durch Innovationsdruck erzeugt.

Innovation braucht Mut und Raum und Führung

Innovationen, Ideen entstehen nicht im romantisch-verklärten Arkadien, wo die Musen küssen und die Trauben wachsen. Sie entstehen nicht von selbst und nicht en passant: Innovationen erfordern kräftige Investitionen an Zeit, Raum, Ressourcen und Vertrauen und einen starken Wertekonsens der Innovatoren, einen festen Bezug zum eigenen Wertesystem und dem Zweck und den Zielen der Organisation.

Ärgerlich ist für Controller: Innovation – und damit Risikobereitschaft – kann man nicht messen. Sie ist eine Haltung, kein Produkt. Sie erst ermöglicht eigentliche Zukunftsorientierung, geht es doch darum, fremde und neue Probleme mit fremden und neuen Mitteln zu lösen. Veränderung und Change sind ohne Innovation reine Lippenbekenntnisse – man ändert etwas, damit alles so bleibt, wie es ist.

Klima und Kultur für Innovation hängen maßgeblich vom Führungsstil ab. Und der Führungsstil erst ermöglicht das soziale Klima, das schließlich Innovation und Kreativität ermöglicht. Klima ist damit das, was das Klima für die Erde ist: die Bedingung aller anderen Möglichkeiten. Denken Sie kurz an Ihr eigenes organisationales Klima und die Risikobereitschaft ihrer Organisationskultur: Wo finden sie Risikobereitschaft in den Organisationsformen, in den Verfahren, den Belohnungs- und Sanktionssystemen, in Sprache, in Symbolen, in Handlungen …?

Die Chronologie des Als-ob

Stellen wir einmal Innovationsmanager ein. Sie werden berichten, wie Innovationen zu planen sind, welche Ziele hochgradige Innovationen haben, und sie werden sicher Charts zeigen, wie Innovation zeitlich abläuft. Eine der ersten Illusionen ist: Innovation hat drei Phasen, die nacheinander ablaufen.

- Die Phase der Ideen wird häufig schon gestört, weil die Idee nicht ins bestehende System passt.
- In der nächsten Phase wird mithilfe einer strukturierten Methode die Machbarkeit geprüft und mit den Zielen des Unternehmens abgeglichen: Sonst wird Innovation zum diffusen Chaos.
- Schließlich erfolgen die Gewinnphase und die Kommerzialisierung der Idee, also die Wertschöpfungsphase: Sonst fehlt der Nutzen für das Unternehmen.

Wenn es nur so einfach wäre. Innovation hält sich selten an unsere Einteilungen. Meistens herrscht Synchronizität dieser Phasen und allzu oft gibt es Brüche, Umwege, Zeitschleifen, die die Innovation erst ermöglichen.

Wenn es schiefgeht: Klimakatastrophe für Innovationen

Wenn das Klima für Innovationen das ist, was das Klima für die Erde bedeutet – nämlich die Grundbedingung aller anderen Möglichkeiten –, dann sind sehr viele »Klimakiller« unterwegs, die dringend einer Ökonorm unterworfen werden müssten:

Auf der Ebene der Beziehungen:
- Es herrscht Misstrauen.
- Machtkampf überwiegt.
- Kooperation fehlt.
- Wertschätzung fehlt.

Auf der Ebene der Organisation:
- Konsens ist ein Fremdwort.
- Individualismus geht vor Teamwork.
- Macht durch Privilegien.

Auf der Ebene der Aufgaben:
- Es gibt keine Herausforderungen.
- Viele ausführliche Stellenbeschreibungen, in denen akribisch das Erwartungsprofil beschrieben wird: natürlich nur auf der Grundlage der bisherigen Lösungen, Regeln und Gesetze.
- Verantwortung wird gefordert, aber es gibt keine Ressourcen.

Auf der Ebene des Erfolgs:
- Sage mir, was und wer belohnt und was sanktioniert wird, und ich sage dir, ob du mit deiner Innovation Erfolg haben wirst.
- Sage mir, welche Verhaltensweisen tatsächlich von der Leitung unterstützt werden: Sie verraten mehr als viele Leitbilder in den Fluren.
- Zählt Qualität oder Quantität?
- Beobachte: Aus welchen Gründen werden neue Mitarbeiter eingestellt? Aufgrund welcher Art von Erfolg werden sie integriert und befördert?

Alle Ebenen beinhalten eben jene Treibhausgase, die das Klima der Innovation vergiften können. Das Schlimme daran, wie beim CO_2-Ausstoß: Man sieht sie nicht. Fragen Sie einmal die Leitung in einem Unternehmen oder einer Organisation, ob sie innovativ sei: Nicht einmal in der Branche der konservierendsten Restauratoren würde man ein »Natürlich nicht!« hören …

Kultur der Innovation

Der Zusammenhang von Kultur und Innovation ist vielfältig erforscht – von Anthropologen über Psychologen bis zur modernen Betriebswirtschaft wurde versucht zu ergründen, was denn nun eine innovative Kultur ausmache. Im Kern dieser Überlegungen finden sich immer wieder ähnliche Elemente. Innovative Kulturen haben:

- Möglichkeiten der Beteiligung und der Mitsprache, die Verantwortung erlauben und fördern.
- Beteiligte, die sich mit einigen wenigen gemeinsamen Werten voll identifizieren.
- eine Gemeinschaft, die mit Ambiguität besser umgehen kann.
- Konsistenz und Anpassungsfähigkeit in gleichem Maße.
- eine klare Vorstellung über ihren Daseinssinn und -zweck und die zukünftige Entwicklung.

Gefragte Persönlichkeit: Möglichmacher

So wie Führungsstile Klima und Kultur für Innovation maßgeblich gestalten oder verunmöglichen, ist die Persönlichkeit maßgeblich für den Führungsstil. Unsere Erfahrung mit den innovativen Keyplayern von Organisationen lässt folgende charakterlichen und persönlichen Eigenschaften bei innovationsorientierten Menschen entdecken:

- Einsatz und Energie,
- Neugier,
- intellektuelle Ehrlichkeit und Klarheit,
- Reflexionsfähigkeit,
- Durchhaltevermögen,
- Interesse an Komplexität,
- vielfältige Interessenspektren,
- einen hohen Anspruch an Intensität in den Erfahrungen,
- weitgehende Unabhängigkeit von äußeren Urteilen,
- Intuition,
- Selbstvertrauen sowie die
- Fähigkeit zur polaren Integration.

Je nach Persönlichkeitsausrichtung und Lerntypus finden wir Ausprägungen von intellektuellen Merkmalen, die eher leichtfüßig und fließend erscheinen wie: Wortgewandtheit, Ausdrucksvermögen, Assoziations- und Abstraktionsvermögen, Fähigkeit zu Analogien und Metaphern, Pragmatismus, Originalität, geistige Beweglichkeit.

Visualisierung: Innovation ist Führung ist Innovation

Führungskräfte können zunächst aufatmen. Von allen Mitarbeitern haben die wenigsten (ungefähr drei Prozent) die Persönlichkeitsmerkmale von Innovatoren. Trotzdem kommt es auf Führung an: Wenn Innovationen notwendig werden – also fast immer –, können Führungskräfte nichts anderes sein als Ermöglicher. Menschen, die den Rahmen schaffen. Unterstützung und Verbindlichkeit, Empowerment und Verantwortungsübergabe werden von denjenigen verlangt, die doch sonst »vor-gesetzt« sind, »oben auf der Leiter« stehen, anführen. Aber seien wir ehrlich: Oben ist in den wenigsten Unternehmen auch vorn. Und weil es so ist, müssen die vorn von oben Rückenwind bekommen. Scheitern ist vorprogrammiert, wenn sich Innovatoren und Führung angestrengt auf die nächste besonders große Innovation konzentrieren. Erfolg kann nur dann entstehen, wenn die größtmögliche Anstrengung auf die Gestaltung eines sehr förderlichen Umfelds gerichtet wird, so wie man es in den Thinktanks der Großen wie IBM oder 3M oder The Body Shop beispielhaft sehen kann.

Wenn Führung Innovation ermöglicht, muss sie sich einen Moment lang selbst überflüssig machen. Im Vertrauen auf die gemeinsamen Werte und Ziele und die zentripetalen Kräfte bei den Innovatoren gilt es loszulassen und doch nahe zu sein: »Leadership by one step behind.« Innovationen verlangen deshalb vor allem eines: ein innovatives Verständnis von Führung.

»Du machst mich kreativ«

Inhalte und Zielsetzung:	Reflektieren und Auflockern von Rollenmustern, Feedback über mögliche Verhaltensänderungen
Teilnehmer:	6–18 Personen
Dauer:	1–2 Stunden.
Ressourcen:	Freier Raum mit genügend Platz, Stuhlkreis, keine Tische, Schreibutensilien für jeden Teilnehmer, Flipchart.
Vorbereitung:	Keine.

Ablauf: Zum Einstieg sagt der Berater folgendes Zitat:

> »Wer immer nur das tut, was er immer schon getan hat, wird immer nur das erreichen, was er immer schon erreicht hat.« (G.B. Shaw)

Anschließend leitet er in das Lerndesign ein:

> »Die Quelle von Innovation und Veränderung ist Kreativität. Selten ist Kreativität in Organisationen abhängig von Individuen, sie ist häufiger das Ergebnis einer Gemeinschaftsleistung und eines Umfeldes, das die Freiheit des Neudenkens ermöglicht. Die Gestaltung einer kreativen Arbeitsumgebung verlangt die bewusste Überschreitung bestehender Grenzen, verlangt nach neuen Räumen, nach Überraschung und Unerwartetem.
> Doch die ›Grenzüberschreiter‹ stehen schnell vor ihren eigenen Grenzen: Angstgrenzen, Lerngrenzen, Kompetenzgrenzen. Führungskräfte sollten grenzüberschreitende Vorbilder sein, damit Mitarbeiter Mut entwickeln, es nachzutun.
> Dieses Lernexperiment soll Sie motivieren, sich mit diesen Grenzen auseinanderzusetzen.
> Ich möchte Sie nun bitten, über den Begriff ›Rolle‹ nachzudenken. Verhalten lässt sich im Rahmen einer Rolle beschreiben: als zusammenhängende Verhaltensweisen. In der klassischen Rolle des Vaters zum Beispiel spielen Sie mit Ihren Kindern, kochen ab und zu, betonen den Leistungsgedanken in der Familie usw.
> Rollenerwartungen beziehen sich auf alles Mögliche: Kleidung, Sprechen, Aussehen, Motivationen, Haltungen, Überzeugungen. Es geht um Verhaltensroutinen, die Schutzfunktionen haben und Verhaltenssicherheit für Sie und andere gewährleisten.
> Sie stabilisieren den Rolleninhaber, aber auch das Beziehungsgeflecht um ihn herum. Rollen sind immer Konglomerate aus Erwartungen des Umfeldes und Ihren eigenen Vorstellungen.
>
> Nennen Sie doch einige dieser typischen Erwartungen an Mitarbeiter, Chefs und Projektleiter!«

Der Berater schreibt die Nennungen ans Flipchart und moderiert ein kurzes Gespräch darüber.

»Solche typischen Erwartungen verhindern aber auch Kreativität, weil sie normieren. Je mehr Sie sich den Erwartungen beugen, desto weniger zeigen Sie von sich als Person. Üblicherweise gehorcht man der Konvention, sonst wird man keine Führungskraft.
Ich möchte Sie jetzt bitten, über Ihre eigene Rolle im Unternehmen nachzudenken: Notieren Sie einige Ihrer Verhaltensweisen, von denen Sie meinen, sie entsprechen eher den klassischen Erwartungen in Ihrer Organisation, und schreiben Sie die auf die linke Seite Ihres Blattes. Schreiben Sie diejenigen Ihrer Verhaltensweisen auf die rechte Seite Ihres Blattes, von denen Sie denken, dass sie eher unkonventionell sind und vor allem mit Ihnen als Person zu tun haben. Schreiben Sie bitte leserlich, damit andere Ihre Liste ebenfalls lesen können.«

Der Berater notiert ein Beispiel auf dem Flipchart:

Linke Seite:	Rechte Seite:
Komme immer pünktlich zu Meetings	Mache Gesprächsspaziergänge mit Mitarbeitern
Interessiere mich vor allem für gute Ergebniszahlen	Mache persönliche Weihnachtsgeschenke

Anschließend werden Zweiergespräche geführt:

»Sprechen Sie fünf Minuten mit Ihrem Nachbarn hier in der Gruppe über Ihre Liste und fünf Minuten über dessen Liste: Sind Sie rechtslastig oder linkslastig? Was wollen Sie verändern?«
Und als kreative Ergänzung: »Ich möchte Sie jetzt zu einem Kreativitätsexperiment einladen. Sie bekommen nun eine dicke Gedankenspritze, eine gut gemixte Infusion aus Spontaneität und Individualität und diese Spritze könnte bewirken, dass Sie Ihre linksseitigen Rollenkonserven durch frische Ware ersetzen. Ich möchte Sie zur Verabreichung der Spritze bitten, Ihre Liste jeweils an den rechten Nachbarn weiterzugeben. Alle haben die Aufgabe, die Liste ihrer Vorgänger um ›rechtsseitige‹ Ideen zu ergänzen. Lassen Sie sich inspirieren durch das, was jeweils Ihre Vorgänger geschrieben haben. Ihre Liste wandert durch die ganze Gruppe, bis sie wieder bei Ihnen selbst landet.«

Die Gruppe tut das und hat Spaß dabei. Ab einer Gruppengröße von acht Teilnehmern empfiehlt es sich, die Listen nur zur Hälfte im Kreis wandern zu lassen oder einfach ohne Festlegung mindestens sechs Ergänzungen jeder Liste zu sammeln.

Umsetzung: Die Listen kommen wieder beim Eigentümer an und werden schmunzelnd gelesen. Einige Teilnehmer nennen einen besonders lustigen Verhaltensvorschlag. Dann geht es an die reale Veränderungsarbeit: Jeder wählt ein oder zwei Vorschläge, die er umsetzen könnte. Sind auf der Liste einer Person keine direkt umsetzbaren Vorschläge, spricht die Gruppe über die Möglichkeiten dieses Teilnehmers und modifiziert die Ideen, bis sie praxistauglich sind.

Anmerkung zur Wirkungsweise: Diese minimalistische Kreativitätsübung ermuntert, irgendetwas neu und anders zu tun als bisher. Sie fordert Individualisierung und bricht alte Rollenmuster auf. Öfters werden auch sehr konkrete Verhaltensänderungen vorgeschlagen, die als direktes Feedback zu sehen sind.

Engagement ermöglichen und Demotivation vermeiden

Essay: Heimatkunde für Führungskräfte

Von einem, der auszog …

Wer in eine Führungsposition gehen will, wird das selten dort tun, wo er immer schon war, wo er geboren, aufgewachsen ist, wo er gelernt und studiert hat. (Natürlich gibt es berühmte Beispiele – zum Beispiel Michel aus Lönneberga wurde Bürgermeister seines eigenen Dorfes. Aber auch Michel hat für Führungskräfte Entscheidendes gelernt.) Führung verlangt Erfahrungen von Fremdheit, von Differenzen, verlangt die Fähigkeit, einen neuen Blickwinkel einzunehmen: auf sich selbst und andere.

Wer also auszog, das Führen zu lernen, wird irgendwann einmal die Heimat verlassen haben, vielleicht für immer. Sinnierende Rückblicke in die »guten alten Tage« helfen selten, den Führungsalltag zu meistern, Nostalgie ist kein guter Ratgeber für Menschen, die täglich entscheiden, trennen und verbinden müssen. Menschen, die anpacken, statt abzuwarten, die Gestalter des Neuen sind und nicht Verwalter eines Status quo.

Der geografische Ort der Zugehörigkeit also muss sich wandeln: In einen inneren Ort, in eine emotionale »Home-Base«, in eine geistige Zugehörigkeit, in eine Heimat der Werte, der Kräfte und des Bewusstseins. Heimatkunde für Führungskräfte ist eine Reise nach innen – ist ein Verfahren, sich in die eigenen Belange so einzumischen, dass auch die äußere Reise weitergehen kann.

Einsamkeit, Eigenheit, Einsatz

Heimat verspricht: Wohliges, Vertrautes, Traditionelles, Verständliches, Überschaubares. Führungsfähigkeit verlangt oft das Gegenteil: Aushalten von Einsamkeit, Schaffen von Distanz, Auseinandersetzung mit Fremdem, Umgang mit Unsicherheit. Und sie verlangt den Einsatz sich in neue(n) Kontexte(n) einzusetzen, sich hineinzubegeben in die »Black Box« der Organisationswelt. »S'engager« im Französischen hat neben vielen anderen Bedeutungen beides: sich einsetzen und sich verpflichten. Das englische »engagement« ist die »Verlobung« – die Verbindlichkeit, zu heiraten. Für beide Fälle gilt: Es geht um Einsetzen, nicht um Aussitzen. Und dabei sind gern die inneren Aspekte der Heimatverbundenheit gefragt:

- Das intensive und leidenschaftliche Eintreten für ein Ziel.
- Der persönliche Einsatz, auch mit Idealismus.
- Die Begeisterungsfähigkeit, den Menschen und Dingen und Situationen frischen »Geist« zu spenden.
- Der soziale Einsatz und das gesellschaftliche Engagement.

»Heimattreue« Führungskräfte sind damit die Menschen, denen es gelingt, die Attribute äußerer Heimat in Eigenschaften innerer Heimat zu verwandeln.

Ob Sie das wirklich gewollt haben?

Ja, das haben Sie – Sie hätten sonst weder als Führungskraft dieses Handbuch aufgeschlagen noch würden Sie sich auf die Beratung von Führungkräften einlassen: denn beides erfordert Engagement in höchstem Maße.

Außerdem haben Sie schon erfahren, was dann folgt, wenn Engagement nicht sichtbar und spürbar sind – weder bei sich selbst noch bei den Mitarbeitern und Kollegen. Es kommt zu

- inneren Kündigungen,
- Resignation,
- Konflikten,
- Demotivation,
- Fehltagen sowie zu
- Fluktuation.

Der Schaden ist groß: Mangelndes Engagement wirkt stärker auf die Leistungsfähigkeit einer Organisation als Konjunkturkrisen, Rationalisierung oder Change-Programme. Leider ist das Phänomen »mangelndes Engagement« sehr häufig auf eines zurückzuführen: auf mangelhafte Führungsfähigkeiten.

Studien zeigen immer wieder, dass fast die Hälfte der unzufriedenen Arbeitnehmer bereit ist, ihre Organisation zu verlassen. Ein Viertel davon sucht dauernd nach einer neuen Arbeitsstelle – und nicht nur Schauspieler wünschen sich dann ein neues »Engagement«.

Wenn es gelingt, dann finden wir Elemente, die Engagement sehr fördern:

- Ziele sind gemeinsam geklärt und vereinbart.
- Zuständigkeiten sind explizit geklärt.
- Verantwortung ist sichtbar übertragen.
- Entscheidungsspielräume für Budgets sind gegeben.
- Betroffene sind zu Beteiligten geworden und werden in Entscheidungsfindungen einbezogen.
- Unternehmenskulturen orientieren sich an Kunden *und* an Mitarbeitern.

- Teamgeist ist erfahrbar geworden.
- Wertschätzung liegt vor und persönliche Entwicklung wird ermöglicht.

Wer Engagement erwartet, macht Widerstand zur Pflicht

Wer Einsatz verlangt, Eigenständigkeit und Tatkraft, wird immer wieder zu seiner Überraschung entdecken, dass zunächst die Anzahl der Konflikte steigt, dass Widerstand gegen Entscheidungen oder gewohnte Abläufe auftaucht, dass Emotionalität im Raum ist. Oje – das klingt aber nicht gut, oder? – Es ist aber gut.

Denn eben jenes Inter-esse (lat. Wörtlich: dazwischen-sein), jenes gewünschte Engagement, zeigt sich in zielorientierten, leistungsfähigen Unternehmen und Organisationen besonders.

Der Wunsch nach Erfolg, nach Entwicklung, nach neuen Möglichkeiten, nach Einsatz der eigenen Talente hat den erwünschten Nebeneffekt, zu irritieren. Prüfen Sie einmal im Geiste die Führungskräfte, die Sie erlebt oder selbst eingestellt haben. Gelang es diesen Personen, zu irritieren? Hatten sie das Standing und den Mut, die Irritation auszuhalten und die Reaktionen zu nutzen? Engagement von Führung und Mitarbeitern hat daher fast zwangsläufig die Symptomatik des Widerstands. »Nein, wir werden einen neuen Weg versuchen …«, »Könnten wir diese Alternative noch einmal reflektieren …«, »Wir könnten uns die Lösung x vorstellen …« – Widerspruch und Widerstand werden in Zukunft zuallererst als Zeichen für Interesse und Engagement gedeuted werden. Sie nutzen beides dann erfolgreich, wenn Sie die Rahmenbedingungen schaffen, die Klärung und Verbindlichkeit ermöglichen.

Warum sich Menschen engagieren

»Am stärksten beeinflussen Vergütungspakte, Anerkennung der beruflichen Leistungen, der Zugriff auf die notwendigen Ressourcen, attraktive und transparente Karriereaussichten sowie individuelle Einflussmöglichkeiten auf das Gesamtunternehmen die Einsatzbereitschaft der Führungskräfte. Wichtig ist, dass die Wertvorstellungen des Unternehmens mit denen der Führungskräfte übereinstimmen, sie durch die eigenen Mitarbeiter stark unterstützt werden und Entscheidungsfreiheit haben. Eine Verschlechterung dieser Faktoren kann das Engagement der Topführungskräfte negativ beeinflussen.«[1]

---

1 Dies sind Ergebnisse der von der Managementberatung Hewitt Associates durchgeführten branchenübergreifenden Studie »Führungskräfte-Engagement 2005« bei der sich insgesamt 196 Topführungskräfte aus über 90 führenden deutschen Unternehmen beteiligten. Quelle: Open PR. Pressemitteilung von: **Hewitt Associates GmbH**, http://www.openpr.de/news/57736/Aktuelle-Hewitt-Studie-Fuehrungskraefte-Engagement-2005.html

Dafür lassen sich vier Gründe ausmachen, die den Hintergrund beleuchten:

- *Sie haben den Wunsch und das Bedürfnis nach Zugehörigkeit und Bindung:* Auch der einsamste Führungskämpfer hat den Wunsch nach Zugehörigkeit. Die Grundbedürfnisse nach Verbundenheit, Vertrauen, Fürsorge, Identifikation erfüllt manche »einsame Spitze« nicht mehr auf der sozialen Ebene. Dort waren sie einmal nützlich, weil langfristige (Sippen-)Beziehungen einen sozialen Nutzen versprachen. Vielfach wird diese Zugehörigkeit hilflos in Ersatzhandlungen und Insignien des Status transferiert. Auch für Mitarbeiter greifen die Zeichen für Zugehörigkeit viel zu häufig viel zu kurz: Das gleiche T-Shirt zu tragen oder die CI-Bleistifte zu benutzen erzeugen eben noch längst nicht das »Einssein« und die Deckungsgleichheit (Identität), die sich Organisationen von ihren Mitarbeitern wünschen.
  Wahre Corporate Identity und Identifikation zeigen sich erst durch Beteiligung und Dialog, durch gemeinsame Entwicklung – und auch da ist wahres Engagement zuerst zu finden.
- *Zeichen und Zahlen:* Und es funktioniert doch! Je nach persönlicher Definition von Erfolg sind Vergütung, Auszeichnungen und Prämien tatsächlich Förderer von Engagement. Untersuchungen zeigen aber, dass es eher die Verbesserung des Status ist, die in Aussicht steht, als tatsächlich der Wunsch, in dieser Organisation erfolgreich zu wirken. Boni für Geleistetes, Anerkennung im Gespräch und in der Einbindung der besonderen Leistung sind die wirksamsten Gesten, die eine Organisation für seine Mitarbeiter im monetären Bereich einsetzen kann, und zwar um sein zukünftiges Engagement zu unterstützen.
- *Motor Neugier:* Menschen wollen lernen und sich entwickeln. Neugier und Lernen-wollen sind ureigenste Fähigkeiten des menschlichen Gehirns. Erfahren wollen, sich erkunden wollen, seine Selbstwirksamkeit überprüfen: Von Kindheit an sind diese Bedürfnisse da – und bleiben es eigentlich auch, wenn sie nicht durch negative Erfahrungen verdrängt wurden.
  »Was kann man nun von einem Menschen … erwarten? Überschütten Sie ihn mit allen Erdengütern, versenken Sie ihn in Glück bis über die Ohren, bis über den Kopf, sodass an die Oberfläche des Glücks wie zum Wasserspiegel nur noch Bläschen aufsteigen, geben Sie ihm ein pekuniäres Auskommen, dass ihm nichts anderes zu tun übrig bleibt, als zu schlafen, Lebkuchen zu vertilgen und für den Fortbestand der Menschheit zu sorgen – so wird er doch, dieser selbe Mensch, Ihnen auf der Stelle aus purer Undankbarkeit, einzig aus Schmähsucht einen Streich spielen. Er wird sogar die Lebkuchen aufs Spiel setzen und sich vielleicht den verderblichsten Unsinn wünschen, den allerunökonomischsten Blödsinn, einzig um in diese ganze positive Vernünftigkeit sein eigenes Unheil bringendes fantastisches Element beizumischen. Gerade seine fantastischen Einfälle, seine banale Dummheit wird er behalten wollen …« (Dostojewski, nach Watzlawick 2005, S. 9).
  Die fantastischen Einfälle, die banale Dummheit: Das sind die Zeichen der Neugier – auf sich selbst. Es wäre kitschig, Hermann Hesses Gedicht »Stufen« hier zu

zitieren – wir tun es nicht. Der Impuls zum neugierigen Weiterschreiten jedoch begleitet jede Form von Engagement.

- *Den Unterschied erfahren wollen:* Aus dem Lernen entsteht die Erfahrung einer Differenz, und zwar zwischen mir und den anderen. Identität definiert sich durch die Begegnung mit dem Du. Es ist aber die Auseinandersetzung mit dem anderen, die Distanz und Grenzziehung, die so etwas wie das »Selbst« eines Menschen, das Besondere sichtbar macht. Dieser Unterschied ist ebenso spannend wie die Überwindung des Unterschieds – bei glücklichem Verliebtsein.
  Engagement entsteht auch dort, wo Organisationen sich (beispielsweise gegen äußere Bedingungen, gegen innere Tendenzen, gegen moralische Anforderungen) abzugrenzen versuchen. Sich definieren – die eigenen Grenzen zu erfahren, das ist die Triebfeder für besonderen Einsatz. Wir wollen es wissen: Sind wir besser, schlechter, schneller, langsamer, größer, kleiner als die anderen? Und dafür sind wir bereit, einiges einzusetzen.

Motivation: das Gift für Engagement

Bitte nicht motivieren: nur Demotivation vermeiden! Peter Fratton, ein erfolgreicher Schweizer Schulleiter, hat als erfolgreicher Pädagoge die Lernbereitschaft und das Engagement von Schülern jahrelang beobachtet und gefördert. Diese Erfahrung hat ihn dazu gebracht, vier *pädagogische Urbitten* zu verfassen, die mühelos auf den Umgang mit Engagement und Interesse im Unternehmenskontext zu übertragen sind:

- Bringe mir nichts bei,
- erkläre mir nicht,
- erziehe mich nicht,
- und vor allen Dingen – motiviere mich nicht.

Warum nicht? Weil Menschen es selbst tun wollen. Deshalb kann man eben nicht Engagement verlangen – sondern nur ermöglichen und vor allem: es selbst zeigen. Das Ermöglichen und Vorbildsein erkennt man vor allem an Folgendem:

- *Verhalten:* Wie loyal und – ja, sagen wir treu! – sind die Führungskräfte gegenüber dem Unternehmen? Wie sehr stimmen die eigenen Werte mit den Unternehmenswerten überein? Wie passen die Entscheidungen der Führungskraft zur Gesamtstrategie? Wer wird warum und wie befördert?
- *Sprache:* Wie reden die Führungskräfte über die anderen Führungskräfte und über die Haltung von Führung?
- *Einschätzungen:* Wie werden die berufliche Zufriedenheit und die Lebensqualität eingeschätzt? Welchen Stellenwert hat Zusammenarbeit tatsächlich? Wie attraktiv sind Führungspositionen in dieser Organisation wirklich? Wie gut fühlen sich die Führungskräfte bezahlt?

Eine gute Nachricht: Deutschen Führungskräften wird überdurchschnittliches Engagement bescheinigt. Bemerkenswert dabei ist, dass das Engagement mit der Dauer der Betriebszugehörigkeit steigt.

Und sie tun sogar noch mehr! Zum Beispiel: Corporate Volunteering

Corporate Volunteering kann man als »gemeinnütziges Unternehmensengagement« bezeichnen. Gemeint ist damit, dass sich Mitarbeiter, meistens aus dem mittleren und höheren Management, freiwillig benachteiligten Menschen und Gruppen zuwenden. Es geht also um das Bedürfnis, soziales Engagement zeigen zu können. Viele Firmen bieten mittlerweile Programme an, in denen Führungskräfte einerseits ihr Engagement zeigen – und andererseits oft ihr empfundenes Sinndefizit schließen können. Manches Unternehmen entdeckt: So machen wir uns attraktiv für engagierte Führungskräfte! Es ist tatsächlich ein Faktor auf dem heiß umkämpften Markt der Besten.

Fazit: Engagement ist eine existenzielle Triebkraft jedes Menschen, der Entwicklungsfelder erschließen will. Elternhaus, Schulen, Ausbildungen und Arbeitssituationen tun oft das Ihre, Engagement zu verhindern und Demotivation zu erzeugen. Führung entwickeln heißt damit nicht mehr: Wie motiviere ich meine Mitarbeiter? Sondern: Wie gelingt es mir, einen fruchtbaren Rahmen für ihre Motivation zu gestalten.

Visualisierung: Kleine Psychologie der Demotivation für Führungskräfte

Streuen Sie Boni nach dem Gießkannenprinzip. Nur wer unspezifisch lobt, keine besonderen Leistungen anerkennt, sondern seine Prämien nach dem Gleichheitsprinzip verteilt, wird sie tatsächlich unattraktiv machen.

Versprechen Sie viel und halten Sie nichts. Erst wenn Sie die Erwartungen richtig hochgeschraubt haben, durch Versprechungen, auch Andeutungen, dann erzeugen Sie ein genügend hohes Gefälle zu Ihrem tatsächlichen Tun. So gelingt wirkliche Enttäuschung.

Über- oder unterfordern Sie Ihre Mitarbeiter. Wem es gelingt, seine Mitarbeiter aus dem »Flow-Kanal« zu drängen, erreicht tatsächliche Demotivation. Wenn Sie Symptome von Verzweiflung oder Langeweile bemerken, haben Sie schon gewonnen!

Erzeugen Sie Verzweiflung: moralisch, zeitlich, operativ. Fast nichts ist leichter als das: Stellen Sie eine Aufgabe und gleich eine zweite noch während der Erledigung der ersten. Fragen Sie dann jeweils, warum die andere Aufgabe noch nicht erledigt ist.

Oder noch besser: Üben Sie moralischen Druck aus, der die Verzögerung zudem als einen unkollegialen Akt darstellt!

Vertrauen ist gut – Videokontrolle ist besser! Ein bewährter Grundsatz, unlängst bei einer großen Supermarktkette verwirklicht. Je besser Sie Ihre Mitarbeiter auf Schritt und Tritt verfolgen und das am besten auch dokumentieren, desto eher gelingt Ihnen die Demotivation. Die Krönung: Verzichten Sie auf jegliches Feedback – und präsentieren Sie Ihre Beobachtungen direkt zum Zielvereinbarungsgespräch.

Bleiben Sie unklar und informieren Sie spät. Je länger Sie Entscheidungen hinauszögern, desto besser. Auch diffuse Projektziele oder sehr allgemeine Reden können dazu beitragen, die Demotivation zu fördern. Wichtig ist dabei: Auch auf Nachfrage sollten Sie keinesfalls von Ihrem nebeligen Weg abweichen.

Rügen Sie öffentlich, das wirkt erst richtig. Sollten Sie irgendeinen Fehler bei Personen entdeckt haben, ganz gleich ob klein oder schwerwiegend, stellen Sie diesen Fehler beim nächsten Meeting zur Schau. Bringen Sie (wenn auch nur symbolisch) einen Pranger mit, an den die betroffene Person gestellt werden kann – und lassen Sie auch mal die anderen so richtig vom Leder ziehen.

Lassen Sie das Wertschätzen sein – Sie biedern sich an! Vermeiden Sie Lob. Es bringt Sie nur in den Verdacht, kein Profil und keine starke Hand zu haben. Lob ist etwas für Führungsschwächlinge, die sich mit ihren Mitarbeitern verbünden müssen. Sollte es Ihnen doch einmal vorkommen – sagen Sie, dass es nur ein Scherz war.

Lerndesign

Da helfen nur Pillen

Inhalte und Zielsetzung:	Spielerische Auseinandersetzung mit der motivierenden oder demotivierenden Führungs- und Unternehmenskultur.
Teilnehmer:	5–100 Personen.
Dauer:	1–2 Stunden.
Ressourcen:	Freier Raum mit genügend Platz, Stühle, keine Tische, Moderationsmaterial, gegebenenfalls Beipackzettel-Plakate.
Vorbereitung:	Bei Großgruppen empfiehlt es sich, Plakate für die Struktur der Beipackzettel ausgedruckt vorzubereiten. Ebenso sollte die Aufgabenstellung kopiert werden.

Ablauf: Es werden Kleingruppen gebildet. Die Aufgabenstellung für die Kleingruppen lautet:

Sie sind ein erfahrenes Team, das sich in dem neuen Markt der ›Motivatoren und Demotivatoren von Mitarbeitern‹ bereits bewährt hat. Ihre Zielgruppe sind Führungskräfte und Mitarbeiter eines Unternehmens oder das ganze Unternehmen inkl. Topmanagement selbst.
Ihre Mission ist: ›Wir sind im deutschen Markt der innovativste, kreativste Entwickler von Produkten zur sofortigen und nachhaltigen Motivation und Demotivation von Mitarbeitern, Führungskräften und ganzen Unternehmen.‹
Der Markt ist allerdings heiß umkämpft und Sie stehen in starker Konkurrenz zu anderen Teams. Ihre Aufgabe ist nun innerhalb der nächsten 20 Minuten, die besten vier Produkte zu entwickeln und sie dann in einem jeweils einminütigen Werbespot vorzustellen. Dabei geht es sowohl um Produkte, die innerhalb kürzester Zeit die Arbeitsmotivation steigern (Motivatoren), als auch um welche, die sie zielsicher beseitigen (Demotivatoren). Insgesamt haben Sie also vier Minuten ›Werbezeit‹ für zwei Motivatoren und zwei Demotivatoren. Entwickeln Sie von beiden Sorten zwei Produkte.
Achten Sie dabei auch auf einen einprägsamen Namen. Sie müssen zudem den kompletten Beipackzettel erstellen.«

Produktname

Beipackzettel

Hersteller: ....

Anwendungsgebiete: ....

Dosierung: ....

Risiken und Nebenwirkungen: ....

Weitere Anmerkungen (zum Beispiel Wechselwirkungen, Hinweise bei Anwendungsfehlern, Darreichungsform, Vorschriften zur Aufbewahrung):

....

....

....

....

....

....

Anmerkungen zur Wirkungsweise: Dieses Lerndesign ist gut geeignet, nach einer Übung die Merkmale der Führung und Unternehmenskultur zu reflektieren, zum Beispiel nach einer Führungsrekonstruktion (s. S. 254ff.) oder einer Open-Space-Veranstaltung.

Die Beipackzettel ermöglichen es den Teilnehmern, kreativ und klar, aber doch nicht direkt Probleme der Organisation und der Führung aufzugreifen.

(Nach einer Ausführungsidee von Elisabeth Löhnert-Baldermann.)

Literaturtipp

Sprenger, R. (2010): Mythos Motivation. Wege aus einer Sackgasse (19. Aufl.). Frankfurt am Main: Campus.

Beziehungskompetenz

Offenheit und Sympathie

Essay: Emotion im Dienste der Professionalität

»Wer nach allen Seiten offen ist, kann nicht ganz dicht sein.« So banal das klingt – Offenheit, unreflektiert, ist nicht nur in Führungspositionen untauglich. Trotzdem ist es eine Kategorie der Persönlichkeitskompetenz, die vorteilhaft, erwünscht, notwendig und an vielen Stellen existenziell ist.

Offenheit – als häufige Rückmeldung für die Arbeitsweise und Arbeitsatmosphäre in unseren Workshops – lässt den Berater sogleich skeptisch werden. Warum bedanken sich die Teilnehmer für »die Offenheit«? Warum ist ihnen die »offene Atmosphäre« so sympathisch? Warum gilt es als Fortschritt in der Entwicklung, wenn ein Teilnehmer »sich öffnet«, wenn eine Führungskraft »offen für Fragen und Kritik« ist? Das scheint doch eine Rarität zu sein – wenn sie so geschätzt wird.

Raritäten sind wertvoll: Offenheit als seltene Perle

»Ich sage es dir offen und ehrlich«, »offen gestanden ...«, »als offener Austausch« – Phrasen unseres Alltags, die den sehnlich gewünschten Wert dahinter zeigen: Ehrlichkeit. Es trifft eine Sehnsucht – unverhüllt, klar, verlässlich, solide wollen wir unsere Gesprächspartner, Teams, Unternehmen und Umwelt. Und es trifft eine Emotion: Freude am Dazugehören, Liebe des Mitfühlens, Chance auf Gleichklang. Das gibt Sicherheit und Orientierung im Umgang – das ist lebensförderlich. Menschen wirken offen, weil sie diese Offenheit als Geschenk mitbringen. Sie ermöglicht uns scheinbar schneller, die Fremdheit und Andersartigkeit abzubauen, die viel Unbehagen einflößen kann.

Als Kinder bringen wir diese offene Haltung mit auf die Welt. Vom Öffnen der Augen über die Neugier, die Versuch-und-Irrtum-Wege, die berühmte »Herdplatte«, die Eröffnung der Sprache, der neuen Beziehungen – überall sind wir offen für neue Erfahrungen, weil Psyche und Physis davon leben und lebendig werden, weil Entwicklung möglich ist. Wir gehen Risiken der Offenheit ein und die Biografien zeigen: Wenn diese Risiken zu neuen positiven Erfahrungen führen, wird Offenheit sicherer, bleibt sie erhalten und wird aufs Neue erprobt. Wenn diese Risiken zu Enttäuschungen führen, zu negativen »Strokes«, zu Misserfolgserfahrungen, dann nimmt die Offenheit abrupt ab. Und der Schutz vor allzu neuen Erfahrungen, allzu unsicheren Begegnungen wirkt dann häufig sehr lange. Auch Offenheit kann diese Enttäuschung erzeugen: durch ein Zuviel des Guten – zu viel Zuwendung erzeugt Enge, zu viel Vertrauen erzeugt oft Unselbstständigkeit, zu viel Privatheit und Nähe erzeugen bei vielen Überforderung.

Offen oder verschlossen? – Eine Frage der persönlichen Biografiebilanz

»Strokes« sind Einheiten positiver oder negativer Anerkennung für ein bestimmtes Verhalten. In der Transaktionsanalyse arbeitet man mit diesem Konzept, weil es das Skript eines jeden Menschen stark zu beeinflussen scheint. Strokes sind gleichzeitig Schläge oder Streicheleinheiten – je nach subjektiver Bewertung auf der Grundlage des eigenen Bewertungsmusters. Damit ist ein Einflussfaktor für Offenheit ausgemacht: Wenn die Anzahl der positiven Strokes nach der Erfahrung mit Offenheit zunimmt, kann man davon ausgehen, dass sich die Offenheit eher stabilisiert oder verstärkt. Ebenso ist das Gegenteil wahr. Eine hohe Anzahl oder die Qualität negativer Strokes (Enttäuschungen, Abwertungen, Missbrauch) wird dazu führen, dass die Offenheit abnimmt. Die Strokes-Economy zeigt aber auch: Menschen werden in jedem Fall für ihre Strokes sorgen – sodass sich Verschlossenheit auch in übertriebener Offenheit äußern kann: Der Impuls, es doch noch einmal zu versuchen, ist so groß, dass dabei die Dosis aus dem Blick gerät.

Verschlossene Hintergründe von Offenheit

Es klingt schon sehr reduziert und klischeehaft: »Zeigen Sie Offenheit und Sympathie für Menschen!« Welch ein Rat-Schlag ins Gesicht von Menschen, die zunächst nicht so wirken. Zurück aus dem Urlaub in südlichen Ländern kommen viele häufig mit dem Gefühl des Beschenktseins mit Offenheit – diese Menschen, diese freundliche Offenheit, Gastfreundschaft, das Interesse … – und vergessen dabei häufig, dass die angetroffene Offenheit und Zugänglichkeit ein Stück weit von ihrer eigenen, mitgebrachten Offenheit ermöglicht oder erzeugt wurden. Wir waren offen für diese Reise und dieses Land – und wundern uns über die dortige Offenheit …

Wollten wir polarisieren, würden wir die Menschen in »eher offen« und »eher verschlossen« einteilen können. Ohne Bewertung, ohne Verurteilung, nur beschreibend ist das unser Eindruck. Studien zeigen: Menschen mit dem Attribut »eher offen« haben mehr Erfolg, wenn sie in Interaktion treten. Sie bekommen eher, was sie wollen und werden eher befördert. Denn sie erhalten folgende Zuschreibungen:

- Sie sind kontaktfreudig,
- lebenslustig,
- kommunikativ,
- ehrlich und
- interessiert.

Alles sympathisch – alles wunderbare Attribute einer herkömmlichen Kontaktanzeige auf der Partnersuche-Seite. Aber dennoch wirkungsvoll deshalb, weil sie unsere Sehnsucht stillen: nach Zugang zum anderen und nach einer guten Erfahrung in diesem Zugang.

Verschlossene Hintergründe von fehlender Offenheit

Und darin liegen die Gefahr und eine schmerzhafte Antwort nach der Frage, warum Offenheit eine Rarität ist: weil sie verwundbar macht. Weil sie den Schutz vermindert. Weil man sie missbrauchen kann. Und weil sie missbraucht wird:

- Intellektuelle Offenheit: geistiges Eigentum, Ideen werden missbraucht;
- seelische und psychische Offenheit: zur Manipulation der menschlichen Würde;
- körperliche Offenheit, Kontaktfreude: als körperlich-seelischer Missbrauch, Vergewaltigung, Machtmissbrauch.

Viele Gründe also, sich vor zu viel eigener und fremder Offenheit zu schützen. Die eigenen Erfahrungen zeigen: Sei sparsam und stets angemessen mit deiner Offenheit. Die schlechten Erfahrungen zeigen: Sei zurückhaltend und geizig damit. Die Verletzungen und Wunden sagen uns: Öffne dich nicht – das ist schon einmal schiefgegangen und kann wieder passieren.

Offen und sympathisch führen – geht das?

Sie gewinnen die Sympathien anderer Menschen eher mit Offenheit. Das ist wahr. Dennoch gilt für Führung der Eingangssatz, und die Selbst-Führung führt dann zum Erfolg, wenn diese Offenheit in Balance steht zur Diskretion, zur Vertraulichkeit. Denn Sie haben etwas zu verlieren – im Gegensatz zum Kind der ersten Jahre müssen Führungskräfte viel Vernunft, Willen und Überblick aufbringen, um die Balance – nicht die Gleichzeitigkeit – von Offenheit und Vertraulichkeit zu wahren und immer wieder zu erzeugen.

Im Holzschnitt und in der angemessenen Grobheit finden wir diese Versuche in vielen Unternehmen: Beim jährlichen Betriebsausflug, beim Jubiläum, beim Absturz-Abend an der Bar ist der Chef oder der Mitarbeiter dann plötzlich »so was von offen« – da fällt der Schutz mithilfe des Alkohols und der situativen Erregtheit. Da wird dann plötzlich »Tacheles geredet«, und »man redet auch über Privates« … Und das ganze Jahr lang erzählt man sich, wie gut das damals doch tat. Wieder im Geschäft, ist die Bürotür geschlossen, sind die Kennzahlen gesetzt, und jede Entscheidung wird mit einer Absicherungs-E-Mail bestätigt oder es wird auf die Absicherungs-E-Mail vom letzten Jahr verwiesen.

Offen und sympathisch werden: mehr als ein Gang zum Frisör ...

Versuchen Sie es nicht. Ihre Biografie rät Ihnen nicht dazu, Offenheit zu verwenden. Sie sind eher vorsichtig, skeptisch, zurückhaltend. Und trotzdem in einer Führungsposition. Man schätzt Ihre Disziplin, Ihre Fachkompetenz, Ihre Verschwiegenheit. Entwicklungsfeld Führung: Der Kontakt zu den Mitarbeitern fällt Ihnen eher schwer, es ist eine Überwindung, mit ihnen mittagessen zu gehen, Sie sind lieber in Ihrem Büro und lösen strategische Aufgaben. Das ist gut so für viele, manche aber leiden an ihrem eigenen Defizit, sie »stehen sich selbst auf den Füßen«, weil sie doch ein Risiko ist, diese Offenheit.

Menschen müssen einander begegnen und gute Erfahrungen miteinander machen, damit sich miteinander gut leben und arbeiten lässt. Es klingt einfach und ist doch der Kern vieler Kulturentwicklungen und unserer Arbeit in der Begleitung von Entwicklungsprozessen. Diese Begegnung erfordert einen kleinen Schritt in Richtung Offenheit. Diese kleinen Schritte können Führungskräfte steuern – und müssen es tun: in Einzelgesprächen, durch Nachfragen, durch das Erzählen von sich. Sie entscheiden dabei selbst, wie viel Sie geben – aber geben Sie! Verblüffend ist dann der Erfolg, von dem Führungskräfte erzählen, die es in den geeigneten Situationen mit Offenheit versuchten. In der Blöße liegt tatsächlich eine Größe.

Methoden auf dem Weg zu mehr Offenheit sind auf der fachlichen Ebene Situationen wie die eines gelungenen Brainstormings (plus die Regel: »Alles ist erlaubt, keine Kommentare«). Auf der persönlichen Ebene ist es eben die kleine private Geschichte, die veröffentlicht wird. In Gruppen oder Teams wirkt ein kleiner Funke oft ansteckend: Wenn der oder die etwas gibt und ihm dabei nichts Schlimmes passiert, könnte ich doch auch einmal … Gute Lerndesigns und Entwicklungsprozesse sind so angelegt, dass alle Beteiligten eine geschützte Chance auf Offenheit und Sympathie haben und dabei Sicherheit gewinnen. Darauf kann man dann aufbauen – Schritt für Schritt bis zur Störung der Sympathie und damit deren Steigerung: Wenn ich gehört habe, was an mir nicht sympathisch ist, und diese Lernerfahrung in der Gruppe nutzen kann, dann fördert das meine Offenheit. Das ist sympathisch – oder?

Schritt für Schritt die persönliche Kompetenz entwickeln: Auf diese Weise werden Führungskräfte Offenheit und Sympathie ernten.

Versuchen Sie nicht, ab morgen immer offen und sympathisch zu sein – aber es ist hin und wieder einen Versuch wert!

Visualisierung: Wie werde ich sympathisch? Beste Tipps, auch für Unsympathische!

Vertrauen und Sicherheit schaffen. Dies gelingt vor allem durch gemeinsame Erlebnisse, durch gelungene Begegnungen im Team. Der sensible Aufbau, das Design einer Kette von Erfahrungen, die die Teammitglieder in ein gesundes Verhältnis von Nähe und Distanz bringen, das ist die hohe Kunst des behutsamen Schmiedens von Sympathie und Offenheit. Gleiches gilt für das Verhältnis der Führungskraft zum Team. Je weniger Zeit zur Verfügung steht, desto intensiver, aufmerksamer und kreativer muss die Beratung dabei sein.

Situationen erfahrbar machen, in denen es keine Gewinner oder Verlierer gibt. Das kann durch Folgendes erreicht werden:

- Durch eine gemeinsame Metapher oder ein Bild, das freie Assoziationen zulässt, und sich auf die gemeinsame Arbeit bezieht.
- Durch ein Brainstorming, einen Austausch, ein freies gegenseitiges Interview zu einem Thema.
- Durch Privatheit, die selbstbestimmt preisgegeben, also als »Preis« für Sympathie gegeben wird.
- Durch biografisches Arbeiten.
- Durch das Erzählen von Geschichten, die den beruflichen Lebensweg erkennen lassen.
- Durch Veränderung der gewohnten Begegnungsumgebung – gemeinsam spazieren, essen, reisen und anderes mehr.

Geben, Geben, Geben. Geben kann man vieles, nicht nur Materielles: aufmerksame Geschenke, angemessene Komplimente, Ausdrücken eigener Sichtweisen, Gefühle, Sympathien, Geschichten. Führung hat hier besonderen Einfluss – und kann besonders große Fehler machen! Der Schwerpunkt liegt hier im »Vorbild sein« – vor allem in Angemessenheit. Geben ist der Kern der Vertrauensarbeit – denn es kommt darauf an, wie er oder sie sich ins oder vor das Team be-»*gibt*«, nicht so sehr, was sich Führung heraus-»*nimmt*«.

Wirkliches Interesse an einer gemeinsamen Entwicklung zeigen. Alle Führung bezeichnet sich gern als lernende Führung in einer lernenden Organisation. Bezeichnend dabei ist, dass es meist bei der Bezeichnung bleibt. Glaubwürdigkeit entsteht erst, wenn gemeinsame Entwicklung im Team erfahrbar wird. Äußere Offenheit und Sympathie sind damit die positiven Symptome für inneres Vertrauen: Erfahrbar wird dieses Vertrauen

- durch gelingendes Feedback,
- indem gemeinsame Visionen entwickelt werden,
- durch die gegenseitige Anerkennung von Erfolgen,
- durch ganz viel Informelles. Das bedeutet: eine ehrliche Nachfrage hier, eine aufmerksame Unterstützung dort, ein Kompliment zur richtigen Zeit, eine sichtbare Wahrnehmung der richtigen Leistung.

Lerndesign

Der Einfluss- und Vertrauensmesser

Inhalte und Zielsetzung:	Einfluss und Vertrauen sichtbar machen, Gruppenstruktur erarbeiten.
Teilnehmer:	7–15 Personen.
Dauer:	1,5–2 Stunden.
Ressourcen:	Freier Raum mit genügend Platz, Stühle, keine Tische, Moderationsmaterial.
Vorbereitung:	Keine.

Ablauf: Jeder Teilnehmer erhält eine weiße, drei blaue (Einfluss) und drei grüne (Vertrauen) Moderationskarten.

- Mit den blauen Karten wird die Frage beantwortet: Wem hier aus der Gruppe gestehe ich Einfluss zu?
- Mit den grünen Karten wird die Frage beantwortet: Wem hier aus der Gruppe gebe ich mein Vertrauen?
- Auf den weißen Karten notiert jeder vorher, wie viele Karten er von welcher Farbe erhalten wird.

Die Teilnehmer verteilen nacheinander ihre Farbkarten und begründen das kurz. Nach der Verteilung wird qualitativ ausgewertet.

Variante: Je nach Vertrautheitsgrad der Gruppe kann die Wahl anonym geschehen. (Alle Teilnehmer stehen auf, hinterlassen auf ihren Stühlen ihre Namenskärtchen und verteilen ihre Karten.)

Anmerkungen zur Wirkungsweise: Im Rahmen einer Teamentwicklung kann das Experiment darüber Auskunft geben, wie unterschiedlich Vertrauen und Einfluss verteilt sind und wie real jeder seine Position in der Gruppe einschätzt. Vorsicht! Auch in diesem Lerndesgin muss der Leiter und die Gruppe eine gewisse Reife und Stabilität mitbringen. Durch die Verteilung der Karten wird auch eine Form von negativer Auswahl getroffen: Wer erhält gar keine Karte? Wovon hätte jemand gern eine Karte erhalten? Welche Erwartungen sind enttäuscht? Der Umgang mit dieser Art von Rückmeldung ist nicht immer leicht für die Beteiligten. Daher bitte genügend Zeit für Zweiergespräche einräumen, die einen Austausch über Erwartungen ermöglichen!

Teamfähigkeit

Essay: Die Inflation des Teamgedankens

In Restaurantküchen, im Kabinett, natürlich auf dem Rasen (bis hinauf zur Fantribüne) tun sie es, sogar die Aufsichtsbeamten in den Vollzugsanstalten tun es: Alle verstehen sich irgendwie als Team (Lehrerkollegien ausgenommen).

Ein Team ist mehr als eine Gruppe

Formale Gruppen sind meist ausschließlich durch die personellen Zuordnungen zu ihrem Vorgesetzten (Gruppenleiter) definiert und müssen nicht notwendigerweise miteinander im Zusammenhang stehen. Teams dagegen zeichnen sich vor allem durch ihre hohe Interaktionshäufigkeit aus, die aufgrund der funktionalen Abhängigkeit der Arbeitsplätze und des gemeinsamen Ziels erforderlich ist.

Eine funktionierende Kleingruppe ist mehr als eine Ansammlung von Individuen: Sie ist ein relativ geschlossener, sozialer und dynamischer Organismus mit Eigengesetzlichkeiten. Ein Team ist – im Gegensatz zu einer Ansammlung oder einer Gruppe – durch folgende Grundmerkmale gekennzeichnet:

- Es besteht aus zwei oder mehr Personen.
- Es gibt eine klare Aufgaben- und Arbeitsteilung.
- Ein gemeinsames Ziel wird verfolgt.
- Intensive Wechselbeziehungen (Face-to-Face, via Multimedia) finden statt.
- Positionen und Rollen (Führung, Rangordnung) sind verteilt.
- Gemeinsame Normen und Werte (»Spielregeln«) gelten.
- Ein Gruppenbewusstsein (Wir-Gefühl) ist vorhanden.
- Relative Dauer und Kontinuität sind gegeben.

Vorteile und Nachteile der Arbeit in Gruppen

In der relevanten Literatur finden sich zahlreiche Beschreibungen der möglichen Vorteile und Nachteile der Arbeit in Gruppen. Im Folgenden sind einige dieser Chancen und Risiken zusammengefasst, die auftreten können, wenn eine Arbeitsgruppe als Team funktionieren soll.

Die Arbeitsgruppe als Team

Chancen	Risiken
Die Arbeitskapazität ist größer.	Es gibt einen erhöhten Zeitaufwand für interne Abstimmungsprozesse.
Die Beurteilungsbasis ist breiter: Die Gruppe »weiß« mehr als ein Einzelner.	Bei mangelnder Konflikt- und Ambivalenzfähigkeit ist die Gefahr von Konformität groß.
Mitglieder bringen unterschiedliches Wissen und verschiedene Erfahrungen ein.	Bei Konkurrenzerleben wird das Wissen in der Gruppe eher zurückgehalten, erhöhtes Spannungsrisiko.
Mehrere Subsysteme können eine Interessenvertretung im Team installieren.	Die Interessenvertretungen können sich gegenseitig neutralisieren und das Team lähmen.
Es herrscht ein besseres Betriebsklima.	Erhöhte Gefahr der Ausgrenzung und Schaffung von Außenseitern besteht.
Lernerfahrungen sind geprägt von Zusammenarbeit und Toleranz.	Frustrationen mit Gruppenerfahrungen, die zur Ablehnung der Gruppe als Arbeitsaggregat insgesamt führen.
Die Informationswege werden verkürzt.	Mangelnde Abstimmung mit anderen Schnittstellen im System können stattfinden.
Eine Identität und Identifikation mit der Aufgabe werden entwickelt.	Es kann zu starker Abhängigkeit von der Gruppe, Auflösen der Identität und des Selbstbewusstseins des Einzelnen kommen.
Erhöhte Motivation lässt sich feststellen.	Persönliche Auszeichnungen fehlen, mangelnde Karrierechancen.

Teamarbeit ist überall dort sinnvoll, wo ein ausreichendes Maß an direkter Zusammenarbeit erforderlich ist und die Notwendigkeit besteht, aufgabenübergreifend oder fachlich interdisziplinär zu kooperieren. Organisationen gehen davon aus, dass ein Team mehr »weiß« als eine einzelne Person und durch die Kombination von Fähigkeiten komplexe Aufgaben besser bewältigen kann.

Wann ein Team funktioniert, bestimmt der Einzelne

Ein Team ist nicht a priori erfolgreich oder erfolgreicher als Einzelne, auch wenn Aufgabenbereiche und Kompetenzen abgestimmt sind. Damit die Vorzüge der Teamarbeit gegenüber der Einzelarbeit zum Tragen kommen, müssen bestimmte Voraussetzungen erfüllt sein.

- *Subjektive Voraussetzung ist zunächst Attraktivität:* Für Teams ist letztlich die *subjektiv* wahrgenommene positive Kosten-Nutzen-Bilanz des Individuums entscheidend. Ist sie auf längere Sicht negativ, sinken Arbeitsleistung und -zufriedenheit. Die Gruppenmitglieder reagieren mit Austritt, Indifferenz/Gleichgültigkeit (»innere Kündigung«), Konkurrenz, Konflikt oder Kampf – je nach Arbeits- und Lebenssituation.
- *Aufgabenarten und Gruppenleistung:* Bei der Entscheidung, ob und wie Teamarbeit sinnvoll ist, spielen – neben unternehmenspolitischen, führungs-, sozial- und individualpsychologischen Gesichtspunkten – die Aufgaben*arten* eine herausragende Rolle. Voraussetzung jeder Art von Teamaufgabe sind: die Teilbarkeit der Aufgabe, die Gesamtverantwortung und das Interesse am gemeinsamen Erfolg und die Freiwilligkeit der Entscheidung zur Teilnahme.

Aber nicht jede Aufgabe eignet sich für Gruppenarbeit. Ideal sind komplexe, teilbare und innovative Aufgaben *mittleren* Schwierigkeitsgrades. Bevor einem Team eine Aufgabe übertragen wird, sollten mindestens zwei Fragen der unten stehenden Tabelle geprüft werden:

- Kann die Aufgabe in Unteraufgaben aufgeteilt werden oder ist eine Unterteilung nicht sinnvoll (zum Beispiel Hausbau versus Lösen eines mathematischen Problems)?
- In welchem Verhältnis stehen Einzelleistungen (sogenannte Nominalgruppen) zur Gruppenleistung (Realgruppe)?

Die Typologien von Steiner in den beiden folgenden Tabellen haben sich bewährt, um a) die Aufgabenvielfältigkeit in der Praxis zu klassifizieren und b) Vorhersagen über Gruppenleistungen zu erleichtern.

Zusammenfassung von Steiners Aufgabentypologie[1]

Frage	Antwort	Aufgabentyp	Beispiele
Kann die Aufgabe in Subkomponenten unterteilt werden?	Subkomponenten können unterteilt werden.	Unterteilbar	Fußballspiel, Hausbau, Kochen eines Menüs mit sechs Gängen.
Ist eine Unterteilung nicht sinnvoll?	Es gibt keine Subkomponenten	Nicht unterteilbar	Ein Buch lesen, ein mathematisches Problem lösen.

1 Die beiden Tabellen stammen aus: Steiner, I. D. (1976): Task performing groups. In: Thibout, J. W. u.a. (Eds.): Contemporary topic in social psychology, Moristown, NJ. Zitiert nach: Thomas, A. (1992): Grundriss der Sozialpsychologie (Band 2). Göttingen: Hogrefe.

Frage	Antwort	Aufgabentyp	Beispiele
Was ist wichtiger: die produzierte Quantität oder die Qualität der Leistung?	Quantität	Maximierung	Erzeugung möglichst vieler Ideen, Heben des größten Gewichts, Gewinnen der meisten Sprints.
	Qualität	Optimierung	Die beste Idee suchen, die richtige Antwort finden, ein mathematisches Problem lösen.
In welchem Verhältnis stehen die Einzelleistungen der Individuen zum Gruppenprodukt?	Einzelleistungen werden aufaddiert.	Additiv	Ein Seil ziehen, Briefe in Umschläge stecken, Schneeschaufeln.
	Gruppenprodukt ist der Durchschnitt der Einzelbeurteilungen.	Kompensatorisch	Bildung des Mittelwertes der Einzelschätzungen der Anzahl der Bohnen in einer Dose, des Gewichts eines Objekts oder der Raumtemperatur.
	Gruppe wählt Produkt aus der Gesamtheit der Einzelbeurteilung.	Disjunktiv	Fragen nach Ja-Nein-Antworten, etwa mathematische Probleme, Puzzles; Entscheidungen zwischen mehreren Alternativen.
	Alle Gruppenmitglieder tragen zum Produkt bei.	Konjunktiv	Bergbesteigung, gemeinsam essen, marschieren (beim Militär).
	Gruppe kann entscheiden, in welchem Verhältnis Einzelleistungen zum Gruppenprodukt stehen.	Mit Ermessensspielraum	Entscheidung, zusammen Schnee zu schaufeln; Wahl der besten Antwort auf ein mathematisches Problem; den Anführer eine Frage beantworten lassen.

Gruppenleistung von Gruppen bei der Arbeit an verschiedenen Aufgabentypen

Aufgabe	**Gruppenproduktivität**	**Beschreibung**
Additiv	Besser als der Beste.	Gruppe leistet mehr als das beste Mitglied.
Kompensatorisch	Besser als die meisten.	Gruppe leistet mehr als ein großer Teil der Mitglieder.
Disjunktiv (Heureka)	Gleich dem Besten.	Gruppenleistung entspricht der Leistung des besten Mitglieds.
Disjunktiv (kein Heureka)	Schlechter als der Beste	Gruppenleistung kann der des besten Mitglieds entsprechen, bleibt jedoch häufig dahinter zurück.
Konjunktiv (nicht unterteilbar)	Gleich dem Schlechtesten	Gruppenleistung entspricht der Leistung des schlechtesten Mitglieds.
Konjunktiv (unterteilt nach Eignung)	Besser als der Schlechteste	Wenn die Teilaufgaben sinnvoll auf die Fähigkeiten der Mitglieder verteilt sind, kann die Leistung ein hohes Niveau erreichen.

Steiners Untersuchungen zeigen deutlich: Nicht immer ist der Einsatz von Teams und Projektgruppen angesagt. Bevor ein kostenintensives Team installiert wird, braucht es eine Analyse der Aufgabe unter der Fragestellung: Was kann ein Team hier leisten, was ein Einzelner nicht kann?

Erfolgreiche Teams ermöglichen, gründen, verstehen

Sich nicht auf den Füßen stehen! Die optimale Gruppengröße sollte beachtet werden. Etwa 90 Prozent aller Gruppen oder Teams, denen Menschen angehören, umfassen nur fünf und weniger Personen. In Diskussionsgruppen zum Beispiel empfinden die Mitglieder genau fünf Teilnehmer als ideal; darunter- und darüberliegende Zahlen werden als zu klein beziehungsweise zu groß wahrgenommen. Der Grund ist die »magische Sieben«, welche überschaubare Face-to-Face-Beziehungen ermöglicht. Die optimale Gruppengröße basiert auf dem Ausgleich »psychischer Kosten« bei der Informationsaufnahme und -verarbeitung einerseits sowie dem Nutzen unterschiedlicher, kreativer Menschen für die Synergieleistung der Gruppe andererseits. Deshalb umfasst die optimale Gruppengröße aus psychologischer Sicht fünf bis sieben Personen. Es empfiehlt sich eine ungerade Personenzahl, um Pattsituationen bei Abstimmungen zu vermeiden.

Optimierung in der Sache: Galten Teamkonzepte in der Wirtschaft in den 1980er-Jahren als Beitrag zur Humanisierung der Arbeitswelt und waren ideologisch mit hohen Erwartungen verknüpft, so zeigt die Gegenwart, was sie sind: Sie dienen der Steigerung der Effektivität. Die sozialromantische Anmutung ist verflogen und manche, die sich schwer in Gruppen taten, erfahren: Keine Führungskraft kann so brutal sein wie ein Team.

Richard Sennet benennt das, was ein Heer von Psychologen und Pädagogen in unzähligen Teamentwicklungsmaßnahmen tut, böse, aber prägnant: »Eine Therapie im Interesse der Bilanz« (Sennet 1998, S. 152).

Die positiven ökonomischen Effekte der Teamarbeit, die zu den wichtigsten Anlässen der Teameinführung gehören, sind: Kostensenkung, Ablaufoptimierung, Qualitätsverbesserung, Kundenorientierung, Beschleunigung, Flexibilisierung von Abläufen, soziale Kontrolle.

Teamarbeit hat die (Führungs-)Realität in Unternehmen nachhaltig verändert. Das betrifft zum Beispiel die Industriemeister: Waren sie vormals der »Adel der Arbeiterschaft« mit großen Verantwortungsbereichen und patriarchalem Rollenverständnis, müssen sie sich jetzt mit der oft ungeliebten Rolle einer »Führungskraft als Coach« auseinandersetzen. Sie führen Mitarbeiter meist nicht mehr direkt, sondern mittels Teamleiter, die – oft überfordert und mit wenig disziplinarischer Macht ausgestattet – ihre Teams steuern sollen.

Reflektierte Führung geschieht da oft ebenso wenig wie in den alten Meisterbereichen, in denen ein Meister sich häufig für einige Dutzend Mitarbeiter verantwortlich fühlen durfte, es aber aus Kapazitätsgründen selten sein konnte.

In der gegenwärtigen betrieblichen Praxis ersetzen Kennzahlen Führung in Teams. Durchlaufzeiten, Stückzahlen, Fehlerquoten und die Anzahl von Verbesserungsvorschlägen führen Mitarbeiter. Teamleiter sind häufig nur Vermittler des Zahlendrucks. Teamarbeit hat mancherorts dazu geführt, dass Führungsflüchtlinge sich in Zahlenwäldern verstecken können. Kennzahl statt Leadership.

Visualisierung: Was die Schule nicht lehrt …

Kriterien für erfolgreiche Teamarbeit. Aus der langjährigen Analyse von Teamarbeitsprojekten kristallisieren sich elf Kriterien heraus, die erfolgreiche Teams auszeichnen. Die elf Punkte können ans Flipchart geschrieben und durch das Team in eine Rangfolge des Realisierungsgrades gebracht werden.

- Gemeinsam getragene Ziele und vereinbarte und bekannte Messgrößen für die teameigene Arbeit,
- sinnvolle Aufgabenteilung und gemeinsame Verantwortung für die Arbeitsergebnisse,
- gegenseitige Unterstützung und Kapazitätsausgleich,
- klare Rahmenbedingungen – Kompetenzen und Pflichten,
- Klarheit in der Führung und Steuerung des Teams,
- Information und Kommunikation im Team und nach außen,
- Spielregeln, die eingehalten werden,
- Flexibilität in Einsatz, Denken und Handeln,
- Qualität von Besprechungen und Begegnungen,
- konstruktiver Umgang mit Konflikten sowie
- Lernprozesse ermöglichen: im Sinne einer lernenden Organisation.

Eine ungewöhnliche Teamentwicklung: Hotel Surprise

Inhalte und Zielsetzung: Bewältigen von ungewohnten Situationen, individuelles Verhalten und Teamverhalten unter Stress, Spaß an der Herausforderung und dem realitätsnahen Gruppenexperiment.

Teilnehmer: 6–15 Personen.

Dauer: 1,5–3 Tage.

Ressourcen und Vorbereitung: Es ist eine detaillierte Vorbereitung erforderlich und abhängig von den Lerneinheiten auch viele Ressourcen. Die wichtigste davon ist sicher das entsprechend kooperative Hotel inklusive dessen Management. Für diese Veranstaltung sind mehrere volle Vorbereitungstage – verteilt über mehrere Wochen – einzuplanen.

Ablauf: Eine Methode, die direkt Eingang in die Qualifizierung von Führungskräften gefunden hat, ist das »Hotel Surprise«. Dabei handelt es sich um ein Seminar, zu dem sich die Teilnehmer in einem gewöhnlichen Hotel treffen. Jedoch findet das Seminar keineswegs wie vorangekündigt statt, da plötzlich Hotelleitung und Teile des Personals unter gewichtigen (freilich: fingierten) Gründen das Haus verlassen müssen. Zuvor bitten sie die Teilnehmer (die unter gutem Zureden des Beraters die Herausforderung annehmen), das Management des Hotels für 24 Stunden zu übernehmen, also auch die Rezeption und Versorgung der anderen Gäste. Die unvorhergesehene Situation wirkt auf die Seminarteilnehmer verblüffend echt, inklusive etlicher (präparierter) Szenarios mit den vermeintlichen »Gästen« (in deren Rolle unter anderen Schauspieler schlüpfen).

Hotel Surprise gehört zu einer Reihe von Angeboten aus dem Feld-Reality-Training, worunter wir unternehmensorientierte Inszenierungen verstehen: erweiterte Bühnen, auf denen personenbezogen gelernt wird, sich in herausfordernden Situationen zu bewähren beziehungsweise zu entwickeln. Salopp formuliert: Es handelt sich um ein »Social-outdoor-Training«, das »indoor« durchgeführt wird. Hotel Surprise ist dabei von einer klassischen Psychodrama-Methode inspiriert, dem sogenannten Spontaneitätstest: Die Gruppe denkt sich für einen Protagonisten eine Situation aus, die für ihn eine Herausforderung darstellt, in der er sich bewähren muss. Die Übungen aus dem Feld-Reality-Training wurden entwickelt, um Teams eine neue Geschichte zu geben, sie vor völlig neue Situationen zu stellen, auf die sie angemessen reagieren müssen. Aus den so gemachten Erfahrungen schöpfen sie neue Handlungsmodelle für ihre Alltagsrealität.

Die Teilnehmer werden unvorbereitet in eine schwierige Situation versetzt, die das Team und die Einzelnen fordert. Die Übernahme des Hotelmanagements für 24 Stunden (und – je nach Teamgröße – auch Küchenjobs oder andere Arbeiten) impliziert eine Vielzahl von Führungsaufgaben, die soziale Kompetenz, gesunden Menschenverstand und Fingerspitzengefühl erfordern. Auch wenn der Simulationscharakter der Situation schon bald durchschaut wird (manchmal aber auch nicht, es tauchen immer wieder Zweifel auf: Ist es vielleicht doch wahr?), so bleibt die Notwendigkeit, die zahlreichen Aufgaben gemeinsam zu meistern, permanent zu entscheiden und immer komplexer werdende Situationen in kurzer Zeit kollektiv zu lösen.

Während dieser 24 Stunden begleitet der Teamberater die Gruppe, gibt Feedback und stellt den Transfer in die Führungspraxis sicher. Der Transfer geschieht auf zwei Ebenen:

- *Verhalten:* Der Berater ermutigt die Gruppe immer wieder dazu, das Hotel Surprise im wahrsten Sinne des Wortes als Verhaltensspielraum zu nutzen und in der »echten« Situation mit sich zu experimentieren.
- *Erfahrung:* Dem Team wird mit dem Hotel Surprise eine Krise geschenkt, an der es wachsen kann.

So entsteht eine gemeinsame Herausforderung, ein sozialpsychologisches Abenteuer, das man am Ende gemeinsam durchgestanden hat.

Erfahrungsbericht eines Teilnehmers

»... Der Berater eröffnete das Seminar mit einem Gespräch über die Erfahrungen jedes Einzelnen mit unserem Team, über unsere Stärken und Schwächen. Plötzlich kam die Hotelmanagerin in den Raum und unterbrach uns mitten im Gespräch. Es täte ihr außerordentlich leid, sie habe ein Problem und bräuchte unsere Hilfe: Sie müsse in einer wichtigen Immobilienangelegenheit dringend verreisen und bitte uns Führungskräfte, für nur 24 Stunden die Leitung des Hotels zu übernehmen. Man könne dabei sicherlich auch wichtige Lernerfahrungen machen ... Wir waren völlig überrumpelt und wussten nicht, wie uns geschah ...

Das Hotel Surprise begann. Ich habe in meinem ganzen Leben noch nie so viele verrückte Situationen erlebt wie in dieser kurzen Zeit. Den anderen im Team ging es genauso. Wir haben die Rezeption besetzt, in der Küche Jobs übernommen und das Personal gemanagt. Es ist viel passiert in den 24 Stunden. Wir hatten schwierige Gäste und schwieriges Personal.

Hier einiges von dem, was im Hotel Surprise passiert ist: Im Laufe des Abends wollten deutlich mehr Gäste einchecken, als das Zimmerkontingent des Hotels erlaubte. Alle anreisenden Gäste hatten jedoch sehr gute Argumente auf ihrer Seite. Mein Team hat dann die eigenen Zimmer geräumt, Improvisation und flexibles Verhalten waren nötig. Wir haben dann im Keller auf Feldbetten (zum Glück waren welche da) geschlafen, weil es nicht anders ging. Unser Berater fand das kundenorientiert. Wir auch. Wir können, wenn wir wollen. – Mitten in der Nacht begann die Opernsängerin von Zimmer 12 Arien zu singen, was ihren Nachbarn, einen Vertriebsmann mit viel Aggressionspotenzial, äußerst störte. Wir haben daraufhin ein sehr spannendes Konfliktgespräch geführt …

So sind in der Nacht und an dem darauffolgenden Tag unendlich viele Dinge geschehen. Die meisten Probleme haben wir gemeistert und dabei sind wir gefilmt worden. Natürlich haben wir gemerkt, dass da Schauspieler am Werk waren (obwohl – die sechsköpfige Familie, die sich dauernd über das Essen beschwert hat, war bestimmt echt), aber was sollten wir tun? Wir mussten handeln und die Probleme lösen. Zum Glück kam die Hotelmanagerin wieder pünktlich zurück und wir hatten noch einen Tag für uns, an dem wir über alles reden konnten. Die Geschichte bleibt für unser Team unvergesslich und den Film haben wir noch einige Male zusammen angeschaut.«

Der Bericht zeigt, dass die Stressanteile, aber auch die Lernerfahrungen für das Team erheblich sind – geht es doch darum, in realen Situationen schnelle, richtige Entscheidungen zu treffen, die vor dem Hintergrund der Situation angemessen sind. Das Team lernt seine Stärken und Schwächen kennen und entwickelt Humor (anders geht es nicht). Die Teilnehmer gehen mit chaotischen Szenen um und beweisen in unübersichtlichen Situationen Führungsqualität.

Für das Seminar werden Erlebnisräume gestaltet, in denen die Grenzen zwischen Wirklichkeit und Spiel verschwimmen. Die Teilnehmer werden zu kreativen Erfindern in scheinbar ausweglosen Situationen und entwickeln in einer inszenierten Welt neue Bilder über sich und die eigenen Möglichkeiten.

Anmerkungen zur Wirkungsweise: Jede durchlebte Situation erzeugt ein emotionales Erfahrungsbild unabhängig davon, ob sie real oder inszeniert ist. Die Emotionalität ist die gleiche. Die Teilnehmer lernen daher hier mehr als in vielen theoretischen Seminaren, bei denen die Umsetzung in die Praxis meist zu kurz kommt. Zudem entsteht eine enorme Gruppendynamik in den stressigen Situationen, die das Team auch für schwierige reale ungewohnte Situationen vorbereitet.

Menschen vernetzen, Ideen vernetzen

Essay: Was Menschen trennt

Gibt man »Netzwerk« bei Google ein, erhält man 47.500.000 Hinweise. Nur knapp doppelt so viele Treffer erhält »Wirtschaft«, weniger als halb so viele das Wort »Führung«. Natürlich ist Google nicht der quantitative Maßstab für Wichtigkeit.

Trotzdem wird so in einer Weise sichtbar, wie stark der Begriff »Netzwerk« verwendet und nachgefragt wird. In der Rhetorik von Politikern ist er ebenso verankert wie bei Vorständen, IT-Fachleuten und Soziologen. Er ist einer der zentralen postmodernen Begriffe und er ist sehr positiv besetzt: Er steht für Zugänge, Zusammenhänge, Kommunikation, für moderne Lösungen sowohl technischer als auch sozialer Ausprägung. Netzwerkbildung ist Forschungsgegenstand der Informationstechnologie ebenso wie der Soziologie. Es ist ein Phänomen, das fasziniert, weil wir es eher beobachten können als beherrschen.

Netzwerk als Metapher

Vernetzung ist, auch im Bild gesprochen, das Anknüpfen, das Verbinden, die Knotenbildung, das Zusammenhängen. Die Eigenschaften von »Fischernetzen« und »Spinnennetzen« füllen die Aussagekraft der Metapher: ein Instrument zu sein, ein System, das gleichermaßen funktional wie amorph ist, ebenso fest wie beweglich. Das Bild spricht von Belastbarkeit, von Effizienz, aber auch von Attraktivität, von Zugehörigkeit, von Komplexität und Intelligenz. Für Menschen gilt: Teil eines Netzwerkes zu sein gibt den Akteuren im Netzwerk das gute Gefühl, dass über Umwege doch jeder mit jedem verbunden ist. Ein tragfähiges Netzwerk überwindet, so die Erfahrung, alles Trennende und jede Grenze. Gemeint sind damit auch jene schützenden Grenzen, die Menschen, soziale Ordnungen, Themen und Wissen und Verhalten voneinander trennen – jeder, der einmal Opfer von Netzwerkern war, kann von der Unerreichbarkeit, Unfassbarkeit, von der quasi Nichtbesiegbarkeit von Netzwerken ein Lied singen – oder warum sind Sie nicht aufgestiegen, warum hat Ihr Projekt keine Unterstützung der Führung erhalten, warum bleiben Ihre Ideen trotz breiter Zustimmung an den sogenannten Grenzen der Organisation stehen?

Vom Netz getragen oder im Netz gefangen?

Verheerend für das Sicherheitsgefühl sind Terrornetzwerke, Vernetzungen im Untergrund, versöhnend sind Freundschaftsnetzwerke, Friedensbewegungen. Auf diese Weise ist der Feind oder Freund doch plötzlich unsichtbar oder omnipräsent – vielleicht unter uns oder in der Nähe? Netzwerke leben immer auch von den Hoffnungen und Projektionen derer, die von ihnen profitieren. In jedem Fall kann kein Akteur im Netzwerk das Ganze überschauen, erst die Summe der Sichtweisen und Akteure repräsentiert das Gesamtbild.

Vernetzung kann bei diesem Einfluss offensichtlich sehr viel leisten und im gleichen Maße verhindern, weil Vernetztheit Trennungen aller Art zunächst ignoriert:

- formale und organisatorische Trennungen wie Hierarchien, Abteilungs- und Organisationsgrenzen,
- inhaltliche und thematische Trennungen,
- Trennungen von Sichtweisen (Betroffener, Unbeteiligter) sowie
- Trennungen von Macht (zum Beispiel Legislative, Exekutive, Judikative).

Netzwerke entstehen im Alten, weil sie nach Neuem suchen

So scheint es, dass Vernetzung die allgemeine objektive Ordnung stört – und das ist nicht unwahr. Bisherige Traditionen, Ordnungssysteme und Verwaltungsstrukturen sind überwiegend zur Sortierung, Orientierung und zum Überblick geeignet. In der Tat wollen wir diese Sortierung nicht missen: Bei der Buchhaltung, in Rechtsstreitigkeiten, im Straßenverkehr etc. dient die Trennung der Dinge und der Menschen der Funktionalität eines Systems. Wobei die Funktionalität von der Einhaltung vereinbarter und festgesetzter Regeln abhängt. Wie unterschiedlich die Vorstellung darüber ist, wie diese Regeln zustande kommen oder wie sie einzuhalten sind – davon erzählen die Netzwerkentstehungen.

Denn im sozialen Bereich und im menschlichen Dasein und Verhalten stoßen wir auf weniger objektiv einleuchtende Trennungen: Abgrenzungen von Rassen, Trennung sozial Schwächerer von den sozial Stärkeren, Trennung der Leistungsstarken von den Leistungsschwächeren, Abgrenzung hungernder Menschen von Überernährten, Trennung der Treibhausgaserzeuger von den Nichterzeugern.

Auf der Suche nach Orientierung vernetzen sich Menschen, die Gleichgesinnte suchen, die ähnliche Ziele haben, die diese Ziele aber durch die bestehende Ordnung und Orientierung nicht erfüllt sehen oder nicht erfüllen können.

Was das »Ich« ausmacht

Menschen trennt ihre Identität. Ohne Identität keine Distanz. Das Bedürfnis nach Selbst-Sein und Zugehörigkeit macht es notwendig, sich gegen eine andere Zugehörigkeit zu entscheiden. Aber auch in dieser Zugehörigkeit entstehen Trennungen: »Ich« sein und »Ich« sagen bedeutet, einen Unterschied zum »Du« zu machen oder herzustellen. Was Menschen zunächst trennt,

- sind ihre individuellen Bedürfnisse,
- sind ihre individuellen Sichtweisen und Einschätzungen,
- ist ihr unterschiedlicher Umgang mit Ressourcen,
- sind ihre unterschiedlichen, individuellen Biografien.

Was Menschen verbindet

Wenn es gelingt, in einem privaten oder organisationalen Umfeld die Trennungen zu überwinden und Gemeinsamkeiten zu finden, entsteht etwas Neues. In der Zweiheit kann die Überwindung der Grenzen von Ich und Du als Liebe erlebt werden. Verbundenheit durch Zuneigung.

Im Kontext von Organisationen verbindet Menschen nur auf den ersten Blick die Zugehörigkeit zu einer bestimmten Abteilung oder einem Unternehmen. Die eigentliche Verbindung entsteht auf der Ebene individueller Bedürfnisse

- nach Sicherheit,
- nach Überwindung von Fremdheit,
- nach Anerkennung,
- nach Selbstwirksamkeit.

Gesucht: Gemeinsamkeit und AUCH

Was in dieser Schlichtheit so leicht klingt, ist im sozialen Alltag so schwer zu erreichen. Die wirksamen Maßnahmen auf der Ebene der sozialen Prozesse sind dabei nicht »rote T Shirts für alle« oder ein verordneter »Code of Conduct«, sondern zunächst entstehen – sehr still und informell – Netzwerkformate, die sich selbst nicht so bezeichnen würden: Bekannt ist die Wirksamkeit der »Raucherecken«, ein gemeinsames Bedürfnis bringt die Menschen zusammen und gibt ihnen die Gelegenheit zum Austausch. Und wenn Menschen sich ohne vorherigen Konflikt begegnen, haben die meisten diese eine instinktive Reaktion in jedem Falle – die Frage nach dem AUCH, dem Austausch und das klammheimliche oder sehr offensichtliche Suchen nach Gemeinsamkeiten. Beobachtet wird das im Äußerlichen (Haare, Haltung, Kleidung) bis hin zu Meinungen, Einstellungen, Erfahrungen. Mehr oder weniger intensiv wird nach der kleinsten gemeinsamen Ähnlichkeit geforscht: »Sie rauchen auch XY?«, »Sie waren auch in Z im Urlaub?«, »Sie kennen auch …?« – also Sie AUCH?

Das gibt uns Sicherheit. Das erzeugt einen scheinbaren Gleichklang, ein kleines, beruhigendes Stück *Wir*, das die eigentlichen Grenzen zwischen *Du* und *Ich* überschreitet. Ganz informell.

Gefunden: Verfahren des »Wir«

Menschen verbinden Eigenschaften, Erlebnisse, Ansichten, Traditionen, Geschichten. Menschen zu vernetzen heißt für Führungskräfte: Rahmenbedingungen schaffen, in denen sie sich begegnen können. Vom offenen, zufälligen Austausch und Entdecken bis zum gezielten, geführten Finden von Gemeinsamkeiten ist dann alles möglich. Führungskräfte als Vernetzer sind Gastgeber in diesem Sinne, sie schaffen den guten Rahmen. Sie sind auch Initiatoren der Themen: Sie bringen die Fragen nach Gemeinsamkeit und Unterschieden ins Gespräch. »Was verbindet uns eigentlich?« ist die erste Frage der Vernetzer. Darauf lässt sich aufbauen: »Was tun wir – oder häufiger – was könnten wir alles tun in dieser Form von Gemeinsamkeit?«

Genutzt: Gemeinsamkeit und UND

Sobald die Vernetzung ein Teil der gemeinsamen Geschichte geworden ist, wird das AUCH zum UND und damit eine Konjunktion im wahrsten Sinne des Wortes – eine Verbindung. Und die lässt sich vielfältig nutzen, gezielt, bewusst, gepflegt, ausgebaut. Es lässt ahnen: Beziehungsmanagement und Networking sind nicht die informellen und zufälligen Bestandteile wirksamen Führungsverhaltens – sie sind der Kern von Führung in komplexen Systemen. Gelingt beides, werden die tägliche Struktur und Ordnung auf der Sachebene durch die tragende Struktur und Dynamik von Vernetzung ergänzt und so auch erst wirksam.

»Es genügt nicht, zum Fluss zu kommen, um Fische zu fangen – du musst auch das Netz mitbringen.« – Diese alte chinesische Weisheit verweist nicht nur auf das *Was* des Fischens, sondern vor allem auf das *Wie*: die Vernetzung.

Merkmale von Kooperations- und Wissensnetzwerken

Netzwerke sind nie statische, sondern immer dynamische Systeme und daher anpassungsfähig. Wer Situationen in ihrer Vernetztheit erfasst, kann Wissen und Erfahrung besser nutzen. Netzwerke können auf die Situation einwirken durch

- gemeinsames Nachdenken,
- Betrachtung von außen,

- Aushalten von Widersprüchen,
- Nutzung der Systemkräfte sowie
- Zurücknahme der eigenen Person.

Weitere Merkmale sind:

- *Das Prinzip der Uneigentlichkeit:* Die Eigendynamik wirkender Kräfte ist beeinflussbar, aber nicht beherrschbar durch Maßnahmen, die auf die »Mithilfe« des Systems stoßen, durch Geben, das nicht direkt auf das Nehmen bezogen ist.
- *Empathie und Deutungsfähigkeit sind Schlüsselqualifikationen im Netzwerk:* Gemeinsamkeiten bleiben im Blick – nicht das Festhalten an Details. Die Vielfalt dominiert als Weg zu angemessenen Lösungen. Gegensätze werden nicht als Widerspruch, sondern als Polaritäten erfahrbar.
- *Netzwerke sind »Beziehungskisten«:* Trauen Sie sich, mit den Emotionen anderer umzugehen. Leben Sie die Werte, die Sie im Netzwerk finden wollen. Schätzen Sie die Impulse der anderen, auch wenn sie nicht Ihrer Idee entsprechen.
- Netzwerke leben und schaffen die *Begegnung von implizitem und explizitem Wissen.*
- Netzwerke haben *offizielle Regeln.*
- Die *inoffiziellen Regeln* sind meistens stärker als die offiziellen.

Visualisierung: Die sieben größten Missverständnisse in der Netzwerkarbeit

- Netzwerke entstehen durch Appelle.
- Netzwerke benötigen keinen Ort und keine Zeit.
- Netzwerke sind geheim und unbeeinflussbar.
- Netzwerke erhalten sich selbst und müssen nicht gesteuert werden.
- Netzwerke kann man nur nutzen, wenn man eigene Ideen aufgibt.
- »Anything goes« – Netzwerkarbeit ist der Willkür ausgeliefert und unstrukturiert.
- Hierarchische Organisationen schließen Netzwerkkonzepte aus.

Google@Kunde

Inhalte und Zielsetzung:	Kennenlernen und Vernetzung von/in großen Gruppen, Auflockerung und Spaß bei der Durchführung, Mobilisierung.
Teilnehmer:	10 bis über 100 Personen.
Dauer:	Eine Stunde wäre zu wenig. Je nach Variante und Gruppengröße füllt man spielend zwei Stunden. Der Abend ist die Stunde der Wahl.
Ressourcen:	Pro Teilnehmer eine bedruckte DIN-A2-Pappe, ein Filzstift, ein Polaroidbild. Zudem vorbereitete Fragen und Aufgaben für die Gruppe.
Vorbereitung:	Suchaufträge in Kuverts vorbereiten (s. S. 170).

Ablauf: Dieses Lerndesign lässt sich gut einsetzen bei Gruppen, die miteinander arbeiten, aber kein direktes Team sind. Eine Gruppe verwandelt sich in eine Suchmaschine. Jeder erstellt großformatig und für alle sichtbar eine persönliche Datenbank über sich selbst und die Gruppe löst Aufgaben auf der Grundlage dieser persönlichen Daten.

Zunächst wird der *Suchraum gebaut:* Die Teilnehmer legen ihre »persönlichen Dateien« an. Auf einer großformatigen Pappe schreibt jeder in die dafür vorgesehenen vier Felder Wichtiges und (vermeintlich) Unwichtiges über seine Person. Die vier Felder sind:

- Fähigkeiten und Kenntnisse,
- Erfahrungen und Erlebnisse,
- Beziehungen und Netzwerke,
- Außergewöhnliches.

Gefragt ist alles, was für den Einzelnen mitteilbar ist: Berufliches und Privates, Offensichtliches und Unbekanntes, Bedeutsames und Unbedeutsames, Kurioses und Banales.

Damit das Nachdenken, Überlegen, Erinnern und Aufschreiben leichter gehen, *interviewt die Moderation* zu Beginn einen ausgewählten Teilnehmer mit gezielten, kreativen und provozierenden Fragen und setzt somit einen Benchmark für die Gruppe.

Der Moderator ermutigt die Teilnehmer, auch das vermeintlich Unbedeutende aufzuschreiben und gibt Beispiele (Reisen, Sportvereine, Erlebnisse im Ausland, prominente Bekanntschaften, künstlerische Interessen, soziales Engagement, handwerkliche Fertigkeiten, die eigene Familie, Menschen, die jemanden kennen, der jemanden kennt, der …). Er öffnet dadurch den Assoziationsraum.

Die Teilnehmer füllen ihre »Karte« paarweise aus, interviewen sich gegenseitig, geben und holen sich gegenseitig Anregungen.

Der Moderator geht währenddessen umher, schießt ein Polaroidfoto von jedem und klebt es auf die Pappe. Die Summe aller »persönlichen Dateien«, aller ausgefüllten DIN-A2-Pappen bildet dann den Suchraum. – Für diese Sequenz gibt es so viel Zeit, wie die Gruppe benötigt.

Wenn die Pappen erschöpfend ausgefüllt sind, werden sie für alle sichtbar im Raum aufgestellt (auf den Stühlen, an die Wand gelehnt oder Ähnliches): Der Suchraum ist eröffnet; die Teilnehmer werden gebeten, sich wieder in den Halbkreis zu setzen.

Der Suchraum wird genutzt: Nun wird mit dem generierten Material gespielt. Die Moderation teilt die Gruppe in kleine Suchtrupps ein (3–6 Personen, je nach Gruppengröße) und verteilt gezielte Suchaufträge, die alle darauf hinauslaufen, dass verschiedene Teams zusammengestellt werden müssen. Das Zusammenstellen der Teams erfordert ein Umherlaufen, Lesen und Beratschlagen der Kleingruppen. Der Kern des Spiels: Die Dateikarten werden gelesen und Teile der Informationen spielerisch genutzt.

Bei einer Gruppengröße bis 40 Personen sollten die Teams nicht größer als vier Teilnehmer sein. Pro Team zwei Aufgaben, dabei darauf achten, dass die Aufgaben sehr unterschiedlich sind. Die Aufgaben werden in einem Kuvert übergeben. Je nach Gruppengröße können Fragen auch mehrmals vergeben werden. – Für diese Sequenz gibt es ebenfalls so viel Zeit, wie die Gruppe benötigt.

Beispielaufgaben für Google@Kunde können die folgenden sein, die sich natürlich beliebig erweitern lassen:

- Beim nächsten Tag der offenen Tür wird es ein Open-Air-Konzert der ersten XY-Rockband geben. Wer sind die Musiker und wie heißt die Gruppe?
- XY eröffnet ein Restaurant in Paris. Wen brauchen Sie für dieses Projekt?
- XY macht einen zweiwöchigen Betriebsausflug mit allen Mitarbeitern weltweit. Die Reise geht durch mindestens fünf verschiedene Länder. Stellen Sie ein Team zusammen, das diese Reise organisiert und durchführt.
- Das Hotel soll in ein Erlebniszentrum umgewandelt werden (mittelalterliche Ritterfestspiele). Stellen Sie ein Projektteam zusammen, das diese Aufgabe erfolgreich umsetzen kann.
- Der neue XY-Männerkalender braucht vier Coverboys. Finden Sie für jede Jahreszeit einen passenden.
- Im Rahmen eines Charityprojekts baut XY einen Kindergarten in der Rekordzeit von nur einer Woche. Stellen Sie ein Team zusammen, das dies schafft.
- Sorgen Sie dafür, dass morgen der Papst in Ihrem Hotel anruft. Stellen Sie eine Gruppe zusammen, die das realisieren kann.
- Aus Ihrer Gruppe heraus wird die neue europäische Zentralregierung ernannt. Wer hat welchen Posten?

- Für die Sendung »Europa sucht den Superstar« nominieren Sie drei Personen. Erfinden Sie drei verschiedene Kategorien und nennen Sie Ihren Kandidaten.
- Real Madrid hat sich Ihre Gruppe als Trainingspartner ausgesucht. Nominieren Sie elf Spieler und einen Trainer.
- XY schreibt einen eigenen Businessknigge. Stellen Sie bitte ein Team zusammen, das kompetente Benimmberatung bei Geschäftsessen gewährleistet.
- XY-Television möchte eine neue Fernsehserie produzieren. Stellen Sie bitte ein Konzept vor: Wie lautet der Titel und wer sind die fünf Hauptdarsteller?
- Stellen Sie bitte ein Team zusammen, das die Führungskräfte des Unternehmens in allen Kleidungsfragen kompetent beraten kann.
- XY sucht für den unternehmenseigenen Ferienclub eine Handvoll Führungskräfte, die die angestellten Animateure wochenweise vertreten sollen. Wer ist prädestiniert für diese Aufgabe? (Animateure bringen andere Leute dazu, etwas zu tun, was sie von sich aus eigentlich nicht tun würden …)
- XY stellt ein Team der Toporganisierer zusammen (Menschen, die Unmögliches möglich machen, die auf wundersame Weise alles organisieren, besorgen, herbeischaffen können). Wer gehört in dieses Team?
- Alle Fotos in den Personalakten von XY werden auf handgezeichnete Porträts umgestellt. Stellen Sie bitte das Team zusammen, das zukünftig die Zeichnungen anfertigt.
- Ihr Unternehmen bekommt einen hauseigenen Weinkeller. Stellen Sie bitte ein Projektteam zusammen, das dieses Vorhaben begleitet.
- Eine Bergtourgruppe wird gegründet. Wer gehört in diese Mannschaft?
- Die Reformierung der reformierten Rechtschreibreform macht es notwendig, dass XY eine eigene Rechtschreib-Task-Force zusammenstellt. Wer sollte dem Team angehören?

Die Ergebnisse werden präsentiert: Ausgewählte Aufgaben (Kriterien: Unterhaltungswert, Repräsentativität, Gruppendynamik und Stimmung) werden auf einer improvisierten Bühne präsentiert. Die Teams oder ein Sprecher des Teams kommt nach vorn und holt die jeweils ausgewählten Teilnehmer für die Lösung der Aufgabe auf die Bühne. Die Moderation fragt gegebenenfalls nach den Kriterien, Erfolgsaussichten und anderem mehr.

Bei Aufgaben, die mehr als einmal vergeben wurden, werden gegebenenfalls auch die Alternativvorschläge präsentiert.

Variante: Die Teams werden auf der Bühne einem Quicktest unterzogen, der zeigen soll, ob sie die richtigen Personen ausgewählt haben.

Hier Beispiele für Quicktests zu einigen der Aufgaben:

- Beim nächsten Tag der offenen Tür wird es ein Open-Air-Konzert der ersten XY-Rockband geben. Wer sind die Musiker und wie heißt die Gruppe?
  Quicktest: Mit drei Instrumenten Livemusik machen.
- XY eröffnet ein Restaurant in Paris. Wen brauchen Sie für dieses Projekt?
  Quicktest: Wie decke ich einen Tisch für ein viergängiges Menü?
- Der neue XY-Männerkalender braucht vier Coverboys. Finden Sie für jede Jahreszeit einen passenden.
  Quicktest: Die vier haben fünf Minuten Zeit zum Umziehen und präsentieren sich dann der Gruppe.
- Sorgen Sie dafür, dass morgen der Papst in Ihrem Hotel anruft. Stellen Sie eine Gruppe zusammen, die das realisieren kann.
  Quicktest: Bibelfestigkeit überprüfen: »Wie heißen die vier Evangelisten?«, »Wer war beim Vater mit seinem Sohn der dritte im Bunde?«, »Wo steht: ›Einer für alle, alle für einen‹?«.
- Real Madrid hat sich Ihre Gruppe als Trainingspartner ausgesucht. Nominieren Sie elf Spieler und einen Trainer.
  Quicktest: Die Abseitsregel erklären lassen inklusive Demonstration mit lebenden Personen. Ein Kurzmatch mit Softball; vier Teilnehmer bilden die Torpfosten etc. Torwandschießen auf lebende Torwand.

Anmerkungen zur Wirkungsweise: Die Effekte von Google@Kunde sind: Eine lebendige, kommunikative Gruppe entsteht. Die faktische Vernetzung erfolgt in kürzester Zeit. Spielerisches Erleben von: Wenn wir mehr übereinander wissen, können wir schneller und erfolgreicher Aufgaben und Probleme lösen. Hohe Emotionalität, Spaß und Neugier herrschen vor. Das Individuum wird sichtbar in der Gruppe – die Gruppe wird erlebbar als die Synergie von Individuen.

Verhandlungsgeschick und Kooperationsfähigkeit

Essay: Eine Medaille – zwei Schattenseiten?

Zunächst klingt es nicht sehr moralisch, es ist auch ein wenig banal, aber es entspricht der Realität – ob in unaufgeräumten Kinderzimmern, in menschlichen Beziehungen, in jedem Niveau von Chefetagen:

- In Beziehungen von Menschen geht es sehr oft darum, andere Menschen dazu zu bringen, etwas zu tun, was man von ihnen will.
- Sehr oft fragt man sich: Wie gelingt es eigentlich anderen, mich dazu zu bringen, das zu tun, was sie wollen?

Verschiedene Faktoren wirken darauf ein, ganz besonders wirksam sind:

- Macht,
- Überzeugung,
- Not,
- psychologische Tricks und Taktiken.

Natürlich wenden wir uns in diesem Handbuch vor allem der letztgenannten Möglichkeit zu, denn ob wir die Macht haben, hängt weniger von uns ab, sondern davon, ob und inwieweit wir sie zuerkannt bekommen; ob wir überzeugen können, setzt nicht so sehr unsere rhetorische Fähigkeit als vielmehr eine ausreichende Schlüssigkeit der Argumente voraus. Ob wir in Not handeln oder Not erzeugen können, bezieht sich eher auf die äußeren Umstände. Die Anwendung psychologischer Tricks dagegen kann fehlende Macht und schwache Argumente oder höhere Gewalt kompensieren.

Zustimmung und Anpassung sind attraktiv: Sie erzeugen Zugehörigkeit

Einmal mehr liegt der Grund in der sozialen Genese der menschlichen Gattung – es hat sich evolutionär meistens als überlebenswichtiger gezeigt, der Sippe, der Gemeinschaft, den Bürgern etc. anzugehören, als von ihnen getrennt zu sein, was eher Angst oder Ausgeliefertsein erzeugt. Viele Untersuchungen zeigen, dass Kooperation ein menschliches Verhalten ist, das tendenziell nützt und das zum Beispiel das Belohnungssystem in unserem Gehirn in Gang setzt. Die Fähigkeit zur Kooperation und das Geschick in Verhandlungen greifen auf eine Basis zurück: Compliance (= Einwilligung), mit dem anderen eine nachhaltige Beziehung zu haben und im lebensförderlichen Sinne auseinanderzugehen. Daraus wird ein grundsätzliches Bestreben, nämlich konsistent in Urteilen und Entscheidungen zu *erscheinen*. Das wiederum versichert die anderen: Diesem kann man vertrauen, jenem nicht, dieser erhält Anerkennung, jener nicht …

So weit zur *Tendenz* menschlichen Handelns, wenn es um das Aus*handeln* geht.

Konsistenz ist ökonomisch

Auf konsistentes Handeln ist Verlass. Und Verlässlichkeit spart Energie. Denn wiederkehrende Ereignisse lösen weniger Irritation oder Stress aus als neue, es erübrigt sich die Suche nach Alternativen, damit können die bewährten Muster benutzt und in Ruhe zum Überleben wirksam werden. Das ist in Bezug auf die Ressourcen ökonomisch, und es birgt soziale Nähe und Zugehörigkeit, sich so zu verhalten. In diesem Sinne sind Menschen in großen Verwaltungsapparaten ökonomisch: Da es ihre Aufgabe ist, eben *keine* Veränderung zu erzeugen oder zuzulassen, verwenden sie für das Finden neuer Wege und den Umgang mit Irritationen eher weniger Energie. Entscheidungsfindungen sind damit leicht – »wir machen das so wie immer« – Verhandlungen sind eigentlich nicht denkbar.

Abkürzungen sind einfacher – Komplexität reduzieren

Auch ein Abwägen unterschiedlichster Informationen ist oft sehr energieraubend. Je einfacher der Zugang zu einer größeren Menge von Information ist (Internet), desto eher tendieren Menschen dazu, eine hohe Anzahl von Entscheidungen »nach Gefühl« zu treffen – wenn sie nämlich weder motiviert noch fähig sind, sie entsprechend genau zu hinterfragen. Man folgt eher der Empfehlung von Freunden oder ausgewiesenen sogenannten Experten. Wir nehmen die Abkürzung, nicht den Umweg. Vereinfachung macht es einfach, zu entscheiden – denn selbst die Folgen der Entscheidung werden nicht analysiert – das würde ja wieder Anstrengung bedeuten …

So erfolgreich vereinfacht, klingen die Entscheidungen auch irgendwie nachvollziehbar – in Bezug auf die Konsequenzen helfen dann nur noch Glauben und Hoffen und: Beteuern, dass es sicher keine andere Möglichkeit (mehr) gab. Welcher Logik aber folgen diese Vereinfachungen? Wie wird die Komplexität des Handlungsgestrüpps reduziert auf das, was uns Sicherheit verleiht? Wie gelingt es uns, das darzustellen, was wir oft erst im Nachhinein »Entscheidung« nennen? Es lohnt sich, darauf zu schauen und wieder einmal: zu reduzieren! Denn: Entscheidungsfindung von Menschen wird von drei Wegen zur Vereinfachung wesentlich beeinflusst. In einer guten Mischung, dann meist beiläufig angewendet, werden dabei selbst erfahrene Verhandlungs- und Kooperationspartner schwach:

»Ich habe darauf auch noch Rabatt bekommen!« – Anwendung des Kontrastprinzips.
»Das ist wissenschaftlich so bewiesen!« – Die Autorität des Expertenprinzips.
»Geschenke gehen nicht verloren« – Der Einsatz der Reziprozitätsregel.

Das Kontrastprinzip

Frage: Sie kommen in ein Bekleidungsgeschäft und wollen einen Anzug erwerben, außerdem einen Pullover. Welches der beiden Kleidungsstücke wird Ihnen wohl zuerst vorgeführt?

Nach dem Kontrastprinzip: Das teurere Kleidungsstück, nämlich der Anzug. Wenn es dann um den Pullover geht, für den Sie zwar wesentlich weniger hinblättern müssen, der aber – für einen Pullover – immer noch recht teuer ist, dann erscheinen Ihnen nach der Entscheidung für einen 800-Euro-Anzug die 100 Euro für einen Pullover ganz passabel. Vielleicht würden Sie sonst nie so viel Geld für einen Pullover ausgeben.

Ähnlich funktioniert es übrigens an Tankstellen: Niemals würde man für eine einfache Tafel Schokolade im Supermarkt zwei bis drei Euro bezahlen – im Kontrast zur Tankrechnung von 80 Euro scheint das allerdings nicht viel auszumachen.

Oder nehmen wir den Immobilienmakler, der seinen Kunden zunächst zwei ziemlich heruntergekommene Häuser anbietet – zu ungefähr dem gleichen Preis wie ein drittes, das dann im Vergleich zu den beiden Baracken zuvor wie ein besonderes Schnäppchen wirkt.

Das Kontrastprinzip vermittelt das Gefühl, unter den vorgefundenen Bedingungen eine angemessene Zugehörigkeit (unsere Sehnsucht …) gefunden zu haben – ohne dass man die Bedingungen allerdings infrage stellt.

Das Expertenprinzip

Im Flugsimulator wurden Versuche gemacht, in denen mit dem Kapitän abgesprochen wurde, er solle im Verlauf des virtuellen Fluges einen für die Crew offensichtlichen und kapitalen Fehler machen. In 25 Prozent der Fälle wäre es zu einem schweren Unfall gekommen, weil keiner der Crew den Mut hatte, den Fehler des Kapitäns zu korrigieren. Der Kapitän ist schließlich der Experte, den man nicht zu kritisieren hat. Die Frage nach Expertentum und Autorität erläutert in beeindruckender Weise das Milgram-Experiment:

Das Milgram-Experiment

Dieser Gehorsam gegenüber einer (echten oder vermeintlichen) Autorität wird noch plakativer im sogenannten Milgram-Experiment deutlich, das in verschiedenen Versuchsanordnungen seit 1962 mehrmals durchgeführt wurde. Hier wurden Testpersonen im Rahmen einer wissenschaftlichen Untersuchung zum »Lernerfolg bei Bestrafung« angewiesen, den Schülern jeweils bei Nicht- oder Falschbeantwortung einer Frage einen Stromstoß zu versetzen – nicht ahnend, dass sie und nicht die »Schüler« die Versuchspersonen waren. Vorher wurden ihnen die Auswirkungen ihrer Handlungen gezeigt; sie bekamen den »elektrischen Stuhl« zu sehen und empfingen selbst einen deutlich spürbaren, wenn auch verhältnismäßig geringen Stromstoß von 75 Volt. Es gab 30 Schalter, die in Einheiten zu 15 Volt markiert waren: von »Leichter Schock« (15 V) bis »Schwerer Schock – Lebensgefahr« (450 V).
Der Schüler befand sich bei einer Versuchsanordnung im Nebenraum, lediglich über Lautsprecher waren seine Reaktionen zu hören:

Spannung	**Reaktion des »Schülers«**
75 V	Grunzen
120 V	Schmerzensschreie
150 V	Er sagt, dass er an dem Experiment nicht mehr teilnehmen will
200 V	Schreie, »die das Blut in den Adern gefrieren lassen«
300 V	Er lehnt es ab, zu antworten
über 330 V	Stille

40 Psychiater wurden gebeten, Prognosen über die Anzahl der Versuchspersonen abzugeben, die bis zur Höchstspannung gehen. Ihrer Ansicht nach würde nur jeder Tausendste das Ende der Skala erreichen. Die tatsächlichen Ergebnisse wirkten wie ein Schock:

- Im Standardexperiment gehorchten 62,5 Prozent der Versuchspersonen dem Leiter und gingen bis zur Maximalstufe von 450 V.
- Im Fernraum (den Schüler nicht sehen und nicht hören; ab 300 V klopft er gegen die Wand, bei 315 V ist nichts mehr zu hören): 65 Prozent gingen bis zur Maximalstufe.
- Bei Berührungsnähe (der Lehrer drückt die Hand des Schülers gegen die Schockplatte) immerhin noch 30 Prozent.
- Variante: Die Versuchsperson ist Zuschauer (= Teil einer größeren Maschinerie): 92,5 Prozent hinderten den Schocker nicht, auf 450 V zu gehen.

Bei all diesen Versuchsanordnungen war der Druck, dem die »Lehrer« ausgesetzt waren, rein verbaler Natur. Es wurden vom Versuchsleiter lediglich stereotyp folgende Sätze wiederholt: »Bitte machen Sie weiter!«, »Das Experiment erfordert, dass Sie weitermachen!«, »Sie müssen unbedingt weitermachen!«, »Sie haben keine Wahl, Sie müssen weitermachen!«, »Ich übernehme die Verantwortung für das Experiment«.[1]

1 Vgl. http://de.wikipedia.org/wiki/Milgram-Experiment

Das Experiment hat eine breite Diskussion über die Autoritätshörigkeit und die dafür notwendigen Bedingungen ausgelöst. Fest steht, dass Expertenargumentationen im Sinne von »Untersuchungen in den USA haben gezeigt …« und »Wissenschaftliche Experimente haben erwiesen …« in vielen Verhandlungen immer noch eine hohe Wirksamkeit haben.

Und jetzt halten Sie sich fest, denn die überdauernde Wirksamkeit des Expertenprinzips könnte größer nicht sein: Natürlich nehmen Sie mit Sicherheit an, dass in unserer aufgeklärten Zeit, die sich wahrlich stark mit den Folgen von Faschismus und totalitären Staaten befasst hat, heute die Reaktionen in einem solchen Experiment völlig anders ausfallen werden.

Weit gefehlt. Das Experiment fand seither einige Wiederholungen. Die aktuellste Wiederholung des Milgram-Experimentes fast vierzig Jahre nach dem ersten Durchgang (unter etwas abgemilderten Bedingungen) hat gezeigt, dass sich nichts verändert hat. Das Wissen der Menschheit um die Wirkung von Autorität hat das Verhalten der Probanden aus dem Jahr 2006 kaum beeinflusst:

> Burger, Sozialpsychologe an der Universität Santa Clara in Kalifornien, führte den Versuch in ähnlicher Weise durch. Wie Milgram sagte er den Probanden zuvor, dass sie ihr Honorar für das Erscheinen kriegen, unabhängig vom Mitmachen. (Nur eines war bei der aktuellen Wiederholung anders. Die Ethikkommission der Universität gestattete ihm nicht, dass die vorgetäuschte Stromstärke wie beim alten Experiment bis 450 Volt ging. Das sei eine zu starke psychologische Belastung für die Probanden. Es wurde Burger jedoch erlaubt, das Spiel bis 150 Volt zu treiben. Dann musste er abbrechen.)
> Burger fand heraus, dass die Gehorsamkeitsrate in 2006 nur geringfügig schwächer war als 45 Jahre zuvor. Entgegen den Erwartungen gab es keinen Unterschied zwischen den Probanden, die die »Schülerperson« sahen, und denen die sie nicht sahen. Auch gab es keinen Unterschied in den Reaktionsweisen von Männern und Frauen. Unterschiedliche Verhaltensweisen jedoch zeigten Menschen mit Empathiefähigkeit und Menschen mit ausgeprägtem Kontrollbewusstsein.[1]

Exkurs: Diese Ergebnisse sind ebenso erschütternd wie bestätigend: Menschen lernen weniger durch Wissen als durch Erfahrung. Untersuchungen zeigen, dass Menschen, die die Erkenntnisse der Verantwortungsdiffusion kennen, tatsächlich in der realen Situation (zum Beispiel Hilfeleistung) auch klarer und direkter reagieren. Sie wenden das aktuelle Wissen in einer aktuellen Verhandlungssituation sofort an. Führungskräfte in Organisationen unterliegen sehr häufig den Bedingungen, die andere Führungskräfte schaffen – das Expertenprinzip zu durchschauen ist dabei ein wichtiger Zugang zum Wesentlichen.

---

1 vgl. http://www.scu.edu/cas/psychology/faculty/burger.cfm

»Wie du mir, so ich dir!« – Die Reziprozitätsregel

Geschenke gehen nicht verloren. Das ist eine der am stärksten verbreiteten Normen in der menschlichen Kultur. Sie besagt, dass Menschen versuchen sollen, sich für Gefälligkeiten oder Zugeständnisse, die jemand ihnen erwiesen hat, zu revanchieren. Die Reziprozitätsregel (vgl. Adlhoff/Mau 2005) entstand aus der Erkenntnis, dass Menschen eher bereit und motiviert sind, eine Gegenleistung zu erbringen, wenn sie vorher etwas erhalten haben. Ein Beschenkter fühlt sich aufgefordert, ein Gegengeschenk zu erbringen. Diese Regel ist extrem effektiv, denn sie schaltet oftmals den Einfluss anderer Faktoren aus, die ansonsten die Erfüllung der Bitte verhindern würden. Sie bezieht sich auch auf ungebetene erste Gefälligkeiten und führt häufig dazu, dass bedeutend größere Leistungen zurückkommen, als man erbracht hat.

Der Psychologe Dennis Regan führte 1971 ein Experiment durch. Eine Versuchsperson sollte an einer Studie zum »Kunstverständnis« mitwirken. Das wahre Experiment hatte jedoch ein anderes Thema. Eine zweite Person beim Betrachten der Kunstwerke war nur scheinbar ein Versuchsteilnehmer, in Wirklichkeit war sie Regans Assistent. Zwei Untersuchungsbedingungen zeigten besonders interessante Ergebnisse. In einigen Fällen tat der Assistent unserer Versuchsperson einen kleinen Gefallen, indem er kurz den Raum verließ, mit zwei Colas zurückkam und ungefragt der Versuchsperson eine Cola schenkte. In den anderen Fällen war alles ganz genauso, nur wurde keine Cola mitgebracht. Später bat der Assistent die Versuchsperson, ihm Lose abzukaufen, mit denen man ein Auto gewinnen konnte. Unterscheidet sich die Anzahl der gekauften Lose? Sie ahnen es: Die Versuchspersonen, die vorher eine Cola erhalten hatten, kauften viel mehr Lose als die anderen, und zwar im Durchschnitt doppelt so viele. Dieses Experiment ist eine beeindruckende Herleitung der Regel zur Reziprozität. (Cialdini 2003, S. 47ff.)

Es zeigte sich, dass die Reziprozitätsregel sogar stärker ist als Effekte der Sympathie. Die Versuchspersonen wurden nämlich nach der Bildbetrachtung gefragt, wie sympathisch sie den Assistenten fanden. Diese Einschätzung der Sympathie hatte keinen Einfluss auf die Anzahl der gekauften Lose! Entscheidend für das Gefühl, dem anderen etwas schuldig zu sein, war ausschließlich der vorher erbrachte Gefallen (die geschenkte Cola).

Warum ist diese Regel so stark? Sie ist eine Verhaltensweise, die evolutionär gesehen sehr erfolgreich war und ist. Das Geben und Nehmen in ausgeglichenem Maß ist eine der maßgeblichsten Zivilisationstechniken!

Diese kulturelle Gewohnheit lässt sich effektiv für Verhandlungen benutzen. Die Technik heißt: Neu verhandeln nach Zurückweisung. Ein Beispiel:

»Entschuldigung, hätten Sie vielleicht Lust, eine nette Gruppe jugendlicher Straftäter einen Tag bei einem Ausflug im Zoo zu begleiten?« – Die meisten schlugen die Bitte natürlich aus (83 Prozent). Was tun?

In einer anderen Aktion wurden die Befragten, bevor sie zur unbezahlten Aufsicht im Zoo angeworben wurden, mit einer größeren Bitte konfrontiert: ob sie zwei Jahre lang jeweils zwei Stunden pro Woche als Berater für einen Delinquenten zur Verfügung stehen könnten. Die Einwilligungsrate für die Bitte um Begleitung zum Zoo stieg um das Dreifache (von 17 Prozent auf 55 Prozent).

So gehen Sie vor: Sie richten zunächst die Bitte um etwas Größeres an Ihr Opfer, eine Bitte, die es wahrscheinlich abschlagen wird. Danach bringen Sie Ihr eigentliches Anliegen vor. Mit großer Wahrscheinlichkeit wird Ihr Opfer die zweite Bitte als Zugeständnis betrachten und geneigt sein, seinerseits mit einer Konzession zu reagieren, nämlich mit der Erfüllung Ihrer zweiten Bitte.

Literaturtipp

Adlhoff, F./Mau, S. (Hrsg.) (2005): Vom Geben und Nehmen. Zur Soziologie der Reziprozität. Frankfurt am Main: Campus.
Das Buch beschreibt ausführlich die soziologischen Bedingungen der Verpflichtungsverhältnisse, die Menschen miteinander eingehen oder einzugehen versuchen und hinterlegt es sorgfältig mit wissenschaftlichen Erkenntnissen.

Die Mischung macht's

Fügen Sie nun ein wenig Expertenverhalten mit einer kleinen Gabe zur Verankerung der Reziprozität zusammen und bringen Sie Ihr Gegenüber in den Glauben, doch schon viel weniger bezahlt oder gegeben zu haben, als er eigentlich müsste/als andere/ als am Anfang der Verhandlung – und sie werden leider in den meisten Fällen Erfolg haben. Denn diese manipulative Mischung wird selten durchschaut, manchmal nicht einmal von dem, der Nutzen aus der Verhandlung zieht.

Licht ins Dunkel

Aber nun ehrlich: »Viele Untersuchungen zeigen ...« (nun sind Sie ja vorgewarnt) – dass nur noch ein kleiner Teil der Menschen auf Experimente wie das Milgram-Experiment oder auf das Expertenprinzip eingeht, *wenn er das Wissen über diese Experimente hat!* Nach der Lektüre dieses Artikels wird es Ihnen leichter fallen, die üblichen Tricks zur Überredung zu durchschauen. Und damit können Sie vorerst einmal aufhören, Verhandlungen und Kooperationsangebote nur unter den Schattenseiten zu betrachten und sich langsam der Frage wieder zuzuwenden, was denn die Bedingungen für erfolgreiche Verhandlungen und gelungene Kooperation sind. Auch die Reziprozitätsregel werden Sie positiv für sich nutzen. Sie beschreibt nämlich eine Verpflichtung zur Gegenseitigkeit, die dem sozialen Wesen Mensch bisher genutzt hat. Daher besteht ihre Bedeutung nicht im Ausnutzen von anderen, sondern darin, einen effizienten und gerechten Austausch von Leistungen zu ermöglichen. Das erhöht die Nachhaltigkeit, die Flexibilität im Austausch von Ressourcen, und es ist die Grundlage zur Entwicklung zukunftsfähiger Handels- und Kooperationsbeziehungen.

Die Essenz

Kooperationsfähigkeit ist eine Grundbedingung für Führungshandeln. Führungshandeln verlangt aber auch, die Bedingungen für gelungene Kooperation erkennen und erzeugen zu können. Ihr Wesenskern: Vertrauen. Echtes Vertrauen ist nicht einklagbar und benötigt Erfahrungswissen – und damit Zeit und professionelles Handeln zur Entstehung.

Verhandlungsgeschick als Führungskompetenz ist vor allem die Fähigkeit, das Verhandlungsgeschick des jeweils anderen zu durchschauen. Es spricht nichts gegen das Feilschen und Bieten, Überbieten und Herunterhandeln – solange beide Partner Teil eines Spiels sind, das nachhaltig funktionieren kann. Denn auch das zeigt die Evolution: Immer wieder verhandelt wird nur mit dem, der sich in der letzten Verhandlung als würdiger Verhandlungspartner gezeigt hat.

Visualisierung: Endlich Psychotricks!

Allgemeine Taktiken: Taktik in einer Verhandlung beschreibt das systematische und reflektierte Verhaltensangebot gegenüber der Gegenseite. Das Ziel von Taktiken ist immer, dem anderen einen gewünschten Eindruck zu verschaffen, um ihn zu einer bestimmten Reaktion zu veranlassen. Es liegt in der Natur der Sache, dass dies nicht immer gelingt. Den Versuch ist es jedoch wert, verschiedene Taktiken in unterschiedlicher Kombination immer wieder anzuwenden. Sie sollten allerdings generell prüfen, welche der folgenden Möglichkeiten für Sie infrage kommen beziehungsweise Ihnen »liegen«.

Bitte um Hilfe. Bitten Sie bei der Lösung des Problems um Zusammenarbeit. Fragen Sie um Rat, wie die Interessen der Gegenseite am besten in eine gemeinsame Lösung eingearbeitet werden können.

Im Konjunktiv. Starten Sie Versuchsballons, um die Reaktion der Gegenseite zu testen (»Was wäre, wenn«) – immer dann nützlich, wenn Sie sich nicht (schnell) festlegen wollen. Wenn Sie viele Forderungen durchbringen wollen, können einige Scheinforderungen Ihre wahren Absichten verbergen. Von solchen Forderungen können Sie unter dem Anschein der Kooperation leicht zurücktreten.

Tempus fugit. Setzen Sie eine (künstliche) Beschränkung der Zeit durch. Überraschen Sie die Gegenseite zum Beispiel mit einer massiven Einschränkung (Stunden gegen

Tage). Niemand wird es nachprüfen (können). Sie ziehen damit die Initiative an sich und werden »Herrscher über die Zeit«. Außerdem übernehmen Sie damit die inhaltliche Kontrolle (Tagesordnung).

Warten können. Das Gegenteil von Zeitbeschränkung. Durch Verzögerung wird Druck ausgeübt, wenn Verhandlungen »dahinplätschern« und die Gegenseite (schnell) zu einer Einigung kommen möchte.

Termin setzen. Die Erfahrung zeigt, dass bei auslaufender Zeit oft Konzessionen gemacht werden. Aus anderen sozialen Zusammenhängen ist bekannt: Man braucht so viel Zeit, wie zur Verfügung steht. Diese Taktik erfordert eine besonders gute Vorbereitung und Sicherheit in den eigenen Positionen.

Später! Nützlich in Situationen, in denen die Verhandlung festgefahren ist. Eine Vertagung kann dann die einzig vernünftige Entscheidung sein; allein sie schafft Zeit und Spielräume. Besonders gut geeignet, um eine Konfrontation oder Ausweichen der Gegenseite zu verhindern.

Pausen sind keine Leerzeiten. Pausen nehmen nicht viel Zeit in Anspruch, und der Erfolgsdruck wird aufrechterhalten; die Parteien gehen nicht auseinander und können ihre Positionen überdenken. Es wird Raum für informelle Kontakte geschaffen. Durch körperliche Bewegung ordnen sich gedanklich Strategien neu. – Das kannten bereits die Griechen: Ein Gehender spricht anders als ein Sitzender, Gedankengänge wurden »peripatetisch« verfolgt, also nach dem Peripatos, dem Wandelgang, in dem Aristoteles auf und ab gehend lehrte.

Dominanz der Stirnseite. Die Form des Verhandlungstisches signalisiert die angestrebten oder beabsichtigten Beziehungen zwischen den Parteien. Der sprichwörtliche »runde Tisch« (zum Beispiel deutsche Vereinigung) verbindet; der lange, breit und unüberwindlich erscheinende (klassische) »Konferenztisch« grenzt ab.

Erst einmal fragen. Die meisten Verhandlungsvollmachten sind mehr oder weniger begrenzt. Also Vorsicht! Es kann allerdings im Sinne der Durchsetzung eigener Interessen durchaus erfolgreich sein, mit folgenden Taktiken zu arbeiten:

> »Über diese Summe kann ich nicht allein entscheiden, mein Chef ist aber momentan nicht greifbar … Ich kann höchstens bis …«
> »Ich darf diese Marke grundsätzlich nicht kaufen, Sie müssen mir schon ein besonders gutes Angebot machen …«
> »Diese Forderung ist in unserem Haus (politisch) nicht durchsetzbar, es sei denn …«
> »Wenn ich mit diesem Vorschlag nach Hause komme …, wir müssen in drei Punkten Folgendes ändern …«

Nichtwissen. »Spielen« Sie den Unwissenden oder geben Sie vor, die andere Seite nicht zu verstehen. Das kann zu einer gewünschten Verzögerung führen. Außerdem »testen« Sie auch die Redlichkeit der Gegenseite. Vielleicht versucht sie dann, Sie »über den Tisch zu ziehen«. Wenn Sie sich dann »schlau gemacht« haben, kehren Sie wieder auf den Punkt null zurück.

Leere Versprechungen. Versprechungen verpflichten nur den, der an sie glaubt. Fernab vom Grundsatz, dass wir vertrauensvoll miteinander umgehen wollen (und sollten), ist es grundsätzlich gefährlich, Versprechungen anderer uneingeschränkt zu glauben. (Vertraue, aber prüfe nach!) Machen Sie nur Versprechungen, die Sie auch einhalten wollen und können!

Feedback. Kommen Sie auf Sachverhalte zurück, die schon geregelt waren. Sie könnten sagen, dass Sie es anders gemeint hätten und daraufhin zusätzliche oder veränderte Forderungen stellen. »Jener Punkt steht unter den gegebenen Umständen nun anders da. Das muss geändert werden.« Oder: »Wenn Sie das so sehen, müssten wir noch einmal auf den Punkt … zurückkommen.«

Jetzt oder nie. Aus einer klar überlegenen Position heraus können Sie ein erstes und letztes Angebot machen (Take it or leave it). Über eine solche Position wird dann nicht mehr diskutiert. Entweder der andere nimmt an, oder er verzichtet auf eine Einigung. Ein riskantes Spiel! Wird dann doch weiterdiskutiert und Sie lenken womöglich ein, sind Glaubwürdigkeit und Position dahin. Also Achtung: Sackgasse ohne Wendehammer.

Wir irren uns empor. Wenn Sie in eine schwierige Situation geraten, kann das Einräumen eines Fehlers den anderen »entwaffnen«. Bitten Sie die Gegenseite (beziehungsweise verlangen Sie von ihr), den Fehler korrigieren zu dürfen. Wenige Verhandlungspartner bleiben dann hart. Sie gewinnen dadurch Zeit und können die Lage neu definieren.

Vergiftetes Resümee. Definieren Sie den Stand der Dinge in Form einer Zusammenfassung der momentanen Lage, indem Sie den Entscheidungsstand formulieren. Sie könnten dabei versuchen, auch »halb fertige« Einigungen als bereits beschlossen darzulegen. Wenn die Gegenseite es merkt, können Sie leicht den »Irrtum« zugeben. Darüber hinaus können Sie durch diese Taktik für alle Beteiligten mehr Klarheit und Orientierung schaffen. (»Diese Punkte sind also erledigt …; was müssen wir jetzt noch besprechen …?«)

Walkie-Talkie. Stundenlanges Sitzen am Verhandlungstisch lähmt den Geist. Jeder hat sich an seine Perspektive gewöhnt (räumlich und gedanklich), und jeder hat auch seine »Position« gefestigt, die er auf seinem Platz am besten vertreten kann. (Denken Sie dabei auch an Ihren Platz am häuslichen Tisch). Lösen Sie die Sitzordnung von

Zeit zu Zeit durch kleine Pausen auf. »Bewegen« Sie die Gegenseite. Setzen Sie die Verhandlung beim Spazierengehen fort. Organisieren Sie »kleine Einlagen«, die zur kurzfristigen Ablenkung geeignet sind. Kaffee, Getränke und Imbiss immer außerhalb des Verhandlungsraumes. Lassen Sie sich etwas einfallen, damit sich der Verhandlungspartner auf einen anderen Platz setzt (Änderung der Perspektive).

Lerndesign

Stuhl-Crash

Inhalte und Zielsetzung:	Die Teilnehmer sollen lernen, Ziele, Aufträge und Vorgehensweisen aufeinander abzustimmen und zu verhandeln.
Teilnehmer:	6–20 Personen.
Dauer:	1 Stunde.
Ressourcen:	Freier Raum mit genügend Platz, 2 markierte Stühle, keine Tische.
Vorbereitung:	Zwei der Stühle im Raum werden vorab, ohne dass es auffällt, auf der Unterseite markiert. Die Aufgaben der Kleingruppen werden auf je eine Moderationskarte geschrieben.

Ablauf: Es werden drei oder, wenn die Teilnehmerzahl ausreichend ist, vier Kleingruppen gebildet. Jede Kleingruppe bekommt eine Aufgabe, die sich auf die zwei markierten Stühle bezieht. Die Kleingruppen kennen die Aufgaben der anderen Kleingruppen nicht. Für alle gemeinsam gibt es folgende allgemeine Anleitung:

> »Bei diesem Lerndesign sind alle beteiligt. Die Übung ist dann beendet, wenn die Aufgabe erledigt wurde. Lesen Sie sich die Aufgabe erst durch, bevor Sie beginnen. Am Ende wird es *einen* Sieger geben.«

Die Aufgaben für die einzelnen Gruppen lauten:

- Aufgabe für Gruppe 1: Suchen Sie die auf der Unterseite gekennzeichneten Stühle und bringen Sie sie in eine Position seitlich auf dem Boden liegend.
- Aufgabe für Gruppe 2: Suchen Sie die auf der Unterseite gekennzeichneten Stühle und bringen Sie sie in die Mitte des Raumes.
- Aufgabe für Gruppe 3: Suchen Sie die auf der Unterseite gekennzeichneten Stühle und bringen Sie sie in eine Position Lehne an Lehne.
- Aufgabe für Gruppe 4: Suchen Sie die auf der Unterseite gekennzeichneten Stühle und bilden Sie um die Stühle mit Ihrer Gruppe einen Kreis.

Reflexion: Nach der Übung werden Fragen zu den getroffenen Annahmen, zur Kooperation und zur Kommunikation diskutiert. Meist machen sich die Gruppen keine Gedanken über den Auftrag, und erst, wenn eine Gruppe die Stühle hat und die Übung unlösbar erscheint, dann reden sie miteinander, obwohl das vorher gar nicht verboten war! Das Lernziel ist, dass selbst in ausweglosen Situationen Kommunikation, Abstimmung und Verhandeln helfen.

Anmerkungen zur Wirkungsweise: Anfangs meinen die Teilnehmer meist, es gebe Konkurrenz zwischen den Kleingruppen. In Wirklichkeit aber passen die Aufträge zusammen. Der »eine Sieger« ist die Großgruppe. Ab dem Zeitpunkt, an dem die Kleingruppen sich über die Aufträge austauschen, wird klar: Offenheit und Reden helfen!

Stammesdialog

Inhalte und Zielsetzung:	Gegenseitige Einschätzung und Vorurteile von zwei Gruppen bearbeitbar machen.
Teilnehmer:	8–20 Personen.
Dauer:	1–2 Stunden.
Ressourcen:	Freier Raum mit genügend Platz, Stühle, keine Tische, mindestens 2 Metaplanwände, Moderationsmaterial, zweiter Gruppenraum.
Vorbereitung:	Keine.

Ablauf: Zunächst erfolgt die *Gruppenaufteilung*, und der *Auftrag* wird erteilt. Die beiden Gruppen werden aufgefordert, sich in eine Forscherrolle (Kulturanthropologe) zu begeben. Sie sollen ihre Beobachtungen und Einschätzungen über den jeweils anderen Stamm aufschreiben. Der Moderator sollte dies mit einigen Beispielen vorspielen. Die beiden Gruppen präsentieren sich anschließend gegenseitig die Ergebnisse.

Die Übung ermöglicht weitere Maßnahmen zur Verbesserung der Zusammenarbeit. Zum Beispiel eine Abfrage der gegenseitigen Erwartung.

Varianten: Mit mehreren Gruppen: Die Gruppenarbeit fokussiert auf die drei bis fünf schlimmsten Vorurteile und auf die drei bis fünf positivsten Zuschreibungen der jeweils anderen »Stämme«.

Die Übung kann zur Verbesserung der Zusammenarbeit ausgebaut werden. Dazu werden im Anschluss jeweils die Themen bearbeitet: »Was wir uns von euch wünschen«, »Was wir nicht mehr erleben wollen«. Die Gruppen bleiben dabei vom Anfang bis zum Ende getrennt. Erst nach der Präsentation erfolgt die Zusammenführung.

Anmerkungen zur Wirkungsweise: Mit »Satire« übertreiben, Analyse der gegenseitigen Zuschreibungen und Vorurteile und damit die Probleme »besprechbar« machen. Je stärker die Phänomene überzeichnet werden, desto besser werden – nach dem Vorbild der Komödie – die wesentlichen Aspekte sichtbar und damit greifbar und veränderbar. Das dabei entstehende Lachen oder Irritieren ist erwünscht: Nur so wird der Blick über die Alltagssituation hinaus geweitet.

Dialogische Kommunikation

Essay: Habermas für alle!

Kommunikation ist ein weites Feld, Kernthema vieler Veränderungsprozesse, Pauschalangebot der Seminardienstleister, Weichspüler der Konfliktscheuen, Kreativthema und Prügelknabe fast aller gescheiterten Projekte …

Warum nun der Zusatz »dialogisch«? Auf den ersten Blick könnte man annehmen, dass zur Kommunikation immer Beteiligte »durch das Wort« (dia-logos, auch: »Fließen von Sinn«) gehören. Ziel der dialogischen Kommunikation ist das tiefere Verstehen. Führungskräfteentwicklung legt bewusst das Augenmerk auf diese Form der Verständigung, sind doch Monologe und einseitige Informationen an der Tagesordnung und werden in missverständlicher Weise als »Kommunikation« bezeichnet.

»Das haben wir doch kommuniziert!« ist eine der meistgebrauchten Rechtfertigungen derer, die doch wirksam und gehört sein wollten. Wir haben das doch gesagt. Sie sehen oft nicht, dass Information erst zu hilfreicher Kommunikation wird, wenn Dialoge stattfinden.

Information + Dialog = Kommunikation

Es ist nicht verwunderlich, dass die Kommunikationsmedien und der Bedarf nach dialogischer Kommunikation mit dem Wachstum der Informationsgesellschaft steigen: Je mehr Information, desto mehr Perspektiven gibt es, diese zu deuten, desto notwendiger wird die Frage nach der Kooperation und Verständigung. Nicht die appellokratische Haltung des »Haben Sie das verstanden?«, sondern die dialogische Haltung eines »Was haben Sie verstanden? Und warum verstehen Sie es so?« rückt in den Mittelpunkt.

Sinn findet keiner allein

Je komplexer die Situation, desto dringender wird der Abgleich der Sichtweisen und der Vorschläge zur angemessenen Reaktion darauf. Die Hermeneutik als die Kunst des Deutens und Verstehens ist damit das Mittel der Wahl: aber nur für diejenigen, die die Begrenztheit ihrer Einsicht erkennen. Die Auslegung der Information, die Interpretation der sogenannten »Fakten«, wird mehr und mehr zum Führungswerkzeug – nicht das bestimmt, was vordergründig ist, sondern was wir hintergründig darin sehen und dahinter verstehen. »Habermas für alle« ist die Erkenntnis, dass das Sinnverstehen nur in einer kommunikativen Erfahrung überhaupt funktioniert – einer allein kann es nicht schaffen. Und noch mehr: Verstehen ist Teilnahme an einem (sozialen) Prozess. Nur derjenige versteht, der seine Sprachfähigkeit überhaupt einsetzt. Oder wie sehen Sie das? Und warum sehen Sie das so? Gehen wir in den Dialog.

So sehe ich es – und so siehst du es – und warum? Dialog, nicht Diskussion

> »Ich fürchte mich so vor der Menschen Wort, sie sprechen alles so deutlich aus.«
> (Rainer Maria Rilke)

Weil es wohl unser Sprechen, Denken und Bezeichnen ist, was das Ganze, das die Welt ist, zerteilt und damit unverständlich macht, könnten das gemeinsame Denken und Sprechen diese Fragmente zumindest wieder annähern.

Dialogisches Sprechen ist damit mehr als eine Dialektik der Mündlichkeit à la These/Antithese/Synthese. Es ist ein Sehenwollen, ein Ergründenkönnen, ein gemeinsames Forschen der Gesprächspartner. Es ist eine sehr besondere Gesprächsform ohne Rechthaberei, ohne Überredungsmacht, verbunden mit einer grundlegenden Akzeptanz der Gesprächspartner.

Ziel des Dialogs ist es, »etwas Gemeinsames« und etwas Neues zu schaffen. Es geht beim Dialog nicht um die Klärung von Meinungen, sondern um die Klärung der Grundannahmen, die hinter solchen Meinungen stehen: »Der Dialog befasst sich mit den Denkprozessen hinter den Annahmen, nicht nur mit den Annahmen selbst. Er ist insofern auch als ›Metalog‹ zu führen« (Bohm 1998/2005).

Was ist anders in einer Dialogkultur?

Dialogkulturen, wenn es sie denn gibt, weisen deutliche Unterschiede auf zu anderen Kulturformen. Die Informations- und Industriekultur stellt wohl den stärksten Gegenpart dar: eher direktiv, eindimensional, positivistisch, individuell. Sichtbar wird es in der folgenden Gegenüberstellung (Giesecke 2002):

Informations- und Industriekultur	**Dialogkultur**
Wissen wird individuell geschaffen, durch Wort, Schrift und Bild mitgeteilt.	Wissen wird **interaktiv** geschaffen.
Wissen gilt als Ergebnis Einzelner.	Wissen erscheint als Leistung von **Gruppen**.
Erkenntnissubjekt (Autor) und Leser/Empfänger sind psychische Systeme oder Summationen von psychischen Systemen.	Erkenntnissubjekt und Adressat werden zunehmend **kulturelle Systeme**.

Informations- und Industriekultur	Dialogkultur
Wahrheiten werden angestrebt.	Angestrebt wird die Klärung **subjektiver Wahrheiten**, individueller Glaubenssätze und Theorien von Kulturen.
Die **Verständigung** erfolgt vorab durch Institutionen beziehungsweise der Gesellschaft standardisierten Rollenstandpunkten: generalisierte, allgemeine Normen der Wahrnehmung, Sprachverwendung …	Verständigung erfolgt durch **Selbstreflexion und Artikulation** der eigenen Standpunkte und Programme sowie durch Vertrauen auf soziale Strukturen und den Gruppenprozess.
Differenzen werden in Rechnung gestellt und akzeptiert.	Differenzen werden **ausgetauscht**, hinterfragt, verhandelt.
Ziel ist die Gleichschaltung der Informationsverarbeitung.	Ziel ist die **Klärung** der Leistungen und Schwächen der verschiedenen Programme der Informationsverarbeitung.
Fremdorganisation.	**Selbstorganisation**.
Orientierung geschieht in Bezug auf die Umwelt und Umweltbeschreibung: davon hängt sie ab.	**Selbstbeschreibung** wird ein Medium zur Umweltwahrnehmung, Umweltwahrnehmung ein Medium der Selbstreflexion.
Konzentration auf Augen und Ohren, Verstand und Sprache.	Gefühl und Affekt werden als Erkenntnisorgan akzeptiert; Parallelverarbeitung und multimediale Darstellung von Informationen werden bevorzugt. Nonverbale Kommunikation ist ein wichtiger Bestandteil jeglicher Kommunikation.
Schweigen wird als eine Störung der Kommunikation, als Nicht-Kommunikation gewertet.	Schweigen gilt als ein Ausdruck für Respekt und für das In-der-Schwebe-Halten von Meinungen.

Dialogische Kommunikation ist wichtig, damit die Organisation lernen kann. Das stellt auch Peter Senge in seinem Buch »Die fünfte Disziplin« (1997/2006) fest:

> »Zur Disziplin des Teamlernens gehört, dass die Beteiligten die Techniken des Dialogs und der Diskussion beherrschen. Kennzeichnend für den Dialog ist, dass man frei und kreativ komplexe und subtile Fragen erforscht, einander intensiv zuhört und sich nicht von vornherein auf eine Ansicht festlegt. Im Gegensatz dazu werden in einer Diskussion unterschiedliche Meinungen präsentiert und verteidigt, und man sucht nach den besten Argumenten für gerade anstehende Entscheidungen. Dialog und Diskussion können sich potenziell ergänzen, aber die meisten Teams verfügen nicht über die Fähigkeit, zwischen den beiden zu unterscheiden und bewusst zwischen beiden hin- und herzuwechseln.« (S. 287 f.).

Warum es nicht sofort von selbst geht: Dialogbegleitung

Miteinander zu reden statt gegeneinander, Dialog statt Pingpong der Standpunkte erkennt man an sehr schlichten Eigenschaften und Haltungen: zuhören, erkunden, respektieren, artikulieren, verlangsamen, aushalten. Wenn es also gelingt, dann deshalb, weil es sowohl im Inhalt als auch in der Haltung etwas zu lernen gibt. Zu Beginn kann daher jemand helfen – ein Begleiter, der das Setting herstellt.

Ohne die Unterstützung und Begleitung durch Dialogbegleiter scheitert oftmals der Versuch, in Organisationen einen Dialog zu führen. In vielen traditionell strukturierten Organisationen wird wenig Wert auf die Entwicklung von Kompetenzen in Gesprächsführung gelegt, denn in hierarchischen Machtstrukturen sind Menschen eher daran gewöhnt, Anweisungen zu erteilen, als daran, Mitarbeiter zu überzeugen oder sich mit anderen Sichtweisen anzufreunden. Ein weiteres Hindernis für produktive Gespräche bilden die herrschenden, vielfach unausgesprochenen mentalen Modelle, die es nicht zulassen, das geheime Leitbild der Organisation in Frage zu stellen.

Gute Organisationsentwickler und Berater, ebenso gute Moderatoren, sind immer auch Dialogbegleiter. Sie nehmen eine gestaltende und ermöglichende Rolle ein. Sie werden dafür bezahlt, in die Gruppe nicht nur ihre eigenen Fähigkeiten einzubringen, sondern auch die Dialogfähigkeit der Teilnehmer zu unterstützen und zu entwickeln. Sie müssen daher den Dialog und seine Grundlagen vorzustellen und den Dialogprozess aktiv zu begleiten versuchen, indem sie »sowohl das Verständnis für den Prozess fördern als auch ihre Funktion als ›Coach‹ wahrnehmen« (Hartkemeyer/Hartkemeyer/Dhority 1998/2010, S. 111).

Visualisierung: Entstehen statt missverstehen – Generativer Dialog statt determinierender Diskussion

Keine Agenda – Anything goes? Bei Weitem nicht. Merkmale des Dialogs, vom Zweiergespräch bis zur Großgruppe, sind:

- Machen Sie eine »Meinungspause« – schicken Sie die Positionen kurz in den Urlaub.
- Feste und bewährte Alltagsroutinen werden auf ihre Voraussetzungen befragt.
- Berufs- und lebensbiografisches Erzählen spielen eine wichtige Rolle.
- Destabilisieren Sie Positionen: Nichts wird ungeprüft als »die Wahrheit« anerkannt. Welche Alternativen oder anderen Sichtweisen gibt es?
- Lernen über die Hintergründe: Aus welchen Gründen halten wir sie für nicht möglich, falsch oder absurd?
- Positionen halten: Jede Sichtweise ist »richtig«. Alle Sichtweisen werden zugelassen.
- Positionen zur Verfügung stellen: Wenn meine Ideen und Überzeugungen zur Lösung beitragen, dann halten sie auch einer eingehenden Befragung durch die anderen stand. Wenn nicht, ist jeder stark genug, seine Position zu überdenken.

- Es zählt die kollektive Bearbeitung eines Problems – nicht das Siegen oder Verlieren einer bestimmten Sichtweise.
- Klärungen aushalten: Dissens und Konflikte sind Chancen.
- Wenn kein Widerspruch entsteht, ist am Konsens etwas faul.
- Wenn keine andere Sichtweise da ist, dann ist die Gruppe zu schnell: Entschleunigung ist dann wichtig.
- Lösungen sind Kompromisse auf Zeit – der derzeit gültige Irrtum.

Und: Auch wenn man sich nicht ganz einig in der Sache ist, man bleibt handlungsfähig, wenn man Entscheidungen für die nächste Zukunft – aber nicht für alle Zeiten – fällt. Dazu braucht es Mut zum Risiko und zum Experiment. Dabei werden immer gleichzeitig Alternativen erprobt.

Was dialogische Kommunikation leisten kann. Die folgenden Punkte können behandelt werden:

- Gruppengespräche können als Spiegel der Gesellschaft dienen.
- Egalitäre, zielgerichtete Vernetzung in Gruppen kann als neue Form gesellschaftlicher Steuerung genutzt werden.
- Das Gespräch wird gegenüber den anderen Kommunikationsformen aufgewertet.
- Die Großgruppe wechselt mit der Kleingruppe!
- Das Gespräch wird zur Vision für die Politik.
- Selbstreflexive Formen sozialer Informationsverarbeitung können entstehen.

Experimentelles Besprechungstheater (Ex-be-te)

Inhalte und Zielsetzung:	Ausprobieren und Reflektieren von Besprechungstaktiken, Bewusstmachen von Verhaltensweisen.
Teilnehmer:	Vier Besprechungsteilnehmer (schauspielerisch begabte Mitarbeiter oder echte Schauspieler) und mindestens vier Souffleure, gegebenenfalls weitere Teilnehmer als Reflecting Team.
Dauer:	2–3 Stunden.
Ressourcen:	Gläserner Raum mit Lautsprecheranlage oder großer Raum, Besprechungstisch mit vier Stühlen, weitere Stühle für alle Teilnehmer, vier Ohrhörer, die über getrennte Mikrofone angesprochen werden. Alternativ können acht Handys mit vier Headsets verwendet werden.
Vorbereitung:	Das Thema und der Verlauf einer Musterbesprechung und das individuelle Ziel sind für jeden Besprechungsteilnehmer auf einer Seite zu beschreiben. Die Handlungsanweisungen für die Beobachter werden entsprechend der Anzahl der Beobachter ausgedruckt und bereitgehalten.

Ablauf: Der Berater weist die Besprechungsteilnehmer und Beobachter zunächst getrennt in ihre Rollen ein und gibt ihnen die Rollenbeschreibung beziehungsweise die Beispiele für Handlungsanweisungen. Die Besprechungsteilnehmer sollten die Diskussion einmal ohne äußere Einflüsse durchspielen.

Anschließend folgt die Durchführung: Im Besprechungsraum am Tisch (angedeuteter gläserner Raum) beginnen die Teilnehmer mit ihrer Diskussion. Diese vier spielen entsprechend ihrer Rollenanweisung die etwa 15-minütige Besprechung. Die Beobachter jenseits der Glasscheibe haben die Möglichkeit, mittels der Mikrofone den Besprechungsteilnehmern Handlungsanweisungen zu geben. Jeder Besprechungsteilnehmer hat einen Knopf im Ohr und ist drahtlos mit je einem Mikrofon verbunden. Bis zu vier Beobachter können somit den Verlauf der Besprechung über »ihren« Teilnehmer steuern. Die pointierten Handlungsanweisungen sind standardisiert und decken den Kanon der gängigen Verhaltensmuster in Besprechungen ab. Zum Beispiel können die Anweisungen lauten:

»Werde ungeduldig und dränge auf ein rasches Ende.«
»Erzähle von deinen Kindern und dem letzten Ausflug ins Märchenparadies.«
»Sage zu allem Ja, egal um was es geht und wer es sagt.«
»Verlasse unter irgendeinem Vorwand mehrmals für kurze Zeit das Besprechungszimmer.«

»Wiederhole das Gesagte deines Vorredners durch leichtes Paraphrasieren.«
»Versuche, alle Entscheidungen auf das nächste Treffen zu verschieben.«
»Monologisiere und schweife weiträumig vom Thema ab.«
»Sage überhaupt nichts, aber mache zu allem ein freundliches Gesicht.«
»Erzähle ein paar nette Anekdoten aus deiner beruflichen Vergangenheit.«
»Lehne alle Vorschläge deiner Kollegen mit einem kategorischen ›Das geht nie und nimmer‹ ab.«

Bei den Besprechungsteilnehmern handelt es sich um schauspielerische Laien (auch begabte Mitarbeiter aus dem Unternehmen sind geeignet) oder um professionelle Schauspieler. Der Verlauf der Musterbesprechung ist festgeschrieben und einstudiert, die Handlungsanweisungen sind vorher besprochene, aber nicht eingeübte Improvisationsaufgaben.

Die Besprechungssequenzen können im Sinne einer experimentellen Versuchsreihe beliebig oft wiederholt werden. Die eigentliche Besprechung wird aber jedes Mal einen (teilweise deutlich) anderen Verlauf nehmen.

Nach jeder Runde erfolgt eine *Reflexion* des Verlaufs. Zunächst besprechen die Beobachter, was sie von den beobachteten Verhaltensweisen kennen und was das bei ihnen auslöst. Dann kommen die Besprechungsteilnehmer zu Wort und schildern ihre Erlebisse als ferngesteuerte Teilnehmer. Zum Schluss wird interpretiert, wie die Wechselwirkungen in der Besprechung verlaufen sind.

Varianten: In einer Variante dieses Settings geht es ausschließlich um den Besprechungsmoderator oder den Besprechungsleiter. Er ist als Einziger von außen gesteuert und bekommt situationsangemessene Handlungsanweisungen. Diese können zum einen ausschließlich unpassende, falsche und die Besprechungssituation verschlechternde Anweisungen sein (im Sinne eines größtmöglichen Kontrasteffekts in Bezug auf einen Idealverlauf), zum anderen aber auch tatsächliche und sinnvolle Tipps und Vorschläge (im Sinne eines »Live-« oder »Realtime-Coachings«).

In einer weiteren Variante geht es ebenfalls um die Rolle des Besprechungsmoderators, es sind jedoch wieder alle Teilnehmer »drahtlos verkabelt«. Denkbar ist ein spielerisches Gegeneinander (oder Miteinander), eine halb improvisierte Simulation, wobei der Besprechungsmoderator jeweils auf die sich ändernden Verhaltensweisen der Teilnehmer flexibel und angemessen reagieren muss.

Das experimentelle Besprechungstheater ist eine Art »öffentliche Märklin-Eisenbahn mit vier Zügen und vier Trafos«, ein Messestand, an dem jeder ungezwungen in witziger und ironischer Weise mit bekannten Situationen spielen kann. Zudem ist es eine ideale Möglichkeit für Demonstrationszwecke, zum Beispiel bei einer entsprechenden Großgruppenveranstaltung. Außerdem kann es als spielerischer Simulator für individuelles Coaching oder individuelle Fallbesprechungen eingesetzt werden.

Lerndesign

Anmerkungen zur Wirkungsweise: Das Setting erfordert einiges an Vorbereitung und Ressourcen. Dafür ist der Lerneffekt aus dem Realtime-Besprechungsverhalten hoch. Als Musterbesprechung kann ein praxisnahes Beispiel oder sogar ein echter Besprechungsverlauf herangezogen werden. Sowohl für die Beobachter als auch für die Besprechungsteilnehmer entsteht ein Lerneffekt, der über die üblichen individuellen Verhaltensweisen weit hinausgeht.

Politisch agieren

Essay: Macht macht's möglich – Menschen tun das, was man von ihnen verlangt

Politik der informellen Macht

Organisationen haben feste Ziele und Aufgaben. Denkt man. Natürlich ist es auch so: Sie arbeiten auf etwas hin, und das so gut wie möglich – sonst gäbe es sie nicht. Dabei sind die Rollen und Aufgaben mehr oder weniger definiert, Organigramme spiegeln die gewünschte Struktur, akribische Arbeitsplatzbeschreibungen und genaue Prozessbeschreibungen versuchen das schwer Steuerbare steuerbar zu machen. Trotzdem: Die Berechenbarkeit einzelner Handlungen und die Vorhersagbarkeit der Resultate sind recht gering. Die Komplexität ist hoch, die Einflussfaktoren sind vielfältig. Es ist ähnlich wie in einem Fußballspiel: Die Aufstellung und die Rollen sind klar, der Spielverlauf ist offen.

Unsere Gesellschaft ist auf demokratischen Prinzipien aufgebaut. Dieser Konsens steht im Widerspruch zu den starken individuellen Machtunterschieden. Das kann dann natürlich zu Ambivalenzen führen: Es erscheint uns zwar normal, nach Macht zu streben. Machtausübung von anderen uns gegenüber macht uns jedoch Angst und wir fühlen uns bedroht. Logisches Fazit: »Ich habe nichts gegen Hierarchie, solange ich selbst oben bin.«

Und ob viel oder wenig von Zusammenarbeit oder Demokratie geredet wird: Personen auf ähnlicher Ebene mit ähnlichen Kompetenzen und ähnlicher formeller Macht haben sehr unterschiedlichen Einfluss auf das System. Weil sie informelle Macht haben und politisch agieren. Das hat oft stärkere Auswirkungen als manche offiziellen Strategien und Leitziele. Und: Man kann sie nutzen oder von ihr genutzt werden.

Fünf Beobachtungen lassen sich machen:

- Es gibt immer Menschen in Organisationen, die informelle Macht haben, sie nutzen und auch haben wollen. Ebenso gibt es Menschen, die sie nicht wollen und davon auch nichts wissen wollen.
- Die mögliche Machtmenge (beziehungsweise -stärke) ist nur teilweise an Funktionen und Personen gebunden. Andere Spielräume sind eher verfügbar, verhandelbar, ein Teil der Macht ist frei flottierend.

- Äußere »Mächte« wirken in jede Organisation hinein. Niemand ist isoliert, daher wird jede Einheit durch die äußeren Bedingungen beeinflusst. Und das oft gezielt.
- Mitglieder der Organisation können ihre Macht erhöhen (oder ihre Ohnmacht verringern), indem sie sich mit anderen verbünden (Koalitionen bilden) und Gefolgschaften oder Seilschaften pflegen beziehungsweise gründen, das Prinzip der Reziprozität nutzen und durch informelle Leistungen und Gegenleistungen ihre Ziele verfolgen.
- Mikropolitik existiert durch den Kontext: Sie ist bedingt durch die besondere Situation – und wird durch sie ebenso erzeugt wie gefördert.

Das ist mikropolitisches Verhalten, wenn man Einfluss auf das System ausübt, eher unsichtbar, jedenfalls ohne dazu eigens gewählt oder gefragt worden zu sein. Die Politik einer Organisation tritt am deutlichsten in den Konflikten und Machtspielen zutage, die manchmal sogar in den Vordergrund rücken, und in zahllosen persönlichen Intrigen erscheinen, die den normalen Gang der Dinge aufhalten. Politik wird aber täglich und überall betrieben, oft in einer Form, die nur für die direkt Beteiligten offen erkennbar ist.

Die Ebene der Politik betrifft also das Aushandeln der verschiedenen Interessen, wohingegen Macht durch das Treffen von Entscheidungen in Interessenkonflikten offenbar wird.

Mehr Macht!

Ziel allen informellen politischen Handelns ist die eigentliche Steuerung des Systems, zumindest aber der Machterhalt des eigenen Handlungsspielraums. Natürlich muss das irgendwo beginnen, die Startbedingungen sind: eine gewisse Position mit ein paar Mitarbeitern, Überzeugungskraft oder eben Mitgliedschaft in einem anderen einflussreichen System (in traditionellen Seilschaften oder ideologischen Gruppen, religiöse Gruppen, Ratingagenturen etc.).

Das Folgende tun informelle »Machthaber«, um noch mächtiger zu werden. Zunächst sind sie Unterstützer: Die Hilfeleistungen, die sie geben, verlangen sie später direkt oder indirekt zurück. (Manche Burschenschaften geben dafür ein gutes Beispiel, und sie machen das sehr geschickt: Sie verknüpfen die angebotene Hilfeleistung mit der Emotionalität der Zugehörigkeit und der Gemeinschaft, oft auch mit existenziellen Erlebnissen. Die so geprägten Menschen passen später in das mikropolitische Konzept und werden lebenslange Unterstützer. Andererseits gibt es Unterstützer, die tatsächlich die Ziele der Organisation im Blick haben und für den Zweck der Organisation bereit sind, viel zu geben.)

Informelle Machthaber schaffen Bedingungen, in denen andere ihnen Macht ermöglichen: Rollen, Situationen, Reden, Präsentationen, Statussymbole, Rituale. Dort verhalten sie sich so, dass andere ihnen Machtpotenzial zuschreiben. Sie sorgen dafür, dass ihnen diese Bedingungen erhalten bleiben. Sie lassen es auch zur Machtprobe mit anderen Personen oder Gruppen kommen und nutzen dabei ihrerseits die informellen Unterstützer. Es ist eine Art konstruktivistisches Pfauenverhalten: die anderen in dem Glauben zu wiegen, man habe ein sehr viel größeres Machtpotenzial als das, was man im Ernstfall wirklich einsetzen kann. Das jedoch erzeugt die eigentliche Macht: in den Köpfen und Zuschreibungen der anderen.

Sie werden Lobbyisten: Lobbyisten sind Agenten eines fremden Systems, das bestimmte Interessen hat. (In jüngerer Zeit waren etwa Verquickungen der Tabakindustrie oder auch des Hotelgewerbes mit der politischen Bühne in Berlin zu beobachten.) Je nach der Machtfülle dieses Fremdsystems können sie dann »Trittbrett fahren« und dabei sogar ihren eigenen Einfluss verstärken oder Machtgegner schwächen.

Informelle Machthaber ziehen ihre eigene »Hausmacht« heran (und herauf). Diese Gruppe von Abnickern, Zuarbeitern, emotional gebundenen Unterstützern und Bestätigern im eigenen Interesse bildet einen starken Schutz. Die gegenseitige Abhängigkeit wird nie ausgesprochen, aber in jeder Entscheidung sichtbar. Und: Es nützt dieser Gruppe. Es sind diejenigen, die aufsteigen und Karriereerfolg haben oder eigene Ziele erreichen.

Sie verbünden sich zweckbezogen mit jeweils anderen Machtgruppen und Machtkernen in der eigenen Organisation und erzeugen so Stabilität für ihre eigene Position.

Mikropolitik der Machtmacher: notwendig oder hinderlich

Mögliche *Vorteile für den einzelnen Machtmacher* sind:

- Für ihn bietet sich die Chance, die eigene Stellung beziehungsweise Tätigkeit auszubauen. Er erreicht dadurch höhere Akzeptanz und Selbstverwirklichung.
- Es ergibt sich die Möglichkeit, den Einfluss auf andere zu erhöhen oder auch sich besser der Einflussnahme anderer entziehen können.
- Es wird möglich, eigene Vergünstigungen und Belohnungen zu vermehren, besonders die Beförderungsgeschwindigkeit.

Vorteile für die Führung:

- Es ist eine Chance innerhalb der Organisation, ihre Mitglieder über mikropolitisch informelle Gruppen leichter zu steuern und zu überzeugen.
- Zudem ist es ein Medium. Ähnlich einem Seismografen werden durch Mikropolitik Stimmen und Stimmungen hörbar, die sonst im Verborgenen blieben.

Vorteile für den Erfolg einer Organisation:

- Es besteht die Möglichkeit, neben der Macht durch das »Amt« ein weiteres Machtfeld zu haben, das Widerstände und Überzeugungen beeinflussen kann.
- Es ist eine Chance, gerade wenn sie stark hierarchisch aufgestellt ist, für schnelle Reaktionen auf veränderte Bedingungen Wege und Mittel zu besitzen. Die infor-

melle Machtpolitik macht eine Verbindung des »Außen« und des »Innen« möglich.

- Häufig ist es die einzige Möglichkeit, tatsächlich auf die Ebene der sozialen Prozesse und der Beziehungsqualität einzuwirken.

Mögliche Nachteile für den einzelnen Machtmacher:

- Es besteht die Gefahr der Rollenüberlastung, der Zunahme von Konflikten, des Verlustes an emotionaler beziehungsweise sozialer Sicherheit. Verliert er das mikropolitische Spiel, ist er für einige Zeit abgestempelt.
- Das bedeutet, es besteht eine kontinuierliche Angst, selbst zum Opfer anderer mikropolitischer Machtspieler zu werden.
- Es kann auch heißen, bei einer Niederlage die angestrebten Belohnungen einzubüßen.

Nachteile für die Führung:

- Sie läuft Gefahr, dass sich die Ziele verschieben. Ein Teil der Organisationsmitglieder büßt ihre Orientierung ein und zieht nicht mehr mit.
- Sie könnte der Emotionalisierung des hierarchischen Verhältnisses erliegen. Das kann bedeuten: Rücksichtnahmen und Abhängigkeiten überwiegen, Zweckrationalität und Einhaltung der Standards stehen im Hintergrund.

Nachteile für die Organisation mit ihren Zielen:

- Sie läuft Gefahr, dass die mikropolitischen Aktivitäten überwiegen. Blockaden und Widerstände sind in diesen Fällen dann größer als die Macht der offiziellen Organisationspolitik.
- Sie kann in letzter Konsequenz ihre Identität und Handlungsfreiheit als Ganzes verlieren. Sie wird dann nicht mehr über ihren Daseinszweck gesteuert, sondern durch die Interessen Einzelner ihrer Mitglieder.

Was kann man trotzdem tun, wenn Mikropolitik hinderlich wird?

- Verändern Sie die Art und Weise der Kommunikation und machen Sie gemeinsam klar: Welche Leitlinien unterstützen alle? Wie kann die Organisation das Kommunikations- und Entscheidungsverhalten verbessern, transparenter, nachvollziehbar machen?
- Sprechen Sie über Fairness: in Kompetenzregelungen, Entscheidungen über Beförderungen.
- Ziehen Sie »Kontrollschleifen« zur Qualitätsentwicklung der Kommunikation ein. Fragen Sie sich: Wie gut halte ich selbst die eigenen kommunikativen Regeln ein?

Visualisierung: Was Politiker machen

Seilschaften bilden. Wählen Sie die Menschen zu Ihrem Gefolge aus, die Sie bewundern, die Ihnen ein hohes Maß an Intelligenz zusprechen, denen aber auch ihrerseits Kompetenz und Fähigkeit zugesprochen werden. Rufen Sie diese Menschen am besten in privaten Ad-hoc-Sitzungen zusammen.

Nutzen sehen. Seien Sie »nett« zu Ihrer Truppe. Bei kleinsten Kränkungen oder Störungen aber trennen Sie sich von den Unterstützern, deren Rache Sie befürchten müssen.

Selbst entscheiden. Hören Sie nicht auf andere: Da Sie Ratgeber und Agitator sind, sind die Ratschläge anderer für Sie wertlos. Beobachten Sie lieber die strategischen Akteure sehr genau.

Zuckerbrot verteilen. Belohnen Sie in Maßen und sehr unauffällig Ihre Unterstützer. Rampenlicht schadet Ihrem informellen Machtzuwachs.

Anpassen. Sie machen keine Fehler: Sie ändern höchstens Ihre Verhaltensweisen je nach den äußeren Bedingungen. Außerdem sind Sie nicht selbstkritisch: Sie vermarkten diskret, aber kontinuierlich Ihre guten Eigenschaften.

Erscheinen. Sie wissen, was Sie wollen (zumindest erscheinen Sie so), sind visionär, dynamisch und kraftvoll. Weichheit und Unentschlossenheit sind in Ihren Augen etwas für Weltverbesserer und soziale Berufe.

Werben. Sorgen Sie dafür, dass Ihr Name häufig auftaucht: auf Veranstaltungen, in Präsentationen, im Zuge öffentlichkeitswirksamer Veranstaltungen.

Erfolge nutzen. Lassen Sie andere arbeiten: Aber fördern Sie fleißige Leute und stellen Sie deren Leistungen in den Vordergrund.

Für sich sorgen. Sorgen Sie dafür, dass Sie nicht ausgenutzt werden – nutzen Sie selbst aus. Werden Sie nicht zum Unterstützer der informellen Macht eines anderen – er könnte Ihr Machtpotenzial für sich selbst verwenden.

Chinesisches Machtmuseum

Spiele und Strategien um Macht sind so alt wie die Menschheit selbst. Führungskräfte müssen sich auf vielfältige Weise mit dem Thema politische Macht auseinandersetzen können, um im Wettbewerb der politischen Strategien zu bestehen. Ein Blick nach China und in die Grundzüge der Kriegskunst ermöglicht einen Perspektivwechsel und die verblüffende Erfahrung von Aktualität. Strategeme dienen zur Reflexion der eigenen Position und dazu, die Strategien anderer zu durchschauen. Ein Strategem beschreibt eine List, einen Trick oder einen manipulativen Kunstgriff im politischen, militärischen, betriebswirtschaftlichen oder privaten Leben. Strategeme werden angewendet, damit letztlich die eigene Strategie erfolgreicher ist als die der Konkurrenz oder des Gegners. Vor allem im asiatischen Raum werden Strategeme als Teil oder Herzstück von Strategien nicht nur eingesetzt, sondern auch klar benannt.

Inhalte und Zielsetzung:	Die Teilnehmer lernen, uralte Strategien der Kriegsführung zu erkennen, und setzen sie in Bezug zu ihrer aktuellen organisatorischen Realität. Sie reflektieren auch die Chancen und (ethischen) Grenzen der Umsetzbarkeit der Strategeme.
Teilnehmer:	5–20 Personen.
Dauer:	1–10 Stunden.
Ressourcen:	Freier Raum mit genügend Platz, Stühle, keine Tische; Metaplanwände mit Moderationsmaterial, ausgedruckte Strategeme.
Vorbereitung:	Ausdruck und Verteilen der einzelnen Strategeme im Raum.

Ablauf: Jeder Teilnehmer wird aufgefordert, sich eine Anzahl der Strategeme im Raum zu wählen und für sich einen Bezug dazu herzustellen. Im Anschluss daran stellt jeder seine Strategeme und den Bezug zu sich und der Organisation vor. Der Berater steuert die Diskussion zwischen den wechselnden Schwerpunkten: individuelle Rolle jedes Teilnehmers, Rolle und Taktik der Gruppe und Wahrnehmung der Organisation.

Die 36 Strategeme

Gemäß dem Traktat »Sanshiliu Ji Miben Bingfa: Das geheime Buch der Kriegskunst«, aus der Zeit um 1500 unserer Zeit (vgl. Guo 2008; von Senger 2004, 2005; http://www.china-zeichen.de/html/die_36_strategeme.html)

1. Den Himmel täuschend das Meer überqueren/Den Kaiser täuschen [indem man ihn in ein Haus am Meeresstrand einlädt, das in Wirklichkeit ein verkleidetes Schiff ist] und [ihn so dazu veranlassen,] das Meer [zu] überqueren.
2. [Die ungeschützte Hauptstadt des Staates] Wei belagern, um [den durch die Hauptstreitmacht des Staates Wei angegriffenen Staat] Zhao zu retten.

3. Mit dem Messer eines anderen töten.
4. Ausgeruht den erschöpften Feind erwarten.
5. Eine Feuersbrunst für einen Raub ausnützen.
6. Im Osten lärmen, im Westen angreifen.
7. Aus einem Nichts etwas erzeugen.
8. Sichtbar die [verbrannten] Holzstege wieder instand setzen, insgeheim [aber vor beendeter Reparatur heimlich] nach Chencang [zu einem Angriff auf den Gegner] marschieren.
9. [Scheinbar unbeteiligt] die Feuersbrunst am gegenüber liegenden Ufer beobachten.
10. Hinter dem Lächeln den Dolch verbergen.
11. Den Pflaumenbaum anstelle des Pfirsichbaums verdorren lassen.
12. Mit leichter Hand das [unerwartet über den Weg laufende] Schaf [geistesgegenwärtig] wegführen.
13. Auf das Gras schlagen, um die Schlangen aufzuscheuchen.
14. Für die Rückkehr der Seele einen Leichnam ausleihen.
15. Den Tiger vom Berg in die Ebene locken.
16. Will man etwas fangen, muss man es zunächst loslassen.
17. Einen Backstein hinwerfen, um einen Jadestein zu erlangen.
18. Will man eine Räuberbande unschädlich machen, muss man deren Anführer fangen.
19. Unter dem Kessel das Brennholz wegziehen.
20. Das Wasser trüben, um die [ihrer klaren Sicht beraubten] Fische zu fangen.
21. Die Zikade entschlüpft ihrer goldglänzenden Hülle.
22. Die Türe schließen und den Dieb fangen.
23. Sich mit dem fernen Feind verbünden, um den nahen Feind anzugreifen.
24. Einen Weg [durch den Staat Yu] für einen Angriff gegen [dessen Nachbarstaat] Guo ausleihen [, um nach der Besetzung von Guo auch Yu zu erobern].
25. [Ohne Veränderung der Fassade eines Hauses in dessen Innerem] die Tragbalken stehlen und die Stützpfosten austauschen.
26. Die Akazie schelten, [dabei aber] auf den Maulbeerbaum zeigen.
27. Verrücktheit mimen, ohne das Gleichgewicht zu verlieren.
28. Auf das Dach locken, um dann die Leiter wegzuziehen.
29. Einen [dürren] Baum mit [künstlichen] Blumen schmücken.
30. Die Rolle des Gastes in die des Gastgebers umkehren.
31. Das Strategem des schönen Menschen/der schönen Frau.
32. Das Strategem der Öffnung der Tore [einer in Wirklichkeit nicht verteidigungsbereiten Stadt].
33. Das Agenten-Strategem, das Strategem des Zwietrachtsäens.
34. Das Strategem des leidenden Fleisches.
35. Das Verkettungsstrategem/die Strategemverkettung.
36. [Rechtzeitiges] Weglaufen ist [bei sich abzeichnender völliger Aussichtslosigkeit] das Beste.

Mögliche Zuordnungen:
Strategeme, wenn man sich in einer Situationen der Überlegenheit befindet (1–6)
Strategeme für Konfrontationssituationen (7–12)
Strategeme für den Angriff (13–18)
Strategeme, wenn man sich in unklaren Situationen befindet (19–24)
Strategeme für die Situation, in der man langsam Boden gutmacht (25–30)
Strategeme in aussichtslosen Situationen (31–36)

Anmerkungen zur Wirkungsweise: Sicher, die Strategeme stammen aus der alten Kriegsführung, und gerade daher eignen sie sich als übertriebene Analogien für Verhalten in Organisationen. Die Hintergründe von Taktiken lassen sich durch diese Übertreibung besser greifen und benennen. Gleichzeitig hilft dieser Vergleich, die moralischen Grenzen des Handelns zu erkennen und zu diskutieren.

Die Wirkungsweisen und die Zielrichtungen dieser Strategeme lassen sich nicht 1:1 übersetzen. Wahrscheinlich liegen schon in den deutschen Übersetzungen ausreichend Unschärfen, sodass man eher von einer Übertragung ins Deutsche sprechen muss. Trotz allem können sie als Modelle dienen, als Impulse für den eigenen Umgang mit Macht und Strategie. Wenn Teilnehmer so einen Zugang gefunden haben, gilt es natürlich, den »themenzentrierten Dreisprung« (Person, Gruppe, Thema) mit der Kulturanalyse der jeweiligen Organisation zu verbinden. Dann jedoch lassen sich verblüffende Erkenntnisse gewinnen, die auch nach einiger Zeit durch die Einfachheit oder durch die Bildsprache des Strategems erkennbar und nachvollziehbar bleiben.

Mythodrama

Inhalte und Zielsetzung:	Die Teilnehmer setzen sich mit einem persönlichen Thema spielerisch auseinander und erhalten Rückmeldungen über eigene und neue Verhaltensweisen. Sie sortieren ihre eigenen Themen in die Gestalten der griechischen Mythologie ein.
Teilnehmer:	6–15 Personen.
Dauer:	2–3 Stunden.
Ressourcen:	Freier Raum mit genügend Platz, Stühle, keine Tische; viele Metaplanwände oder eine andere Möglichkeit, etwas an den Wänden aufzuhängen.
Vorbereitung:	Ausdruck und Aufhängen der Beschreibungen in DIN A1 oder DIN A0.

Ablauf: Zunächst geht es um die Themensuche. Die Gruppe wird aufgefordert, im Raum still umherzugehen und sich die Beschreibungen der Gestalten (s. S. 203 ff.) der griechischen Mythologie durchzulesen. Das dauert ungefähr 30–40 Minuten. Die Anleitung dazu lautet:

> »Bitte lesen Sie sich die Beschreibungen aller Gestalten durch und überlegen Sie, was diese mit Ihnen zu tun haben. Wählen Sie sich zum Schluss eine Gestalt aus, die Sie gerne einmal spielen würden. Bitte überlegen Sie sich einen Satz zu der Verbindung zwischen Ihnen und der Rolle der Gestalt sowie einen Titel für das Stück, in dem Sie diese Gestalt spielen würden.«

Die Gruppe kommt anschließend wieder zusammen zur Protagonistenwahl. Diese kann mit folgenden Worten eingeleitet werden:

> »Wer daran interessiert wäre, für sich ein Lernexperiment zu machen und seine gewählte Rolle als Stegreifstück zu spielen, der soll bitte einen Schritt vortreten.«

Die Vorgetretenen erläutern die Verbindung zwischen sich und der gewählten Gestalt und geben ihrem »Stück« einen Namen. Die anderen Teilnehmer stellen sich zu der Person, deren Stück sie interessiert und das sie gerne mitinszenieren würden. Derjenige Protagonist, der am meisten Stimmen erhält, wird ausgewählt und vom Moderator interviewt, worum es in dem Stück geht. Das kann zum Beispiel eine aktuelle Szene aus dem privaten oder beruflichen Kontext des Protagonisten sein. Im Interview wird auch nach einer möglichen Bühneneinrichtung und den anderen Rollen gefragt.

Szenen erfragen und spielen: Jeder Schritt des Stückaufbaus wird durch Fragen an den Protagonisten erarbeitet, sodass es sein Stück wird. Er beschreibt Rollen, besetzt sie mit Personen und gibt Anweisungen für deren Verhalten. Eigentlich ist der Protagonist der Regisseur und der Moderator sein Helfer.

Das Stück wird, wie vom Protagonisten beschrieben – gegebenenfalls mit Verbesserungen –, mehrmals gespielt. Der Protagonist kann nun andere eigene Verhaltensweisen ausprobieren. Die anderen Rollenspieler und Zuschauer können ebenso Vorschläge für Verhaltensvarianten des Protagonisten machen, die dieser dann ausprobieren kann.

Auswertung und Reflexion: Alle Teilnehmer kommen wieder im Stuhlkreis zusammen. Die Rollenspieler erzählen von ihrer Sicht auf die Szene und von ihren Emotionen in der Rolle. Der Protagonist erzählt von sich und seinen Erfahrungen im Spiel, von möglichen Erkenntnissen, anderen Sichtweisen und alternativen Verhaltensweisen, die er ausprobiert hat.

Anmerkungen zur Wirkungsweise: Durch die Suche nach einem Bezug zwischen sich und den Gestalten der griechischen Mythologie wird immer ein aktuell wichtiges, persönliches Thema gefunden. Die Wahl des Protagonisten bewirkt, dass das interessanteste Thema »auf die Bühne« kommt und die Gruppe ein hohes Interesse daran hat, mitzuarbeiten.

Ab dem Zeitpunkt, bei dem die anderen Personen ihre eigenen Ideen einbringen, ist es nicht mehr nur das Stück des Protagonisten. Der Protagonist beginnt, andere Perspektiven zu sehen, und lernt andere Verhaltensoptionen für sich.

Beschreibungen der Gestalten aus der griechischen Mythologie (nach: Dommermuth-Gudrich 2010)

Odysseus (echt cool)

Bekanntlich haben Horkheimer und Adorno (»Dialektik der Aufklärung«,1947/ 2004) in Odysseus den Archetyp des bürgerlichen Denkens (und Verhaltens) gesehen.
Triebverzicht, Neugier, Rationalität und Entschlossenheit – dieser Cocktail aus Verhaltensweisen und Charaktereigenschaften stand der archaischen, affektierten Entscheidungsgewalt (wenn nicht: -wut) vieler antiker (Halb-)Götter und Helden diametral entgegen. Odysseus wäre vermutlich noch heute als trickreicher Ideengeber, Schlichter und Problemlöser gut im Geschäft.
Wenn einer nach Jahren der Abwesenheit nichts als nach Hause zu seiner Frau will, der Heimweg aber an einer höchst gefährlichen Verlockung vorbeiführt, der keiner widerstehen kann, dann gab es bis Odysseus nur zwei realistische Entscheidungsvarianten, um an das Ziel zu gelangen: entweder einen ungewissen Umweg suchen oder aber Augen (beziehungsweise Ohren) zu und durch.
Der süße Gesang der vogelartigen Sirenen auf ihren Klippen an der Straße von Messina muss solch eine Verlockung gewesen sein. Jeder, der ihn hörte, wollte nichts anderes mehr hören, steuerte sein Boot auf die Klippen zu und zerschellte oder blieb so lange lauschend auf dem Strand liegen, bis er starb.
Odysseus entschied, sich dem betörenden Gesang auszusetzen, jedoch Vorkehrungen zu treffen, um der Versuchung nicht zu erliegen. Er hieß seine Mannschaft, sich die Ohren mit Wachs zu verstopfen, und ließ sich selbst an den Mast binden, um dem Gesang zu lauschen. Falls er wünsche, losgebunden zu werden, solle er noch fester gezurrt werden.

Herakles (packt's immer)

Sohn der Alkmene und des Zeus. Die eifersüchtige Hera (Frau von Zeus) versuchte Herakles schon als Kind zu schaden (schickte Schlangen, um das Kind zu töten, und machte andere böse Sachen). Herakles war sehr stark, litt jedoch auch unter Jähzorn, besser gesagt: seine Umgebung litt darunter.
Es geht die Geschichte, dass eines Tages zu dem jungen Herakles zwei Frauen kamen. Die eine, auffällig herausgeputzt, nannte sich »Lust«, die andere, bescheiden bekleidet, »Tugend«. Während die Lust ein Leben in Genuss und Nichtstun pries, versicherte die Tugend, dass wahre Güter nur unter Mühen und Plagen zu gewinnen seien. Herakles wählte daraufhin den steilen Weg zur Vollkommenheit.
Wegen einer jähzornigen Untat, für die er büßen sollte, schickte ihn das Orakel von Delphi zu Eurystheus, dem er zwölf Jahre lang dienen und für den zehn schwere Aufgaben erledigen sollte. Während der Erledigung dieser Aufgaben hat er noch zahlreiche andere »Heldentaten« vollbracht.
Sein bekanntester Job war die Reinigung der Rinderställe des Augias (er leitete zwei Flüsse um, die die Ställe klar spülten). Weil er dafür von Augias einen Lohn nahm, was er in einem anderen Zusammenhang ebenfalls tat, musste er zwölf statt zehn Aufgaben erledigen.
Am Schluss wurde alles gut: Er wurde nach seinem Tod in den Olymp aufgenommen.

Antigone (bleibt sich treu)
Eine der bemerkenswertesten Frauengestalten der griechischen Mythologie ist Antigone, die Tochter des Ödipus, des komplexstiftenden Königs von Theben. Die Botschaft des Antigone-Mythos heißt: Widerstand gegen Unrecht ist erlaubt. Antigones Brüder Eteokles und Polyneikes gerieten in Streit über die Frage, wer König von Theben werden sollte. Beide hatten ein Anrecht. Sie beschlossen einen Kompromiss, sich jährlich abzuwechseln. Eteokles zog das Los für das erste Jahr und dachte am Ende des Jahres natürlich nicht daran, die Macht abzugeben.
Polyneikes zog in den Krieg gegen seinen Bruder und rebellierte gegen die Ungerechtigkeit. Beide starben im Zweikampf. Der alte König Kreon übernahm wieder die Macht. Er ließ den rechtmäßigen König Eteokles bestatten und verbot die Bestattung des Rebells Polyneikes. Das war vielleicht politisch überzeugend, aber es widersprach den moralischen Überzeugungen der Griechen, für die die Verweigerung eines würdigen Begräbnisses schlimmer als der Tod selbst war.
Antigone widersetzte sich, bestattete ihren Bruder und wurde dabei verhaftet.
Stolz bekannte Antigone sich zu ihrer Tat. Das göttliche Recht sei wichtiger als das Recht des Staates, und deshalb nahm sie für sich ein Recht auf Widerstand gegen die Staatsgewalt in Anspruch.
Kreon blieb hart, und obwohl Antigone seine Nichte war, verurteilte er sie zum Tode. Haimon, Kreons Sohn, der mit Antigone verlobt war, setzte alles daran, eine Revision des Urteils zu erreichen. Haimon war diplomatischer als Antigone und gewann die Meinung des Volkes, scheiterte jedoch am Starrsinn Kreons. Mit Antigone, deren Vorbild er nacheiferte, ließ er sich im Kerker einmauern und starb mit ihr.

Dädalus und Ikarus (geniale Ingenieure, die scheitern)
Dädalus ist zum mythischen Ahnherrn aller Techniker geworden. Ikarus zur Symbolfigur für die Risiken der Technik als auch für die Sehnsucht die Grenzen des Möglichen immer wieder zu überschreiten.
Dädalus war ein Nachkomme des Schmiedegottes Hephaistos und nur sein Vater, so heißt es, habe ihn an Handwerkskunst übertroffen. Er muss auch ein guter Lehrmeister gewesen sein, denn sein Lehrling Talos hat beim Anblick des Rückgrates einer Schlange die Säge erfunden. Dädalus soll darüber so neidisch geworden sein, dass er den Talos vom Dach stürzte.
Bevor er für diese Tat vom Gericht verurteilt werden konnte, floh er nach Kreta. Dort tat er, was so manche großen Ingenieure tun: Er verdingte sich bei den Mächtigen des Landes.
Für den kretischen König Minos baute er das berühmte Labyrinth und für dessen Frau, die sich in einen wunderschönen Stier verliebt hatte, konstruierte er eine mechanische Kuh, in der verborgen sie sich dem Stier hingeben konnte. Aus dieser ungewöhnlichen Liebe entstand der Minotaurus. Als Minos davon hörte, sperrte er den Minotaurus ins Labyrinth und setzte Dädalus unter Hausarrest.
Um von Kreta zu fliehen, baute Dädalus Flügel, deren Federn mit Wachs an ein Gestell geheftet waren. Er lehrte sich und seinen Sohn Ikarus das Fliegen. Besonders schärfte er ihm ein, die richtige Flughöhe einzuhalten: Er solle weder so tief fliegen, dass die Flügel von der Gischt des Meeres feucht würden, noch so hoch, dass die nahe Sonne das Wachs zum Schmelzen brächte.
Bei der Flucht schwang sich Ikarus im Überschwang des Gefühls, als Mensch den Himmel zu erobern, immer höher hinauf und kam dem Sonnengott zu nahe. Das Wachs schmolz, und er stürzte tief hinab ins Meer. Die Insel, an deren Strand sein Leichnam angeschwemmt wurde, heißt heute noch nach ihm: Ikaria.

Sisyphos (nonstop on tour)

Sisyphos war dazu verdammt, auf ewig einen riesigen Felsbrocken einen Berg hinaufzuwälzen, der jedes Mal, wenn er fast den Gipfel erreicht hatte, wieder an den Fuß des Berges hinabrollte.

Angesichts des unabsehbaren Projekterfolges war dies eine harte Strafe. Warum Sisyphos die Strafe erhielt, wird aus dem Mythos nicht ganz klar. Homer sagt, er war der Weiseste und Klügste unter allen Menschen. Manche sagen, er habe den Tod in Ketten gelegt und dafür die Quittung erhalten. Insgesamt wird ihm eine gewisse Laxheit im Umgang mit den Göttern vorgeworfen.

Für die französische Existenzphilosophie wurde eine Schrift von Albert Camus bedeutsam: »Der Mythos von Sisyphos«, ein Essay über das Absurde (1942). Camus sieht in Sisyphos, der unentwegt und mit äußerster Energie das an sich Sinnlose tut, ein Bild des Menschen schlechthin: Da wir die Welt, in die wir hineingestellt sind, nicht zu ändern vermögen, könne all unser Handeln allein nach seiner Intensität beurteilt werden.

Penthesilea (kämpft und liebt)

Sie gehörte zu den Amazonen, einem Volk von Kriegerinnen. Penthesilea war die strahlendste Amazonengestalt, sie soll die Tochter des Kriegsgottes gewesen sein. Zwar heißt es an anderen Stellen, alle Amazonen seien Töchter des Kriegsgottes Ares gewesen, doch dies wird von den meisten bezweifelt, die zu berichten wissen, dass die Amazonen sich wie die anderen Menschen normal fortpflanzten, dass sie sich von Zeit zu Zeit Männer nähmen, allerdings ihre männlichen Nachkommen umbrächten, sie kastrierten oder einfach ihren Vätern jenseits der Grenzen des Amazonenreichs überließen, um unter sich, unter Frauen zu bleiben. Nur die Mädchen zögen sie auf, erzögen sie zum Krieg und brannten ihnen die rechte Brust aus, damit diese ihnen beim Spannen des Bogens nicht hinderlich wäre. Das Wort Amazone bedeutet »Brustlose«.

Penthesilea kämpfte im Trojanischen Krieg auf der Seite Trojas gegen die Griechen. Sie wurde mit ihrem Gefolge tapferer Frauen zum Schrecken der griechischen Belagerer. Nachdem sie schon viele von ihnen getötet hatte, war allen Beteiligten klar, dass nur der Gewaltigste unter den griechischen Helden, der Halbgott Achill, es mit ihr aufnehmen könnte. Penthesilea und Achill waren nicht nur die Stärksten und Gewandtesten ihres jeweiligen Volkes, sondern auch die Schönsten. Und so geschah es, dass sie sich ineinander verliebten. Doch die unerbittliche Logik des Kampfes und des Stolzes machte es unmöglich, dass sich ihre Liebe erfüllte. Bei Homer, in der Ilias, tötet Achill Penthesilea, doch will er nicht von ihrem Leichnam weichen, weil er den Schmerz über ihren Tod nicht verwindet.

Heinrich von Kleist hat in seiner Penthesilea die Liebe als Kampf der Geschlechter und den Kampf der Geschlechter als Liebe dargestellt. Auch bei ihm wissen Achill und Penthesilea, dass sie der kämpferischen Auseinandersetzung nicht ausweichen können; sie sind aber beide dennoch entschlossen, den anderen überleben zu lassen. Vergebens. Am Ende des Stücks fantasiert die todwunde Amazonenkönigin, sie habe den Griechen bezwungen, und will sich dem Unterworfenen unterwerfen: »Ich sage vom Gesetz der Fraun mich los, und folge diesem Jüngling hier.«

Vielleicht ist die Moral die: Wenn Frauen und Männer wissen, dass sie einander ebenbürtig sind, müssen sie nicht mehr gegeneinander kämpfen; folglich brauchen Frauen keine Amazonen zu werden und Männer keine Angst vor ihnen zu haben.

Orpheus (der traurige Sänger)
Orpheus war ein begnadeter Sänger zur Kithara (Leier), der sogar Tiere, Bäume, Felsen oder das Meer durch seine Lieder bewegte und gegebenenfalls besänftigte. Als seine über alles geliebte Frau Eurydike auf der Flucht vor einem, der ihr nachstellte, durch einen Schlangenbiss starb, stieg er in die Unterwelt hinab bis zum Styx, dem Fluss ohne Wiederkehr. Dort sang er so rührend vor Charon, Cerberos und den Herrschern der Unterwelt (Pluton und Persephone), dass sie ihm Eurydike zurückgaben, dies jedoch mit der Einschränkung, er dürfe sich auf dem Weg zur Oberwelt nicht nach ihr umblicken, sonst sei die Gnade der Rückkehr verwirkt. Aus Furcht, Eurydike zu verlieren, sah er sich trotzdem um, und die kaum Wiedergewonnene verwandelte sich in eine Nebelschwade, die zurück ins Totenreich schwebte. Orpheus geriet daraufhin in eine völlige Melancholie und verweigerte sich fortan der Musik. Aus Wut darüber, seinen akustischen Stoff nicht mehr vernehmen zu können, zerrissen ihn seine zahlreichen Fans in tausend Stücke …
Kleiner Deutungsversuch: Orpheus scheint weder dumm noch leichtfertig, denn nebenbei: Er ist neben Odysseus der Einzige, dem eine Lösung einfällt, an den gefährlichen Klippen der Sirenen unbeschadet vorbeizukommen, ohne sich die Ohren zu verschließen. Er schafft dies, indem er einfach (klar, dass sich ein Caruso von keiner Girlieband übertönen lässt) lauter singt. Warum aber dreht er sich um und riskiert damit Eurydikes endgültigen Verlust? Vielleicht weiß er, dass Liebe blind macht, und will sehen, was er liebt. Ob sie tatsächlich da ist. Hm. Andererseits: Als Ohr- und Stimmenmensch hätte er mit der hinter ihm Gehenden sprechen können (ein diesbezügliches Verbot ist nicht überliefert). Freilich: Sokrates' berühmtes Wort »Sprich mit mir, damit ich dich sehe!« konnte er noch nicht kennen. Aber vorausahnen.
Orpheus' Verhalten, mithin auch das romantisch Schöne an diesem Mythos (wer weiß, vielleicht hätten wir ihn sonst längst vergessen), bleibt auf immer etwas unerklärlich. Kein Wunder, dass er zum ersten überlieferten Romantiker taugt. Ist er doch zutiefst menschlich, insofern sich in seinem Verhalten Neugier, Willenskraft und Zweifel ausdrücken. (Wer würde schon diesen dunklen Gestalten aus der Unterwelt glauben?) Somit hält er für mehreres her, das wir heute aus anderen Zusammenhängen kennen: einen zerrissenen Künstler, einen Popstar, einen Mozart und ein bisschen einen Faust, der sich mit den Mächten der Finsternis einlässt, ihre Regeln aber nicht akzeptiert. Auch wenn keines der orphischen Lieder überliefert ist, bleibt immerhin ein Trost: Seine Leier wurde zum Sternbild.

Athene (Papas Liebling)
Die Göttin mit der Eule hatte schon von Geburt an etwas »Kopflastiges«. Sie war in ganz wörtlichem Sinne eine Kopfgeburt. Als sich Zeus gerade zum König der Götter aufgeschwungen hatte, begehrte er Metis zur Frau, die unter den Göttern und Menschen die Klügste war. Metis zeigte sich spröde und verwandelte sich in allerlei Gestalten, um Zeus zu entgehen, aber am Ende musste sie sich ergeben. Als sie schwanger war, wurde Zeus durch ein Orakel geweissagt, dass Metis zunächst einem Mädchen das Leben schenken würde, danach aber einem Sohn, der dazu bestimmt sei, Zeus zu entthronen. Zeus wurde geraten, Metis einfach zu verschlingen und so der Weissagung zu entgehen. Zeus folgte diesem Rat, aber nach einiger Zeit wurde ihm klar, dass er etwas voreilig gewesen war, denn mit der Mutter hatte er auch die Tochter verschlungen, die ihm gar nicht gefährlich werden konnte. Und die, so war es bestimmt, geboren werden musste.
Zeus bekam rasende Kopfschmerzen. Hephaistos, der kunstreiche Handwerker unter den Göttern, musste mit einer Axt den Schädel des Göttervaters spalten, um den

Druck zu mildern. Und siehe da, aus dem Haupt des Zeus entstieg Athene, ausgewachsen und in voller Rüstung.
Zeus aber liebte keines seiner Kinder mehr als Athene, die er nicht nur gezeugt, sondern unter Schmerzen geboren hatte. Wenn sie ein Anliegen hatte, schlug er ihr das niemals ab. Die besondere Nähe zum Vater machte Athene mächtiger als die meisten anderen Götter, und an Klugheit schlug sie alle.
Ihre Liste der Erfindungen ist lang: Sie lehrte die Frauen das Spinnen, Weben und Nähen, Walken, Färben und Sticken. Den Töpfern brachte Athene das Brennen des Tons zu Gefäßen bei, die Bauern lehrte sie die Arbeit mit dem Pflug und das Pressen von Öl aus Oliven. Sie erfand den Wagen für den Transport von Gütern. Sie erfand die Flöte und die Posaune und lehrte die richtigen Stimmungsverhältnisse zwischen den Tönen; dies sind in Zahlen ausdrückbare mathematische Verhältnisse, und so wurde ihr auch die Mathematik zugeschrieben.
Zudem war Athene die unbestrittene Meisterin der Kriegskunst, obwohl sie selbst nicht besonders viel von Streit und Krieg hielt. Sie selbst besaß keine Waffen, und wenn sie welche brauchte, lieh sie sich die von ihrem Vater Zeus aus. Und der gab sie ihr natürlich.

Prometheus (der Trickser)
»Prometheisch« werden die kühnsten Taten der Menschen genannt, mit denen sie die Ordnung der Natur umstießen und die Götter herausforderten.
»Ich kenne nichts Ärmeres unter der Sonne als euch, Götter«, lästert Prometheus in einem Gedicht von Goethe und drückt damit die Verachtung der Jugend seiner Zeit für die herkömmlichen Werte in Staat, Kirche und Gesellschaft aus.
Der Titel eines Dramas des englischen Dichters Shelley »Der entfesselte Prometheus«, das zu Beginn des 19. Jahrhunderts erschien, wurde zum Symbol für den Aufbruch ins Industriezeitalter. Aus der gleichen Zeit stammt auch der Roman von Shelleys Frau Mary mit dem Titel »Frankenstein oder der moderne Prometheus«. Hier geht es um das Unheil, das ein Forscher heraufbeschwört, der sich mit Gott vergleicht, indem er die Schöpfung des Menschen zu wiederholen versucht. Prometheus ist eine zwiespältige Gestalt, gewaltiger Neuerer und skrupelloser Aufrührer zugleich – und sein Geschöpf ist der Mensch.
Prometheus (auf Deutsch: Vorausdenker) gilt als der Vater oder Schöpfer des ersten Menschen, Deukalion. In vielen Situationen zeigte er sich als Freund der Menschen und half seinen Schützlingen gegen die eifersüchtigen Götter, wo er konnte. Er trickste Zeus aus und sorgte dafür, dass die Menschen nur minderwertiges Fleisch den Göttern opfern mussten, und er stahl – seine wichtigste Tat – den Göttern das Feuer vom Olymp und brachte es den Menschen.
Zeus hatte nun endlich die Nase voll und bestrafte ihn, indem er Prometheus im fernen Kaukasus an einen Felsen fesseln ließ und täglich einen Adler sandte, der die Leber des Prometheus zerhackte. Die Todesqualen, die Prometheus litt, erneuerten sich Tag für Tag, denn in der Nacht wuchs die Leber wieder nach.
Es gibt verschiedene Versionen, wie Prometheus freikommt. In der Version von Aischylos verwehrt er zunächst die Antwort auf eine Frage des Zeus aus reinem Stolz. Prometheus weiß nämlich, welcher der zukünftigen Söhne des Zeus dessen Herrschaft in Frage stellen könnte. Es kommt zu einem Ringen zwischen dem Anwalt der Menschen und dem Boss der Götter, das nur mit einem Kompromiss enden kann: Der Menschheit wird das Recht zugestanden, über sich selbst zu bestimmen und ihre Kräfte zu entfalten, solange sie nicht die Grundlagen der Weltordnung infrage stellt.

Veränderungskompetenz

Veränderungswissen

Essay: Veränderung ist die alltägliche Ausnahme

Veränderungsprozesse sind Bewährungsproben des Führungskönnens. Führungskräfte sollen hier nicht die Helden spielen, es reicht, wenn sie wissen, wie sie es machen müssen und was sie erwarten können.

Veränderung verändert sich

Veränderungsprozesse sind im Wandel. Waren sie vor Jahren noch bemerkenswert, begannen, endeten oder versandeten, so gehören sie heute zum großen Hintergrundrauschen des Tagesgeschäftes.

Bereiche neu zuzuschneiden, Prozesse anders zu definieren, Changeprojekte zu verfolgen ist ein Bestandteil dieser Arbeit. Dafür braucht es sauberes Handwerk. Führungskunst aber braucht es, um die Menschen zu gewinnen. Folgen Veränderungsprozesse einer reinen Projektlogik oder einem reinen »Durchregieren« und lassen die Psychologik außer Acht, dann bewirkt der Prozess genau das, was viele sich insgeheim wünschen: nichts.

Veränderung umsetzen bedeutet immer auch an der Kultur ansetzen. Kultur verändern heißt heute vor allem: Veränderung kultivieren. Es heißt inzwischen aber auch, Veränderungsverdrossenheit überwinden zu können.

Wie Veränderung wirkt

Wer sich mit Veränderung in Unternehmen beschäftigt, begegnet den Veränderungsruinen: Projekten, die begonnen und nie beendet wurden. Das Gefühl erinnert an Autofahrten durch manche süditalienischen Landschaften, wo Politik untergeht, weil der Untergrund obenauf ist. Halbe Brücken stehen bindungslos auf grünen Wiesen, Straßen führen ins Nichts, ohne Anfang, ohne Ende, unfertige Gebäude, noch nie und niemals bewohnt. Die Botschaft: Hier haben es eure Vorgänger versucht, was nicht gelungen ist, und ihr werdet ebenfalls scheitern.

Veränderungsprozesse wirken nicht, wenn sie nicht emotionalisiert werden. Es geht immer darum, Menschen zu gewinnen, loszugehen, »aufzubrechen« im eigentlichen Sinne des Wortes, Neues zu wagen, es anders zu machen, sich vielleicht sogar neu zu erfinden. Das erzeugt – unwillkürlich – Hoffnung darauf, dass all das, was schlecht ist, endlich gut wird.

Aber ebendarin liegt auch Gefahr: Veränderung, zumal Kulturveränderung, ist immer auch Projektionsfläche für übersteigerte Erlösungsfantasien, die immer enttäuscht werden (müssen). Werden sie als Misserfolg erlebt, erzeugen sie Zynismus.

Menschen gewinnen und an der Haltung arbeiten

Veränderte Strukturen und Prozesse können Teil einer neuen Lösung oder Fortschreibung des alten Problems mit anderen Mitteln sein, das hängt davon ab, wie sie verstanden, akzeptiert und umgesetzt werden. Die Haltungen der Mitarbeiter bestimmen dabei ihr Verhalten. Es ist Führungsmeisterschaft, Menschen für den Wandel zu gewinnen und sie dabei für ihre eigene Entwicklung zu öffnen.

Wenn sich Einstellungen, Haltungen, Verhalten verändern, wird das an den Menschen selbst sichtbar: Sie reden und denken in anderer Weise, in anderen Bildern, in anderen Worten über ihr Unternehmen als zuvor. Eine Kultur ist Produkt der jeweiligen Organisationsgeschichte. In einer sehr einfachen Definition erkennt man Kultur schlicht an der Art und Weise, wie Probleme gelöst werden: eher durch Hierarchie, Konsens, Verdrängung, Gespräch, Zynismus, Kreativität, Gewalt, Nähe, Tradition, Innovation … Die Kultur einer Organisation drückt sich aus in den Prozessen, Strukturen, im Lebens- und Arbeitsgefühl der Menschen, ihren Überzeugungen, Gewohnheiten und den Geschichten, die sie erzählen, in den Zeichen, die sie verwenden. Weil Kultur in Unternehmen wie Wasser für Fische ist, wird sie nicht wahrgenommen – sie wird als Selbstverständlichkeit hingenommen, für unveränderbar gehalten.

Werte sind mehr als sozialer Schmierstoff

Wer Organisationen gestalten will, braucht neben bunter Vielfalt Gemeinsamkeit: Werte sind notwendig, die individueller Ausdruck dessen sind, was den Erfolg in der Vergangenheit möglich machte und attraktive Ziele für die Zukunft aufweist, die Aufbruchstimmung erzeugen und Leidenschaft wecken. Werte umsetzen ist Wertschätzen des Geleisteten, Bewahren des Bewährten und gleichzeitig sensibles Integrieren des Neuen. Das gelingt nur, wenn die »Unternehmenskulturschaffenden« ihr Geschäft gut verstehen.

Mentale Modelle

Die Bilder von Führungskräften über ihre Organisation geben gute Hinweise, wo und wie man scheitern wird. Mentale Modelle der Führungskräfte bestimmen den Blick auf das Unternehmen. Die inneren Bilder, nach denen sie handeln, und die äußeren

Bilder, die sie in ihrer Sprache verwenden, erzählen von ihren Grundannahmen, Motiven, Wertesystemen.

Dabei bestimmt die Perspektive der Führungskräfte den Horizont, vor dem Entscheidungen getroffen werden. Und da kann es große Unterschiede geben.

- Manchmal haben Führungskräfte, zum Beispiel wenn sie Ingenieure sind, ein Organisationsideal: die Maschine. Bewährte Vokabeln legen Vorgehensweisen nahe: Steuerung und Messung, Ursachen und Wirkungen.
- Für Kaufleute sind Organisationen, die Veränderung brauchen, defizitär, sie möchten zukaufen, was fehlt.
- Patriarchen (oft mit Militärerfahrung) glauben, Organisationen ließen sich durch Appelle und Anweisungen führen (und das klappt häufiger als gedacht).
- IT-ler geben sich gerne neue Prozesse und hoffen, dass neue Software und akribische Prozessbeschreibungen auch User positiv beeinflussen.
- Für Kultur schaffende Führungskräfte ist eine Organisation in der Makrosicht zunächst eine Gesellschaft. Sie ist auf das Ganze gesehen ein politisches Gebilde mit interagierenden Gruppen, die manchmal im Widerstreit liegen, Interessen- und Zielkonflikte haben, die unterschiedliche Werte und Lebensvorstellungen realisieren. Diese allzu menschlichen Aktivitäten sind losgelöst vom Zweck des Gesamten. Sie geschehen immer und überall, wo Menschen sich organisieren. Die Komplexität moderner Gesellschaften bildet sich auch in Unternehmen ab, obwohl durch das hierarchische Prinzip vieles einfacher ist, als »draußen«.
  In der Mikroperspektive kann eine Organisation für manche Heimat sein, Zugehörigkeit erzeugen, Nähe stiften. Anderen ist sie Zufluchtsstätte ihres Ehrgeizes oder Bühne der Eitelkeiten. Wer mit diesem Blick auf Organisationen schaut, der wird Rücksicht nehmen auf das zunächst Verborgene, das aber bestimmend ist.

Die Hauptfrage, die Führungskräfte im Zusammenhang mit Veränderungsprozessen stellen, lautet: »Wie lässt sich dieses System steuern oder ehrlicher: Wie kann ich meine Mitarbeiter dazu bringen, das zu tun, was sie tun sollen?« Die Beantwortung dieser Fragen führt zunächst aus dem schmalen Zielkorridor heraus, den die Fragen den Antworten vorgeben. Klassische Steuerungskonzepte (Appell oder Überzeugung) versagen häufig, weil sie die Komplexität der Organisation unberücksichtigt lassen. Der Begriff Steuerung (oder ähnliche Begriffe) evoziert Metaphern (zum Beispiel Kapitän mit Steuerrad), die falsche Erwartungen an richtige Führung erzeugen. Eine bessere, tauglichere Metapher für das Problem Führung von Veränderung ist Familie. Jedem leuchtet sofort ein, dass hier Führung keine Punktziele erreichen kann und sollte (meine elfjährige Tochter wird BWL mit Schwerpunkt Marketing studieren und dann in einem Unternehmen der Automobilbranche Abteilungsleiterin werden), wenngleich es auch immer wieder versucht wird. Übertragen wir die Wahrheit der neuen Metapher in das alte Bild, sind Führungskräfte keine Kapitäne mehr, sondern Schiffskonstrukteure (die allerdings ihre Schiffe regelmäßig bei voller Fahrt umbauen müssen und das durchaus bei schwerer See). Wenn sie also Bedingungen für neue Möglichkeiten schaffen, ist das schon viel.

Übergänge gestalten: Change – Transition – Passagement-Excellence

Der Inbegriff der Branchen für Veränderung ist »Change«. »No, we can't!« – oder: »We won't« – mögen mittlerweile viele antworten. Denn in einer Mehrheit der Organisationskulturen steht der Begriff eher für Änderung als für Veränderung, eher für Umstrukturierung als für tatsächlichen Wandel. Change ist eher die Fortsetzung der alten Kultur mit anderen Mitteln, Etiketten, Abteilungsbezeichnungen, Slogans, Worthülsen oder Gehaltsmodellen als ein tatsächlicher Übergang zu einem neuen, erfolgreicheren Verhalten. Denn dazu gehört mehr.

Der Begriff »Transition« beschreibt die psychologische und soziale Ebene der Veränderung – hier geht es nicht um das *Was* (den Plan, die Strategie, die Maßnahmen, den Zeitablauf) der Organisation, sondern vielmehr um das *Wie*, nämlich um das Verhalten der Personen und Gruppen in der Organisation.

Da wir als lebendige Wesen zu ständigem Wandel gereizt, gefordert oder verurteilt sind (ja, auch Sie sind beim Lesen dieser Zeilen älter geworden …), sind die Reaktionsweisen und psychologischen Hintergründe auf der Ebene der Person sehr gut untersucht. (Erläutert beispielsweise in »Psychologie Heute«, Heft 12, Jg. 35, Dezember 2008 das Thema »Übergänge« in hilfreicher Weise.) Gute Führung benötigt Erfahrungstiefe in dem persönlichen Feld, sie muss sich »als Person« sehr gut kennen, lesen und erforschen können und vor allem: es wollen und es tun.

Organisationsentwicklung (OE) – und auch Organizational-Transformation-Prozesse (OT) versuchen es, die Veränderungstheorien bestätigen es: Als langfristig angelegter, die Organisation umfassender Entwicklungs- und Veränderungsprozess von Organisationen und der in ihnen tätigen Menschen sind es Versuche, das Tun der Organisation an das sich ändernde Umfeld anzupassen. Die Realität zeigt: Es ist der Hang zur Selbstbeschäftigung und zur analytischen Akribie, den wir in großen Organisationen antreffen. Oder es ist das Hochglanzreformkonzept einer profilierungssüchtigen Führung, das letztendlich Wandel und sinnvolles Handeln verhindert.

Es ist eine Kunst, die Rolle des Gestalters beider Ebenen einzunehmen, zu erkennen, dass die Ebenen sich gegenseitig bedingen. Es ist eine Fähigkeit und eine Haltung von Führungskräften, den Wandel zu ermöglichen und sich für diesen Wandel einzusetzen: Es ist »Passagement«.

Passagement ist die Fähigkeit, Übergänge erfolgreich zu gestalten, sie nachhaltig wirksam zu machen. Passagement erkennt, dass Person und Organisation nicht getrennt voneinander entwickelbar sind, wenn es ein gemeinsames Ziel in der »neuen Welt und Kultur« gibt.

Als Kombination aus Passage«, dem Übergang selbst und Management, der Gestaltung und Verwirklichung dieses Übergangs, geht Passagement über die Summe der beiden Bedeutungen hinaus. Es umfasst:

- die Ebenen Change und Transition,
- die Dimensionen Person und Organisation und
- die zeitliche Dimension des Prozesses,
- die Intensität und Form des Prozesses und
- die ethische Grundhaltung, ohne die keine Entwicklung nachhaltig ist.

Visualisierung: Erfolgsfaktoren bei Veränderungsprozessen

Veränderungsprozesse leicht gemacht

Wir haben eben beschrieben, welche Rolle mentale Modelle für die Rahmenbedingungen von Veränderungsprozessen spielen. Im Folgenden geben wir einige Tipps, die es sich lohnt, ernst zu nehmen (nach: Kotter 1997).

Fokussieren Sie die obere Führungsebene auf Veränderung. Die Führungskräfte müssen hinter der Veränderung stehen. Wenn nicht, dann verändern Sie lieber nichts. Unternehmen sind in der Regel hierarchiegetrieben. Wenn sich etwas bewegen soll, dann muss das von oben kommen. Die Führungskoalition macht den Veränderungsprozess zu ihrer Sache. Engagement und Vorbild lassen sich nicht delegieren. Wenn Veränderungen schiefgehen, dann meist, weil die Führungskoalition nicht funktionierte.

Binden Sie Mitarbeiter als Helfer bei der Veränderung mit ein. In der Rolle von Moderatoren, Prozessbegleitern, Mentoren, Steuerkreismitgliedern usw. werden aus Adressaten Gestalter. Integrieren Sie dabei die Bridge-People. Das sind die Menschen mit viel (informellem) Einfluss. Integrieren Sie auch aktive Gegner. So mancher Bock entdeckte dabei schon seinen grünen Daumen.

Machen Sie die Dringlichkeit wichtig. Für das zusätzliche Geschäft mit der Veränderung ist nie die Zeit. Klar werden muss allen, warum etwas geschehen muss. Wenn Menschen den Eindruck bekommen, dass alles auch so weitergehen könnte wie bisher, warum sollten sie dann etwas ändern? Die Antwort auf die Frage »was passiert, wenn nichts passiert?« muss überzeugen.

Entwickeln Sie attraktive Zukunftsbilder und lassen Sie die Leute darüber reden und denken. In Visionen stehen keine Zahlen. Visionen berühren Kindheitsträume. Sie haben Sinn, machen Lust auf Zukunft, sind herausfordernd, spielen mit dem Stolz, sind aber erreichbar. Die Entwicklung der Vision ist Sache der Führung, die Mitarbeiter gehen mit den Führungskräften über die Vision in Dialog.

Fangen Sie an, planen Sie im Prozess weiter, korrigieren können Sie immer. Komplexe Veränderungsprozesse benötigen Planungsoffenheit. Steuerung der jeweils nächsten Schritte basiert auf der Reflexion und Erfahrung der vorangegangenen.

Machen Sie Tempo und geben Sie Zeit. Blumen wachsen nicht schneller, indem jemand daran zieht. Kulturveränderung braucht Geduld. Tempo in Veränderungsprozessen meint nicht Geschwindigkeit, sondern eine Form von Zügigkeit und konzentrierter Sequenzialität. Kraft verlieren Veränderungsprozesse, wenn nur mit langen Unterbrechungspausen etwas geschieht.

Führen von Veränderung ist Veränderung von Führung. Spürbar wird Veränderung in der Führung. Lesen Sie dieses Buch ganz durch und richten Sie sich danach neu aus.

Begrüßen Sie den Widerstand. Freuen Sie sich über Widerstände. Daran merken Sie, dass die Veränderung nicht nur eine Nebensächlichkeit betrifft, sondern dass es tatsächlich um Nachhaltiges geht. Betrachten Sie die Energie – auch wenn es schwerfällt – als positives Engagement für das Bewährte und Bewahrenswerte. Die schlimmste Form von Widerstand ist die Kooperation, wenn sie nur oberflächlich geschieht. Beteiligen Sie Widerständler und informieren Sie sie. Gehen Sie mit dem Widerstand, nicht gegen ihn (Aikido-Prinzip).

Geben Sie Raum, fragen Sie bei Vorwürfen nach den Wünschen, die dahinterliegen, gehen Sie in Dialog. Bleiben Sie Ihrer grundsätzlichen Position treu, ohne stur zu sein. Verändern Sie nichts Wesentliches an den Zielen und am Vorgehen.

Stärken Sie Stärken. Veränderung ist Kränkung. Wem gesagt wird, dass er sich verändern soll, der kämpft mit dem offenen oder verdeckten Vorbehalt, dass all das, was bisher war, nicht in Ordnung war. Jemand, der sich verändert, braucht Unterstützung beim Vertrauen auf sich selbst. Respekt vor der Person, Würdigung des Geleisteten und Wertschätzung der Stärken.

Manchmal hilft die alte Metapher, dass die gegenwärtige Generation der Veränderer nur Zwerge sind, die nur deshalb weiter schauen können, weil sie auf den Schultern von Riesen aus den vorhergehenden Generationen stehen.

Feiern Sie. Wer Neues wagt und unsicher ist, braucht kurzfristige Bestätigung darin, das Richtige zu tun. Menschen möchten gerne stolz sein auf das, was sie tun. Helfen Sie, dass Menschen zeigen können, was sie gewagt haben.

Lerndesign

»Verändern Sie etwas an sich!«

Inhalte und Zielsetzung:	Prinzipien von Veränderungsprozessen verstehen und übertragbar machen.
Teilnehmer:	5–500 Personen.
Dauer:	0,5 – 1,5 Stunden.

Ressourcen: Kleidungsstücke, Moderationsmaterialien, Alltagsgegenstände im Raum.

Vorbereitung: Ein paar der Ressourcen in die Nähe des Beraters legen.

Ablauf: Die Teilnehmer und auch die Workshopleitung wählen je einen Partner. Die Paare stehen sich gegenüber und erhalten den Auftrag, sich gegenseitig sehr genau zu beobachten, dabei auf alle äußeren Merkmale des Gegenübers zu achten.

Als Nächstes werden die Paare aufgefordert, sich den Rücken zuzukehren. Dann möge jede Person an ihrem Outfit fünf Elemente verändern.

Nach kurzer Nachfrage, ob alle damit fertig sind, drehen sich die Paare wieder zueinander. Sie werden nun gebeten, gegenseitig die Veränderungen zu benennen.

Auswertungsteil A: Der Berater gibt einige Impulse und Fragen zur Auswertung. Folgende Fragen helfen:

- Wie war Ihre erste Reaktion auf die Aufforderung, fünf Dinge zu verändern?
- Wie schwer/leicht war es, diese fünf Dinge zu finden?
- Wie gut konnten Sie die Veränderungen beim anderen erkennen?
- Wie war Ihre Reaktion, wenn nicht alle Veränderungen entdeckt wurden?
- Wie war Ihre Stimmung vor, während und nach der Übung?

Wichtiger Hinweis: Während dieser Auswertungsphase bleiben die Paare stehen, vor allem der Berater verändert nichts, spricht nur über die Wahrnehmungen und Erfahrungen mit den Teilnehmern. Das wichtige Phänomen ist, dass alle Teilnehmenden während der Auswertung fast automatisch alle ihre Veränderungen wieder in den alten Zustand versetzen: Knöpfe werden wieder zugeknöpft, Armbanduhren umgehängt, Brillen aufgesetzt, Hosenbeine hinuntergerempelt, Schuhe wieder gebunden …

Nach der ersten »Auswertung« kommt nun der für die Teilnehmenden überraschende Hinweis, dass die Übung nicht zu Ende sei: Im Gegenteil, man möge bitte die ersten fünf Veränderungen wieder herstellen beziehungsweise belassen und nochmals sich den Rücken zuwenden und weitere fünf Veränderungen hinzufügen.

Hinweis: Wichtig ist, dass der Berater alles mitvollzieht und dabei auch eher übertriebene Veränderungen vornimmt: ein wenig Exhibitionismus …

Die Teilnehmer drehen sich wieder zueinander und beschreiben die Veränderungen.

Auswertungsteil B: Nach der Beschreibung fragt die Leitung erneut nach der Entwicklung. Wie schwer war es nun, die Veränderungen zu finden? (Wahrscheinlich leichter ...) Wie überrascht waren Sie, nochmals Veränderungen hinzuzufügen?

Die Teilnehmer stellen fest, dass weitere Veränderungen einfacher sind, wenn man einmal »in Übung« ist. Manche werden Skepsis äußern oder Widerstände, die ernst genommen werden müssen (»Ich mache doch nicht alles mit!«). In jedem Fall wird eine heitere Gestimmtheit entstehen, auch deshalb, weil die Leitung sich selbst einbezieht. Festgestellt wird möglicherweise auch, dass es nun vertrauter ist, Veränderungen vorzunehmen, und dass in einer ein wenig »verrückten« Atmosphäre Veränderungen leichter fallen. Außerdem versichern Teilnehmende häufig, dass man diese Veränderungen mitmacht, weil die anderen es auch tun und weil der Berater mitmacht.

Der Berater schlägt nun eine Wette vor: In der Zeit, in der die Teilnehmer weitere fünf Veränderungen hinzufügen, werde er (und sein Gegenüber) mindestens fünfzehn Veränderungen hinzufügen. (An dieser Stelle ist häufig eine Lockerung eingetreten: Die Teilnehmer sind neugierig, was der Berater wohl macht, und ist ungehemmter, es selbst weiter zu versuchen.)

Der Berater fügt in diesem Schritt viele Elemente an seinen Körper: Kleidungsstücke, Moderationsmaterial, Taschentücher auf den Kopf, unter die Arme, in die Hände – der Fantasie sind keine Grenzen gesetzt.

Auswertungsteil C: Die Teilnehmer sind nun überrascht – statt der überwiegenden Angst vor weiterem »Verlust« erleben sie, wie der Berater Veränderung durch »Hinzufügen« vollzogen hat. Bei der Anweisung »Fügen Sie fünf weitere Veränderungen hinzu« haben (fast) alle an ein weiteres »Weglassen« gedacht und mit immer mehr Bedenken reagiert.

Das folgende Gespräch (zu zweit, zu dritt) sollte sich an folgenden Aspekten orientieren:

- Was bedeutet Veränderung für mich als Person?
- Wie habe ich mich gefühlt und verhalten während der Übung?
- Welche Bedenken und Ideen gingen mir durch den Kopf?
- Welches Verhalten habe ich bei den anderen beobachtet?

Feststellungen im Plenum können beispielsweise sein:

- Niemand verändert sich gern allein, vor allem, wenn die Leitung kein Vorbild ist.
- Ein paar Veränderungen sind verträglich und lösen Neugier aus, zu viele erzeugen Widerstand.
- Wenn die »Übung« in Veränderung da ist, kommt man leichter auf weitere Ideen.
- Wenn der erste Druck vorbei ist, kehrt man normalerweise wieder zu den alten Verhaltensweisen zurück.
- Menschen denken selten an die Möglichkeiten bei Veränderungen, sie haben zunächst Angst vor dem Verlust alter, gewohnter Zustände.

- Veränderungen sind schwierig, wenn Ideen (Ressourcen) fehlen. Außerdem benötigt man das Vertrauen, auch Fehler machen zu dürfen.

Anmerkungen zur Wirkungsweise: Diese Übung wirkt nur in einer Atmosphäre, in der die Teilnehmenden Neugier und schon eine gewisse Nähe und Bekanntheit erreicht haben, und sie ist nicht reproduzierbar. Der Aufbau und die Dynamik verlangen ein angemessenes Tempo, ebenso auch eine etwas tiefere, aber nicht zu tiefe Reflexion in den Zwischenphasen.

Daher hängt es sehr vom Fingerspitzengefühl des Beraters ab, ob sie gelingt – oder ob sie nicht gar abgebrochen werden muss, weil der Widerstand bei den Teilnehmern zu groß ist. In diesem Fall ist natürlich das Thema »Widerstand« sofort greifbar auf der Agenda – und kann so thematisiert werden. In manchen Situationen gibt es auch einen Teil der Teilnehmer, die diese »verrückte« Übung nicht mitvollziehen – auch dies sind Symptome bei der Auswertung von Veränderung(sbereitschaft), die der Realität durchaus entsprechen.

Umgang mit Widerstand

Essay: Wer Engagement erwartet, macht Widerstand zur Pflicht

Faust. »[...] Nun gut, wer bist du denn?
Mephistopheles. Ich bin ein Teil von jener Kraft, /Die stets das Böse will und stets das Gute schafft.
*Faust.*Was ist mit diesem Rätselwort gemeint?
Mephistopheles. Ich bin der Geist, der stets verneint!
Und das mit Recht; denn alles, was entsteht,
Ist wert, dass es zugrunde geht;
Drum besser wär's, dass nichts entstünde.
So ist denn alles, was ihr Sünde,
Zerstörung, kurz das Böse nennt,
mein eigentliches Element.«
(Goethe 1808/1947, Faust I, Zeile 1335 ff.)

Aus Beratersicht ist Widerstand all das, was Veränderung und die Entwicklung von Neuem stört. Der Begriff vermittelt die Illusion, als verberge sich tatsächlich hinter den Masken des Verwehrens immer dieselbe Kraft, die stets das Böse will ... Widerstand hat keine Identität, keinen Urkern: Angst, Bequemlichkeit (eine Art dicke, gemütliche Schwester der Angst, die sich die Starre angenehm macht), Unwissenheit, politisches Kalkül, aufgehobener Zorn, andere Interessen ...

Widerstand ist die Pubertät der Veränderung. Hoch gelobt in der Beraterliteratur muss er sein – und nervt doch oder blockiert das Vorankommen. So positiv konnotiert wird er vom Changeberater und Systemiker herbeigesehnt – ist er doch der Maßstab für eigentliches Interesse und Relevanz des Themas: Wo kein Widerstand ist, da ist auch kein Interesse. Wenn das so einfach wäre – ist es nicht! Widerstand ist ein Schutz aus der Sicht des Widerständigen. Das ist gut, er hat enorm vielfältige Formen und verdient Beachtung.

Das Gute im Widerstand

Widerstand ist Ausdruck der Leidenschaft (die »Leiden schafft«) für das Unternehmen. Wer Engagement erwartet, macht Widerstand zur Pflicht – wenn Menschen die Vorgaben klaglos hinnehmen, sollten Führungskräfte skeptisch werden. Aber darauf kommen wir noch zu sprechen. Zunächst ist Widerstand hilfreich: Als Symptom deutungswürdig, liefert es dem Veränderungsmanager Hinweise für das richtige weitere Vorgehen. Die Klassiker dieser Symptomatik finden wir überall in der Literatur und in jedem Volkshochschulseminar:

- Widerstand ist nonverbal/aktiv (erkennbar an: Unruhe, Streit, Intrigen, Gerüchten, Cliquenbildung).
- Widerstand ist verbal/aktiv (erkennbar an: Gegenargumenten, Vorwürfen, Drohungen, Polemik, sturem Formalismus).
- Widerstand ist nonverbal/passiv (erkennbar an: Lustlosigkeit, Abwesenheit, Krankheit, innerer Emigration, Unaufmerksamkeit, Müdigkeit).
- Widerstand ist verbal/passiv (erkennbar an: Bagatellisieren, Schweigen, Ins-Lächerliche-Ziehen, unwichtigem Debattieren).

Das stimmt alles: Und die Arbeit mit diesen Symptomen lohnt sich.

Die Hinweise mit dem Umgang sind in der Literatur ebenso deutlich – aber trügerisch, meist so, als ob Widerstand sofort »kurierbar« sei, wenn man nur die richtige Formulierung, den richtigen »Kniff« anwende. Zusammenfassend sind das häufig folgende Ratschläge:

- Geben Sie Raum für Widerstand.
- Erkennen Sie die Gründe und Botschaften des Widerstandes und nehmen Sie sie ernst.
- Gehen Sie mit dem Widerstand und suchen gemeinsam weitere Wege.

Das kann funktionieren. Über längere Zeiträume wird allerdings erst spürbar, wo der Widerstand tatsächlich liegt. Das ist das Schwierige.

Es ist schwieriger: »Der stets das Böse will« ist oft nicht sichtbar

Hören wir noch einmal Mephisto:

»… Drum besser wär's, dass nichts entstünde.
So ist denn alles, was ihr Sünde,
Zerstörung, kurz das Böse nennt,
mein eigentliches Element.«

Mephisto wird in seiner Absicht scheinbar zum Zerstörer – im Rahmen der Gesamtheit, nämlich im Zusammenspiel mit Gott und Faust, wird er zum Ermöglicher. Er ist die »Anti«-Kraft, das Gegengewicht, der Antagonist. Und so ermöglicht er das Neue, obwohl er das Gegenteil in seinem Auftrag hat. »Drum besser wär's, dass nichts Neues entstünde«, wäre sein Satz, übersetzt in den Widerstand der Veränderungsprozesse. Er ist der Verhinderer und wendet viel Energie dafür auf, dass es so wird. Er geht Wetten ein, wütet und sträubt sich. Er ist eben der Teufel, der im Detail und im Anfang aller

Prozesse steckt. Und – wie alle Geister – ist er zunächst immer unsichtbar. Und damit wird das wirklich zerstörerische Wesen des Widerstands deutlich: seine Unsichtbarkeit.

- Was tun, wenn der Widerstand nicht fassbar ist – gar nicht als Widerstand erkennbar?
- Was tun, wenn sich Hürden im Prozess auftun, die sich zunächst als Herausforderungen qualifizieren lassen, sich dann aber als Formen des Widerstands äußern?
- Was tun, wenn Entscheider vorgeben, das Gute zu wollen – dann aber erst im Verlauf des Prozesses offensichtlich gegen die eigentliche Veränderung handeln?
- Was tun, wenn Manager Leitungsverantwortung von Prozessen übernehmen, nur damit nichts passiert, und sie mit Sicherheit die Lage so steuern, dass sie ihnen nützt?

Stabilität und Sicherheit: Spielformen von Widerstand

Wer als Angestellter in ein großes Unternehmen geht, hat damit keine progressive Berufsentscheidung getroffen, sondern sich für Sicherheit und Stabilität entschieden. Es herrschen dort die Orientierungen an System und Ordnung, ohne die große Konzerne zunächst nicht überleben würden. Ordnungssysteme aber brauchen Verwaltung, Verwaltung braucht Hierarchie und Hierarchie existiert (und erhält sich selbst) durch Stabilität. Ein Impuls, eine Idee, die Dinge anders zu machen, etwas zu entwickeln, wird an dieser Stabilität eher scheitern, weil es Widerstand gibt und weil neue Ideen in diesen Systemen zwangsläufig Widerstand erzeugen. Das spiegelt sich auch in den Widerstandskräften der Verwaltung wider. Viele Führungskräfte können ein Lied davon singen, dass Widerstand eben nicht immer produktiv nutzbar ist. Vor allem dann nicht, wenn das Sicherheitsbestreben der Betroffenen im Vordergrund steht: Pfründe retten, Bequemlichkeit wahren, Nischen unentdeckt lassen, die wohlgepflegten und sicheren Vorurteile und Grenzziehungen behalten …

In einem Essay des Deutschland Radios Berlin beschreibt Wolfgang Sofsky den Drang nach Sicherheit in Bezug auf den Staat als Organisation:

> »Das Programm der Weltbeherrschung nährt die Illusion totaler Sicherheit. Nicht Freiheit, Gleichheit oder Brüderlichkeit sind die Leitideen heutiger Politik, sondern Sicherheit – jederzeit, überall …«[1]

Der heutige Staat sei – nach Sofsky – vor allem Sicherheitsstaat: Alles wird kontrolliert, geprüft, in Normen gefasst und in einer ungeheuren Bürokratie verwaltet. Natürlich: Deswegen haben wir nahezu 100 Prozent sauberes Wasser, 365 Tage im Jahr Strom und vieles mehr. Die Versorgung ist gesichert und stabil – das sollte uns eigentlich genügend Sicherheit geben.

---

1 Wolfgang Sofsky im Deutschland Radio Berlin – 18. April 2004, 19:09. http://www.dradio.de/dlr/sendungen/signale/ 256584/

Sicherheit ist auch Widerstand

> »Der Wunsch nach umfassender Sicherheit hat fatale Folgen. Der Unternehmungsgeist versiegt, man wartet und sichert sich ab« (Sofsky am 18. April 2004 im Deutschland Radio).

Kreative Reaktionen auf veränderte Umweltbedingungen ersticken im Verwaltungswust. Neues Denken ist Querdenken – und damit quer zu den »geraden« Richtlinien. Das schmerzt die Richtlinienverwalter so sehr, dass sie eher den Querdenker mundtot machen, als die Richtlinien zu überdenken. Wenn Menschen eine Innovation für die Zukunft einbringen wollen, dürfen sie nicht zuerst die Juristen des jeweiligen Systems fragen, ob das denn wohl möglich sei. Es geht natürlich nicht: Denn diese Juristen urteilen ja nach den Gesetzen, die den Status quo bewahren sollen, nicht verändern. »Wenn Sie Veränderung wollen, müssen Sie immer einen Schritt weiter gehen als das, was gerade erlaubt ist, sonst erreichen Sie immer nur den bisherigen Zustand, nichts Neues!«, rief vor einiger Zeit eine Managerin ihren Angestellten zu: Sie hat den Titel Führungskraft verdient.

Natürlich bietet der Staat Sicherheit, das ist seine Aufgabe. Er verlangt dafür aber auch Konformität, Angepasstheit und Regelorientierung seiner Bürger. Das macht Veränderungen schwierig. Zugegeben: Es sind allgemeine Basisreaktionen einer der größten Bürokratien, nämlich des Staates. Wir finden ähnliche Reaktionsmuster aber auch und vor allem in großen Unternehmen wieder:

- in der Verwaltung, die das Controlling hervorbringt;
- in der Strategieentwicklung, die undynamisch ist und die Realitätsentwicklung ignoriert;
- in der Führungskräfteentwicklung, die Hierarchie erzeugt;
- im Projektmanagement, das Kontextveränderungen vernachlässigt.

In dieser Weise leisten sich Unternehmen ihren eigenen Widerstand – Festhalten statt Loslassen, Stagnation statt Entwicklung, Dauer statt Wandel, Distanz statt Nähe. Alles, um sagen zu können: »Wir haben uns aber doch an die Vorgaben gehalten.« Das stimmt. Aber haben diese Menschen über die Vorgaben nachgedacht?

Anpassung statt offenen Widerstands: Aber auch Anpassung und Flucht sind Formen des Widerstands

Die schärfste Form von Widerstand ist die einfache Kooperation. Alle lassen alles mit sich machen, machen alles mit, weil sie wissen: Das alles macht scheinbar nichts.

Tiefer gehen Beobachtungen, die schon Anna Freud, die Tochter des berühmten Psychiaters, 1930 festhielt, die auf die fortgesetzte Form der Anpassung zielen, nämlich auf die Verdrängung. Dort, wo die Angst vor Widerstand zu groß ist, fliehen Menschen in die Verdrängung. Sie legen sich Mechanismen zurecht, die alles ermöglichen (und die Diskurse sind voll von fantasievollen Ausflüchten und Vermeidungen) – aber eines in jedem Falle verhindern: die Entwicklung der Situation.

Visualisierung: Widerstand zeigen in 14 Formen

Widerstand hat viele Gesichter. Manche erscheinen zunächst freundlich und leicht zu handhaben, andere wiederum erscheinen gar nicht (mehr) und sind nie wirklich sichtbar. Die Charakterzüge von Widerstand hängen häufig mit der Biografie der Personen oder Organisationseinheiten zusammen. In Systemen mit hoher Fluktuation und Veränderungsdynamik werden aber auch immer wieder neue Formen und Ausprägungen von Widerstand erlernt – daher folgen nun die Grundkomponenten, aus denen häufig knifflige Derivate entstehen.

- ***Regression.*** Mitarbeiter ziehen sich unbewusst auf eine frühere Entwicklungsstufe zurück. Verhaltensmuster sind zum Beispiel Trotz, Wut, Weinen etc.

- ***Verleugnung.*** Ist nicht Verdrängung, denn das Vorgefundene wird einfach ignoriert. Veränderungen in der Umgebung werden zwar wahrgenommen, aber verleugnet: »Was nicht sein darf, das nicht sein kann.«

- ***Vermeidung.*** Affektreaktionen (Wut, Trauer und Ähnliches) werden vermieden, indem die Situation selbst vermieden wird. Abwesenheit bei Sitzungen oder geistige Abwesenheit im Gespräch, Zuspätkommen oder Absagen von Terminen können dafür Symptome sein.

- ***Verschiebung.*** Auch als Übersprunghandlungen bekannt: Gemeint mit dem Ärger ist der Vorgesetzte, aber getroffen wird die Sekretärin. Es werden durch Verschiebung andere Zusammenhänge hergestellt, die die Auseinandersetzung mit dem eigentlichen Thema (oder der Person) umgehen.

- ***Spaltung.*** Unvereinbares wird in mehrere Aspekte aufgespalten – sogar die eigene Person und das eigene Verhalten. Das Gute wird dabei oft idealisiert, das Schlechte wird verurteilt.

- ***Verneinung.*** Eine Sachlage wird verneint. Es wird nicht das Gegenteil behauptet oder erfunden, sondern das schlichte Vorhandensein eines Gefühls oder einer Person wird negiert. »Ich sehe die Gefahr nicht!«, »Ich empfinde nichts für …«.

- ***Projektion.*** Eigene Affekte, Stimmungen, Absichten werden anderen Personen zugeschrieben, auf sie projiziert und dabei sichtbar gemacht. Vermieden wird die Auseinandersetzung mit möglichen Veränderungen oder Konfrontationen.

- ***Identifikation mit dem Aggressor.*** Die Person schreibt sich selbst die Verantwortung für einen Übergriff von außen zu oder übernimmt das Verhalten des Angreifers. So wird die eigene Hilflosigkeit überwunden und stellvertretend scheinbare Kontrolle zurückgewonnen.

- ***Intellektualisierung.*** Zum unmittelbaren Konflikt wird durch Abstraktion und theoretische Distanzbildung der Kontakt vermieden (zum Beispiel abstrakte Gespräche über das Wesen von Führung).

- ***Rationalisierung.*** »Das war natürlich so geplant.« Es wird vorgegeben, dass ausschließlich rationale Beweggründe das Handeln leiten. Emotionen werden ignoriert oder unterbewertet.

- ***Unterdrückung (Sublimierung).*** Unerfüllte emotionale und triebhafte Regungen werden ersetzt durch gesellschaftlich höher bewertete Ersatzhandlungen (Kunst, Wissenschaft, Musik, Sport, exzessive Arbeit), zum Beispiel aggressive Triebe durch Sport, sexuelle Wünsche durch Beschäftigung mit schönen Künsten, kindliche Neugierde durch wissenschaftliche Forschertätigkeit.

Affektualisierung. »Das kann doch nicht wahr sein, so eine Unverschämtheit!« – Eine Situation wird dramatisiert, damit die eigentliche Auseinandersetzung nicht stattfinden kann.

Entwertung oder Idealisierung. Mitarbeiter werden unbewusst entwertet oder überhöht, damit keine Differenzierung notwendig wird und über die eigentlichen Qualitäten (Stichwort: Feedback, s. S. 31) nicht nachgedacht werden muss.

Autoaggression. Aggressivität wendet sich gegen die eigene Person. Vermieden wird die Person, die es eigentlich betrifft, damit diese Beziehung nicht gefährdet wird.

Lerndesign

Immer auf den Berater

Inhalte und Zielsetzung:	Kennenlernen verschiedener Verhaltensformen bei Widerstand und Aggression.
Teilnehmer:	5–15 Personen.
Dauer:	0,5–1 Stunde.
Ressourcen:	Freier Raum mit genügend Platz, Stuhlkreis, keine Tische, Flipchart.
Vorbereitung:	Keine.

Ablauf: Der Berater bittet einen Teilnehmer, der ihm relativ freundlich gesonnen ist, bei der Übung zu helfen. Es geht darum, wie mit Aggression und Widerstand umgegangen wird.

Der Berater bittet den Teilnehmer, in aggressiv beschimpfender Weise auf ihn zuzugehen. Wichtig: mit erhobenem Arm, als habe er einen Stock in der Hand und wolle zuschlagen. Das ist nicht einfach für den Teilnehmer und muss vielleicht zwei- oder dreimal wiederholt werden, bis tatsächlich eine realistische (keine echte) Bedrohungssituation für den Berater entsteht.

Der Berater benennt diese Bedrohung oder Aggression: FEUER, und schreibt es ans Flipchart. Er zeigt jetzt verschiedene Umgangsformen damit. Jedes Mal muss der Teilnehmer, den Berater einigermaßen realistisch beschimpfend, zehn Schritte quer durch den Raum auf den Berater zugehen und immer die Hand erhoben haben.

Der Berater demonstriert die verschiedenen Umgangsformen mit Aggressivität und Widerstand:

Er geht auf den Teilnehmer in gleicher Weise – dynamisch, beschimpfend – zu, auch mit erhobener Schlaghand. Sie »stoßen« aufeinander.

Der Leiter fragt in die Gruppe: »Was war das?« Aus der Gruppe kommt: »Das war auch FEUER.« Der Berater ergänzt das Flipchartbild wie folgt:

FEUER ------------ FEUER

Gleiches Spiel. Nur kurz, bevor der wütende Teilnehmer auf den Berater trifft, weicht dieser aus und unterhält sich nett mit dem nächsten Teilnehmer. Der Wütende läuft ins Leere. Nach kurzem Austausch schreibt der Berater den dafür passenden Begriff auf das Flipchart: LUFT.

FEUER ------------ FEUER
LUFT

Gleiches Spiel. Dieses Mal nimmt der Berater jedoch den erhobenen Arm des Teilnehmers und zieht ihn etwas nach außen herunter bis auf Bauchhöhe (als würde er ihn wie eine Grenze zwischen sich und den Teilnehmer setzen) mit den Worten: »So nicht! So gehst du nicht mit mir um!« Der Begriff dafür lautet: ERDE.

FEUER ------------ FEUER
LUFT
ERDE

Der wütende Teilnehmer ist schon mit den Nerven runter, aber Lernen ist eben hart. Daher gleiches Spiel: aggressives Herangehen. Jetzt kommen dem Berater seine jahrzehntelangen Aikido-Erfahrungen zugute. Der Berater geht dem Teilnehmer entgegen und nimmt den Schlagarm am Handgelenk des Teilnehmers, geht einen Schritt zur Seite, sodass er neben dem Teilnehmer mitläuft, zieht den Arm herunter und macht dabei eine Kehre in großem Bogen (nach dem Aikido-Prinzip: Nimm die Energie des Gegners auf). Gleichzeitig mit dieser Bewegung sagt der Berater: »Sie sind wütend. Was macht Sie so unzufrieden? Was wollen Sie?« Der Bogen beziehungsweise die Kehre münden also körperlich in ein Nebeneinanderhergehen (man kann den Arm ruhig weiter festhalten) und sprachlich in ein verständnisvolles Gespräch gehen, das nach den Gründen fragt.

FEUER ------------ FEUER
LUFT
ERDE
WASSER

Die vier Elemente versinnbildlichen die verschiedenen Umgangsformen mit Aggression. Jede hat ihre Berechtigung.

Die Gruppe arbeitet mit dem Berater daran: Wann sollte man was einsetzen? Wo liegen meine Stärken? Welcher Typ bin ich? Welche Formen der Aggression findet man übertragen auf den Unternehmenskontext? Usw.

Systemisches Wissen

Essay: Alles Luhmänner?

Ein Gespenst geht um in Europa. Wenige Trainer oder Berater nur noch scheint es zu geben, die sich nicht einer systemischen Ausbildungskur unterzogen haben. Systemisches Wissen (oder was dafür gehalten wird) ist tief eingedrungen in Sprache und Denken der Trainer- und Beraterszene und passt auch in den Geist der Zeit: Arbeiteten die Berater des letzten Jahrhunderts mit humanistischem Hintergrund noch am Ausdruck der inneren Emotion und galten Tränen im Workshop als Trophäe des Erfolgs, so zeigt heute die Coolness gelingender Intervention: Systeme heulen einfach nicht.

Die Dialektik systemischer Aufklärung bescherte der Szene dann die Aufstellungsarbeit als Antithese, die auch theorielosen Moralaposteln das schmückende systemische Label gewährte: Kurz – jeder redet davon – irgendwie.

Systemisches Denken brauchen wir dennoch, um als Führungskraft oder Berater nicht der Illusion einer Wahrheit oder den eigenen Deutungsmustern zum Opfer zu fallen. Denn die Wirklichkeit ist in jedem Falle eines: anders.

Systemisch arbeiten – nur wenige wissen, was sie da tun

»Sie arbeiten also auch systemisch? Dann verstehen wir uns.« Systemtheorie ist Mode, aber nur wenige haben sie wirklich verstanden. Sieht man die Ausbildungen zum systemischen Coach, zur systemischen Gesprächsführung, zur systemischen Beratung …, werden eher stur Fragetechniken eingeübt – die Schwindel verursachen –, und manche dieser Ausbildungen sind Schwindel an sich – denn nicht das Interesse an der Beratungsfähigkeit der Lernenden steht im Vordergrund, sondern das Surfen auf einer missverstandenen Mainstreamwelle. Denn es ist keine Mode, sondern eine Kunst, die systemische Haltung einzunehmen, und eine noch höhere, die richtigen Konsequenzen und Interventionen zur jeweiligen Situation zu finden. Diese besondere, professionelle innere Haltung äußert sich vereinfacht: Die Welt, den »Film« des anderen tatsächlich kennen- und verstehen zu lernen und dem anderen einen neuen Blick in seine Welt, sein System, möglich zu machen. Vielleicht ebenfalls: Es dem anderen ermöglichen, sich so in seine eigenen Belange einzumischen. Im Hintergrund die Frage: Wo sind das Denken und Verhalten durch die Realität geprägt, oder wann prägt unser Denken und Verhalten die Wirklichkeit?

Systemisches Wissen und Wissenwollen

Wer ein System betrachtet und beraten will, will Regeln verstehen. Menschen verstehen heißt: die Regeln ihrer Kommunikation verstehen. Regeln sind sozial geschaffen und implizit oder explizit konstruiert. In jedem System gilt ein bestimmter Satz an Regeln. »Wenn Sie in diesem System dieses oder jenes tun, dann …« Systeme lassen sich deshalb danach unterscheiden, welche Regeln in ihnen gelten. Über die Zeit hinweg betrachtet, wirken die Regeln als Muster und Strukturen. Sie wirken auf die Kultur, das Verhalten und die Haltung der Menschen. Sie spiegeln die Werte, die hinter dem kulturellen System stehen. Alle Zeichen, Riten und Symbole, derer sich eine Kultur bedient, sind sowohl Ursachen als auch Wirkungen dieser Regeln.

Eine wesentliche Unterscheidung in einem systemischen Konzept ist die System-Umwelt-Unterscheidung. Alles, was nicht zum System gehört, bildet die Umwelt des Systems. (So kann auch ein soziales System Umwelt für ein anderes soziales System sein: Hat man zum Beispiel den Blick auf eine Abteilung als System, so ist die Nachbarabteilung Umwelt.) Diese Unterscheidung ist wichtig, da Systeme nach Regeln operieren und funktionieren: »Immer wenn …, dann …« Diese Regeln können explizit, implizit oder tabuisiert sein, sie lassen mehr oder weniger Veränderung zu.

Darum können Systemiker nie sagen: »Weil die Sonne scheint, wird die Bank warm«, sondern nur: »Immer wenn die Sonne scheint, wird die Bank warm.« »Kausalität … ist in der Natur vielleicht gar nicht enthalten und darum wohl nicht mehr als ›ein Bedürfnis der Seele‹« (Riedl 1990).

Systemiker fragen deshalb nicht nach Ursachen von Verhalten, sondern sie fragen nach der Funktionalität des Verhaltens: Welchen Zweck hat es? Welche Wirkungen sind beobachtbar? Was wäre, wenn sich das Verhalten so und so ändern würde?

Zum Vorgehen bei der Erforschung von Systemen schreibt Fritz Simon (1993, S. 23):

> »Es wird eine Ganzheit betrachtet, deren Elemente in einem Netzwerk von Wechselbeziehungen miteinander verbunden sind, in dem jedes die Bedingungen aller anderen bestimmt. Untersuchungsgegenstand sind dementsprechend Strukturen und Funktionen, die Beziehungen von Elementen innerhalb eines Gesamtgefüges, die Regeln der Interaktion, die Umwandlungen und Veränderungen von Systemzuständen und -strukturen.«

Einige praxisrelevante Aspekte zum systemischen Wissen

Ich gehe auf der Straße, da liegt ein Stein. Ich gebe dem Stein einen Tritt. Kenne ich nun die Kraft, mit der ich den Tritt ausführe, die Stoßrichtung, und berechne ich insbesondere die Reibung des Steins auf dem Boden und berücksichtige dabei sein Gewicht, kann ich mit ziemlicher Sicherheit vorhersagen, was passiert.

Tue ich das Gleiche mit einem Hund, gebe ich ihm also einen Tritt, kann ich nicht mehr so sicher sein, was passiert. Mein Handeln könnte verschiedene Auswirkungen zeitigen:

- Der Hund heult auf und läuft weg oder
- der Hund beißt mich oder
- der Hundebesitzer schreit mich an.

Wahrscheinlich werden in unterschiedlichen Kontexten auch Passanten unterschiedlich reagieren. Das Beispiel leuchtet ein, im Bereich der belebten Materie sind die Vorhersagen der Wirkungen bei gleichen Ursachen ungleich schwieriger. Aspekte der Beziehung und der Information spielen eine entscheidende Rolle.

Die Konsequenzen daraus: Rollen und Regeln

Die Muster sorgen dafür, dass Menschen in sozialen Systemen Rollen einnehmen. Rollen sind so etwas wie Knoten von verfestigten Mustern und Regeln in einer Person. »Immer wenn diese Person …, dann …« – Was wir als Charakter wahrnehmen und der Person für innewohnend halten, ist nur ein solcher »Knoten« – die besonderen Bedingungen der gerade jetzt und gerade so wirkenden Regeln. Würde man die Regeln in einem System ändern, würde sich auch das Verhalten ändern. Und diese Änderung geschieht durch das Erkennen und aktive Verändern der Regeln.

Die Wahrnehmung ist – systemisch gesehen – die eigentliche Wirklichkeit: Und damit wird Wirklichkeit gestaltbar, nämlich über Veränderung der Wahrnehmung. Die Philosophie der letzten Jahrzehnte wurde maßgeblich geprägt durch den Begriff und die Sichtweise des Konstruktivismus: Für radikale Konstruktivisten gibt es keine Realität und keine Ideen hinter den Dingen. Das ist konsequent gedacht, und so endet jeder Versuch, anzugeben, was die Realität ist, in Zirkelschlüssen. Es gibt keine Möglichkeit, die Realität der anderen zu erforschen. Jedem Subjekt ist grundsätzlich nur die eigene Realität zugänglich. Das ist radikal gedacht. Systemiker versuchen daher nicht, die Realität zu erfahren, sondern durch die systemischen Fragen dem anderen seine Realität erfahrbar zu machen. Das ist grundsätzlich anders, als zum Beispiel die Deutung oder Interpretation es erlauben würde.

Die Wirklichkeit, die Systemiker meinen, ist erlernte Wirklichkeit

Unsere Sinnesorgane registrieren nur, wie viel Stimulierung sie erhalten. Sie reflektieren nicht, was diese Stimulierung auslöst. Das heißt nicht, dass es keine Realität gäbe. Aber Wirklichkeit kann nie losgelöst gesehen werden vom Beobachter. Der Beobachter errechnet Wirklichkeit und erzeugt sie damit. Für den Konstruktivisten ist die Wirklichkeit nicht erreichbar – und die Wahrheit schon gar nicht. Unser Muster von Wirklichkeit entspricht den ererbten, erfahrenen und erzeugten Regeln, die wir für uns gefunden und als wirksam erlebt haben. Damit haben wir die Wirklichkeit erlernt und erfahren und uns dazu unsere eigenen Deutungsmuster und Wertungen dieser Deutungen geschaffen. Wahrnehmung hat so eine adaptive Funktion und kann damit nicht die objektive Wirklichkeit abbilden, sondern nur »passende« Verhaltensweisen erzeugen.

Das Prinzip Landkarte

Bei diesen Verhaltensweisen orientieren wir uns an inneren »Landkarten«, die uns Wege und Räume für mögliches Verhalten aufzeigen. Wir haben innere und wirkliche Landkarten, Modelle und Konstruktionen von der Welt. Diese Landkarten sind jedoch Fiktionen – zwar auf Erfahrung basierend, aber doch von uns erfunden. Die griechische Götterwelt, die Bedingungsgefüge unserer Religionen und der Wissenschaft sowie alle übersinnlichen Systeme sind Erfindungen, die für unser Verständnis der Welt und für die Logik unserer Vorstellungen hin und wieder hilfreich oder nicht hilfreich waren oder sind. Gern halten Menschen »ihre« Landkarte für die Wirklichkeit aller. Ihre Deutung sei wahr – und erkläre damit die Phänomene der Welt. Das ist aber fatal. Sie verwechseln dann die Landkarte – ihr Deutungsmuster – mit der Wirklichkeit. Das geht munter vice versa, wie ein Experiment mit Kleidungsschnittmustern beweist:

Unterwegs in Großstädten zeigte man Menschen x-beliebige Schnittmuster und verband sie mit der Frage nach dem Weg. Und tatsächlich, die Menschen beschrieben die Welt genau nach dieser willkürlichen Landkarte: Sie gehen also dort links, dann wieder bei der Kreuzung rechts …
Auch umgekehrt gilt das vortrefflich: wieder am Beispiel Landkarten – auch im geografischen Kontext »Mental Maps« genannt: Befragungen von Menschen nach der Aufzeichnung ihres Stadtteils zeigten deutlich, wie unterschiedlich Entfernungen, Größen und Formen wahrgenommen und damit eingeschätzt wurden. Je nach inneren Bewertungsregeln zeigte die gezeichnete Landkarte jeweils größere Plätze, nähere Gebäude, fehlende Kreuzungen, gefährliche Straßenübergänge…

Bei der Wahrnehmung unserer Welt vergessen wir alles, was wir dazu getan haben, sie in dieser Weise wahrzunehmen. Denn Menschen nehmen Wahrnehmung nicht wahr. Die wichtigsten Leitsätze des Konstruktivismus sind folgende:

- Es gibt keine Realität ohne einen Beobachter.
- Denken und Erkennen sind nicht von dem zu trennen, der denkt und erkennt.
- Es gibt keine von uns unabhängige und objektive Umwelt, der menschliche Geist selbst ist es, der Welt und Umwelt erfindet.

Setzen wir das voraus, gilt: Das Sein besteht nur im Wahrgenommenwerden.[1] Für soziale Systeme besonders bedeutsam: Was nicht wahrgenommen wird, ist zunächst auch nicht beeinflussbar.

Die Wirklichkeit ist damit abhängig vom Beobachter. Das heißt, die Wirklichkeit wird eher erfunden, als dass wir sie entdecken. Die Welt ist nur scheinbar objektiv. So sind Beobachtungen nicht absolut, wie es positivistische Weltanschauungen oder auch die klassische Naturwissenschaft gerne suggerieren, sondern relativ in Bezug auf den Gesichtspunkt des Beobachters. Das hat auch die moderne Physik längst bestätigt. Weil jedoch der Konstruktivismus behauptet, dass Erfahrung und Wahrnehmung die Welt bedingen, gestalten wir die erlebte Welt über die Veränderung unserer Wahrnehmungen und Wahrnehmungsfähigkeiten.

Welche Bedeutung hat der radikale Konstruktivismus für das Verständnis der Welt?

Der radikale Konstruktivismus erklärt uns, dass Wirklichkeit erschaffen wird als Struktur im Fluss des Erlebens. Sie ist damit fast eine unabhängige Welt, die unabhängig von der eigentlichen Welt erlebt wird. Aus konstruktivistischer Perspektive muss »Wirklichkeit« als Produkt oder als Konstrukt einzelner »kognitiver Instanzen« (von Glasersfeld 1990/2002, S. 30) gesehen werden.

Im Erleben und in der Einschätzung von Geschehnissen und in ihrem Umgang mit ihnen haben Menschen einen sehr großen Interpretationsspielraum. Und sie nutzen ihn in der Regel auch in Bezug auf ihre Muster und Regeln: »Immer wenn …, dann …« – und die Analyse dieser scheinbaren Kausalität hat dann Folgen: unsere Urteile über gut oder schlecht, hilfreich oder nicht hilfreich, gefährlich oder ungefährlich und anderes mehr.

Ernst von Glasersfeld hat einen eigenen Begriff zur konstruktivistischen Wahrheitsfindung gefunden, den der Viabilität. Das bedeutet: Die Konstruktion einer Realität ist dann viabel, wenn sie nützlich ist und passt. Und sie passt dann, wenn sie das Überleben in einer bestimmten Situation ermöglicht, wenn sie dabei hilft, Probleme zu lösen.

Die Bedeutung der Deutung

Probleme und ausweglose Schwierigkeiten beruhen meist weniger auf harten Fakten oder auf den sogenannten Sachzwängen. Sie sind vielmehr auf die Interpretationen der Beteiligten und Betroffenen zurückzuführen. Nicht nur Montessori, Comenius, Kant und Piaget gingen davon aus, auch neuere physiologische Untersuchungen

---

1 vgl. Berkeley, George, irischer Theologe und Philosoph (1684–1753), 15.07.2008: http://de.wikipedia.org/wiki/George_Berkeley.

scheinen das zu bestätigen. Lern- und Bildungskonzepte wie der handlungsorientierte Unterricht, das kooperative Lernen und die konstruktivistische Didaktik gehen davon aus, dass die Lernenden Konstrukteure ihres Wissens sind – und damit Koproduzenten von Unterrichts- oder Seminarsituationen. Für Akteure in Organisationen gilt Ähnliches.

Therapeutische Interventionen mit dem Ziel von Veränderungen im Handeln und Erleben zielen mit diesem Ansatz eher auf eine Änderung der Interpretation des Erlebten, wobei sich das Erlebte verändert und somit auch die Reaktionen darauf. Deutung von Situationen (siehe Kapitel »Umgang mit Uneindeutigkeit«, S. 304 ff.) ist damit nicht nur ein »Versehen mit Bedeutung« – »So ist es eben« –, sondern wiederum ein zirkulärer (und hermeneutischer) Prozess, eher: »So wird (und wirkt) es gerade.« Am Lesen von literarischen Texten lässt sich das veranschaulichen: Der Leser deutet den Text und diese Deutung verändert wiederum seine Deutungsfähigkeit: Er weiß mehr als vorher, sieht anders, nimmt verändert wahr. Das hat wiederum besonderen Einfluss auf sein weiteres Deuten und Erleben.

Betrachten wir Systeme unter dieser Voraussetzung, dann wird klar: Mit systemischem Wissen trennen sich Ursache und Wirkung nicht voneinander. Das System erzählt sich neu: mithilfe des Erklärenden. Daher der Unterschied von Auto und Autopoesis (s. Kasten).

Der Unterschied zwischen Auto und Autopoiesis – am Beispiel von Beulen

Anmerkung: Autopoiesis steht in diesem Zusammenhang für Selbstdeutung und Selbstreproduzierbarkeit.

Technisches System (Auto-System)
Situation A: Ich treffe einen Freund. Ich sehe die Beule an seinem Auto. Ich frage ihn, was geschehen sei, und bekomme die Erklärung: »Ich bin leider gegen eine Straßenlaterne gefahren …«
Situation B: Ich treffe den Freund nach drei Wochen wieder, er hat immer noch die Beule am Auto, und ich denke mir: Na, hat er sich noch nicht darum gekümmert?
Es ist einfach – es gibt eine Ursache und eine Wirkung, die für ein kausales Verständnis einleuchtend sind. Die lineare Erklärung lässt sich leicht auf Subjekt-Objekt- und Objekt-Objekt-Beziehungen anwenden.

Lebendiges System (autopoietisches System)
Situation A: Ich treffe einen Freund, sehe seine Beule am Kopf. Auf meine Frage, was denn passiert sei, antwortet er: »Ja, ich bin leider gegen eine Straßenlaterne gelaufen.«
Situation B: Ich treffe den Freund nach drei Wochen wieder, er hat immer noch (schon wieder) die Beule am Kopf, und ich denke mir: »Na, der muss ein Problem haben, weil er immer wieder an die Straßenlaterne läuft.«

Dieses flapsige Beispiel ernst genommen, bräuchte man hier schon das systemische Verständnis. Es gibt keine lineare Erklärung. Was übrig bleibt, sind hypothetische Fragen an ein Subjekt, dessen Wirklichkeitskonstruktion wir nicht kennen.

Sie fragen sich vielleicht, was das mit Führung zu tun hat, oder systemischer, was es aus Führung macht. Führungskräfte werden gemessen, an Handlungen, Wirkungen, Ergebnissen. Kennzahlen suggerieren häufig die Linearität der Handlungsmöglichkeiten. Sie gilt auch, solange sich Führung auf der Sachebene bewegt, dort, wo Gegenstände und Abläufe geplant werden wollen.

Dort, wo Führungskräfte mit der Führung komplexer lebendiger Systeme konfrontiert sind, sogar Beeinflusser davon sind, benötigen sie zwangsläufig systemisches Wissen, systemisches Können und Bewusstsein über systemisches Verhalten.

Visualisierung: Komplexe Systeme leicht gemacht

Die Konsequenzen für Beratende und Beratene. Für biologische Systeme gilt der Satz: Alles ändert sich, es sei denn, irgendwer sorgt dafür, dass es bleibt, wie es ist. Für soziale Systeme ist der Satz nicht ganz zutreffend, aber ähnlich richtig: Jemand sorgt dafür, dass ein Zustand stabil bleibt. Wenn wir unterscheiden zwischen einem Auto und einem Menschen, dann bedeutet das, dass wir uns wundern müssen: nämlich weil bei der hohen Komplexität sozialer Systeme Probleme, das heißt Verhaltensmuster, stabil bleiben und sich nicht ändern. Mit anderen Worten, jemand wendet Energie auf, damit diese Stabilität aufrechterhalten bleibt.

Für lebende Systeme gilt der Satz: Alles ändert sich, es sei denn, irgendwer sorgt dafür, dass es bleibt, wie es ist. Lebende Systeme sind eigentlich nicht triviale Maschinen. Dennoch geht meist die potenzielle Komplexität fast ganz verloren. Der Unterschied zwischen lebenden und toten Systemen: Lebende Systeme haben eine hohe Eigendynamik, die sie aktiv aufrechterhalten. Daher gilt:

- Man kann Weltkomplexität auf sehr verschiedene Weise reduzieren.
- Wir sind in einem hohen Maße verantwortlich für das, was wir als wirklich oder wahr nehmen.
- Wichtige Kriterien für unser Handeln sind: Angemessenheit, ethische Vertretbarkeit, »Viabilität«.
- Es gibt immer nur zwei Möglichkeiten, um Ursachen für Probleme zu sehen: Situation oder Person. Wir wählen das aus, was uns passt.
- Probleme resultieren aus Sichtweisen und Überzeugungen.
- Probleme werden aufrechterhalten, weil der Coachee der Überzeugung ist, seine Lösung sei die richtige. (Wenn man nur einen Hammer hat, werden alle Probleme zum Nagel.)
- Kleine Ursachen haben große Wirkungen. Kleine Veränderungen bewirken große Veränderungen. Wichtig ist, irgendetwas anderes zu tun oder zu denken.
- Regeln sind Regeln. Und deshalb kann man sie ändern!
- Eine Veränderung in einem Teil des Systems führt zu weiteren Veränderungen.
- Wir haben keinen Charakter, wir reagieren im Zusammenspiel mit anderen.
- Verstehen heißt Regeln verstehen.

Kommunikation. Erfolgreiche Kommunikation ist folgenreich; Kommunikation ist erfolgreich, wenn sie erfolgt und weiter erfolgt. Die ganze Dingmetaphorik ist Quatsch: besitzen, haben, geben, erhalten. Charakteristisch für Kommunikation ist ihre Selektivität. Kommunikation besteht in drei Selektionen: Information, Mitteilung, Verstehen. Kommunikation ist Prozessieren von Selektion. Jede Selektionsentscheidung ist kontingent, das bedeutet, sie kann immer auch anders sein.

Lerndesign

Wir hängen alle zusammen (rum)

Inhalte und Zielsetzung:	Komplexität, Verflechtung und Wirkung in Systemen sichtbar machen.
Teilnehmer:	6–18 Personen.
Dauer:	0,5–1 Stunde.
Ressourcen:	Freier Raum mit genügend Platz, keine Tische.
Vorbereitung:	Keine.

Ablauf: Der Berater bittet die Gruppe aufzustehen. Jeder übernimmt die Rolle einer Abteilung des Unternehmens oder einer wichtigen Person. Jeder sagt, wen er darstellt und warum er diese Rolle für wichtig hält. Die Aufgabe für jeden lautet nun:

> »Suchen Sie sich die zwei Rollen (Personen oder Abteilungen) aus, die für Sie in Ihrer Rolle beziehungsweise Arbeit am wichtigsten scheinen. Versu-

chen Sie dabei ein möglichst realistisches Bild der Prozesse und Abhängigkeiten zu erzeugen. Legen Sie das zunächst noch nicht offen. Jeder trifft im Stillen seine Auswahl.«

Anschließend geht es darum, die Balance zu finden. Das kann von folgenden Worten begleitet werden:

»Bewegen Sie sich nun im Raum so lange, bis es ihnen gelungen ist, mit ihren beiden wichtigsten Rollen ein gleichschenkliges Dreieck herzustellen. Das heißt, der Abstand zwischen Ihnen und den beiden wichtigsten Rollen soll gleich groß sein.«

Es kann eine ganze Zeit dauern, bis alle so ausbalanciert sind, dass jeder zu seinen bedeutsamsten Abteilungen eine Balance hergestellt hat.

Dynamik auslösen: Der Berater fragt nun, welche Abteilungen oder Personen von der anstehenden Veränderung am stärksten betroffen sind und in welche Richtung die Veränderung gehen wird (mehr in Richtung auf die Abteilung A oder B, werden andere Abteilungen also wichtiger, brauchen sie eine neue Balance? Es sollten ein oder sehr wenige stark Betroffene gewählt werden. Falls sich die Veränderung nicht als Richtung ausdrücken lässt, geht der Betroffene einige Schritte auf die Seite. Nachdem sich die Hauptbetroffenen der Veränderung bewegt haben, sind die anderen aufgefordert, ihre Balance neu herzustellen. Wieder entsteht viel Bewegung.

Die *Auswertung* erfolgt am besten noch im Stehen, da die Beziehungen dann noch sichtbar bleiben und man einige Effekte »auspendeln« kann. Fragen zur Auswertung sind: Wie viel Bewegung erzeugt die Veränderung bei X? Was bedeutet das für die Organisation? Sind alle Folgeeffekte vorhersehbar?

Variante 1: Eine dichtere Variante anstelle gleichschenkliger Dreiecke kann folgendermaßen eingeleitet werden:

»Machen Sie deutlich, von wem Sie abhängig sind und wem Sie zuliefern. Ziehen Sie an demjenigen, von dem Sie sich abhängig wähnen, und drücken Sie denjenigen, dem sie zuliefern.«

Aufpassen: Bei Veränderungen dieses Standbildes in der oben beschriebenen Weise besteht »Explosionsgefahr«.

Variante 2: In Workshops mit dem Managementteam eines Unternehmens kann jeder seine eigene Rolle oder seine Abteilung darstellen.

Anmerkungen zur Wirkungsweise: Die Annahme, jeder würde nur von zwei anderen abhängen, ist eine starke Vereinfachung der Realität, um das Lerndesign zu ermöglichen. Trotzdem entsteht eine starke Dynamik, wenn wenige zentrale Einheiten oder Personen sich bewegen. Die Komplexität von Veränderungen wird anschaulich.

Konflikt

Essay: Der Vater aller Dinge

Konflikte sind emotionalisierte Unterschiedsverhandlungen. Ohne sie bleibt alles gleich gültig. Angst machen sie, weil sie die Differenz in den Vordergrund stellen, der Konsens aber ist der Ort des guten Gefühls. Unterschiedsverhandlungen vermeiden heißt Stillstand oder – positiv gesehen – Stabilität zu fokussieren. Das ist manchmal richtig, wenn Konzentration der Kräfte auf das Außen notwendig ist. Es ist sträflich, wenn das Außen zum Garant der Stabilität im Innern werden soll. Unterschiede, die nicht behandelt werden, rauben Energie. Es bedarf eines permanenten Krafteinsatzes, eine Soll-Ist-Spannung, die sich zeigen will, unten zu halten. Der Unterdrückungskampf hinterlässt Spuren: Tabus, Zynismus und Lethargie.

In der Person und in der Organisation sind die Strategien der Spannungsvermeidung vergleichbar: Das *Ist* wird schöner geredet, als es ist, oder das Soll wird kleingeredet.

Unterschiede angehen ist mehr als Symptome beseitigen. Aufarbeiten der Konflikte bietet die Chance zur Weiterentwicklung für Person und Organisation.

Nur wo These und Antithese sich zeigen dürfen, traut sich auch das Innovative aus dem Versteck. »Wir sagen, was ist«, wäre das größte Kompliment für Unternehmenskulturschaffende.

Hierarchien sind effiziente Konfliktlösemaschinen. Oben sticht Unten. Es ist gut, wenn die Feuerwehr am Brandherd den hierarchiefreien Diskurs meidet und löscht. Dort, wo schnelle Entscheidung notwendig wird und Komplexität überschaubar ist, ist sie die Königin aller Organisationsprinzipien. Sie folgt der Logik: Die Weisheit sitzt oben, das ist die Legitimation ihrer Macht. Deshalb wird Zweifel dort verborgen, mit der Zeit sogar vergessen.

Der vertikale Konflikt erübrigt sich und ist tabu. Die, die dazwischensitzen, wissen das Oben zu pflegen und das Unten zu steuern. Sie fungieren als Filter für Realitäten: Sie pointieren das, was von oben kommt, dort, wo es opportun erscheint, und selektieren das, was von unten nach oben durchkommt. Die Horizontale wird geregelt durch die Abteilung. Die Verantwortung ist aufgeteilt und endet an der Grenze des Abgeteilten. Alles andere ist verbotene Einmischung. Der zugeteilte Bereich der Verantwortung braucht nicht den Individuellen, sondern eher den Konventionellen, der nicht überlegt, ob er die richtigen Dinge tut, sondern darauf aus ist, die Dinge richtig zu tun.

Wer es einfach haben will, bekommt auch nur Einfaches, kein Vielfaches

Geradlinigkeit und Schnelligkeit der Hierarchie haben ihren Preis: Nur wenige bestimmen, worum es geht, was wirklich und wichtig ist. Die Weisheit der vielen fällt unten durch. In einfachen Kontexten oder Verteilermärkten reicht das aus. Nicht jedoch, wo die Welt komplizierter wird und Anpassung und Flexibilität überlebenswichtig sind. Wenn das Richtige und das Falsche nicht eindeutig sind oder sich ganz verborgen halten hinter postmoderner Wirklichkeiteninflation, braucht es den Dialog, der zum Ziel hat, die Komplexität des Außen innen abzubilden.

Solche Organisationen brauchen dann nicht mehr die Oben-unten-Disziplin, die Hierarchie, sondern die Selbstdisziplin des Zuhörens, des Verstehenwollens. Wer sagen kann: »Solange einer eine andere Meinung hat, kann ich von ihm lernen«, der hat seine Ungeduld und Rechthaberei überwunden.

Führen ist hier ermutigen, unterschiedliche Positionen zu artikulieren, zu variieren und nebeneinander bestehen zu lassen. Auf diese Weise kann eine vielschichtige, tiefere Wirklichkeitssicht erreicht werden.

Die Arbeit an der Fähigkeit zu realistischen Wirklichkeitsmodellen, die der Komplexität angemessen sind, bietet einen Erfolg versprechenden Ansatz in Zeiten der Globalisierung. Deren beschleunigter Veränderungsdynamik bei gleichzeitig großer Stabilitätsreduzierung kann mit den Ergebnissen einer gelungenen Konfliktmoderation wesentlich flexibler begegnet werden.

Konfliktlösungsprozesse sind zeitaufwendig und kosten viel Energie. Jedoch bieten sich am Ende, sachbezogen wie psychologisch, neue Perspektiven, die weitaus nachhaltiger sind, als Konflikte bloß zu vermeiden oder zu verschweigen, voreilige Kompromisse anzustreben oder Strategien einseitig durchzusetzen – Konflikte als das zu begreifen, was sie ja auch sind: als echte Chance für Innovationen, angemessene Problemlösungen und verbesserte Kooperation.

Visualisierung: Wenn alles stimmt, stimmt was nicht

Teams oder Organisationen, die vorgeben, keine Konflikte zu haben, lügen. Dabei raubt die Vermeidung oder das Umlenken eines Konfliktes viel Energie. Die Existenz von Konflikten ist dann nur über bestimmte Konfliktsymptome erkennbar. Solche Symptome werden im Folgenden dargestellt.

Ablehnung und Widerstand. Das äußert sich in ständigem Widersprechen, mürrische Reaktionen sind meistens der Fall.

Aggressivität und Feindseligkeit: Neben abwertendem Reden kommen auch absichtliche Fehler vor, oder es wird »gemauert«.

Sturheit und Uneinsichtigkeit. Jeder pocht auf sein Recht, rechthaberisches Verhalten ist an der Tagesordnung.

Flucht. Diese äußert sich in einer »Damit-hab-ich-nichts-zu-tun-Haltung«; Kontakte werden vermieden; es kommt zu einem nachhaltigen Schweigen. Es wird Dienst nach Vorschrift gemacht. Auch »Paragrafenreiterei« lässt sich hier einordnen.

Überkonformität. Überfreundlichkeit und eine völlige Kritikvermeidung sind die Folge.

Rückzug und Desinteresse. Diese äußern sich im Sichzurückziehen der betroffenen Personen. Sie schalten einfach ab.

Symptome für unterschwellige und unausgetragene (kalte) Konflikte. Häufig sind es: hohe Fehlzeiten, erhöhte Fluktuation, uneffizientes Arbeiten, Krankheit und Suchtverhalten sowie Mangel an Innovationskraft.

Der Weg aus solchem Vermeidungsverhalten geht nur über das Ansprechen und Bearbeiten des Konfliktes. Je nach Ausprägung des Konfliktes ist dabei eine professionelle Unterstützung ratsam. Die beschriebenen Tabus und Widerstände haben ihren Sinn: Sie schützen. Wer Konflikte angeht, der muss mit Affekten rechnen, die sich gegen den Tabubrecher richten.

Wie können sich Konflikte psychisch auswirken?

Konfliktsituationen beeinflussen das Wahrnehmen, Denken, Fühlen, Wollen und Handeln der Konfliktparteien. Häufig, insbesondere bei eher destruktiven Verläufen, sind folgende Veränderungen von Personen und Gruppen während eines Konflikts zu beobachten (in Anlehnung an Glasl 2009, S. 184).

Verzerrung der Wahrnehmung und des Denkens. Die Folgen sind: selektive Aufmerksamkeit (Störendes am Gegner und Positives an sich selbst wird besonders beachtet), einseitige Wahrnehmung (Konfliktstoffe und -ursachen werden ausschließlich aus der eigenen Perspektive gesehen), Verzerrung des Selbst- und Fremdbildes (Rigidität, Gut-und-böse-Denken, moralische Überhöhung der eigenen und Verwerfung der gegnerischen Position), Blindheit für die Folgen dessen, was man plant, will oder tut.

Beeinträchtigung des Gefühlslebens. Dies zeigt sich in erhöhter Empfindlichkeit, in einer Zunahme von Wut, Trotz und Aggressivität sowie von Gefühlen der Unlust, Frustration und Ohnmacht, emotionale Abkapselung und Distanzierung, Projektionsmechanismen (das eigene Gefühl von Unsicherheit, Misstrauen oder Angst verformt sich zu dem Eindruck: »Der andere will mir Schaden zufügen«).

Fixierung des Wollens. Es lassen sich feststellen: motivationale Rigidität (»Entweder das oder gar nichts!«), starre Ziel-Mittel-Verknüpfungen (»Das kann man nur so erreichen«), Inkaufnehmen von eigenen Belastungen und Schädigungen, Absichten und Pläne, den Gegner zu schädigen.

Reduzierung des äußeren Verhaltens. Es kommt zu einer zunehmenden Verwendung von Abwertungen, einem Einsatz von Drohungen und Einschüchterungen, einer Intensivierung der »Reaktionen« auf »Aktionen« des Gegners, Verarmung des Verhaltensrepertoires.

Literaturtipp

Glasl, F. (2009): Konfliktmanagement. Ein Handbuch für Führungskräfte und Berater (9., aktualisierte Aufl.). Bern: Haupt; Stuttgart: Verlag Freies Geistesleben.
Dieses Handbuch von Glasl ist eine wunderbare Fundgrube für alle Themen, Designs, Geschichten, Theorien, Analysen, Tabellen, Ratschlägen rund um den Konflikt. Erst lesen, dann streiten!

Lerndesign

Fünf praxiserprobte Dramaturgien für alle Standardkonflikte

Inhalte und Zielsetzung:	Konfliktbearbeitung mit dem Ziel einer Synthese der Sichtweisen.
Teilnehmer:	5–15 Teilnehmer für das Gruppensetting, zwei Personen für das Paarsetting.
Dauer:	2,5 Stunden – mehrere Termine, je nach Tiefe und Größe des Konflikts.
Ressourcen:	Freier Raum mit genügend Platz, Stühle, keine Tische; Flipchart.
Vorbereitung:	Vorgespräch mit dem (den) Auftraggeber(n), Eventuell einige Tage vorher einen Fragebogen ausfüllen lassen (s. Muster S. 245 f.).

Ablauf: Es gibt unterschiedliche Settings zu diesem Lerndesign, denn Konflikte in Organisationen können unterschiedliche Gründe haben. Ein Berater muss sich zunächst unvoreingenommen einen Überblick über die Gemengelage verschaffen: Wer sieht was, wie und warum? Gibt es noch Zugeständnisse an die andere Seite? Ist ein Perspektivwechsel möglich, wird die Sichtweise des oder der anderen noch wahrgenommen?

Die folgenden Beispiele veranschaulichen die Vorgehensweise. Es gibt fünf echte Klassiker eines gestörten Arbeitsprozesses:

- Konflikt innerhalb einer Arbeitsgruppe.
- Konflikt mit einer anwesenden Führungskraft.

- Konflikt mit einer abwesenden Führungskraft.
- Konflikt zwischen zwei Personen (innerhalb einer Gruppe).
- Konflikt zwischen zwei Personen (ohne Gruppe).

Fall 1: Konflikt innerhalb einer Arbeitsgruppe
Folgende Vorgehensweise unter Einbeziehung zweier Berater hat sich bewährt: Die Berater lassen die Gruppe zunächst eine Aufstellung im Raum vornehmen.
»Wer Position A vertritt, soll sich bitte hierhin stellen, Position B bitte dahin, und wer der Angelegenheit neutral gegenübersteht (Position C), möge sich bitte dorthin begeben.« Diese optische Trennung schafft auch unter den Kontrahenten Klarheit, wer sich zu wem wie verhält.
Einer der Berater beginnt nun (im Raum, vor allen anderen) ein Reflexionsinterview mit Gruppe A, um zu verstehen, worum es geht. Wenn alle Ansichten und Aspekte erschöpfend geäußert wurden, wendet sich der Berater nacheinander an die anderen Gruppen.
Von B und später von C will er nun wissen: »Was sagen Sie dazu?« Oder: »Was löst das Gehörte bei Ihnen aus?« Es geht bei diesem Feedback nicht um die Meinung der Zuhörer, ob das, was sie da gehört haben, richtig oder falsch ist. Sie sollen nicht korrigieren. Entscheidend ist, wie sie darauf reagieren (aggressiv, verstört, befremdet, belustigt etc.).
Darauf werden mit den Gruppen B und C nacheinander kurze Reflexionsinterviews vorgenommen, jedoch ohne Feedback der Zuhörenden.

In aller Regel bringt allein schon die Anordnung der Moderation (die Aufstellung der Parteien – jede kommt zu Wort) eine gewisse Klarheit in den Konflikt. Zudem können der geregelte Ablauf (und die implizite Gleichbehandlung aller) den Kontrahenten neue Perspektiven eröffnen. Es entsteht, zumindest in diesem Rahmen, ein Nebeneinander der Positionen. Es zeigt sich, dass es möglich ist, alle Positionen zu verstehen – und zwar mindestens schon mal für den Berater. Nun ergeben sich zwei mögliche Varianten:

Variante 1: Der Berater bringt Thesen über das Gehörte ans Flipchart, zum Beispiel zwei Komplimente, drei Einschätzungen, zwei Lösungsvorschläge. Die Formulierungen könnten beispielsweise so lauten: »Hohes Maß an Engagement, daher die starke Emotionalität.« – »Führungskräfte haben sich zu wenig ums Team gekümmert.« – »Großer Arbeitsdruck, Gespräche fielen aus, ergo: viele Missverständnisse.« Der Inhalt dieser Thesen ist übrigens nicht so wichtig, entscheidend ist allein, dass der Konflikt selbst im Mittelpunkt steht.
Die Thesen werden anschließend in Kleingruppen diskutiert, die aus jeweils einem Vertreter der Gruppen A, B und C formiert sind. Die Aufgabe lautet, eine gemeinsame Zustimmung oder eine Ablehnung der Thesen herzustellen. Es geht also darum, einen Konsens zu finden. Das Ergebnis

wird anschließend vor dem Plenum erläutert. Auf diese Weise schälen sich die Thesen aus dem Konflikt heraus oder werden möglicherweise sogar abgelehnt. Im letzteren Fall würde indirekt auch der Berater kritisiert, da die Thesen von ihm stammen. Das wiederum ist nicht relevant, denn die Thesen sind lediglich Vehikel zur Kommunikation. Wichtig ist allein, dass neue Ein- und Ansichten über den Gesamtkonflikt entstehen.
Variante 2: Sofern zwei Berater anwesend sind, interviewt der eine die Gruppe A, der andere die Gruppe B. (Die Gruppe C, die neutral zum Konflikt steht, kann hierbei vernachlässigt werden.) Vor der konträren Partei vertreten die Berater die Ansichten und Meinungen der Gruppe, die sie eben interviewt haben. Der Effekt: Man kann offenbar immerhin über den Konflikt reden …
Im Anschluss daran bietet es sich an, zum Ablauf der Variante 1 überzugehen.

Fall 2: Konflikt mit einer anwesenden Führungskraft
Fall 2 ist anders gelagert: Einer gegen alle (beziehungsweise umgekehrt), lautet hier das Problem. Da die Führungskraft anwesend ist, muss mit offenem Visier gefochten werden. Die Dramaturgie der Moderation verläuft in sechs Schritten.

Schritt 1: Mit einer Art Kontrakt holt der Berater das Einverständnis aller ein, sich nun mit dem Konflikt zu beschäftigen. (Zumindest sind sich in diesem Punkt dann schon mal alle einig.)

Schritt 2: Der Gruppe wird die Frage gestellt: Worin bestehen die Aufgaben von Führung? Anschließend wird der Führungskraft die Frage zugespielt: Worin bestehen die Probleme von Führung? Von beiden Parteien könnte darauf erörtert werden: Ist Führen ein interaktiver Prozess? Hat die Führungskraft alle Verantwortung? So weit sind das noch offene, eher weiche Fragen, die dann allerdings in einer verschärfenden Variante (einmal der Gruppe, einmal der Führungskraft gestellt) zugespitzt werden: Wer ist Opfer und wer Täter? Die Konfrontation beginnt.

Schritt 3: Nun wird aufgeteilt, die Gruppe hierhin, die Führungskraft dorthin. An folgenden Fragen sollte gearbeitet werden:
- Was ist in der Zusammenarbeit positiv?
- Was ist verbesserungswürdig? (Stichwort: Prioritäten)
- Was erwarten wir vom anderen? Was erwarte ich (= Führungskraft) von den anderen?
- Was, glauben wir, erwartet der von uns? Was glaube ich (= Führungskraft), erwarten die von mir?
- Was wollen oder müssen wir tun, damit der andere unsere Erwartungen erfüllen kann? Was will oder muss ich (= Führungskraft) tun, damit die anderen meine Erwartungen erfüllen können?

Schritt 4: Die Ergebnisse werden präsentiert. Beide Parteien sollten ausführlich zu Wort kommen können. Verständnisfragen müssen zugelassen und geklärt werden.

Schritt 5: Der Berater gibt jeder Partei Gelegenheit, eingehend auf die folgenden Fragen zu antworten:

- Welche Erwartungen will ich/wollen wir nicht erfüllen und warum?
- Welche Erwartungen will ich/wollen wir sofort erfüllen und wie?

Schritt 6: Vereinbarungen werden getroffen.

Es ist nicht unbedingt zu erwarten, dass nach Austausch der konträren Positionen alle Aspekte des Konflikts aus der Welt sind. Dennoch wird sich in aller Regel etwas bewegt haben, ein Konsens sichtbar geworden sein, auf dessen Grundlage sich Vereinbarungen treffen lassen. Etwa dass Konflikte künftig nicht derart eskalieren oder dass Entscheidungen (zum Beispiel durch ein gewisses Mitspracherecht) anders organisiert werden.

Fall 3: Konflikt mit einer abwesenden Führungskraft

In Fall 3 arbeitet der Berater nur mit der Arbeitsgruppe, die den Konfliktherd in der Person einer Führungskraft wähnt. Der Einstieg ist ähnlich wie in Fall 2, das Prozedere in drei Schritten nimmt dann aber eine andere Richtung.

Schritt 1: Zur Eröffnung stellt der Berater der Gruppe offene, eher allgemeine Fragen, über die diskutiert wird:

- Worin bestehen die Aufgaben von Führung?
- Worin bestehen die Probleme von Führung?
- Ist Führen ein interaktiver Prozess?
- Haben alle (dieselbe) Verantwortung?
- Zuspitzung: Sie sind auch Täter, nicht nur Opfer!

Damit wird bewusst das Prinzip von Ursache und Wirkung vertauscht. Sinngemäß wäre daher auch die Frage erlaubt: »Was könnten Sie tun, damit das Arbeitsklima mit Ihrem Chef noch ungünstiger wird?«

Schritt 2: Der Horizont wird ein wenig erweitert. Der Berater bringt Metaphern ins Spiel. Er könnte zum Beispiel zur Diskussion stellen:

- Probleme mit der Führungskraft sind wie schlechtes Wetter, oder?
- Ist Ihr Chef eigentlich immer gleich?

Schritt 3: Nun wird die Gruppe in mehrere kleine Gruppen aufgeteilt, denen weitere Fragen gestellt werden. Anschließend folgt die Ergebnispräsentation. Fragebeispiele:

- Angenommen, wir wollten es schlimmer machen, was müssten wir tun?
- Wieso ist die Führungskraft so? Welche guten Eigenschaften lassen sich nennen?

- Gibt es Ausnahmen, in denen eine vergleichbare Situation nicht zu so einem Konflikt geführt hat? Was war da anders?
- Wie können wir künftig einen solchen Konflikt schon im Vorfeld vermeiden?

Der Sinn dieser Übungen besteht darin, den Konflikt nicht als etwas Schicksalhaftes, Fatales hinzunehmen, sondern die Eigeninitiative der Gruppe durch Selbstreflexion, vielleicht auch durch Selbstkritik, zu motivieren. Gelingt die Moderation, kann sich die Gruppe selbst dem Konflikt mit der Führungskraft stellen und auf Augenhöhe neue Vereinbarungen treffen.

Fall 4: Konflikt zwischen zwei Personen (innerhalb einer Gruppe)
Nicht selten kommt es vor, dass ein Konflikt innerhalb einer Gruppe von lediglich zwei Personen ausgeht. Das größte Problem: Die beiden reden nicht mehr miteinander …
Zunächst muss der Berater für sich klären, ob die Lösung des Problems innerhalb oder außerhalb der Reichweite der beteiligten Personen liegt. Liegt sie außerhalb, ist es zwecklos, weiter darüber zu reden, da es sich gewissermaßen um höhere Gewalt handelt. Liegt sie innerhalb, stehen drei Fragen im Vordergrund:

- Besteht ein objektiver Interessenunterschied?
- Sind die beiden voneinander abhängig?
- Haben sie vielleicht beide recht?

Die Aufgabe des Beraters besteht zunächst darin, mit Interesse und Neugier nach den Gründen des Konflikts zu forschen, Unterschwelliges nach oben zu befördern und dabei herauszuarbeiten, dass es unterschiedliche Positionen gibt. Die beste Sichtweise der beteiligten Personen wäre die Haltung: »Oh, interessant, wir haben einen Unterschied!« Das heißt, es geht darum, den Konflikt als positiven Anlass zur Klärung von verschiedenen Sichtweisen aufzufassen.
Die Ansätze, die den Berater leiten und die er zu vermitteln versucht, lauten:

- Solange einer im Team eine andere Meinung hat, kann man von ihm lernen.
- Konsens ist das Ende der Kommunikation.
- Nicht Dissens ist das Gefährliche am Konflikt, sondern der Abbruch des Gesprächs.

Um die Moderation in Gang zu bringen, teilt der Berater die Gesamtgruppe auf, zum einen in eine Gruppe, die der Konfliktposition von Person A nahesteht, zum anderen in eine, die der Position von Person B folgt. Person A begibt sich nun in einen Dialog mit Beratern, die als »Dissidenten« die Position B vertreten. Parallel führt B einen Dialog mit Dissidenten der Position A. Thema des Dialogs sind jeweils die Unterschiede zwischen den beiden Positionen.

Anschließend wird ein imaginärer Zaun gezogen mit der Person und den Vertretern der Position A auf der einen Seite und der Person und den Vertretern der Position B auf der anderen. Es herrscht also strikte Parteientrennung. Jede Partei berät nun ausführlich die Situation, während die andere, hinterm Zaun, schweigend zuhört. (Normalerweise zeigt sich in diesen Diskussionen bereits ein gewisser »Dissidenteneffekt«, der aus den Eröffnungsdialogen resultiert.)
Danach streiten sich die Hauptkontrahenten coram publico über die Unterschiede ihres Konfliktes. Niemand mischt sich ein. Entweder gelangen sie nun schon zu einer Einigung oder die gesamte Gruppe kehrt zur Stufe 1 zurück. Dieser Ablauf wird so lange wiederholt, bis Person A und B alle Differenzen benannt und geklärt haben.

Erst danach ist es sinnvoll, in einem Brainstorming nach Lösungen zu suchen und Vereinbarungen zu treffen. Es empfiehlt sich, weitere Termine auszumachen, bei denen überprüft wird, ob die Lösungen auch tragen.

Fall 5: Konflikt zwischen zwei Personen (ohne Gruppe)
Ein Zweierkonflikt, der sich nicht im Rahmen einer Gruppe abspielt, die intermittierend eingebunden werden kann, verlangt vom Berater besonderes Fingerspitzengefühl und viel Diplomatie. Hier ist zunächst Einzelarbeit gefragt.
In der Vorbereitungsphase ist der Einsatz von Fragebögen hilfreich (Muster siehe gegenüberliegende Seite »Checkliste Konfliktmoderation« und »Musterfragebogen Konfliktbearbeitung«, S. 245 ff.). Bei den Einzelgesprächen können auch diskrete Fragen nach der persönlichen Schmerzgrenze innerhalb dieses Konfliktes gestellt werden. Solche Fragen, die in Gruppenprozessen (oder unter Beteiligung von Vorgesetzten) eher tabu sind, könnten so lauten:

- Eine Museumsliste meiner Verletzungen, wie sähe die aus?
- Meine Gürtellinie der Verletzbarkeiten, wo läge die?
- Meine unveräußerlichen Rechte und Freiheiten, kann ich die benennen?

Aufwand und Planung: Konfliktmoderationen sind immer individuell verschieden, auch wenn es erkennbar wiederkehrende Muster gibt. Vorbereitung und konkrete Gruppenarbeit hängen von der Tiefe und Größe des Konflikts ab. Bisweilen genügt ein intensiver Nachmittag, in anderen Fällen sind mehrere Termine nötig.

Nach folgender Checkliste läuft eine standardisierte Konfliktmoderation in der Regel ab (hier am Beispiel des Konflikts zweier Personen innerhalb einer Arbeitsgruppe oder Abteilung):

Checkliste Konfliktmoderation

- Vertrag schließen.
- Eventuell Fragebogen per Post an die beiden beteiligten Personen schicken und ausfüllen lassen.
- Interview mit dem Auftraggeber (meist der Chef oder die zuständige Führungskraft); das Interview findet vor den Kontrahenten statt und stellt Fragen zu Geschichte, Gegenwart und Zukunft des Konflikts. Daraufhin verlässt der Auftraggeber den Raum.
- Interviews mit den Beteiligten zu Geschichte, Gegenwart und Zukunft des Konflikts.
- Thesen zum Konflikt durch den Berater. Zustimmung oder Ablehnung durch die Beteiligten.
- Arbeit an Lösungen.

Zur Vorbereitung (betrifft insbesondere Fall 4) kann es für den Berater hilfreich sein, Fragebögen zu verschicken. Den folgenden Musterfragebogen können Sie natürlich an Ihre Bedürfnisse anpassen.

Musterfragebogen Konfliktbearbeitung

Zur Person

Wer ist an dem Konflikt beteiligt?

....

....

Wer sind die Konfliktparteien?

....

....

Sind Dritte beteiligt? (Wenn ja: wer?)

....

....

Zur Sache

Worin besteht das Problem?

....

....

Schildern Sie es bitte aus Ihrer Sicht.

....

....

Schildern Sie es bitte aus der Sicht anderer Beteiligter (der »Gegenseite«).

....

....

Zur Emotionslage

Welche Gefühle bewegen Sie bei diesem Konflikt?

....

....

Welche Gefühle vermuten Sie bei den anderen?

....

....

Zur Zielsetzung

Worin besteht Ihr Ziel bei dem Konflikt?

....

....

Worin besteht das Ziel der anderen Konfliktparteien?

....

....

Zu den Lösungsversuchen

Welche Lösungsversuche gab es bereits?

....

....

Warum sind sie gescheitert?

....

....

Zu den Ursachen

Welche Hypothesen über die Ursachen des Konflikts haben Sie?

....

....

Welche Hypothesen dazu haben Ihrer Meinung nach die anderen?

....

....

Zum Verhalten

Welche Konfliktstile nehmen Sie wahr (zum Beispiel offene, aggressive, verdeckte, hinterhältige ...)?

....

....

Welche Konfliktstile finden sich eher bei Ihnen und welche bei den anderen?

....

....

Zur Einschätzung

Was passiert, wenn nichts passiert (wenn also alles bliebe, wie es derzeit ist ...)?

....

....

Wer leidet am meisten?

....

....

Wie viel, schätzen Sie, kostet der Konflikt das Unternehmen?

....

....

Annäherung

Inhalte und Zielsetzung: Unterschiedliche Sichtweisen zusammenführen.
Teilnehmer: 6–20 Personen.
Dauer: Je nach Konfliktkomplexität 15 Minuten bis zu einer Stunde.
Ressourcen: Freier Raum mit genügend Platz, keine Tische, Flipchart.
Vorbereitung: Auf dem Boden wird eine Mittellinie – zum Beispiel mit Kreppband – markiert.

Ablauf: Die beiden Parteien stellen sich links und rechts der Mittellinie im Abstand von einigen Metern einander gegenüber auf. Die Parteien haben nun abwechselnd die Möglichkeit, Argumente für ihre Sichtweise in die Diskussion zu bringen. Die jeweils andere Seite geht einen Schritt vorwärts, wenn das Argument überzeugend ist, und einen Schritt rückwärts, wenn sie mit dem Argument nicht einverstanden ist. Die Übung geht so lange, bis sich die beiden Parteien in der Mitte gegenüberstehen und sich die Hand reichen können. Die Argumente und das Ergebnis werden vom Berater während der Diskussion festgehalten oder im Nachhinein von beiden Fraktionen gemeinsam aufgeschrieben.

Anmerkungen zur Wirkungsweise: Die Wirkung jedes Arguments wird sofort als Positionierung der jeweils anderen Seite deutlich. Das Lerndesign ist gut geeignet, um unterschiedliche Sichtweisen zusammenzuführen. Es setzt allerdings voraus, dass das Ziel aller eine konstruktive Lösung und eine offene Diskussion ist.

Kultur verändern

Essay: Kultur schaffende Führungskräfte

Woran erkennt man Kultur? Kultur ist in einer einfachen Form definiert: Eine besondere Kultur ist eine besondere Art und Weise, Probleme zu lösen. Nach Karl Poppers »Alles Leben ist Problemlösen« ist dann Kultur sowohl die Antwort auf die Lösung von Problemen als auch die Frage nach Problemen des Überlebens, der Kommunikation, der Entscheidungsfindung, der Begegnungen, der Macht, der Konfliktlösung …

Ganz vereinfacht unterscheiden sich Kulturen in der Frage, wer denn hier welche Probleme löse. Und schon sind wir ganz bei der Kultur von Organisationen, Unternehmen und Systemen und dort, wo Probleme sehr unterschiedlich gelöst werden. Führungskräfte sind daran maßgeblich beteiligt.

Kulturelles Handeln bezieht sich auf den Einflussbereich und den Gestaltungsraum des Menschen. In Ergänzung zu »Natur« steht Kultur für das pflegende, gestaltende Handeln des Menschen in Bezug auf die Dinge, das Material, die sozialen Beziehungen, das Wissen und das Denken, das ihn umgibt.

Führungskräfte in Organisationen sind einerseits geprägt von ihrer Herkunftskultur, von ihrer Ausbildung, von ihren bisherigen Erfahrungen von und mit Unternehmenskultur. Andererseits sind sie Prägende: Täglich gestalten sie die sie umgebende Kultur mit und neu. Sie sind in ihrer Rolle damit Akteure und Geformte zugleich.

Das, was im kulturellen Schaffen »Gestalt« annimmt, hat eine sichtbare und eine unsichtbare Ebene:

- Die sichtbare, explizite Ebene ist die Seite der Artefakte, Symbole, Rituale der handelnden Personen – man kann sie sehen und anfassen.
- Die unsichtbare, implizite Ebene ist die Seite der mentalen Modelle, der Normen, die die jeweiligen Verhaltensmuster bestimmen – man kann sie deuten und erfahren.

Nehmen wir – wie vor uns viele Philosophen – die Aprikose als Bild:

- außen das Sichtbare (der Anschein, die Beschaffenheit),
- in den verdeckten Ebenen das Unsichtbare (das Fleisch, das Wesen, der Charakter),
- im Kern die Werte, die das Wesen der jeweiligen Kultur ausmachen (die Haltungen und Werte, die »Erbinformationen«)

Wenn man auf Menschen nachhaltigen Einfluss nehmen will und sie zur Reflexion ihrer Werte und zur Veränderung des »Mind-Sets«, der handlungsleitenden mentalen Modelle bringen möchte, dann ist das ohne eine Arbeit an den Werten kaum möglich. Changemanager, Reformer, Organisationsentwickler sind damit Werte-Arbeiter, wenn sie ihre Kunst verstehen. Werte sind aber ohne handelnde Menschen nicht zu haben – deshalb geschieht Veränderung erst dann, wenn sich beobachtbares Verhalten nachhaltig ändert, oder kurz: wenn Probleme nachher anders gelöst werden als vorher. Verändern oder nur ändern – das ist die Frage:

Am Beispiel Kundenorientierung kann man es schön erkennen. Bringen Sie Ihren Mitarbeitern bei, andere Sprachformen zu verwenden, die Daten und Hinweise ihrer Kunden aufzulisten, Rankings zu machen, Bedarfe abzufragen – dann ändern Sie – zum Beispiel durch Training und ein paar Techniken – sicherlich etwas an der Kundenorientierung Ihrer Mitarbeiter. Aber Sie verändern selten etwas an der impliziten Kultur. Damit ist die Nachhaltigkeit der Veränderung gefährdet – sehr leicht kehrt alles wieder zu den alten Verhaltensweisen zurück, aus Gewohnheit, aus Bequemlichkeit, aus Stabilisierungsgründen, weil sich an der ursächlichen Haltung nichts geändert hat.

Wie schwer Kulturveränderung ist

Die Entwicklungsmöglichkeiten hängen davon ab, wie stark die vorhandene Kultur ist:

- wie überzeugt die Menschen dieser Kultur von ihren Normen und Verhaltensweisen sind (welche unumstößlichen Standards vorherrschen),
- wie sehr implizite und explizite Kultur zusammenpassen – je mehr, desto stärker und beständiger ist die Kultur,
- wie deutlich und wie einig die gemeinsamen Werte gelebt werden – starke Kulturen haben beides: Deutlichkeit und Einigkeit.

Starke Kulturen sind allerdings auch beharrliche Kulturen. Gelingt polare Integration, haben starke Kulturen auch ein gemeinsames Verständnis gegenüber dem Wandel und der Notwendigkeit von Veränderungen. Das ist dann wirkliche Stärke.

Warum gerade Kultur verändern?

Beständige Kulturen sind deshalb beständig, weil es ihnen gelingt, sinnvoll auf die sich verändernden Umweltbedingungen, Ressourcenlagen und Verhaltensweisen der anderen Kulturen einzugehen. Innovativen Kulturen fällt daher das leicht, was beharrliche Kulturen auch bei höchster Investition und strengstem Befehl verhindern: das Finden wirklich neuer Wege, das Einsetzen neuer Verfahren und kreativer Lösungen.

Warum Führungskräfte gern alles, aber nicht die Kultur verändern

Natürlich beweisen Führungskräfte Profil – gern auch mit Reformen, wenn sie ihre Aufgabe neu antreten. Es werden neue Prozesse beschrieben, Verfahren verändert, auch neue Ziele gesetzt, neues Personal eingestellt, die Strategie wird neu überdacht. Messbare Erfolge werden angestrebt, das ist selbstverständlich. Evaluationen und Reformeifer werden sichtbar, denn so wird das Profil der Führung erkennbar: Der oder die tut was. Seltener wird über das gemeinsame Bild nachgedacht, das Mitarbeiter und Führungskräfte voneinander und von der Aufgabe haben. Noch seltener wird über Werte gesprochen oder an den Haltungen gearbeitet, die die jeweilige Aufgabe erfordert oder erzeugt. Führungskräfte ändern so viel an der sichtbaren Ebene, am *Was* des Tuns. Gründe, warum das kulturelle *Wie* so ungern angegangen wird:

- weil Führung dann das gewohnte Verhalten stört,
- weil Short Wins attraktiver sind als langfristige Investitionen,
- weil man für Beteiligung – also: Auseinandersetzung – sorgen muss.

Sichtweisen schaffen Strukturen, schaffen Kultur

Strukturen sind für die Erneuerungsfähigkeit ebenso wichtig wie Personen, Werte und organisationales Handeln. Sehr häufig aber hängen die vorhandenen Strukturen der Kultur von der Sichtweise und dem Weltbild derer ab, die sie geschaffen haben.

Organische Strukturen fördern Kulturveränderungen eher als mechanistische Strukturen. Deutlich werden die mentalen Modelle, in denen Organisation gedacht wird – eher statisch wie ein Kartenhaus oder eher flüssig wie ein Gebirgsbach? Deutlich werden die unterschiedlichen Eigenschaften dieser Strukturverständnisse:

Strukturen, die eher einem mechanistischen Weltbild entsprechen	**Strukturen, die eher einem organischen Weltbild entsprechen**
Es gibt wenig individuelle Entscheidungsfreiheit.	Informelle Wege sind gegeben.
Hierarchische Ordnung	Es existieren flache oder gar keine Hierarchien.
Bürokratisch.	Flexible und lustvolle Entscheidungen.
Lange Entscheidungswege und langsame Entscheidungsfindung.	Informationen sind überall verfügbar.
Wenig direkte Kommunikation.	Viel direkte Kommunikation.
Informationen fließen bottom-up, Erlasse werden top-down gegeben.	Weitgehende Regelfreiheit.
Strenge Abgrenzung von Abteilungen und Bereichen.	Offen für Ideen von außen, interdisziplinäre Teams, kaum Bereichsgrenzen.

Kulturveränderung ist also möglich: weil es eine Frage der Sichtweise auf die Dinge ist – ändert sich unsere Sichtweise, dann ändert sich unsere Kultur. Sichtweisen entstehen: Man kann sie nicht erzwingen oder einfordern. Doch sie entstehen durch Reflexion, Dialog und Auseinandersetzungen von Individuen und Gruppen. Eine Gruppe denkt nach, indem sie spricht und ihre Pluralität nutzt, um der passenden Lösung für ihr Problem näherzukommen. Aus diesem Grunde nutzt man Teams: Sie bilden in ihrer Kultur oft ein Abbild der sie umgebenden Kultur. Zur Entwicklung einer Kultur auf individueller Ebene, Gruppenebene oder Systemebene ist damit folgendes Führungshandeln hilfreich:

- Bedingungen für eine Reflexion der Kultur schaffen.
- Projekte zur Kulturveränderung initiieren und unterstützen.
- Neue »Helden« schaffen und die veränderten Verhaltensweisen belohnen.
- Selbst die Veränderung sein, die man in der Welt sehen will.
- Feedback erlernen und einsetzen, um jedem Beteiligten weitere Perspektiven auf sich selbst und sein Handeln zu ermöglichen.

Zukunft braucht Herkunft

»Wer seine Vergangenheit nicht kennt, hat keine Zukunft.« – Sowohl für kollektive historische Bewusstseins- und Kulturentwicklung als auch für Einzelpersonen gilt: Wir bewegen uns im Hinblick auf das »Neue« immer in Bezug auf das Überkommene. Wir können in diesem Sinne nicht vorurteilsfrei sein, denn unsere Erfahrungen hängen von unseren Vorerfahrungen ab. Wir tragen Werte, Haltungen, Rituale mit, welchen wir uns nicht entziehen können. Unsere Herkunft (Tradition, Kultur, Familie, Unternehmen) hat uns mitgeprägt und ist ein Teil von uns geworden, auch wenn wir uns dessen oft nicht bewusst sind. Wir haben es einfach ererbt und handeln so, weil »das schon immer so war«.

> »Was du ererbt von deinen Vätern hast,
> erwirb es, um es zu besitzen.
> Was man nicht nützt, ist eine schwere Last.
> Nur was der Augenblick erschafft, das kann er nützen.«
> (Goethe 1808/1947, Faust I, Vers 682 ff.)

Vor zweihundert Jahren formuliert, ist es eine immerwährende Wahrheit: Kulturen erben von Kulturen. Entscheidend ist aber das »erwirb« – die aktive Gegenwart der Beteiligten. Das Erwerben setzt Fleiß, Wissen, Aktivität voraus – ebenso wie gestaltendes Eingreifen und Einbeziehen der günstigen Bedingungen.

Kulturveränderung bezieht sich damit immer auf die Herkunft eines Unternehmens – auf die alten Geschichten, die erzählt werden, auf die Mythen, die entstehen, und auf die Helden, die in diesen Geschichten Rettungstaten vollbrachten oder darin umkamen. Kulturentwickler achten daher sehr auf das, was erzählt und wie es erzählt wird. Die gute Deutung dessen offenbart die Entstehung der gegenwärtigen Sichtweisen. Es geht dabei nicht um die psychoanalytische Deutung und das Wühlen in alten Geschichten – aber es geht um den (Erzähl-)Stoff, der in die Zukunft wirkt. Zukünftig ist dann, was zur Herkunft hinzukommt. Das, was der Kultur hinzuerzählt wird, das, was umerzählt wird. Kultur verändert sich, weil neue Geschichten von neuen Handlungen erzählt werden – weil neue Mythen und Helden entstehen, andere Taten belohnt und anders über die Kultur gesprochen wird.

Wir erkennen Kulturen an der Art und Weise, wie von einem System Probleme gelöst werden. Kultur verändern heißt dann: neue Geschichten von neuen Problemlösungen zu schaffen, zu füllen und zu erzählen. Dann »besitzen« wir Kultur als eine Summe von Geschichten, die man von ihr erzählt.

Visualisierung: Wer hat hier eigentlich die Kultur gemacht?

Das »Zwiebelmodell«. Wer das »Zwiebelmodell« verwendet, beobachtet Organisationskulturen quasi von »außen nach innen«, Schicht für Schicht, vom Sichtbaren zum Unsichtbaren:

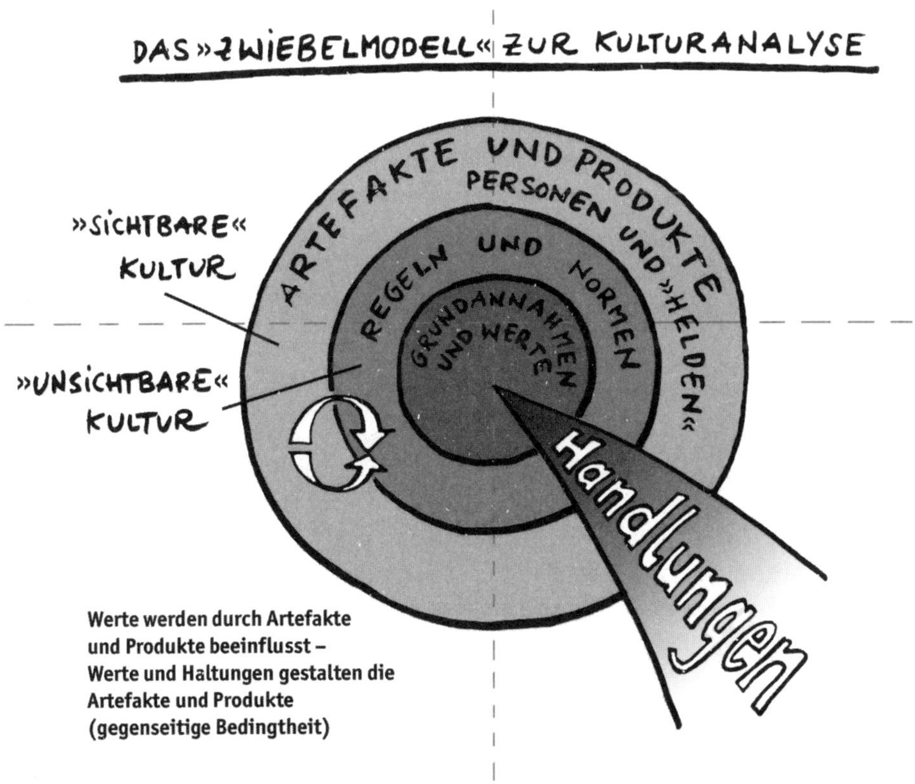

- Artefakte und Produkte, Personen und Helden sind sichtbar. Sie begegnen dem Beobachter als Erstes, sind augenfällig, anfassbar und ansprechbar (zum Beispiel das eigentliche Produkt, aber auch die Gebäude, die Ausstattung, die Mitarbeiter und Chefs).
- Regeln und Normen sind nicht auf den ersten Blick sichtbar, sie gehören einer darunterliegenden Schicht an. Sie werden von den Personen und Helden gelebt, implizit oder explizit, und sie können sich in den Artefakten und Produkten spiegeln.
- Die Grundannahmen und Werte als »Zwiebelkern« sind der unsichtbare Teil. Oft nicht einmal von den Beteiligten ansprechbar, kann ein Beobachter nur durch Hinterfragen der beiden ersten Schichten auf sie zurückschließen.
- Die Handlungen der Personen, das beobachtbare Verhalten, repräsentieren hingegen alle Schichten der Kultur: Sie sind auf den Kern zurückzuführen, geleitet von Regeln und Normen, und sie erzeugen die Artefakte und Produkte.
- Wichtig: Wie auch immer man die Zwiebel schneidet – alle Schichten bedingen sich gegenseitig und erzeugen auf diese Weise die »sichtbare« und »unsichtbare« Kultur einer Organisation.

Lerndesign

Führungsrekonstruktion – Rekonstruktion einer Organisationseinheit (OE)

Inhalte und Zielsetzung:	Auseinandersetzung mit Vergangenheit und Gegenwart der Organisationseinheit, um die Zukunft zu gestalten. Fragen nach Grenzen und Möglichkeiten, Zusammenarbeit, Veränderungskultur und Kraftquellen werden beantwortet.
Teilnehmer:	8–20 Personen.
Dauer:	4 Stunden bis 1 Tag, je nach Tiefe.
Ressourcen:	Freier Raum mit genügend Platz, Stühle, keine Tische, Metaplanwände, Moderationsmaterial.
Vorbereitung:	Keine.

Ablauf: Zunächst werden Fragen gesammelt. Die Teilnehmer erarbeiten in Zweiergruppen Fragestellungen, die mithilfe einer Rekonstruktion beantwortet werden sollen. Die Fragen werden auf Karten geschrieben, gesammelt, in Cluster eingeteilt und von allen Teilnehmern priorisiert.

Anschließend erfolgt die *Rekonstruktionsarbeit.* Dazu werden Kleingruppen gebildet, die unterschiedliche Aufträge erhalten. Die Aufträge können Folgendes beinhalten:

- Ein Führungsstammbaum soll erarbeitet werden, in dem folgende Fragen beantwortet werden: Wie ist die Abteilung entstanden? Wer waren die Chefs? Warum wurden sie Chefs? Warum sind sie gegangen? Worin bestanden die Kompetenzen der Führungskräfte?
- Eine Beziehungsanalyse wird erstellt, die die Vergangenheit und die Gegenwart anhand von Fragen erarbeitet: Wer arbeitet gut, wer nicht gut zusammen? Welchen Einfluss hat die Führung oberhalb der Organisationseinheit? Wie erging es neuen Mitarbeitern? Welche heimlichen Hierarchien existieren?
- Parallele Chroniken werden geschrieben: Ereignissen und Geschichten außerhalb des Unternehmens werden Ereignisse im Unternehmen gegenübergestellt (zum Beispiel außerhalb: 9/11 Anschlag, Internet-Blase platzt; im Unternehmen: Vorstandszuständigkeit für Risikosteuerung wird eingerichtet; in der Organisationseinheit: Eine eigene Abteilung für Risikomanagement wird gegründet). Die bedeutenden Ereignisse der Abteilung sollten auf jeden Fall enthalten sein.
- Ein Stimmungsgraf wird gezeichnet: Die Stimmung der Abteilung im betrachteten Zeitfenster soll grafisch dargestellt werden, die dazugehörigen Ereignisse werden notiert.

Die Kleingruppen präsentieren ihre Ergebnisse im Plenum mit anschließender Diskussion.

»*Dahinterschauen*«: Der Berater erläutert, dass es meist hinter dem, was man sieht, weitere unausgesprochene Themen, Regeln, Mythen und Vermächtnisse gibt, die eine Organisationseinheit beeinflussen. Beispiele dafür sind: »Der hat nichts zu sagen, weil er auf dem Abstellgleis ist«, »Sparen, sparen, sparen«, »Wir sind eine Hochleistungsgruppe«, »Schuld ist doch nur die XYZ-Abteilung«. Um an diese unausgesprochenen Dinge heranzukommen, folgt nun eine »Wahr-ist-Runde« (s. S. 68). Damit kristallisieren sich die wesentlichen und tiefen Aussagen heraus. Die Kernaussagen für die Abteilung liegen somit vor. Der wichtigste Schritt, nämlich diese zu thematisieren und sichtbar zu machen, ist erfolgt. Im weiteren Verlauf des Workshops wird an diesen Aussagen und gegebenenfalls deren Umdeutung gearbeitet.

Storytelling (s. S. 259 ff.) eignet sich gut, um die Geschichte der Organisationseinheit in die Zukunft fortzuschreiben.

Varianten: Abhängig von der Größe der Organisationseinheit und der Relevanz der Geschichte kann anstelle der Kleingruppenarbeit ebenso eine Arbeit im Plenum treten, und es kann bereits im Vorfeld durch Interviews Material zu den unterschiedlichen Aufgabenstellungen gesammelt werden. Bei einer Offline-Vorbereitung wäre es hilfreich, ein Fremdbild der Abteilung bei wesentlichen Stakeholdern zu erfragen.

Anmerkungen zur Wirkungsweise: Während der Rekonstruktion der Geschichte und Hintergründe einer Organisationseinheit reflektiert die Organisationseinheit sich selbst. Schon dadurch entsteht eine Veränderung des Eigenbildes und der Dynamik in der Organisationseinheit. Nach der Rekonstruktion sollte die Organisationseinheit im Laufe des Workshops weiter an den erkannten Themen arbeiten.

Menschen bewegen, Gruppen mobilisieren

Essay: Leben in der Appellokratie – redet im Imperativ

»Aber das haben wir doch schon so oft gesagt!« – Führungskräfte wundern sich: So häufig und oft mit ansteigender Lautstärke und Vehemenz Aufforderungen und Sachverhalte gesagt, geschildert, verordnet worden sind, so wenig werden sie umgesetzt und tatsächlich gelebt. Vielfach zitiert und frei gestaltbar nach Konrad Lorenz, weist eine appellokratische Einbahnstraße doch Hürden auf, die gern übersehen werden:

> Gesagt ist noch nicht gehört.
> Gehört ist noch nicht verstanden.
> Verstanden ist noch nicht einverstanden.
> Einverstanden ist noch nicht umgesetzt.
> Umgesetzt ist noch nicht beibehalten.

Spätestens beim »einverstanden« beginnt eine neue Dimension des kommunikativen Handelns: Die Reaktion auf das Gesagte zeigt sich vorsichtig. Erst hier können die Absender einer Botschaft langsam erahnen, was ihre Botschaft eventuell ausgelöst hat und wie sie verstanden oder ausgelegt wurde.

Wer Menschen bewegen will, darf sich daher nicht mit dem Gesagten zufrieden geben oder es immer wieder wiederholen. Wer Menschen bewegt, erzählt und macht diese Menschen zum Teil der Erzählung, bis sie selbst Erzählende werden.

Wenn aus Ausrufezeichen Fragezeichen werden

»Erzählen Sie das Ihren Mitarbeitern!« könnte damit auch eine Aufforderung zum Erzählen sein – es ist die falsche. »Was erzählen Sie jetzt Ihren Mitarbeitern?« – das ist die Frage. Eine wirkliche Frage, die Antworten ermöglicht, Nachfragen provoziert, kurz: einen Dialog ermöglicht. Befehle mit kräftigen Ausrufezeichen sind in sehr vielen Kontexten hilfreich: wenn es brennt, wenn Unheil droht, wenn Schutz notwendig ist. Auch das bewegt Menschen und mobilisiert Gruppen. Wenn es um Fragezeichen und wörtliche Rede geht, dann meinen wir jedoch Geschichten. Geschichten, die sich Menschen erzählen, von Vergangenheit, Gegenwart und Zukunft, von Fiktion oder Wirklichkeit. Wenn aus dem »Ich erzähle dir« ein »Ich erzähle mich oder uns« wird, erkennen wir den identitätsstiftenden Charakter von Geschichten.

Geschichten, die Geschichte machen: Kulturgeschichten

Vor langer, langer Zeit – es war einmal … So beginnen Märchen und Mythen. Seit Tausenden von Jahren erzählen sich Menschen ihre Geschichte: ihre Herkunft, ihre Ankunft, ihre Zukunft. Erzählen stiftet Sinn, auch im Nachhinein, und ermöglicht Sinn im Vorhinein. Wir wollen doch wissen, was aus dem Helden geworden ist, was dieser oder jener tun wird, was aus dem Land, dem Schatz, der Prinzessin werden soll … Die Bibel als das auflagenstärkste Buch hat sich dieser Kulturtechnik bedient – des Storytellings. Außer bei den Zehn Geboten lebt sie von Gleichnissen, Episoden, Historien – und hat es über zwei Jahrtausende geschafft, Menschen zu bewegen und zu mobilisieren. Kulturgeschichte ist so eine Kultur der Geschichten geworden, lange vor der Schriftlichkeit. Geschichte wird von Menschen gemacht, weil sie in Geschichten erzählt wird. Und Geschichten enthalten alle Dimensionen der Wahrnehmung, wie sie Aristoteles beschreibt: Raum, Zeit, Figurenkonstellationen, Handlung. Geschichten, selbst postmoderne Erzählweisen, beschreiben (Mimesis) oder erzeugen (Poiesis) oder lassen Assoziationen zu (Collage), verweisen auf sich selbst. Sie schaffen Kultur und sind es.

Ohne Sprache keine Führung

Führungskräfte müssen sprechen können. Ohne Sprache ist Führung sehr eingeschränkt, sprachlose Führung ist keine. Sprechen im Imperativ erzeugt das Verhalten, das einem Imperator angemessen ist: Nachahmung im Befehlston oder Anpassung und Gehorsamkeit. Etwas anderes bleibt auch noch übrig, das finden Sie im Kapitel »Umgang mit Widerstand« (s. S. 219 ff.), es hat allerdings nie konstruktive Bewegung und positive Mobilisierung zur Folge …

Führung gewinnt mit Geschichten. Es beginnt mit der eigenen, vom ersten Tag an. Gelingt es dem oder der Neuen, seine oder ihre Herkunft glaubwürdig zu erzählen? Gelingt es, die Motive für das Führungshandeln einleuchtend in der aktuellen Lage zu erzählen? Gelingt es, die »Story« glaubhaft weiterzuerzählen und sich zum Teil der Erzählgemeinde zu machen? Das sind die entscheidenden Fragen für Führungskräfte. Das Was und das Wie der Unternehmensgeschichte sind die Fläche und der Anlass für Projektionen, Widersprüche, Identifikationen aller Beteiligten. Nicht das »Corporate Wording« – alle reden dasselbe – ist damit gemeint, sondern das »Corporate Story-Creating« – sich neu erzählen, das ist die Chance für Führung.

Kennen Sie den?

Viele Reden von Führungskräften enthalten – auf Rat der Redenschreiber oder Berater – Bilder, Allegorien, Metaphern, Symbole. Da ist von Schiffen die Rede, die auf hoher See sind, von Böden, die urbar gemacht werden, von Horizonten, einsamen

Inseln, tiefen Gräben oder auch von Fronten. Das ist ein guter Versuch, Menschen mit sprachlichen Bildern zu gewinnen. Sie geben ihnen eine Chance, ihre eigenen Wirklichkeitsvorstellungen damit zu verbinden. »Kennen Sie den?« ist immerhin schon eine Auflockerung, eine Möglichkeit zum Vergleich, ein Angebot zur Unterscheidung. Das ist aber bei Weitem noch nicht alles.

Führung in, mit und über Geschichten – Storytelling

Gepriesen als Methode in Unternehmen und Organisationen, geschätzt als psychotherapeutischer Ansatz und verwendet in vielen kleinen Kontexten, ist Storytelling zum Begriff des »Antiimperativs« geworden. Das gemeinsame Finden einer Geschichte für eine jeweilige Situation ermöglicht Beteiligung, gegenseitiges Verständnis und Abgleich der inneren Bilder. Erst dort kommen Unterschiede zutage, erst im Vergleich der Metaphern erkennen wir die Sichtweise des anderen. Das Besondere: An diesen Unterschieden kommen Menschen in Bewegung, weil sie durch die Bild- und Handlungssprache emotional beteiligt sind. Plötzlich werden Kräfte wach:

> »Das kann man doch so nicht darstellen!«, »Das spielt doch eine entscheidende Rolle!«, »Das steht doch gar nicht im Vordergrund!«, »Das kann man doch auch anders sehen!«.

Menschen sind mobilisiert, weil sie darstellen – spielen – sehen – handeln: sich in einer Geschichte wiederfinden. Sie haben es gewiss gemerkt: Die Zitate entstammen der Wortfamilie der Theatersprache – weil es dann lebendig wird, wenn wir uns die Szene vorstellen können – und nach der Vorstellung, wie nach dem Theater, handeln wir in einer veränderten Wirklichkeit.

- Storytelling nützt der Unternehmenskommunikation: Geschichten transportieren Ideen und Botschaften und ermöglichen Identifikation.
- Storytelling hilft bei der Visionsentwicklung: Geschichtsrekonstruktionen und Zukunftserzählungen schaffen Wirklichkeit, die sich gestalten lässt.
- Storytelling prägt den Führungsalltag: Vergleiche, Bilder, Metaphern geben den Beteiligten die Chance, zu verstehen, nachzufragen und selbst zu Erzählern zu werden.

Geschichten erzählen folgt eigenen Regeln, die ausführlich von den Erzähltheorien beschrieben werden. In jedem Fall haben gute Geschichten Helden, Symbole, Zusammenhänge, Zeichen, Wendungen, Rücksprünge, Auslassungen, Parallelhandlungen, spannende Handlungen, einen Anfang, ein (vorläufiges) Ende … Aber sie haben vor allem eines: gute, einfühlsame, authentische Erzählerinnen und Erzähler. Führen ist: erzählen können.

Visualisierung (in ihrem wahrsten Sinne): Filmbasiertes Storytelling – Geschichten als Dokumentarfilme zur Organisationsentwicklung

Diese Visualisierung zeigt die Vielschichtigkeit des Storytelling-Prozesses. Dokumentationsfilme sind ein hervorragendes Medium für die Kulturentwicklung von Organisationen. Die Arbeit mit Filmen bewegt sich auf fünf Ebenen:

- *Metalog: »Reden über das Erzählen«.* Der Entstehensprozess wird reflektiert. So offenbaren sich handlungsleitende mentale Modelle, Werteorientierungen und Grundhaltungen – sie werden besprechbar und gestaltbar.
- *Interaktion: »Die Dynamik und Entwicklung des Erzählens«.* Filmelemente sind Ausgangspunkte für Feedbackprozesse, eigene Filmprojekte, situative Vertiefung und Verständnis.
- *Dialog und Emotionalisierung: »Die Wirkung des Erzählens«.* Zielgruppenspezifisch werden Ausschnitte der Dokumentation als Arbeitsmaterial verwendet.
- *Dokumentation: »Das Erzählen selbst«.* Der Prozess einer Visions- und Strategieentwicklung wird dokumentiert und erzählbar.
- *Information: »Die Inhalte des Erzählens«.* Daten und Fakten werden sichtbar.

Lerndesign

Klein-Babelsberg

Inhalte und Zielsetzung:	Filmische Darstellung der Zukunft eines Unternehmens oder eines Bereichs. Emotionale Verankerung von Zukunftsvorstellungen.
Teilnehmer:	10 bis einige Hundert Teilnehmer.
Dauer:	4 Stunden als Nachmittags- oder Abendevent oder parallel begleitend zum Arbeitsalltag vorbereiten, Präsentation auf einer folgenden Großveranstaltung.
Ressourcen:	Moderne Videokamera, mit der einfache Videoschnitte möglich sind, oder getrennte Videoschnittausstattung, Projektor mit Tonanlage.
Vorbereitung:	Die Aufgabe der Filmteams sollte mit einer Seite Text beschrieben werden. Nicht vergessen: Akkus laden.

Ablauf: Ziel des Lerndesigns ist es, einen Film über die Zukunft des Unternehmens zu erstellen, in dem Aussagen über das Unternehmen und die darin enthaltenen Abteilungen durch Interviews zusammengetragen werden. Es sollte dabei nicht die abstrakte Geschäftssprache gewählt, sondern eine Filmgeschichte aus Metaphern gebildet werden.

Zunächst werden *Interviews vorbereitet:* Eine Auswahl von Mitarbeitern der beteiligten Abteilungen sammelt Fragen, um Metaphern in die Interviews einzuführen. Beispielsweise: Wenn Ihre Abteilung ein Tier wäre, welches wäre es? Welche Eigenschaften sind dafür ausschlaggebend? Wie wird sich das Tier in Zukunft verhalten, damit die Vision wahr wird? Woran erkennen Sie persönlich die Veränderung? Beschreiben Sie eine Szene, die sich abspielt, wenn das Unternehmen seine Vision erreicht hat.

Anschließend werden die *Interviews aufgenommen:* Jede betroffene Abteilung stellt ein Filmteam und wird von einem anderen interviewt. Das kleine Filmteam jeder Abteilung besteht mindestens aus einem Interviewer und einem Kameramann. Es werden einige wichtige Menschen einer bestimmten anderen Abteilung interviewt, und dieses Interview wird gefilmt.

Filmschnitt: Die prägnantesten und am besten passenden Äußerungen der Menschen zur Gegenwart und Zukunft werden von Vertretern der Abteilungen ausgewählt und zeitlich im Film zuerst die der Gegenwart dann die der Zukunft zusammengeschnitten.

Filmpremiere: Auf der nächsten Großveranstaltung wird im Rahmen von Visions- oder Strategiearbeit der Film gezeigt und von den Teilnehmern in einer Feedback-Schleife verarbeitet.

Varianten: Die Filmerstellung wird als Nachmittags- oder Abendprogramm einer Veranstaltung durchgeführt. Es ist zwar dann viel mehr Zeitdruck, aber der Anspruch an das Ergebnis ist auch geringer. Es werden dann mehrere Filmteams gleichzeitig zu den Interviews losgeschickt. Der Schnitt der Filme beschränkt sich darauf, die besten Szenen zu behalten und andere zu kürzen oder zu streichen.

Anmerkungen zur Wirkungsweise: Konkrete Szenen der Zukunft entfalten eine große Anziehungskraft. Häufig finden sich in Firmenvisionen sehr abstrakte und allgemeine Sätze wie: »Wir werden in 20xx der beste, tollste, schnellste Dienstleister oder Produktlieferant von Soundso sein.« In diesem Lerndesign wird die Kreativität der eigenen Belegschaft genutzt, um die Vision anschaulich, vorstellbar und besser besprechbar, vielleicht auch kontrovers diskutierbar zu machen.

Community schaffen

Essay: Wir sind doch eine große Familie

Es ist eine schöne Illusion derjenigen, die sie brauchen, ein Unternehmen als gelungen zu betrachten, wenn es sich als Gemeinschaft von Gleichgesinnten versteht. Bemühungen von Unternehmenskulturschaffenden, solche Allianzen von Willigen herzustellen, entlarven manchmal die emotionalen Defizite der Bemühten, immer aber deren Unwissen. Solches Tun mündet häufig in Visionsformulierungen, die knapp Fanclubniveau erreichen und Mitarbeiter eher in den Sarkasmus führen statt zu mehr Leistung.

Schließt man romantische Motive aus, dann steckt hinter dem Wunsch, aus einem Unternehmen oder einem Bereich eine Community zu bauen, meist der Versuch, Komplexität zu reduzieren, um die Organisation auszurichten.

Die Steuerung solcher unübersichtlicher Gebilde ist schwierig, weil sie sich herkömmlichen Steuerungsmethoden entziehen. Der Begriff Steuerung erzeugt Bilder von Lenkung, die nur begrenzt brauchbar sind: Steuerbar sind Maschinen und Fahrzeuge. Um diese zu steuern, bedarf es Daten (Standort, Geschwindigkeit, Drehzahl usw.), die durch Messung erlangt werden, und eines Steuerungsinstruments: des Lenkrads.

Das Lenkrad der Führungskraft, die an die Logik der bewährten Steuerung glaubt, ist der Appell (an die Vernunft oder das Gefühl). Von Werten, Unternehmenszielen, gemeinsamer Anstrengung und vielem anderen mehr ist dann die Rede.

Solche Formen von Steuerung gelingen jedoch selten, weil große Organisationen nicht einheitlich, sondern fragmentiert sind. Teilinteressen und Einzelziele bestimmen dabei, wie Menschen handeln. Durch die Arbeitsteiligkeit moderner Organisationen verlieren umfassende Organisationsziele an Bedeutung und Verbindlichkeit. Sie werden ersetzt durch lokale Ziel- und Wertsetzungen. Mitarbeiter entwickeln Rationalitäten und Handlungsprinzipien, die jeweils in ihren Mikrokontext passen. Sie handeln nach den (heimlichen) Regeln, die im Subsystem gelten, und verhalten sich aus ihrer Sicht systemlogisch.

Die Freiräume, die sich einzelne Organisationseinheiten geschaffen haben, wollen deren Mitglieder zumindest erhalten, meist vergrößern. Häufig untergraben sie damit übergeordnete Organisationsziele.

Menschen sind von persönlichen Interessen geleitet: Jedes Mitglied der Organisation bringt seine persönliche Einstellungen, Werte, Vorlieben, Überzeugungen und Verpflichtungen aus seinem Alltagsleben mit. Sie bestimmen ebenso seine Absichten und sein Handeln wie das Interesse, seine Aufgabe zu erledigen oder Karriere zu machen.

Zu Bismarcks Zeiten folgten Struktur und Philosophie von Organisationen dem Modell der preußischen Armee: Disziplin und Loyalität wurden durch Appelle an das Pflichtgefühl und das Versprechen erreicht, in der Hierarchie selbst bedeutsam werden zu können.

In Zeiten des ungeduldigen Kapitals können Unternehmen diese aufgeschobene Belohnung, mit der sie Motivation sicherten, nicht mehr auszahlen. Wenn Mitarbeiter Sorge haben müssen, ob sich Unternehmen ihnen gegenüber loyal verhalten, warum sollten sie selber es dann sein?

In den alten Zeiten des Kapitalismus mit seinen überschaubaren, abhängigen Märkten und Zollbeschränkungen gab es jede Menge Arbeit beziehungsweise Arbeitsplätze und eine einfache hierarchische Struktur der Organisation.

Der Soziologe Max Weber hatte als Erster die Analogie erkannt, die zwischen der Struktur der preußischen Armee und der Gliederung des westlichen Kapitalismus bestand: Ende des 19. Jahrhunderts kursierten erstmals militärische Begriffe im operativen Geschäft der Unternehmen wie »Investitionskampagne«, »strategisches Denken« und »Ergebnisanalyse« – Begriffe, die sich vormals insbesondere in den Schriften des Generals von Clausewitz (»Vom Kriege«) fanden.

Die Quantensprünge der Informationstechnologie mit ihrer bis dato unvorstellbaren Beschleunigung der Datenverarbeitung und der enormen Rationalisierung von Arbeitsprozessen und die Verbreitung des Internets, fielen – zufälligerweise – in jene Zeit, in der auch die jahrzehntelang das politische Weltgefüge prägenden Machtblöcke sich veränderten beziehungsweise auflösten: Das Ende der Ost-West-Konfrontation durch den Untergang des Sowjetsystems und die Auflösung des Warschauer Paktes wurden zur wesentlichen Grundvoraussetzung der Globalisierung, von der wir heute sprechen.

Im 21. Jahrhundert hat der Kapitalismus immer weniger mit dem zu tun, was bisher unter dem Begriff zu verstehen war. Das Kapital ist »ungeduldiger« (Bennett Harrison 2002) geworden: Nicht mehr die Aussicht auf eine stetig wachsende Dividende bestimmt das Börsenverhalten der Anleger, sondern der rasch wechselnde Aktienkurs. Der Umgang mit den Portfolios hat sich rapide gewandelt: Wurde in den einflussreichen amerikanischen Pensionsfonds um 1965 eine Aktie im Durchschnitt noch 46 Monate gehalten, entsprach diese Art von Haltbarkeitsdauer um das Jahr 2000 nur noch 3,8 Monaten. Heute wird hier, morgen dort investiert – langfristige Anlageplanungen spielen nur noch eine untergeordnete Rolle.

Auch unternehmensintern haben sich die Zeitabläufe zwischen Entscheidung und Umsetzung dramatisch verändert: In den 1960er-Jahren dauerte es in der Automobilindustrie etwa fünf Monate, bis eine Entscheidung in der Führungsetage auf der Produktionsebene der Werkshallen umgesetzt war. Dieses Intervall ist mittlerweile auf wenige Wochen geschrumpft.

Im Kapitalismus alten Zuschnitts, jenem »stahlharten Gehäuse«, machte Max Weber den »Aufschub der Belohnung« (AdB) als Triebfeder der Arbeitsmotivation und als Prinzip der Selbstdisziplin aus. AdB bedeutete: Man musste nur lange genug dienen, um in der Hierarchie ein paar Stufen nach oben zu gelangen. Was für Behörden heute noch gelten mag, kann und wird in der freien Wirtschaft aber kaum mehr ein Unternehmen garantieren wollen oder können. Dies schon deshalb nicht, weil allenthalben die Hierarchien flacher geworden sind.

Aus dem »stahlharten Gehäuse«, das auch permanent auf eine allgemeine Zukunftssicherung ausgerichtet war, ist ein elastisches Gebilde geworden, das instabile Züge aufweist. Der soziale Kapitalismus alter Prägung zeigt Erosionserscheinungen. Das strategische Denken zugunsten des Unternehmens, in dem man arbeitet, verliert seine Selbstverständlichkeit, da die aufgeschobene Belohnung (Beförderung, Gehaltserhöhung, Pension etc.) nicht mehr gewährleistet ist.

Visualisierung: Community braucht Sinngeneratoren

Soziale Systeme werden über Sinn gesteuert. Community entsteht über gemeinsame Sinnzusammenhänge, die Entwicklung einer gemeinsamen Mitte und die Integration individueller, lokaler Interessen in ein gemeinschaftliches Interesse.

Eine Vision bietet eine gemeinsame Mitte. Das Tagesgeschäft ist fokussiert auf die Gegenwart und reagiert auf die Forderungen des Augenblicks. Wer eine Community gestalten will, braucht eine gemeinsame Ausrichtung, einen Weg, etwas, was über den Tag hinaus Attraktivität besitzt. Eine gemeinsame Vision, die die Führungskoalition gemeinsam entwickelt.

Der Kaizengedanke ist eine Möglichkeit einer gemeinsamen Ausrichtung. Durch Kaizen, die Einführung eines kontinuierlichen Verbesserungsprozesses, der unternehmensweit Gültigkeit hat, kann eine solche Mitte erzeugt werden. Dabei geht es nicht nur um Optimierung, Ersparnis oder Beschleunigung, sondern um eine gemeinschaftliche Philosophie – und um die Beteiligung aller Mitarbeiter.

Lerndesign

Hopi-Kreis

Inhalte und Zielsetzung:	Verankerung von emotionalen Lerninhalten; Gemeinsamkeit und Verständnis schaffen.
Teilnehmer:	4–15 Personen.
Dauer:	10–30 Minuten.
Ressourcen:	Freier Raum mit Platz für alle Personen ohne Tische, Stühle im Kreis, ein Stab (Hopi-Stab)
Vorbereitung:	Keine.

Ablauf: Der Berater kündigt den Hopi-Kreis zum Austausch von Sichtweisen an. Er hält dabei den Hopi-Stab; verlässt den Stuhlkreis, der daraufhin enger gefasst werden sollte, und sagt:

> »Die Hopi-Indianer hatten ein einfaches und wirksames Vorgehen, um sich abzustimmen und Gemeinsamkeit herzustellen. Dazu wurde der Hopi-Stab benutzt. In der Versammlung beginnt der, der den Stab hält, mit einer Aussage zu einem Thema, zu der Gruppe oder zu sich. Dann stellt er eine Frage an einen anderen, die er für wesentlich hält, und gibt den Stab weiter. Der Gefragte antwortet auf die Frage, macht eine Aussage und stellt eine Frage an eine weitere Person, und so fort.«

Das Ganze läuft so lange, bis alle an der Reihe waren und keine Frage mehr offen ist. Der Stab wird dann in die Mitte der Gruppe gelegt. Bei Bedarf kann der Stab wieder aufgegriffen werden.

Variante: Um die Intensität des Austauschs zu erhöhen, blicken sich alle in die Augen, bevor der Erste das Wort ergreift. Jeder soll dabei wissen, dass er von jedem gesehen wurde.

Anmerkungen zur Wirkungsweise: Der Hopi-Stab fokussiert die Aufmerksamkeit und unterstreicht die Wichtigkeit des Gesagten. Wenn der Berater beginnt und eine gute, treffende Frage an den Nächsten formuliert, ergibt sich eine tiefe, fokussierte Kommunikation.

Der Möglichkeitssinn

Essay: Sachzwangsneurosentherapie

> »Wenn man gut durch geöffnete Türen kommen will, muss man auf die Tatsache achten, dass sie einen festen Rahmen haben. Dieser Grundsatz, nach dem der alte Professor immer gelebt hatte, ist einfach eine Forderung des Wirklichkeitssinns. Wenn es aber Wirklichkeitssinn gibt, und niemand wird bezweifeln, dass er seine Daseinsberechtigung hat, dann muss es auch etwas geben, das man Möglichkeitssinn nennen kann. Wer ihn besitzt, sagt beispielsweise nicht: Hier ist dies oder das geschehen, wird geschehen, muss geschehen; sondern er erfindet: Hier könnte, sollte oder müsste geschehen; und wenn man ihm von irgendetwas erklärt, dass es so sei, wie es sei, dann denkt er: ›Nun, es könnte wahrscheinlich auch anders sein.‹ So ließe sich der Möglichkeitssinn geradezu als die Fähigkeit definieren, alles, was ebenso gut sein könnte, zu denken, und das, was ist, nicht wichtiger zu nehmen als das, was nicht ist.«
> *(Robert Musil, Der Mann ohne Eigenschaften. 1930/1978, S. 16)*

Neue Sichten auf die Wirklichkeit entstehen aus der Infragestellung dessen, was ist, und der Reflexion darüber, was sein könnte. Der Möglichkeitssinn ist der utopisierende Zwilling des Wirklichkeitssinns. Sie sind aufeinander angewiesen. Die Kunst liegt darin, zwischen beiden zu balancieren, ohne sich auf eine Seite zu schlagen.

Das Vermögen des Menschen, den Vordergrund der Realität vor dem Hintergrund des Möglichen zu sehen und gedanklich zu vertauschen, unterscheidet ihn von anderen Lebewesen. Der Wirklichkeitssinn gehorcht dem Diktat von Reiz und Reaktion. Der Absolutismus der Wirklichkeit wird erst untergraben in der Ausweitung des geschenkten Spielraumes zwischen Reiz und Reaktion. In jeder gewonnenen Sekunde, die dieses animalische Paar weiter auseinanderrückt, entsteht Platz für den Möglichkeitssinn, und das bedeutet einen Zugewinn an Gestaltungsmacht. In der Kultivierung dieses Zwischenraumes sollte deshalb eines der vornehmsten Ziele von Führungsbildung liegen.

Was geschieht, wenn das nicht geschieht, zeigt Sisyphos …

Sisyphos erhielt nicht nur die fiese Strafe der Götter, den Stein, der ihm jeweils kurz vor dem Gipfel entgleitet, stets von Neuem bergauf wälzen zu müssen, sondern er dient nebenbei auch als Lieblingsmetapher für alle Führungskräfte, denen er zeigen soll, dass der Held auch in absurden Kontexten sich nie aufgibt. In Camus' berühmter Interpretation des Mythos hält der Philosoph am Ende den schwachen Trost bereit, dass wenigstens auf dem Weg nach unten (auch eine Metapher für Führungskräfte?) der Held sich glücklich und überlegen fühlen darf, indem er sein Schicksal einfach verachtet.

> »Auf diesem Rückweg, während dieser Pause, interessiert mich Sisyphos. Ein Gesicht, das sich so nahe am Stein abmüht, ist selber bereits Stein! Ich sehe, wie dieser Mann schwerfälligen, aber gleichmäßigen Schrittes zu der Qual hinuntergeht, deren Ende er nicht kennt. Diese Stunde, die gleichsam ein Aufatmen ist und ebenso zuverlässig wiederkehrt wie sein Unheil, ist die Stunde des Bewusstseins. In diesen Augenblicken, in denen er den Gipfel verlässt [...] ist er seinem Schicksal überlegen. Er ist stärker als sein Fels.
> Dieser Mythos ist tragisch, weil sein Held bewusst ist. Worin bestünde tatsächlich seine Strafe, wenn ihm bei jedem Schritt die Hoffnung auf Erfolg neue Kraft gäbe? [...] Sisyphos [...] kennt das ganze Ausmaß seiner unseligen Lage: Über sie denkt er während des Abstieges nach. Das Wissen, das eine eigentliche Qual bewirken sollte, vollendet gleichzeitig seinen Sieg. Es gibt kein Schicksal, das durch Verachtung nicht überwunden werden kann.« (Albert Camus, Der Mythos von Sisyphos. 1942, auf deutsch erstmals 1956, hier 1958, S. 156)

Die Würde seiner Existenz findet der Mensch in der Rebellion gegen die Götter, in der gedanklichen Freiheit einer stolzen Auflehnung. Sisyphos wird so zum Helden des strukturellen Sachzwanges: Er rebelliert gegen die Götter, die ihn strafen wollten, indem er die auferlegte Fron zu seinem eigenen Schicksal macht.

Die Sisyphosmetapher wird häufig benutzt, um denen Mut zu machen, die in ihrer trostlosen Alltäglichkeit Zuspruch brauchen, um immer wieder neu und heldenhaft mit den rollenden Steinen zu jonglieren. Nimmt man jedoch die Situation des Sisyphos nicht – wie üblich – als Metapher für eine äußere Realität, sondern verwendet sie als Gleichnis für eine innere Situation, wendet sich das Blatt: Er wird zum Sinnbild einer inneren Monotonie, die dem Sachzwang huldigt. Die Strafe des Sisyphos besteht dann darin, dass er des Möglichkeitssinns beraubt wurde.

Als Mensch zu existieren hieße dann mehr noch, als Camus meint, sich mit der Situation abzufinden und in eine philosophische Überlegung zu retten, nämlich der Monotonie, dem Sachzwang und der alltäglichen Absurdität Kreativität entgegenzusetzen. Das Instrument der Möglichkeit ist die Frage.

Visualisierung: »Fragenmuseum«

Fragenmuseum. Zur Visualisierung des Möglichkeitssinns dient das Fragenmuseum. Hier darf der Möglichkeitssinn lustwandeln. Man geht durch den Raum und lässt sich fragen. Inspiriert ist das Fragenmuseum von Max Frischs Fragebögen (1995) (zahlreiche Fragen wurden daraus auch entnommen). Eine mögliche Einladung könnte folgendermaßen aussehen:

»Fragen Sie, hinterfragen Sie sich, wenden Sie Ihren Möglichkeitssinn auf sich selbst an – setzen Sie sich mithilfe der Fragen auseinander und setzen Sie sich danach neu zusammen … Wirklich zu fragen heißt: sich zu fragen, andere zu fragen, in Frage zu stellen, dabei neugierig zu bleiben und sich verunsichern zu lassen – durch die Antworten noch mehr als durch die Fragen selbst. Auf wirklich gute Fragen gibt es keine (schnellen) Antworten, oder noch besser: Es gibt allerdings Fragen, die sind zu schön, um sie mit einer Antwort zu verderben.«

Eine Liste der Fragen könnte wie folgt aussehen:

Das Fragenmuseum

Was ist Glück?
Was brauchen Sie, um glücklich zu sein?
Warum sind Sie es nicht?
Was ist das Gegenteil von Glück?
Welcher Satz passt auf Sie?
 »Jeder ist seines Glückes Schmied.«
 »Das Glück hilft dem Tüchtigen.«
 »Der dümmste Bauer erntet die größten Kartoffeln.«
 »Glücklich ist, wer vergisst, was doch nicht zu ändern ist.«
 »Geld macht nicht glücklich.«
Kennen Sie das Gefühl der Demut?
Wann hatten Sie das Gefühl zuletzt?
Wozu, glauben Sie, ist das Gefühl da?
Wie könnten Sie das anderen vermitteln?
Was können Sie gut?
Was können Sie nicht gut?
Woher wissen Sie das?
Was wollen Sie können?
Warum?
Bis zu welchem Alter würden Sie eine neue Sprache lernen?
Angenommen, Sie wären Gott …
Ist das eine schöne Vorstellung für Sie?
Was würden Sie am Prototyp Mensch verändern?
Würden Sie die Menschen vorher fragen?
Wenn die Menschen sich verändern könnten, sollten sie es selbst tun?
Wenn es einen Gott gibt, warum hat er die Menschen so erschaffen?
Gibt es ein Gefühl, das Sie kennen und von dem Sie vermuten, dass es nur ganz wenige andere Menschen auch haben?
Halten Sie sich für einen besonderen Menschen?
Wenn ja: Wie viele, glauben Sie, gibt es davon?
Wenn nein: Welchen Menschen halten Sie für einen besonderen?

Haben Sie eine Moral?
Hat sich Ihre Moral verändert in den letzten Jahren?
Was denken Sie über Ihre moralischen Vorstellungen von früher?
Wer hat Ihre Moral verändert?
Glauben Sie, Ihre Moral wird sich weiterhin ändern?
Finden Sie das gut?
Hätten Sie gerne mehr oder weniger Skrupel?
Wozu?
Leben Sie gottgefällig?
Was müssten Sie ändern, um so zu leben?
Mögen Sie Fragen?
Warum nicht?
Antworten Sie lieber oder fragen Sie lieber?
Angenommen, Sie hätten drei Fragen frei, wen würden Sie was fragen?
Was wäre für Sie anders, wenn Sie die Antworten wüssten?
Welche Frage wäre Ihnen besonders unangenehm?
Welche Frage möchten Sie von wem gerne gestellt bekommen?
Wie oft fragen Sie sich etwas?
Woher bekommen Sie die Antworten?
Woher könnten die Antworten noch kommen?
Was wollen Sie an sich verändern?
Warum haben Sie das bisher noch nicht getan?
Sind diese Veränderungen wichtig oder dringend?
Woran würden Sie merken, dass diese Veränderungen gut gelaufen sind?
Haben Sie sich jemals wirklich verändert?
Was ist für Sie so schwierig an Veränderungen?
Was würde Ihr Partner, Ihr Chef, was würden Ihre Eltern Ihnen an Veränderungen empfehlen?
Wann würden Sie sich aufgeben? Warum?
Wann würden Sie andere aufgeben?
Wäre das gerecht?
Waren Sie schon ganz ohne Hoffnung?
Wie lange?
Geben Sie mehr oder brauchen Sie mehr Hoffnung?
Woher?
Welche Ihrer Eigenschaften ist nützlich für Hoffnung?
Kennen Sie Menschen, die ohne Hoffnung leben?
Mögen Sie diese Menschen?
Haben Unternehmen Hoffnungen?
Wie oft lügen Sie?
Wer ist daran schuld?
Können Sie sich gut selbst belügen?
Woher wissen Sie das?
Gebrauchen Sie Notlügen gegen sich selbst?
Belügen Sie mehr das Kind in sich oder mehr den Erwachsenen?
Was wäre, wenn Sie nicht lügen würden?
Was glauben Sie, was die anderen tun?
Schadet oder nützt das den Projekten?
Möchten Sie irgendwann einmal alles aufdecken?
Wenn ja, und dann?

Haben Sie Gefühle? Wie oft?
Was tun Sie damit?
Wenn es eine ungefährliche Droge gäbe, die Sie Gefühle intensiver erleben ließe, wann würden Sie die nehmen?
Wie wichtig nehmen Sie Ihre Gefühle?
Wozu sind Gefühle da?

Lerndesign

Kartenspiel der Tugend

Inhalte und Zielsetzung:	Bestimmung und Reflexion der persönlichen Eigenschaften, Feedback beim Tausch von Eigenschaften.
Teilnehmer:	4–14 Personen.
Dauer:	1–1,5 Stunden.
Ressourcen:	Freier Raum mit genügend Platz, Stühle, keine Tische.
Vorbereitung:	Pro Teilnehmer werden zehn Karten mit Eigenschaften im Raum verteilt. Natürlich dürfen dabei Eigenschaften doppelt vorkommen. Es sollten ungefähr 20 verschiedene Eigenschaften sein.

Ablauf: *Karten ziehen:* Die Teilnehmer sammeln willkürlich zehn Eigenschaftskarten als Starter-Set ein. Anschließend wird der *Tauschmarkt* eröffnet. Jeder kann nun Karten mit anderen tauschen. Benötigte Eigenschaften können gesucht werden und Eigenschaften, die man beim anderen vermutet, können angeboten werden.

Rangfolge: Jeder sortiert nun die Eigenschaften entsprechend seiner persönlichen Priorität und erstellt damit eine Rangfolge. Die Teilnehmer wollen das meist nicht, sie machen es aber in der Regel trotzdem.

Reduktion der Komplexität: Die fünf unwichtigsten Eigenschaften werden weggelegt. Es bleiben nur die fünf wichtigsten.

Geschichten: Die Teilnehmer erfinden nun zu einer der Eigenschaften eine Geschichte oder nehmen eine wahre Begebenheit, in der sie mit dieser Eigenschaft im Mittelpunkt standen. Mit einem Zufallspartner wird nun besprochen, wie die Geschichte ausgeht, wenn sie am Ende Held oder Verlierer sind.

Anmerkungen zur Wirkungsweise: Die Karten und der Austausch liefern einen einfachen Zugang zu den persönlichen Eigenschaften der Teilnehmer. Durch die Diskussionen beim Tausch entsteht Feedback.

Persönlichkeitskompetenz

Stabilität

Essay: »Wir verlangen von unseren Führungskräften Stabilität.«

In nicht wenigen Ausschreibungen oder Führungsleitbildern findet sich dieser Anspruch. Zu Recht, möchte man meinen, wer will schon instabile Führung, wer will schon als labile Führungskraft bezeichnet werden?

Gemeint ist mit Stabilität: charakterliche Stärke, Sicherheit im Handeln, emotionale Festigkeit, Klarheit in den Beziehungen, Konsistenz in den Aussagen, Berechenbarkeit von Reaktionen.

Stabilität ist innen

Befragt man Manager nach ihren Entscheidungen in den schwierigsten Situationen ihres Lebens, ist oft »Vertrauen in mich selbst, ein sicheres Gefühl für die Lage« die Antwort. Es zeigt: Sicherheit und Stabilität im Handeln, Fühlen und Denken entstehen weniger durch äußere Bedingungen. Im »Außen« ist der Wandel permanent. Führungskräfte, die instabile äußere Bedingungen beklagen, die den Wandel für die Ursache ihrer Fehler halten, werden bald keine Führungskräfte mehr sein. Wer nach stabilen Verhältnissen ruft, spricht in der Tat von seiner eigenen Instabilität. Und nicht selten bedeutet verordnete Stabilität nichts anderes als Erstarrung in Form und Inhalt – alle Diktaturen der Welt würden von stabilen politischen Verhältnissen sprechen. Starre Stabilität ist etwas für Schildkröten im Winterschlaf.

Für Führungskräfte führt der Weg zu Stabilität nach innen, zur Persönlichkeit, und ist damit ein Ausdruck werteorientierten Handelns.

Die Frage »Was soll ich tun und wie soll ich es tun?« – das ist im Grunde die ethische Grundfrage schlechthin – stellt sich in Führung kontinuierlich, und sie ist sehr häufig nur in der Schnelle und Dichte des Augenblickes zu beantworten: genau dann, wenn Führung stabil handelt und auf innere Stabilität selbstvertrauensvoll zurückgreifen kann.

Uralte Quellen für Stabilität

Von Platon und Aristoteles bis in die heutige Zeit erzeugen und verschaffen sich Menschen (äußere) Stabilität selbst: zum Beispiel durch Immobilienkäufe, Gesetzesentwürfe oder auch Macht, Gewalt und Repression. Auch: durch Disziplin, Prinzipien, Regeln, Werteorientierung, Tugenden. Auch hier (siehe Kapitel »Mut«, s. S. 295 ff.) sind Tugenden nicht werbewirksam, sondern selbstwirksam. Sie sind eher im Sein als im Schein und Haben beobachtbar. Sie wirken auf das Selbst und damit auf dessen Stabilität.

Stabilität zwischen Ost und West

Ist Gefahr im Verzug und ist damit Stabilität bedroht, werden immer und gerne Tugenden bemüht. Meist als Sekundärtugenden – beispielsweise Pünktlichkeit, Sauberkeit, Fleiß – und mit dem moralischen Zeigefinger eingefordert, sollen sie endlich Stabilität (gemeint ist oft: Ordnung!) in diesen Verhältnissen schaffen! Auch in Führungsetagen wird Zeit mit erhitzten Diskussionen über Pünktlichkeit verbracht und wie man Unpünktlichkeit sanktionieren könne und wer dafür beim nächsten Mal was zahlen müsse – kennen Sie das? Das ist sehr peinlich, sehr ineffizient und: sehr vordergründig. Denn im normierten Denken werden die Normen gern mit den Werten verwechselt, die hinter ihnen stehen. Die Norm »Pünktlichkeit« wird debattiert, und zwar so, dass die dahinterstehenden eigentlichen Tugenden, nämlich Wertschätzung, Verlässlichkeit und Gerechtigkeit, verloren gehen. Betrachten wir also die Hintergründe, die unsere Normen in Ost und West der Erdkugel seit langer Zeit haben – nennen wir sie wieder Tugenden und: Lassen Sie uns ein wenig archaisch sein in der Suche nach Stabilität.

Platon und Aristoteles bezeichneten als die vier Haupttugenden:

- Klugheit (Weisheit)
- Gerechtigkeit
- Tapferkeit
- Mäßigung

Die fünf konfuzianischen[1] Kardinaltugenden lauten:

- Menschlichkeit (仁 rén)
- Gerechtigkeit oder rechtes Handeln (義 yì)
- Sitte (禮 lǐ)
- Wissen (智 zhì)
- Wahrhaftigkeit (信 xìn)

---

1 Konfuzius: chinesischer Philosoph und Begründer des Konfuzianismus. Er lebte vermutlich von 551 bis 479 v. Chr.

»Was hat das mit meiner Stabilität zu tun? – Ich soll doch führen!«

Natürlich. Aber versuchen Sie es einmal ohne diese Tugenden. Versuchen Sie, Menschen zu führen, ohne dass Sie auf diese Werte zurückgeführt werden. Versuchen Sie auch langfristige Geschäftsbeziehungen zu knüpfen ohne diese Werte. Notieren Sie sich, wenn es gelungen ist, oder konkreter, beschreiben Sie sich selbst eine Situation: ein Mitarbeitergespräch, eine Strategiesitzung, eine Geschäftsverhandlung, in der diese Tugenden keine Rolle spielen.

Oder: Entdecken Sie Kriterien für sich selbst. Woran erkennen Sie, dass diese Tugenden eine Rolle gespielt haben? Woran erkennen andere bei Ihnen, dass Ihnen diese Tugenden wichtig sind oder dass sie im Widerspruch zu der aktuellen Situation stehen – oder im Widerspruch untereinander?

Was ist die gute Mischung, und was geschieht, wenn eine der Tugenden absolut gesetzt wird? Mut ohne Mäßigung, Wahrhaftigkeit ohne Menschlichkeit?

Werte, einzeln stehend, »an sich«, sind wenig hilfreich. Weise Menschen haben das längst erkannt. Und wieder werden wir archaisch und sehr aktuell zugleich – denn die schlechten Führungskräfte dieser Zeit sind vor allem: hochmütig, grausam, verdrießlich, geizig, fanatisch, betrügerisch, kritiksüchtig, kleinlich, hart, rechthaberisch, heuchlerisch, rücksichtslos …

… zumindest würde es Laotse so sehen.

Die Sozialgeschichte ergänzt die Tugenden durch die berühmten (theologischen) Grundtugenden, die eine Beziehungsebene zur »Mitwelt«, zum »Anderen«, zum »Sinn« unterstreichen:

Glaube (lat. fides) Liebe (lat. caritas) Hoffnung (lat. spes)

Ein Wort für die Liebe (Laotse)

Macht der Liebe.
Ehre ohne Liebe macht hochmütig.
Macht ohne Liebe macht grausam.
Pflicht ohne Liebe macht verdrießlich.
Besitz ohne Liebe macht geizig.
Glaube ohne Liebe macht fanatisch.
Klugheit ohne Liebe macht betrügerisch.
Wahrheit ohne Liebe macht kritiksüchtig.
Ordnung ohne Liebe macht kleinlich.
Gerechtigkeit ohne Liebe macht hart.
Sachkenntnis ohne Liebe macht rechthaberisch.
Freundlichkeit ohne Liebe macht heuchlerisch.
Verantwortung ohne Liebe macht rücksichtslos.

Stabil Führen heißt heute: übersetzen können, den Transfer leisten

Willkommen zurück – nach dem archaischen Ausflug sind wir wieder im Heute: Wie werden diese Tugenden in heutiges Handeln übersetzt? Dafür haben wir Führungskräfte. Wie sie sich dabei aufführen? – Oft sehr mittelmäßig. Sie haben sich den Rang erobert, aber sie führen nicht, weil sie die Tugenden nicht als ihre Werte in ihr Handeln übersetzen können – für sie sind Werte der Zuckerguss auf ihrem Leitbild, eine Debatte für die Zwischenräume, die eigentlichen Strategien haben damit nichts zu tun. Sollen die da oben doch erst einmal …

Keine Veränderung ist so groß, dass Sie nicht schon einmal damit anfangen könnten

Übersetzt in Führungshandeln schaffen Tugenden Stabilität. Nicht immer für die eigene Position, aber für die Authentizität der Person, für Ihre Glaubwürdigkeit. Und erfolgreiche Führungskräfte werden in den Kompetenzprofilen – oder den Tugendprofilen – so wiedererkennbar:

kompetent in Sache und Beziehung	–	Klugheit und Wissen
urteilsfähig und fair	–	Gerechtigkeit oder gerechtes Handeln
mutig und ausdauernd	–	Tapferkeit/Mut
ressourcenorientiert	–	Mäßigung
beziehungsfähig	–	Menschlichkeit
sozial kompetent	–	Sitte
glaubwürdig und integer	–	Wahrhaftigkeit

Nun übersetzen Sie das einmal für Ihre Mitarbeiter. Das ist nicht so schwer, wie Sie denken. Untersuchungen zeigen, dass Mitarbeiter sehr gut die am häufigsten vorkommenden »Antitugenden« ihrer Führungskräfte kennen:

- Sie wollen die Macht und das Machtwissen für sich: Das ist nicht klug.
- Sie sind entscheidungsschwach und konfliktscheu: Das ist nicht mutig und nicht beziehungsfähig.
- Sie sind unberechenbar und sprunghaft: Das ist nicht glaubwürdig.
- Sie misstrauen den Mitarbeitern: Das ist nicht sozial kompetent und nicht beziehungsfähig.
- Sie spielen sich in den Vordergrund: Das ist nicht glaubwürdig und nicht fair.

Wie stabil ist Ihre persönliche Stabilität? – Die Balance stören oder herstellen

Zuhauf gibt es Geschichten über Menschen, die an ihren Werten trotz sehr gewandelter Umstände festgehalten haben: Das sind häufig archetypische »Helden und Heldinnen« der Geschichte(n), von Winnetou bis Gandhi. Ebenso wirksam ist das Motiv des Verrats: Für eine Handvoll Reis, ein Linsengericht, ein paar Münzen verrät der Antiheld seine Werte, seine Herkunft, seinen Glauben, sein System.

Stabilität braucht Flexibilität, um standhalten zu können, ohne starr zu werden: Das Bild des Grashalmes im Wind und sein innerer Aufbau zeigen es: Stabile Strukturen sind nicht starr, sondern weich. Erbauer japanischer Wolkenkratzer haben in ihrer Bautechnik davon gelernt: Gegen Erdbeben und Wind sind ihre Fundamente und Anteile der Zwischengeschosse mit Kunststoffpuffern versehen.

Sich selbst stabil machen

»Von einem, der auszog, das Fürchten zu lernen«: Das Märchen eines Helden, den schließlich die gewonnene Prinzessin das Fürchten lehrt, steht im Führungskontext für eines: sich in Verunsicherung und Instabilität (siehe Kapitel »Umgang mit Uneindeutigkeit«, S. 304 ff.) zu begeben und daraus zu lernen, sich zu entwickeln. Stabilität entsteht nicht durch Ausharren. Sie entsteht durch Irritation und zeigt sich als ein Balanceakt. Wie ein Seiltänzer nur erfolgreich und stabil sein kann, indem er durch ein ständiges Oszillieren zwischen zwei (Werte-)Polaritäten die Balance hält, so kennen gute Führungskräfte das Gleichgewicht zwischen:

- Herausforderungen des Themas
- Ansprüchen einzelner Personen
- Bedingungen der Organisation
- Einflussfaktoren des Umfeldes

Stabilität ist in der Persönlichkeitsentwicklung auf folgenden Ebenen beeinflussbar, die unterschiedliche Zugänge repräsentieren:

- sprachlich-linguistisch
- logisch-mathematisch
- musikalisch-rhythmisch
- bildlich-räumlich
- körperlich-kinästhetisch
- naturalistisch
- interpersonal
- intrapersonal-emotional
- existenziell oder spirituell

Und noch einmal grundsätzlich: Führungskompetenzen werden dann kompetent entwickelt, wenn es gelingt, die jeweiligen Entwicklungsdesigns exakt auf die Klientel abzustimmen. Die Schwerpunktsetzung, die Akzeptanz und die Mischung machen es!

Visualisierung: Stabil unterwegs

Stabilität. Stabilität ist kein Produkt. Sie ist das balancierte Zusammenspiel vieler »tugendhafter« Eigenschaften und Handlungsmuster. Stabil unterwegs ist diejenige Führungskraft, die im Führungsprozess immer wieder diese Qualitäten reflektieren und verkörpern kann.

Lerndesign

Führungstisch

Inhalte und Zielsetzung:	Stabilität in der Führung heißt, ein stabiles Gleichgewicht durch Führung zu halten.
Teilnehmer:	6–12 Personen.
Dauer:	1–1,5 Stunden.
Ressourcen:	Freier Raum mit genügend Platz und dem »Führungstisch«: Das ist eine Tischplatte, die in der Mitte von nur einem unbefestigten Bein abgestützt wird, das wiederum mit einer Platte fest am Boden steht. Am besten, der Tisch balanciert auf einer Kugel oder dem runden Tischbein.

Lerndesign

Vorbereitung: Aufbau des Führungstischs ohne Teilnehmer. Die Tischplatte wird ausbalanciert, indem Gegenstände darauf verteilt werden.

Ablauf: Die Teilnehmer warten während des Aufbaus draußen, bilden Kleingruppen zu maximal sechs Personen und benennen je eine Führungskraft, falls ihre eigene nicht anwesend ist.

Allen außer der Führungskraft werden die Augen verbunden. Die Aufgabe besteht darin, dass die Mitarbeiter eines Teams nach den Anweisungen ihrer Führungskraft die Gegenstände von der Tischplatte nehmen, ohne dass diese umkippt.

Anschließend erfolgt eine Auswertung mit den Schwerpunkten: Balance der Führung, führen lassen, stabiles Gleichgewicht … Welche Bedeutung hat Stabilität?

Anmerkungen zur Wirkungsweise: Je nach Tischkonstruktion ist die Aufgabe ziemlich schwierig. Es hilft, die Kleingruppe rund um den Tisch zu verteilen. Die Analogie zur Balance der Führung und auch Balance im Team lässt sich leicht herstellen.

Integrität

Essay: Ein Wert – eine Haltung – ein Grundbedürfnis. Immer schön integer bleiben – schön wäre es!

Es wäre zu schön: Sie schicken Ihre Mitarbeiter auf eine – vielleicht sogar mehrtägige – Fortbildung zum Thema »Integrität« – und die Sache ist erledigt: Die schwierige Aufgabe, mit der ethischen Verletzlichkeit und der verletzbaren Glaubwürdigkeit von Menschen umzugehen, wäre gelöst. Verletzlichkeit nämlich, wenn es um das eigene Selbstverständnis in Bezug auf Angriffe von außen geht.

Integrität ist als Begriff nicht sehr leicht fassbar – ein Zugang führt über das Gegenteil von integer: korrumpierbar. Wer bestechlich ist, ist beeinflussbar und von außen steuerbar. Innere Werte und Prinzipien weichen äußeren Versprechen, Verlockungen oder Drohungen. Das gilt für Menschen und für Organisationen. Wozu aber diese Frage nach Selbstverständnis und ethischer Unverwundbarkeit?

Integrität – ein Grundbedürfnis nach Orientierung

Was genau verletzt wird, wenn Integrität bedroht ist, ist schwer fassbar. Vielleicht das Einssein mit sich, die »Identität«, vielleicht das Gewissen, die Selbsttreue, der persönliche Human Sense. Klar sind dagegen die Auswirkungen: Menschen oder Organisationen fehlt dann die Orientierung, die Maßstäbe zur Bewertung der Realität sind gestört, es fehlt der Zugang zu einem ethisch-existenziell gelingenden Leben, kurz: Das »richtige« Handeln wird schwer erreichbar oder gelingt eher zufällig. (Natürlich handeln Menschen trotzdem weiter, sie entscheiden auch ohne Orientierung, denn Führungskräfte können nicht nicht handeln: Sie wirken ständig auf ihre Organisation, selbst wenn sie nichts tun.) Das Grundbedürfnis nach Integrität – und damit nach dem angemessenen Tun – geht dabei häufig, meist schleichend, verloren.

Vollständige Integrität ist eine Utopie

Wir setzen Integrität im Handeln einer jeden Person irgendwie voraus. Anthropologisch sinnvoll ist dieser Vertrauensvorschuss, da wir sonst kaum in Interaktion treten könnten. Der Chef ist integer durch das alltägliche Handeln. Integrität erkennt man an Taten, an schlüssigen Handlungen: Nur in schlechten Leitbildprozessen wird zunächst über Integrität gesprochen und dann vielleicht in etwa so gehandelt. Integrität ist immer schon da – erst wenn etwas mit der Moral schiefgeht, wird verhandelt.

Ob wir nach ethischer, moralischer, psychologischer oder sozialphilosophischer Integrität fragen – ständig geht es um das Selbstsein des einzelnen Menschen, jeder ist sich selbst ein Bezugspunkt. Deshalb benötigt Integrität selten Adjektive: gute, schlechte, starke, schwache, klare, unklare Integrität gibt es nicht (wohl aber mangelnde …). Elias Canetti (1981) beschreibt die Qualität des Begriffes in der Welt durch ein Bild: »Jeder ist ein Mittelpunkt der Welt, aber eben jeder, und nur weil die Welt von solchen Mittelpunkten voll ist, ist sie kostbar. Das ist der Sinn des Wortes Mensch: Jeder ein Mittelpunkt neben unzähligen anderen, die es ebenso sehr sind wie er.«

Führung ist das Aushandeln oder Erzeugen der Spannung zwischen diesen Mittelpunkten und das Aushalten der eigenen Spannung zu anderen Mittelpunkten. Und das im Kontext einer Unternehmenskultur und einem organisatorischen Feld.

Die Sehnsucht bleibt im Dilemma: Als Mittelpunkte der Welt streben wir nach Integrität und wissen dabei zugleich, dass wir sie nie vollständig erreichen können.

Dabei wird klar, dass jeder Mensch insofern nicht vollständig für seine Integrität verantwortlich sein kann, als diese auch immer vom hilfreichen Verhalten anderer abhängt. Integrität ist also ebenso eine Sache von Ermöglichen, Anerkennen und Moral der anderen. »Um Integrität vorweisen zu können …, bedarf es nicht nur einer Reihe von Voraussetzungen, Eigenschaften und Fähigkeiten. Personen müssen in der Lage sein, diese auch tatsächlich realisieren zu können« (Pollmann 2005, S. 17).

Kann man diese »Situation für gelungene Integrität« aktiv erzeugen und ermöglichen? Man kann. Auffälligstes Beispiel dafür ist seit 1976 die Grameen-Bank des Friedensnobelpreisträgers von 2006, Professor Mohammad Yunus, die Kleinkredite (ungefähr 25 Dollar) an arme Frauen in Bangladesh vergibt, damit diese sich eine Existenz aufbauen können. Sie können vielleicht Werkzeug kaufen, um das Feld besser bestellen zu können, oder ein Handy, um es kostendeckend zu vermieten. Als Sicherheit für diesen Kredit verlangt die Bank im Grunde die Integrität (oder Ehre oder Glaubwürdigkeit) der Frauen.

Die Grundidee der Grameen-Bank

Eine Gruppe von Kreditnehmerinnen setzt sich aus fünf Frauen zusammen. Sie erhält einen Kredit, den die erste der fünf Frauen innerhalb von sieben Tagen investiert haben muss. Dies wird überprüft – wenn sie das Geld erfolgreich angelegt hat, bekommt ein weiteres Mitglied der Gruppe einen Kredit. Die Gruppe der Frauen trifft sich in regelmäßigen Abständen. Wer fehlt, bekommt keinen Kredit. Bei Beratungsgesprächen unter Palmenbäumen müssen die Frauen entscheiden, wie sie ihr Geld investieren (zum Beispiel Töpferei, Betreiben einer Hühnerfarm, Weben, Kekse backen, Mobiltelefone vermieten).
Die Tilgung der Kredite erfolgt notwendigerweise innerhalb eines Jahres. Zusätzlich müssen die Frauen in einen Notfallfonds einbezahlen, der im Ernstfall zinslos beleihbar ist. Wenn sie immer rechtzeitig ihre Raten begleichen, erhalten weitere Frauen Kredite. (Weitere Infos unter: http://www.grameen-info.org)

Das scheint nun eine Idee zu sein, die von allen guten Kreditgeistern verlassen ist: auf Treu und Glauben Kredite vergeben? Die europäischen Absicherungsstandards bei Banken für die Kreditvergabe sind gerade verschärft worden und werden als Lehre aus der Finanzkrise wohl noch strenger. Worauf basiert also der Erfolg der Grameen-Bank (98 Prozent Rückzahlquote der Kredite!)? Sicher nicht auf blindem Glauben, Sozialromantik oder Naivität – sondern auf einer besonderen »Kennzahl«: dem Zusammenwirken der »Mittelpunkte« in einem sinnvollen sozialen Kontext und dem Grundbedürfnis nach Integrität – nämlich sich selbst treu zu bleiben, in der sozialen Gemeinschaft das »Gesicht nicht zu verlieren« und für den Kreditgeber kreditwürdig zu bleiben.

Die Voraussetzungen der Kreditnehmerinnen, die sich selbst führen, entsprechen damit wie zufällig den Kriterien für integre Führungskräfte in westlichen Unternehmen.

- Aufrichtigkeit: aufrecht gehen und bleiben, wenn Werte in Gefahr sind.
- Gerechtigkeitsstreben: Das bewerten Mitarbeiter sehr hoch.
- Vertrauenswürdigkeit: entspringt direkt aus Integrität.
- Und vor allem: Zivilcourage und Konfliktfähigkeit, nämlich wenn es darauf ankommt, Unstimmigkeiten anzusprechen oder äußeren Störungsversuchen entgegenzustehen.

Aufgrund dieser Tatsache achten besonders große Konzerne, Finanzinstitute und öffentliche Ämter darauf, dass die beschäftigten Personen »integer« sind. Es gibt gesellschaftliche und berufliche Positionen, bei denen bereits ein Verdacht auf fehlende Integrität des Inhabers zu dessen Suspendierung beziehungsweise Enthebung der Position oder des Amtes führen kann, da man integren Personen »absolutes Vertrauen« schenkt und dies durch den ausgesprochenen Verdacht bereits anzweifeln kann (vgl. http://de.wikipedia.org/wiki/Grameen_Bank). – Ganz nebenbei sind wir so bei den Tugenden aus dem Thema »Stabilität« (s. S. 272 ff.).

Im Rahmen von Grameen kommt es auf die Integrität jeder einzelnen Frau *und* auf die Integrität der anderen in der Gruppe an: ethische Orientierung im Alltag, die funktioniert.

Integrität – und wodurch sie ständig gestört wird

Integrität ist ein fragiles Gut. Sie ist wie die Liebe zu einem Partner – sie muss ständig neu erworben und erhalten werden. Störfaktoren sind vor allem:

- Willensschwäche,
- Selbsttäuschung sowie
- Konfliktschwäche.

Einer dieser Faktoren allein wiegt schon genug – oft treten alle drei gleichzeitig auf. Zu welchen Personen Ihres Bekanntenkreises oder des öffentlichen Lebens fällt Ihnen eines dieser Attribute ein? Zu welchen passen sie gar nicht? Sicher haben Sie sofort Bilder vor Augen – welche der Personen würden Sie spontan als integer bezeichnen?

Die beliebtesten Angriffe auf Ihre Integrität als Führungskraft: Sie sollen Hinweise aus einem Mitarbeitergespräch als »Einschätzung« informell weitergeben, hatten aber Vertraulichkeit zugesichert. Sie sollen Mitarbeiter heimlich überwachen lassen (Beispiel Lidl) und wollen es nicht.

Man könnte behaupten: Wenn über Integrität gesprochen werden muss, ist sie schon in Gefahr. Integre Führungskräfte oder Mitarbeiter sind eher unauffällig, eher bescheiden, eher zurückhaltend – solange der Rahmen (die Politik, die Bedingungen) ihre Integrität nicht verletzt. Tut er es aber, dann werden integre Menschen plötzlich sehr bemerkenswert und sichtbar. Und das ist gut so. Die scheinbar einfachste Weise, integer zu bleiben, lieferte Siddhartha in seiner Geschichte, wie er den Verlockungen des reichen Kaufmanns widerstand: »Ich kann warten – ich kann fasten – ich kann denken.« Bei sich bleiben – nicht außer sich sein.

Integrität im Führungsalltag I: Fordern und Ermöglichen

Trotz aller gelungenen Beiläufigkeit: Was tun Führungskräfte, wenn Integrität prinzipiell verhandelt wird? Sie entwerfen Leitbilder, Führungsleitlinien und erleben in der Diskussion die unterschiedlichen Zugänge zu den verhandelten Werten. Das kann sehr wertvoll sein: Wie können wir unseren Willen zeigen und stärken, wie Selbsttäuschung vermeiden, wie Konflikte klar und konstruktiv angehen? Erste Fragen aus Diskussionen, denen sichtbare und langfristige Taten und Verhaltensänderungen folgen müssten.

Die immer weiter verbreiteten Codes of Conduct (leider in vielen Fällen als schicke Marketingmaßnahme missbraucht: »Kaufen Sie bei uns und retten Sie so den Regenwald«) sind aber gleichermaßen hilfreich als Krücken für die Integrität nach innen und außen: Viele Unternehmen überlegen sich in Zeiten der Heuschrecken und des Global Warming genauer, auf welche Werte sie zurückgeführt werden möchten. Dabei geht es ihnen nicht nur um ihren guten Ruf, es geht ihnen um die ökonomische Entwicklung und letztendlich den Erhalt der Bedingungen des eigenen Wirtschaftens selbst.

Bei einer Umfrage unter den Teilnehmenden des World Economic Forum im Jahr 2004 schätzte die Mehrheit, dass mehr als 40 Prozent der Marktkapitalisierung eines Unternehmens auf dessen Reputation zurückgeht. Das bedeutet: Ein guter Ruf zieht Investoren und qualifizierte Mitarbeiterinnen und Mitarbeiter an, unterstützt die Kundenbindung und sichert damit langfristig den Geschäftserfolg (nach: Lunau/Wettstein 2004).

Der Wirtschaftsethiker Josef Wieland beschreibt: »Die Wirtschaft wird moralischer – nicht weil Manager sich jetzt einen Heiligenschein zulegen, sondern weil das ein Erfordernis des Wirtschaftens selbst geworden ist« (Bergmann, 2003, S. 41). Er wagt die Prognose, dass die Wirtschaft dieses Jahrtausends eine Kooperationsökonomie sein wird. Unternehmen müssten dabei unter Wettbewerbsbedingungen mit anderen Organisationen zusammenarbeiten. Ohne Vertrauenswürdigkeit, Glaubwürdigkeit, kurz: Integrität, wird das nicht funktionieren. Codes of Conduct fordern diese Integrität für die Organisation.

> Beispiele für Zeichen neuer Verantwortung, der Suche nach Integrität und Nachhaltigkeit gibt es viele. In der Schweiz sind es die Konzerne Roche (http://www.roche.com/de/corporate_responsibility.htm) und Migros, der sogar seine Lieferanten einem *Code of Conduct* unterwirft: (http://www.migros.ch/DE/Sortiment/Engagement/Seiten/Übersichtsseite.aspx.).

Viele Beispiele zeigen leider: Die Unterschiede zwischen der Darstellung, den Hochglanzbroschüren der integren Absichten und der Praxis sind zuweilen gewaltig. Dass der Erwerb von Integrität eine Aufgabe ist, die sich Führung jeden Tag neu stellen muss, zeigt deutlich, dass es mit den Aussagen und Leitbildern nicht getan ist. Es könnte aber ein Beginn sein.

Führungskräfte sind herausgefordert, diese Forderung an sich selbst und an ihre Mitarbeiter zu stellen – an jede neue Situation, in der die Werte infrage gestellt werden können. Und im Zweifel Nein zu sagen. Denn Führungskräfte haben Verantwortung für die Integrität des Unternehmens – verantworten heißt, eine integre Antwort auf die Frage nach den Entscheidungen geben zu können.

Und noch mehr wird verlangt: Neben dem Fordern im organisationalen Kontext brauchen die Menschen im Umfeld die geeigneten Bedingungen, um selbst integer zu sein. Führungskräfte schaffen diese Bedingungen – oder zerstören sie. Wer Macht hat über Menschen, hat auch die Macht, sie in Situationen zu bringen, die ihre Integrität verletzen.

Integrität im Führungsalltag II: Sein

Gefolgschaft braucht Glaubwürdigkeit – ohne sie ist in Zeiten des Wandels Führung nicht möglich. Damit rücken das eigene Dasein, die Treue zu sich selbst, das integre Leben als Vorgesetzter und als Mitarbeiter in den Mittelpunkt. Vorbild sein, zu sich und zu anderen stehen, Nein sagen können zu unmoralischen Angeboten – das ist gelebte Integrität im Hier und Jetzt. Und was sich anhört wie eine Predigt von der Kanzel herab oder wie eine Yoga-Formel, ist am Ende doch die höchste Kunst: in jedem Augenblick wachsam zu sein. Für sich selbst und die eigenen ethischen Bedingungen.

Integrität im Führungsalltag III: Werden

Was wir geworden sind, zeigen unsere Biografien. Glauben wir häufig. Immer jedoch erzählen wir unsere Lebensgeschichten im Nachhinein – und fügen Sinn hinzu, sodass es für uns und für andere eine schlüssige Geschichte wird. Wir integrieren die Zufälligkeiten und Widersprüche und sorgen dort für Integrität, wo vielleicht keine war, und lassen weg, blenden aus, deuten um. Das ist der Normalfall und zeigt einmal mehr, wie sehr wir auf Sinn und Integrität in unserem Lebenslauf angewiesen sind. In die Zukunft gewendet, ändert es jedoch unsere Sichtweise: Wie werden wir das Morgen erzählen?

Versuchen Sie es: Halten Sie eine Rede über Ihre berufliche Entwicklung mit dem Schwerpunkt Ihrer eigenen Integrität, in der Sie auf Ihre nächsten fünf Jahre zurückblicken. Erzählen Sie, wie Sie sie bewahrt oder verloren haben. Welche Menschen darauf Einfluss hatten und welche Bedingungen dabei welche Auswirkungen hatten.

»Werde, der du bist!«, ruft man demjenigen zu, der seine Integrität entdeckt hat und bewahren will. Geh näher dorthin. Wende dich der Stimmigkeit zu, die deine Zukunft mitgestalten soll. Aber wenn es nun gar nicht gelingt? Wenn es gar keine Möglichkeit gibt, in diesem System als Führungskraft so integer zu bleiben, wie es für die ethische Gesundheit notwendig ist? Dann bleibt der letzte Teil des Appells: »Love it, change it, or leave it« – im Dichterdeutsch: »Wohlan denn, Herz, nimm Abschied und gesunde …«

Visualisierung: Integrität auf dem Führungsweg

Die vier Himmelsrichtungen der Integritätswelt. Fordern, Ermöglichen, Sein, Werden – diese vier Dimensionen zeigen die Positionierung von Führung in Bezug auf Integrität. Es ist weniger die Frage nach der Richtung, sondern eher die Frage der Standortbestimmung, die Frage nach der eigenen Position.

Vergangenheit, Gegenwart und Zukunft der Integrität einer Person sind dabei ebenso wichtig wie ihr sozialer und organisationaler Kontext. »Quo vadis, Integrität?« ist eine Frage, mit der jeder Tag einer Führungskraft beginnen könnte.

Lerndesign

Integritäts-Seismograf

Inhalte und Zielsetzung:	Integres Verhalten beobachtbar machen und die Beobachtung schärfen.
Teilnehmer:	Gruppen von 10 Teilnehmern und mehr.
Dauer:	5 Stunden bis mehrere Tage, dann jeweils 1–1,5 Stunden.
Ressourcen:	Briefe in Umschlägen, die die Beobachtungsaufträge beinhalten.
Vorbereitung:	Briefe an die Integritätsstörungsbeobachter.

Ablauf: Innerhalb eines Workshopdesigns wird das Thema Integrität eingeführt oder angebahnt oder gestreift. In einer Pause erhalten einige Teilnehmer von der Leitung heimlich einen Umschlag mit einem Brief und dem Hinweis, diesen Auftrag in der nächsten Zeit sehr vertraulich auszuführen. In dem Brief steht folgender Inhalt:

»Sprechen Sie mit niemandem darüber, dass Sie diesen Auftrag erhalten haben: Einige Teilnehmer in diesem Workshop haben von mir den Auftrag erhalten, gezielt die Integrität, die Ehrlichkeit und den Anstand der anderen Teilnehmer zu stören oder zu beeinträchtigen. Machen Sie sich über die Zeit Notizen, wer diese Teilnehmer sein könnten und woran Sie erkannt haben, dass sie ihre Aufträge ausführen. Zu einem geeigneten Zeitpunkt werden wir gemeinsam im Plenum Ihre Beobachtungen auswerten.«

Auswertung: Es ist möglich, dass Sie sofort eine Zurückweisung dieses »Geheimdienstauftrages« erhalten. Dann ist es sinnvoll, diese Zurückweisung in der Gruppe auszuwerten und am Beispiel selbst zu fragen, was denn diese Zurückweisung geleitet und ausgelöst habe.
Sollten die Beauftragten ihre Aufträge ausführen, sprechen Sie zu einem günstigen Zeitpunkt die Beobachtungsaufträge an.

- Die Beobachtungen werden zur Überraschung der anderen Teilnehmer genannt.
- Sie lösen die Tatsache auf, dass es keine instruierten Integritätsstörer gab.
- Sie nehmen mit der Gruppe die Beobachtungen und das Verhalten aller zum Anlass für ein Gespräch darüber, was denn in dieser Gruppe zu diesem Zeitpunkt Integrität bedeute und in welchem Verhalten es sich denn äußere.

Anmerkungen zur Wirkungsweise: Die Gruppe wird zwischen lachend und revoltierend auf die Auflösung des Auftrages eingehen. Daher muss die Leitung diese Übung als stabile Voraussetzung beschreiben, um Integrität beobachtbar und beschreibbar zu machen. Hin und wieder sind Menschen schockiert – sowohl über ihre eigenen Unterstellungen den anderen gegenüber als auch über die Tatsache, beobachtet worden zu sein. In vielen Fällen löst es eine gute Rückmeldedynamik aus. In jedem Fall ermöglicht es ein Sprechen über Wahrhaftigkeit und Verhalten, beinhaltet Elemente des Feedbacks, und es schafft einen Abgleich zwischen subjektiven Urteilen und gemeinschaftlichen Werten.

Wachheit und Lebendigkeit

Essay und Visualisierung in einem

Wachheit und Lebendigkeit sind keine Führungskompetenz. Sie sind die Voraussetzung für alles Führen, das Menschen und Systeme bewegen und steuern will. Lebendig ist das, was sich weiterentwickelt und wächst und sich verändert.

Wach ist der, der die Augen offen hat für dieses Wachsen – und dem dieses Wachsen die Augen öffnet für die Vitalität, die gute Führung braucht. Dazu zwei Texte:

> Text 1 von Jorge Luis Borges:
> »Wenn ich mein Leben noch einmal leben könnte,
> im nächsten Leben würde ich versuchen, mehr Fehler zu machen.
> Ich würde nicht so perfekt sein wollen,
> ich würde mich mehr entspannen.
> Ich wäre ein bisschen verrückter, als ich es gewesen bin,
> ich würde viel weniger Dinge so ernst nehmen.
> Ich würde nicht so gesund leben.
> Ich würde mehr riskieren,
> würde mehr reisen,
> Sonnenuntergänge betrachten,
> mehr Bergsteigen,
> mehr in Flüssen schwimmen.
> Ich war einer dieser klugen Menschen,
> die jede Minute ihres Lebens fruchtbar verbrachten;
> freilich hatte ich auch Momente der Freude,
> aber wenn ich noch einmal anfangen könnte,
> würde ich versuchen, nur mehr gute Augenblicke zu haben.
> Falls du es noch nicht weißt,
> aus diesen besteht nämlich das Leben;
> nur aus Augenblicken;
> vergiss nicht den jetzigen.
> Wenn ich noch einmal leben könnte,
> würde ich von Frühlingsbeginn an
> bis in den Spätherbst hinein barfuß gehen.
> Und ich würde mehr mit Kindern spielen,
> wenn ich das Leben noch vor mir hätte.

Aber sehen Sie ... ich bin 85 Jahre alt
Und weiß, dass ich bald sterben werde.«

Text 2: Max Frisch
Sind Sie sicher, dass Sie die Erhaltung des Menschengeschlechts, wenn Sie und alle Ihre Bekannten nicht mehr sind, wirklich interessiert?

- Warum? Stichworte genügen.
- Wie viele Kinder von Ihnen sind nicht zur Welt gekommen durch Ihren Willen?
- Wem wären Sie lieber nie begegnet?
- Wissen Sie sich einer Person gegenüber, die nicht davon zu wissen braucht, Ihrerseits im Unrecht, und hassen Sie eher sich selbst oder die Person dafür?
- Möchten Sie das absolute Gedächtnis?
- Wie heißt der Politiker, dessen Tod durch Krankheit, Verkehrsunfall usw. Sie mit Hoffnung erfüllen könnte? Oder halten Sie keinen für unersetzbar?
- Wen, der tot ist, möchten Sie wiedersehen?
- Wen hingegen nicht?
- Hätten Sie lieber einer anderen Nation (Kultur) angehört und welcher?
- Wie alt möchten Sie werden?
- Wenn Sie Macht hätten, zu befehlen, was Ihnen heute richtig scheint, würden Sie es befehlen, gegen den Widerspruch der Mehrheit? Ja oder nein.
- Warum nicht, wenn es Ihnen richtig scheint?
- Hassen Sie leichter ein Kollektiv oder eine bestimmte Person, und hassen Sie lieber allein oder im Kollektiv?
- Wann haben Sie aufgehört zu meinen, dass Sie klüger werden, oder meinen Sie's noch? Angabe des Alters.
- Überzeugt Sie Ihre Selbstkritik?
- Was meinen Sie, nimmt man Ihnen übel, und was nehmen Sie selbst übel, und wenn es nicht dieselbe Sache ist: Wofür bitten Sie eher um Verzeihung?
- Wenn Sie sich beiläufig vorstellen, Sie wären nicht geboren worden: Beunruhigt Sie diese Vorstellung?
- Wenn Sie an Verstorbene denken: Wünschten Sie, dass der Verstorbenen zu Ihnen spricht, oder möchten Sie lieber dem Verstorbenen noch etwas sagen?
- Lieben Sie jemanden?
- Und woraus schließen Sie das?
- Gesetzt den Fall, Sie haben nie einen Menschen umgebracht, wir erklären Sie es sich, dass es dazu nie gekommen ist?
- Was fehlt Ihnen zum Glück?
- Wofür sind Sie dankbar?

Morgen ist heute schon gestern – Grabrede an und für sich

Inhalte und Zielsetzung: Wach machen, Lebendigkeit reflektieren, Intensität erzeugen.
Teilnehmer: Ab zwei Personen.
Dauer: 2–5 Stunden.
Ressourcen: Aussagen und Fragen, gedruckt auf schönem Papier oder eingedruckt in ein Reflexionsbuch, ein ruhiger Ort, am besten mit Naturzugang.
Vorbereitung: Eventuell Aussage und Fragen als Poster vorbereiten.

Ablauf: Die Teilnehmer ziehen sich zuerst an einen ruhigen Ort zurück oder gehen mit den Schriftstücken spazieren. Die Stille ist wichtig, auch der Rückzug, auch das Aushalten dieser Zeit von ungefähr 30 Minuten allein. Notizen sind möglich, aber nicht nötig, zum Beispiel über das, was den Lesenden besonders irritiert, beeindruckt oder ihm auffällt. Anschließend folgt ein Gespräch mit einer Person in der Gruppe, die eher vertraut oder bekannt ist.
Kern der Übung ist dann, eine eigene Grabrede zu verfassen:

> »Stellen Sie sich vor, Sie sind gestorben, haben aber einem guten Freund die Grabrede schon einmal verfasst, die Sie zu Ihrer Beerdigung hören möchten. Verfassen Sie diese Grabrede jetzt, Sie müssen sie nicht veröffentlichen.«

Danach folgt ein Gespräch mit einer Person, die eher »fremd« ist in der Gruppe, mit einem weiteren Versuch, die gegenseitigen Wahrnehmungen und Ideen auszutauschen und zu verstehen. Das »Sharing« in der Gruppe ist möglich, aber nicht zwingend, und hängt von der Situation ab. In jedem Fall ist ein Blitzlicht möglich über die Wahrnehmung dieser Übung und verschiedene Varianten, zum Beispiel zu den Themen »Work-Life«, »Sinn«, »Orientierung«.

Anmerkung zur Wirkungsweise: Die Übung braucht Zeit, weil es um das Erforschen eigener Reaktionen geht. Führungskräfte sollten die Möglichkeit haben, Coachingbedarf anzumelden und die entdeckten Themen persönlich weiterzubearbeiten.

Ausstrahlung und Wirkung

Essay: Der Gegenstand der Betrachtung verändert den Betrachter – und umgekehrt!

»Failure seldom stops you – what stops you is the fear of failure.« (Jack Lemmon)

Wirkung mit Rückwirkung

Frei nach Paul Watzlawick (2005) gilt für Ausstrahlung und Wirkung Ähnliches wie für den Kommunikationsprozess: »Wie soll ich wissen, wie ich wirke, bevor ich die Reaktion auf meine Wirkung kenne?« Wirkung ist im Bereich der Persönlichkeitskompetenzen weniger die Folge einer Ursache, sondern eher das Produkt zweier Subjekte – des Wirkenden und des Wahrnehmenden.

Damit wird es allerdings weniger trivial als in vielen »Körpersprache erfolgreich anwenden«-Ratgebern: Unsere Wirkung hat auf uns eine Rückwirkung, die wieder Wirkung erzeugt, etc. Ausstrahlung und Wirkung sind keine Ursache-Wirkungs-Kalkulation, sondern vielmehr zwei Seiten eines Phänomens. Ausstrahlen und Wirken sind damit nicht nur metaphorische Teile derselben semantischen Wortfamilie: der der Wahrnehmung.

»Perception creates reality« – erfolgreichen Führungskräften wird meistens eine besondere Ausstrahlung zugeschrieben: gewinnend, überzeugend, faszinierend, beeindruckend, motivierend, begeisternd, versichernd. Die Zuschreibung verrät aber mehr über den Wahrnehmenden: Er ist gewonnen, überzeugt, fasziniert, beeindruckt, begeistert, versichert. Erinnern Sie sich an jene Menschen, die in Ihrem Leben Führung durch Ausstrahlung übernommen haben: vielleicht Lehrer, Vorgesetzte, Eltern, vielleicht ebenso der Mann im Park, die Bedienung im Café, der Reisende im selben Abteil, vielleicht sogar die ein oder andere Begegnung mit öffentlichen Personen, die Sie überzeugten.

Was es nun ist, das »strahlt«, wird in der Managementliteratur und den dazu passenden Seminaren viel beschworen: Charisma, Leadership, Autorität seien erlernbar – am besten natürlich bei den jeweiligen Anbietern. Auch Charisma durch Kleidung, Hypnose oder Meditation ist im Angebot – das Übrige bietet dann der Friseur, die Farbberatung oder der Stylist.

Und doch – haben Sie Charisma? – Ja? – Dann hören Sie hier besser sofort auf, zu lesen. Denn Menschen mit wahrhafter Ausstrahlung denken nicht darüber nach, wie sie »funktioniert«. Sie haben sie und lassen sie wirken. Glückwunsch. Ausstrahlung ist nicht erlernbar. Aber wir können eine Menge darüber lernen, wie sie zustande kommt, wodurch sie beeinflussbar ist und worauf sie zurückzuführen ist: wenn wir von der Wirkung ausgehen.

Das Sichtbare: Was ausstrahlt und wirkt, ist körperlich

Es scheint sehr deutlich, was unsere Hauptwirkung auf andere ausmacht: Nach Studien und der einschlägigen Literatur überwiegen in unserer Wirkung die körpersprachlichen Signale, außerdem Stimme und Blick, nur ein geringer Anteil an Bedeutung kommt dem Inhalt zu. Grund genug, ein wenig bei dem emotionalen Transfer, der hier geleistet wird, zu verweilen.

Zu jeder Ausstrahlung gehören Auswahl, Aussicht und Ausbildung und die jeweilige Situation, in der sie wirkt. Entscheidend ist dabei das authentische Zusammenspiel von

- Mimik,
- Gestik,
- Erscheinungsbild,
- Position im Raum,
- Timing,
- Phonetik,
- Olfaktorik,
- Dramaturgie,
- Medien und Material.

Auftritte und Wirkungen sind im Alltag eines Personalers vor allem die Entscheidung vor der Entscheidung. In den ersten drei Minuten fällt die Entscheidung über Sympathie oder Antipathie, selten widersprechen aufwendige Assessment-Center später dieser Einschätzung. Mit viel Akribie werden Wirkungsmerkmale der Persönlichkeit beschrieben, und doch wirkt die Person als Ganzes, als Mensch. Ausstrahlung ist die Frage nach Attraktivität, nach dem, was uns »anzieht« (lat. trahere – ziehen).

Entwicklungspsychologisch ist das anziehend, was Gesundheit und Kraft verspricht und natürlich die Möglichkeit zur Erhaltung des Menschengeschlechts unterstützt. Menschen reagieren also auf die Gesundheit: vom Baby bis zum Greis. Körpergröße, Körpergeruch sind wirksam. Und ebenso die Ähnlichkeit der Ausstrahlung mit dem Beurteilenden; auch diese Wirkung hat dann auf uns eine Rückwirkung, wenn wir sie bei uns selbst wiedererkennen. Trotzdem liegt »Schönheit« wohl nicht im Auge des Betrachters: Studien zeigen, dass Ähnlichkeit – und damit Sympathie – eine Rolle spielt. Die Wahrscheinlichkeit, dass ein Kaufvertrag zustande kommt, ist umso höher, je ähnlicher Käufer und Kunde einander sind. Einkommen, Erziehung, politische Einstellung, Körpergröße, Alter und Religion sind maßgeblich, und in der

Begegnung besonders olfaktorische und physische Merkmale. Deshalb wird das, was beeinflussbar ist – durch Körperpflege und Statussymbole des Äußeren –, im Vertrieb heftig gepflegt: leider oft nach der Devise »viel hilft viel« …

Das Unsichtbare: Was ausstrahlt und wirkt, ist hör- und spürbar

Deutsche Führungskräfte können kaum loslassen. Ausgerechnet der ehemalige Präsident des Bundesverbandes der Deutschen Industrie, Hans-Olaf Henkel, sagte auf einem Kongress des Verbandes der Redenschreiber deutscher Sprache: »Der typische Vorstand trennt sich eher von seiner Frau als von seinem Manuskript.« So lassen sich Verhaltensstörungen zurückführen auf die Grundgefühle, die Menschen zur Verfügung stehen: In diesem Fall ist es Angst. Angst vor dem Scheitern, vor der unvorhersehbaren Entwicklung – Angst vor dem eigenen fehlenden Vertrauen. Unsichtbar sind die inneren Blockaden, die man nicht durch Schminke schönfärben kann. Unsichtbar sind die inneren Widerstände, die uns daran hindern, angemessen zu handeln und wirklich wirksam zu sein. Unsichtbar ist auch der Mut, die Stimme richtig einzusetzen, und das Unsichtbarste ist die Interaktion mit meinem Gegenüber selbst, die ich nur durch ausgeprägte Empathiefähigkeit wirklich erkennen und damit beeinflussen kann. Emotionale Intelligenz ist eine Kombination von Fähigkeiten: Beobachten, Spüren und Wahrnehmen, Einsetzen der passenden Impulse und des angemessenen Verhaltens. Dies alles in einer Gleichzeitigkeit, die jede »erst-dann-dann«-Ordnung überwunden hat.

Von Körperhaltungen, Verhalten und Haltungen

Haltung und Verhalten bedingen einander und erzeugen die Bedingungen für einen gelungenen – oder misslungenen – Auftritt. Leicht lässt es sich fordern, schwer lässt es sich erreichen: Authentizität ist die Zauberformel. Der Körper lügt nicht, die Wahrheit ist immer da für den, der sehen kann. Es ist daher hoffnungslos, Verhaltensweisen einzuüben. »Wer nur so tut, als ob er es sei, wird niemals sein, was er wirklich ist.« Für das, was »wirklich ist«, haben wir eigentlich ein sehr deutliches Gespür – Echtheit, Ehrlichkeit, Kongruenz der Verhaltensweisen sind im Grunde leicht zu erkennen, trotzdem tun wir uns unendlich schwer: im Kampf gegen unsere Vorurteile, im Überwinden der Sachzwänge, im Vermeiden der Blendung, die unsere Wahrnehmung – das, was wir als »wahr« nehmen – so sehr einschränkt. Und trotzdem ist die Tendenz, die Vorurteile zu bestätigen, sehr hoch: Sichern sie uns doch unseren Status quo.

Individualität kann man nicht kaufen – aber finden

Der Wunsch nach Individualität spiegelt sich in viel erkaufter Individualität – und die ist inzwischen Massenware. Viel Geld fließt in die Taschen von Stil-Coachs, Typberatungen und Ego-Masseuren … einzig aus dem Bedürfnis jedes Menschen nach besonderer Anerkennung und Einzigartigkeit. Im Kern: die Sehnsucht nach gesunden und gelungenen Begegnungen. Damit suchen viele unablässig nach neuen Ressourcen (Kleidung, Schmuck, Parfums, Make-ups …), die das ermöglichen. Die Suche im Außen endet oft in Konsumwut oder Verzweiflung – gut: auch oft in einem angenehmen Völlegefühl der flüchtigen Zufriedenheit. Das ist alles erlaubt.

Wirksamer jedoch sind der Blick nach innen und die Beobachtung des eigenen Erlebens. Flow-Erlebnisse zeigen uns: Je klarer die Balance zwischen Herausforderungen und Fähigkeiten ist, desto größer unsere Wirkung. Führungskräfte suchen die Herausforderungen – finden aber oft nicht das rechte Maß. Vor der eigentlichen Herausforderung selbst beginnt der Zweifel, die Angst vor dem Scheitern, die den eigentlichen Misserfolg ermöglicht. Würdevolles Scheitern wäre angstfrei – und damit eine Lernchance. Angst vor dem Scheitern macht Lernen unmöglich. Zugegeben: Angstfreiheit wird niemand garantieren, Lernprozesse machen allerdings den Blick auf die vorhandenen inneren Ressourcen möglich. Haben Sie Charisma? Existierte einmal schon Selbstsicherheit? Erinnern Sie sich an eine gelungene Situation, in der Sie mit der angemessenen Haltung einen guten Auftritt hatten und eine erwünschte Wirkung erzielt haben? War der Erfolg schon einmal da? Dann kann er auch öfter da sein.

Visualisierung: Warum man Zuschreibungen nicht kaufen kann – von Authentizität

Authentizität ist die Basis für gute Ausstrahlung und Wirkung. Dieses Selbstsein und Echtsein fällt vor allem dann als Erstes auf, wenn es fehlt. Echtheit ist eine Frage der Präsenz, der Stabilität und der Wahrnehmungsfähigkeit. Führungskräfte sind Lernende – und sie tun gut daran, kontinuierlich die Hürden auf dem Weg zur Authentizität zu beseitigen.

Innere Geborgenheit ist die Voraussetzung für soziale Sensibilität. Hier stellen sich die Fragen: Wo fühle ich mich geborgen? Wie fühlt sich das an? Welches Bild habe ich von Geborgenheit?

Empathiefähigkeit erzeugt Akzeptanz. Wie gehe ich in die Interaktion? Wie gut gelingt es mir, mein Gegenüber »wahr-zu-nehmen«?

Mit der Änderung des Verhaltens kann ich beeinflussen, aber mit der Änderung der Haltung kann ich überzeugen. Welche Verhaltensmerkmale beobachten andere bei mir? Auf welche eigenen Haltungen und Einstellungen kann ich das zurückführen?

Ich kann bei meinem Gegenüber positive Rückwirkung erzeugen. Wo sind meine individuellen Quellen für diese Wirksamkeit?

Zur guten Balance. Selbstsicherheit und Bescheidenheit = selbstbewusste Zurückhaltung. Unter welchen Bedingungen gelingt sie mir? Wo sind meine Grenzen?

Lerndesign

Macht und Status – Dann strahlen Sie mal was aus!

Sozialer Status

Inhalte und Zielsetzung:	Macht und Status sichtbar machen. Erkennen und einüben von Statusverhalten.
Teilnehmer:	Fünf Teilnehmer plus Zuschauer (mindestens drei).
Dauer:	1–1,5 Stunden.
Ressourcen:	Sechs Zettel mit verdeckten Nummern.
Vorbereitung:	Keine.

Ablauf: Zu Beginn werden die Rollen verteilt. Die Teilnehmer ziehen je einen Zettel heimlich nach dem Zufallsprinzip und betreten dann nacheinander eine Bühne. Als Improvisationsspiel eignen sich Situationen wie im Wartezimmer eines Arztes, Warten an einer Bushaltestelle, Pause in der Oper oder Besuch eines Lokals. Nachdem der Berater die Situation beschrieben und etwas ausgeschmückt hat, beginnt das Spiel.

Die Vorgabe für das *Improvisationsspiel* lautet: Die Schauspieler mögen sich so verhalten, wie es dem Rang in einer sozialen Hierarchie aus Macht und Status entspricht: 1 = ganz unten; 6 = ganz oben. Die Spieler spielen so lange, bis alle auf der Bühne sind und sich ein improvisiertes Stück entwickelt.

Anschließend erfolgt die Auswertung. Die Zuschauer schätzen ein, wer welchen sozialen Status hatte, und begründen dies mit ihren Beobachtungen. Erst dann wird offengelegt, wer welchen Status spielen sollte. Als weiterführende Transferauswertung und Reflexion bietet sich an, mit der Gruppe zu besprechen, inwiefern bestimmte Verhaltenselemente von der inneren Haltung und der Selbstbewertung abhängig sind. Der Berater führt die Teilnehmer auch an die Frage heran: Mit welchen Haltungen und Verhalten gehe ich in neue Situationen? Was kann ich beeinflussen? Was will ich ändern?

Anmerkungen zur Wirkungsweise: Die Spieler mit Status 6 und 1 sind leichter zu erkennen als die mit mittlerem Status. Da die Teilnehmer keine ausgebildeten Schauspieler sind, spielen bei der Einschätzung der Beobachter häufig unbewusste Verhaltensweisen der Spieler eine Rolle. Wenn diese beobachtet werden, ist man schnell bei der oben beschriebenen persönlichen Auswertung. Das Lerndesign fördert Kreativität, ist Experimentierfeld für Verhalten und ermöglicht Verhaltensfeedback.

Mut

Essay: Mut ist nur gut verborgene Angst

Organisationen verlangen nach mutigen Anführern. Die Allgemeinplätze sind bekannt: Es brauche Mut zur Veränderung, Mut zur Innovation, man möge doch mutig neue Wege beschreiten und so weiter.

Je häufiger und unspezifischer der Mut in den Vordergrund gerückt wird, desto klarer wird der Hintergrund, vor dem dies geschieht: die Angst. Vorsicht angesagt ist da, wo forsch der Mut gefordert wird, denn feige Zurückhaltung oder grandioses Scheitern scheinen ja attraktive Alternativen (zumindest in der Vergangenheit) gewesen zu sein.

Was ist Mut in einer Organisationskultur, was wäre *zu* mutig? Welcher Mut würde als Hochmut verkannt? Was ist das rechte Maß? Wo beginnt Übermut? Nach gutem Mut zu fragen zeigt: Mut »an sich« existiert nicht. Mut ist immer relational und abhängig vom Kontext zu werten.

»Der Fall Hochmut«

Hochmut – das klingt heutzutage nach Überheblichkeit, Arroganz, Hochnäsigkeit. Dabei hat das Wort seine ursprüngliche Bedeutung, nämlich den mittelhochdeutschen »hohen muote« fast völlig verlassen: Sprach man damals noch von einer hohen Gesinnung, einer höfischen Werteorientierung. Muote hatten edle Ritter, das ist eher noch im heutigen Gemüt wiederzufinden. Heutiger Hochmut bereitet, so sagt es der Volksmund, das Scheitern vor – er macht blind für notwendige Unterstützer, für Gefahren auf dem Weg. Für Führungskräfte brauchbar scheint aber dieser mittelhochdeutsche Kern: Anführer sollen den Unterschied machen – sie sollen »höheren Mut« zeigen als andere:

- mehr Mut dem eigenen Selbst gegenüber,
- mehr Mut, Missstände frühzeitig anzusprechen,
- mehr Mut zu Klarheit,
- mehr Mut für ungewöhnliche Lösungen.

Klar wird: Je höher das relative Gefälle zum Normalmaß des Kontextes, desto mutiger erscheint eine Handlung.

Blickwechsel: Demut ohne Demütigung

»Das Gegengift von Hochmut ist Demut.« (Voltaire)

Die Schwestertugend des Mutes ist die Demut. Immer unter Verdacht mangelnder Eigenständigkeit, funktionalisiert nur als Komplementärin der Hierarchie, mit angestaubt-biederem Charme. Kirche, Staat und Wirtschaft verlangten die längste Zeit ihrer Geschichte Unterwerfung, Selbstaufgabe, Duckmäusertum. Nicht wenige (Familien-)Unternehmenskulturen sind geprägt von mentalen Modellen, die das antiquierte Menschenbild und die geistige Enge der Zeit erkennen lassen, in denen sie entstanden.

Der aufklärende Kant, der atheistische Nietzsche erkannten in der Demut Hilfreiches. In ihr liege die Möglichkeit zur Erhebung, Selbstschätzung der eigenen inneren Würde als sittliches Wesen.[1] So ist der positive Kern von Selbstaufgabe in möglicher Selbst*beschränkung* zu finden. Auch nicht religiöse Menschen nutzen beispielsweise das Fasten als Moment der Selbstbeschränkung. Physiologisch gesehen: Professor Gerald Hüther hat als Hirnforscher nachgewiesen, dass freiwilliges Fasten tatsächlich Stresshormone im Körper verringert, während verordnetes Fasten Stress vermehrt. Psychologisch: Selbstbeschränkung ist selbstbestimmt – und damit Persönlichkeitsentwicklung.

Verhindert Demut die Entfaltung der Persönlichkeit oder das Durchsetzen im Wettbewerb?

Individualität – und zwar für alle – ist das Ideal der Massengesellschaft: Selbst-Behauptung, Selbst-Bewusstsein, Selbst-Vertrauen, Selbst-Verwirklichung, Ich-Bezug, Ich-Stärke verweisen scheinbar auf ein absolutes, ein unabhängiges Ich. Die Aufklärung als »der Ausgang des Menschen aus seiner selbst verschuldeten Unmündigkeit« hat diese Selbstermächtigung gefördert. Westliche Menschen genießen heute »persönliche Freiheit« und tragen manchmal schwer daran. Für das Durchsetzen, Führen und Entscheiden scheint Demut kontraproduktiv.

Blickwechsel I: Mehr Möglichkeiten durch weniger Selbst

Menschen sind soziale Wesen und am effektivsten, wenn sie Synthesen aus vielen Wahrheiten erzeugen, um der Komplexität der Welt gerecht zu werden. Soll verstanden werden, was wirklich ist, dann sind zahlreiche Sichtweisen notwendig, die in einem offenen Diskurs diskutiert werden, um herauszufinden, was das Richtige des Ganzen ist. Das geschieht im Dialog, in der offenen Begegnung. Begegnungen gelingen paradoxerweise mit Selbstbeschränkung am besten. Japanischen Managern wird die

---

1 vgl. Rudolf Eisler: Kant-Lexikon; online unter http://www.textlog.de/32170.html; Stand 21.5.2008

Weisheit in den Mund gelegt: »Solange jemand eine andere Meinung hat, kann ich von ihm lernen.« Wer dem anderen begegnen will, wer Dialog will, muss sich zurücknehmen und sich öffnen für die Sicht des anderen. Ein Gespräch ist dann kein Nullsummenspiel. Demut zeigt sich als Führungsverhalten im Respekt vor der Perspektive des anderen. Für solche Demut braucht es Mut.

Blickwechsel II: Der positive Kern

Ein Thema, das so tief in der Geschichte der Menschen verwurzelt ist, kommt nicht aus der Mode. Je weniger Demut besprechbar ist, desto mehr wird sie erlebbar. In Form von Bescheidenheit, Zurücknahme, Selbstbeschränkung. Wirksam wird Demut für Führungskräfte, wenn sie ein Teil ihres authentischen Verhaltens geworden ist: Zuhören, Hintergrundarbeit, auch: Staunenkönnen – das sind Ausprägungen von Demut. – »Nur der Liebende ist mutig, nur der Genügsame ist großzügig, nur der Demütige ist fähig, zu herrschen« (Laotse).

Visualisierung: Der Mut, den wir meinen

Fragen Sie Manager, was denn mutig sei, dann hören Sie: »Einmal etwas sagen, was den Vorgesetzten nicht behagt.« Das ist mutig. Jemandem so richtig die Meinung geigen – sehr, sehr mutig. Mehr Transparenz schaffen, als die Unternehmenskultur es bisher kannte – extrem mutig. Bravo. Mut heißt dort: mehr von etwas tun, was ohnehin schon da ist. Über Kohlen laufen. Und dabei hart sein, gern auch übertreiben, mal so richtig … Doch den Mut, den wir meinen, kann man sich nicht antrinken.

Mut ist: Angstszenarien überwinden. Was ist für Sie im Führungskontext die größte Überwindung? Loslassen oder einfordern – widersprechen oder zuhören? Vertrauen schenken oder Kontrolle ausüben? – Sich entwickeln bedeutet, dorthin einen Schritt zu wagen, wo bisher die Grenze lag. Demut hilft, das andere und *für uns* Neue zuzulassen und zu ermöglichen, zu vertrauen, also dem Anderen und Neuen etwas zuzutrauen.

Mut ist: Teufelskreise durchbrechen und Dramadreiecke entlarven. Führungskräfte sind Teile und Gestalter von Systemen. Wenn sie unter Druck geraten, handeln sie meist so, wie es ihrer kulturellen Prägung entspricht: mit Angriff oder Flucht – oder Erstarrung. Genügt in diesen Situationen ein Appell nicht, folgen mehr, lautere, drohendere … Demut ermöglicht paradoxes Handeln: Leises im Lauten, Unabhängiges im Abhängigen.

Mut ist: sagen, was ist. Eines der angepasstesten Blätter Deutschlands verwendete in seiner Werbung den Satz: »Jede Wahrheit braucht einen Mutigen, der sie ausspricht.«

Und bediente sich dabei prominenter Bilder: Gandhi, Einstein, Galilei … – die sich wahrscheinlich im Grabe umdrehten bei der Vorstellung, so verwendet worden zu sein.

Und doch: Der Betrug in »Des Kaisers neue Kleider« wurde von einem Kind entlarvt – nicht von den Starken und Mächtigen des Landes. Demut hilft, hinzuhören, auf die eigene Wahrnehmung zu achten (s. Kapitel »Wachheit und Lebendigkeit«, S. 287ff.). Denn wer sich selbst dauernd in den Mittelpunkt stellt, kann bald nicht mehr erkennen, wo der Mittelpunkt eigentlich ist.

Mut ist: tun, was irritiert. »Es erfordert viel Mut, sich seinen Feinden in den Weg zu stellen, aber noch mehr, sich seinen Freunden in den Weg zu stellen«, sagt Dumbledore in »Harry Potter und der Stein der Weisen«. Mutig ist es, das eigene Harmoniebedürfnis mit Wahrheiten zu konfrontieren, die diese Harmonien (und damit die Beziehungen) vielleicht stören können. Demut heißt hier, nicht strategisch zu steuern, sondern authentisch zu sein und dabei die Wertschätzung zu wahren.

Mut ist: Mut möglich machen. Führung heißt: Menschen mutig machen. Gelingt es Ihnen, den Mut anderer zu fördern? Oder fördern Sie eher die Angst? Eigene Demut ermöglicht es, andere die Rolle der Mutigen finden zu lassen. Ihre Rolle des Ermutigers (s. Kapitel »Rollenübernahmefähigkeit und Rollenbewusstsein«, S. 300 ff.) bedeutet Diät halten: in persönlicher Anerkennung.

Hochmut – Mut – Demut

Inhalte und Zielsetzung:	Die Teilnehmer reflektieren in diesem Kontext: hochmütige, demütige und mutige Situationen. Speziell die Sichtweise und der Umgang mit Demut wird thematisiert.
Teilnehmer:	5–15 Personen.
Dauer:	1–2 Stunden.
Ressourcen:	Utensilien, zum Füßewaschen: Schüsseln mit Wasser, Seife, Handtücher, Stühle, wasserfester Boden.
Vorbereitung:	Hilfsmittel und Wasser bereitstellen.

Ablauf: Der Berater bespricht mit der Gruppe die verschiedenen Aspekte und Bedeutungen von Mut. Dann leitet er auf die Fußwaschung über.

> »Früher waren die Wege staubig und Schuhwerk teuer. Es gehörte zum Alltag, beim Betreten des Hauses die Füße zu waschen – das hatte mit Hingabe oder Unterwerfung nichts zu tun, sondern eher mit Respekt vor dem Gastgeber, Hygiene und Heilung der wund gelaufenen Füße. Heute würde es eher Verwunderung auslösen, wenn jemand sich beim Betreten des Hauses die Füße waschen ließe. Trotzdem: Auf der Expo 2000 nutzten Performancekünstler dieses alte Ritual zur Kunst in der Interaktion – und zur Selbstirritation in einer Erfahrung der Demut. Demut heißt auch: sich irritieren zu lassen durch eigenes Handeln und eigene Erfahrung. – Nutzen Sie das deshalb als Erfahrung zum Thema Demut.«

Die Teilnehmer entwickeln das Ritual neu und waschen sich gegenseitig die Füße. Reflexionsfragen zu dieser Erfahrung sind:

- Was hat die Aufgabenstellung zunächst bei Ihnen ausgelöst?
- Was hat Sie eher irritiert, was hat Sie neugierig gemacht?
- Wenn das Ritual gelungen ist: Welche Handlungen, Haltungen, Sätze waren wichtig?
- Was haben Sie in der jeweiligen Rolle empfunden?
- Zum Transfer: Inwiefern ist Demut in Ihrem Führungshandeln eine wichtige und wirksame Haltung? Woran würden Sie erkennen, dass Sie mehr/weniger/zu viel Demut haben/zulassen/erleben?

Anmerkungen zur Wirkungsweise. Das Lerndesign kann auf Widerstand der Teilnehmer stoßen. Es ist daher wichtig, in einer Vorübung die verschiedenen Aspekte von Mut (auch Demut) zu thematisieren und gegebenenfalls eine Alternative für Teilnehmer bereitzuhalten, die weder Füße waschen noch gewaschen bekommen wollen. Auf jeden Fall sollte man die unterschiedlichen persönlichen Einstellungen zum Füßewaschen zum Reflexionsthema der Gruppe machen.

Rollenübernahmefähigkeit und Rollenbewusstsein

Essay: Wenn Führung gelingt, ist die Führungsrolle akzeptiert

Gelungene Führung ist vor allem gelungene Zuschreibung von Führung. Ob jemand seine Führungsrolle versteht, übernimmt und aus-»führt«, wird im Wesentlichen vom Umfeld beurteilt. Politiker und Vorstände haben traditionell eine 100-Tage-Frist – zur »Bewährung« (Bewahrheitung der Rollenerwartungen), bevor die Frage nach Erfolg in der Rolle öffentlich gestellt wird. Natürlich wird vorher wild spekuliert und vorverurteilt – wird er seine Rolle wahrnehmen, wird er in die Rolle finden, welche Rolle wird er im jeweiligen Kontext spielen (wollen)?

Ursprung des Rollengedankens: das Theater

Der Ort der Rollen ist ursprünglich das Theater. Die antiken Schauspieler trugen Masken, »personae«, um die Gefühle ihrer Rollen besser ausdrücken zu können, der Träger verwandelte sich so in die darzustellende Figur – die Maske ermöglichte, neue Rollen einzuüben. Sie mussten ihre Manuskriptrollen kennen, die sie übernommen hatten.

Das Theater verlangt heute mehr von der Rolle eines Schauspielers: Er darf sie nicht spielen – er muss sie *sein*. Im Augenblick des Auftritts, im Augenblick der Präsenz sind *Spielen* und *Sein* eins. Es sind nicht gespielte Emotionen, das wäre purer Kitsch – es sind die Emotionen der Person in der Rolle. Es sind nicht bemühte Gesten, es sind die authentischen Handlungen einer Person, einer Persönlichkeit, deren Profil in dieser Rolle wiedererkennbar sein muss. Es spielt also eine Rolle, ob man seine Rolle nur spielt – oder sie verkörpert und mit Charakter füllt. Für Schauspieler gilt wie für Führung: »Es gibt nichts Schlimmeres als einen Schauspieler, der sich bemüht« (Peter Bruck) oder dem man beim Spielen anmerkt, dass er sich selbst gefällt.

Vom Bewusstsein zum Sein

Aus der Augsburger Puppenkiste: Marionetten wirken zuweilen unterhaltsam, flapsig, lustig – sie sind fremdgesteuert. Jedem fallen sofort Führungskräfte mit diesen Attributen ein. Gute Führung findet nach innen. Sie findet innere Quellen des Willens, der Vision, des Ethos und nutzt sie, um fruchtbar Führung ausüben zu können. Zu den Quellen führt die Reflexion über mentale Modelle (Welche Führungsrolle halte ich für wirksam?), über biografische Arbeit (Welche Rollen haben mich geprägt und machen mich aus, was habe ich ererbt, aber noch nicht erworben?), über Feedback (Inwiefern stimmen Fremdbild und Selbstbild meiner Rolle überein?) und über Begleitung im Coaching (Wie kann ich mein Rollenbewusstsein vertiefen – mich und meine Rolle entwickeln und gestalten?).

Die Rolle ist die Wirklichkeit – nicht die Wahrheit

»Perception is reality« – die wahrgenommene Rolle ist die Realität. Sehr gern versichern sich Führungskräfte über äußere Statussymbole ihrer Rolle – die angeblichen Attribute der Führung: große Autos, dicke Füllfederhalter, aufwendige Blackberrys, teure Kunst an den Wänden, handgefertigte Zigarren, Kamelhaarmantel –, oder sie verpacken – häufig ab dem Tag ihrer Beförderung – ihr Verhalten in hilflose Gebärden, die sie selbst der gelungenen Führung zuschreiben. Das kann eine Weile lang gut gehen, je nach Kontext. Gerhard Schröder wurden Statussymbole zu den ersten Fettnäpfchen seiner Amtszeit als Kanzler in puncto Glaubwürdigkeit. Was unter diesen Bedingungen keine Rolle mehr spielt: die eigenen zentralen Wesensmerkmale, Identität, Authentizität und die Kongruenz von echtem innerem Führungswillen mit den äußeren Rollenanforderungen und Erwartungen. Ohne Korrektiv durch das Außen beginnt für viele Führungskräfte der Anfang vom Ende: Sie halten die »Perception« nicht mehr für die Realität, sondern für die Wahrheit. Sie verwechseln sich mit der eigenen Rolle und ertrinken – wie Narziss verliebt in das eigene Antlitz – im eigenen Spiegelbild.

Führung ist deshalb Führung, weil sie Rollenbewusstsein hat. Eine tiefere Einsicht in das Verhältnis von Person – Rolle – Wirkung – Wahrnehmung ist Voraussetzung für gelungene Führung. Mit Ausnahme von einigen Führungsgenies – oder den patriarchalischen Schraten der letzten Generation – gelingt moderne Führung nur in diesem Bewusstsein.

Rollenentwicklung und Rollenmanagement

Führung heißt im Unternehmen wie in der Beratung: Menschen erfolgreich machen. Erfolgreiche Führungskräfte – und Berater – verhelfen Menschen zur Entwicklung ihrer Rolle. Führungskräfte sind Rollenmanager, sobald ein Mitarbeiter ihr Unternehmen betritt. Ihre Aufgabe ist es, mit gutem Gespür jeden Menschen in ihrem Unternehmen in die Lage zu versetzen, seine spezifische Rolle mit Leben zu füllen. Erfolgreiche Unternehmen, zum Beispiel ein großer deutscher Drogeriemarkt, nutzen daher das Theater selbst für die Entwicklung jedes einzelnen Mitarbeiters. Dort beginnt es wieder mit dem Spielen von Rollen, dem probeweisen Aufsetzen von Masken, denn im Spiel gelten die Gesetze des Selbst (Schiller: »Der Mensch ist nur da ganz Mensch, wo er spielt«), das ein erstes Ausprobieren der Rolle ermöglicht.

Die Mitarbeiter, ihre Kollegen, ja selbst Vorgesetzte in die Lage zu versetzen, ihre Rollen erfolgreich zu *sein*, ist damit gelungene Führung.

Rollenkonflikte lösen heißt: sie zulassen

Führung heißt: Gegensätze aushalten und zulassen, zu gebotener Zeit sogar erzeugen. Die Erfahrung zeigt uns: Je höher Führungskräfte in der Hierarchie aufsteigen, desto größer werden die Spannungen zwischen ihren beruflichen und privaten Rollen: eben noch Mitarbeiter, heute Vorgesetzter; eben noch Familienvater, jetzt Vorsitzender, gestern verlassener Ehemann, heute Changemanager … (s. auch: »Umgang mit Uneindeutigkeit«, S. 304 ff.).

Wer eine Formel braucht: Wesen = Summe der Rollen + x

Und es ist noch mehr: nämlich nicht nur die Spannung der Sukzession, sondern die Spannung der Gleichzeitigkeit von Rollen auszuhalten und zu erkennen: Unser Wesen besteht aus der Gesamtheit der Rollen, die wir ausfüllen, plus x.

Ihr Handeln in der Wirklichkeit hängt davon ab, welche Rollen Menschen in Führungspositionen in den Vordergrund treten lassen und welche sie in den Hintergrund rücken. Ihr Wesen ist eine Bühne, auf der verschiedene widersprüchliche Rollen ihren Platz haben – und sie sind der Regisseur!

Fazit

Es wird keine Rolle spielen, wie Menschen ihre Führungsrolle spielen. Aber es wird für den Erfolg ihrer Führung eine entscheidende Rolle spielen, wie bewusst sie sich ihrer Rolle und ihrer Entwicklungsmöglichkeiten sind.

Visualisierung: Rollenübernahme und Rollenbewusstsein

Rollen, Wirklichkeit und Wesenseigenschaften. Zur Visualisierung zwei verbale Gleichungen, die in das Thema gut einführen können. Spannend wird es dann, wenn die Teilnehmer über den Unterschied zwischen Rolle und »x« zu sprechen beginnen. Dafür braucht es beides: Nähe und Distanz zu sich selbst. Ein gelungener Workshop zum Thema erzeugt Bewusstsein und konkrete Besprechbarkeit der Rollen, Handlungen und Wesenseigenschaften.

Rolle	=	wahrgenommene Wirklichkeit
Wesen	=	Summe der Rollen + x

Stegreifspiel

Inhalte und Zielsetzung:	Die Teilnehmer lernen, neue und für sie schwierige Rollen anzunehmen und sich darin zu bewähren.
Teilnehmer:	6–15 Personen.
Dauer:	2–3 Stunden.
Ressourcen:	Freier Raum mit genügend Platz, Stühle, keine Tische.
Vorbereitung:	Keine.

Ablauf: Zunächst erfolgt die Spielauswahl. Die Teilnehmer werden in Kleingruppen zu drei Personen aufgeteilt. Die Aufgabe einer Kleingruppe besteht darin, sich für die Mitglieder einer anderen Kleingruppe jeweils ein Stegreifspiel auszudenken. Die Aufgaben sollen so ausgewählt werden, dass sie für die Teilnehmer eine Herausforderung darstellen. Beispielsweise spielt der Schüchterne den Romeo, der seine Julia am Balkon anbetet.

Stegreifspiel: Ein Teilnehmer verlässt den Raum. Die Kleingruppe, die ein Spiel für ihn entwickelt hat, gibt Regieanweisungen für das folgende Stück. Der Teilnehmer wird draußen mit wenigen Sätzen auf seine Rolle vorbereitet. Er kommt dann in den Raum zurück, mitten in das Stück, in dem er sich bewähren muss. – Der Reihe nach kommen alle Teilnehmer dran.

Reflexion: In der Reflexion werden die Rollen überdacht, Wesentliches wird benannt, weitere Handlungsalternativen werden erzeugt und – wieder neu geprobt. Der Maßstab für die Wirklichkeit ist Authentizität.

Varianten: Die Teilnehmer überlegen sich Situationen aus ihrer Erfahrung und stellen diese als Spiel nach, um alternative Verhaltensweisen auszuprobieren. Andere Personen schlüpfen durch Rollentausch in die Rolle des Teilnehmers und probieren Alternativen aus.

Anmerkungen zur Wirkungsweise: Obwohl es nur ein Spiel ist, wirkt es emotional doch wie real und öffnet den Teilnehmern meist eine neue Perspektive auf ihr Verhalten und auf erlebte Situationen.

Umgang mit Uneindeutigkeit (Ambiguitätstoleranz)

Essay: Vorurteile sind okay – solange Sie ihnen widersprechen können

Eindeutigkeit ist eindeutig entspannender

»Es ist eindeutig bewiesen …«, »Wissenschaftler haben widerspruchsfrei herausgefunden …«, »Die einzige Ursache für unser Problem ist …«: Wie gut tun doch diese Aussagen, wie attraktiv sind sie, wenn wir sie lesen oder hören oder im Workshop für »die Wahrheit« halten. Denn sie entspannen uns. Eindeutigkeit entspannt. So ist es.

Wiedererkennen, Bestätigung erfahren, Identität fühlen, Gemeinsamkeit, Gleichheit erleben – das war für das soziale Wesen Mensch für lange Zeit ein Überlebensgarant. Biologisch war es immer sinnvoll, bei seiner Sippe zu bleiben, eine Änderung im Umfeld als Gefahr zu erkennen, Veränderungen eines sicheren Zustands zu vermeiden. Irritationen stören diesen sicheren Zustand. Sie versetzen uns in körperliche und geistige Anspannung: Halt – was ist da fremd? Was kommt da auf uns zu?

Uneindeutigkeit erfahren ist vor allem eines: anstrengend

Auch heute noch reagieren Gruppen oder Personen in Stresssituationen mit dem Ausschließen von Andersartigem (»einer anderen Art entsprechend«) oder von Menschen, die einen Unterschied zur bestehenden Gruppe aufzuweisen scheinen. Je brenzliger es wird, desto mehr werden die Waffen der Stabilität oder der missbrauchten Autorität wirksam: die Vorurteile.

Vorurteile tun gut

Nehmen wir an, Sie fahren auf eine grüne Ampel zu, die gerade auf Gelb schaltet: Sie bremsen und kuppeln aus, denn die Erfahrung (und damit Ihr Vor-Urteil) sagt Ihnen, dass jetzt nicht wieder Grün kommt, sondern Rot. Da stehen Sie nun: entspannt an der roten Ampel, das Vorurteil bestätigt – alles ist gut.

Vorurteile sind selektive Informationsfilter, die uns in wiederkehrenden Situationen leichtes Handeln ermöglichen: »Wir definieren, ehe wir sehen – wir sehen nicht, ehe wir definieren« (vgl. Lippmann/Noelle-Neumann 1990). Selbst wenn die Ampel auf Blau geschaltet hätte, wären wir vermutlich stehen geblieben. Selten überprüfen wir kritisch eine Ausnahme: Das ist wahrscheinlich ein Fehler – es passt nicht zu unseren Vorerfahrungen – also kann es gar nicht sein, wahrscheinlich stimmt da etwas nicht …

Vorurteile tun weh

Leider sind Menschen keine Ampeln. Wenn sie rot geworden sind, waren sie nicht unbedingt vorher gelb. Widersprüchlich wird es bei der Begegnung mit unbekannten Situationen oder schlichtweg: im Umgang mit Menschen. Schmerzhaft sind die Vorverurteilungen und die Klischees, welcher Art auch immer. Unser Bedürfnis nach kognitiver Geschlossenheit und Reduktion der Komplexität macht uns leicht einen Strich durch das Vorurteil – es will so gar nicht mehr auf die neue Situation passen. Da wir aber eher nach Stabilität streben als nach Verunsicherung, passen wir gern einmal die Realität den Vorurteilen an, statt die Vorurteile in »Neu-Urteile« – oder zunächst einmal Neugier – zu verwandeln. »Es ist einfacher, ein Atom zu zertrümmern, als Vorurteile abzubauen!« (Albert Einstein)

Der Ruf nach der starken Hand – nach: endlich Führungskraft!

Diese Art von Ruf ist häufig der Versuch, Ambiguität auszuweichen. Mehrdeutigkeit, Unvollständigkeit, unklare Prioritäten, Unstrukturiertheit, Informationsdefizit, Ungewissheit, Widersprüchlichkeit von Reizen, Unklarheit: Wer mit Uneindeutigkeit gut umgehen kann, sieht solche Reize nicht als Bedrohung an und reagiert daher auch nicht abwehrend oder mit dem Ruf nach einer starken Hand. Erfolgreiche Führungskräfte brauchen sogar Unsicherheitsorientierung – sie lieben die Spannung und können Neugier entwickeln gegenüber komplexen Situationen. Sie brauchen keine starke Hand von außen – sie brauchen eine ausgeprägte Deutungsfähigkeit. Und die kommt von innen.

Warum etwas wollen, was keiner will?

Wer in eine Führungsposition geht, begibt sich auf unsicheres, uneindeutiges Terrain und verunsichert gleichzeitig das Terrain. Macchiavelli wusste: »Nichts ist schwieriger oder gefährlicher oder vom Erfolg her unsicherer, als bei der Einführung der neuen Ordnung der Dinge die Führung zu übernehmen.« Neue Führung verunsichert zunächst in der Sache und in der Person – keiner weiß eindeutig, wer da wie kommt. Und Achtung: Wenn Führungskräften immer eindeutig klar ist, was zu tun ist, ist Vorsicht angebracht. Die neue Ordnung der Dinge – das sind meistens auch neue Dinge und andere Verhaltensweisen, sonst wäre kaum ein Führungswechsel sinnvoll.

Was vorher überschaubar war, ist es nun aus der Sichtweise des alten Vorurteils nicht mehr. Neue Deutungen werden unter veränderten Bedingungen immer notwendig: Unternehmen schauen dann häufig zurück und finden eine neue Sichtweise auf ihre Herkunft, um Strategien für ihre Zukunft zu entwickeln. In der Rekonstruktion finden sie die ererbten Vorurteile wieder – warum etwas hier nicht geht, warum das noch nie so war, warum hier alles ganz anders ist. Unternehmensgeschichten werden wie Biografien erzählt: Sie stiften den Sinn erst im Nachhinein, im Rückblick. Unser Bedürfnis nach Logik und Geschlossenheit lässt Sinnbrüche, Auslassungen, Unlogiken selten zu. Und so konstruieren wir fleißig die Bedeutung, die für uns im Rückblick Sinn macht …

Etwas wollen, was keiner will, erzeugt entweder Uneindeutigkeit oder – ein wunderbares Phänomen des Widerstands in Systemen – wird der Führung sogar als Schwäche ausgelegt. »Sollen die uns doch erst einmal erklären …«

Uneindeutigkeit deuten, tolerieren oder umdeuten

Wer führt (oder berät …), hat die Deutungshoheit über die Organisationsbiografie und die Deutungshoheit für die aktuelle Situation. Führungskräfte sind Semantiker und Grammatiker: Sie interpretieren ständig die Zeichen ihres Systems im jeweiligen Kontext. Aber sie sind auch Autoren ihrer eigenen Geschichte: Wenn sie gut sind, haben sie komplexe Systeme zu deuten gelernt, haben sie eine ganzheitliche Diagnosefähigkeit, können sie die gedeutete »Story« sinnvoll fortsetzen. Sie sind Geschichtenerzähler: Uneindeutigkeit in der Geschichte erzeugt die Spannung, die neugierig auf mehr macht.

In Bezug auf die Unternehmenskultur und den Markt bedeutet das:

- Welche Symptome tauchen auf, welche Kommunikationsformen, welche Krisen, welche »schnellen« Lösungsansätze? Wer spielt welche Rolle?
- Welche Machtstrukturen, welche Tendenzen, welche Signale der Wettbewerber sind maßgeblich?
- Wie schlüssig ist die Fortsetzung der Unternehmenskulturgeschichte unter meiner Führung?

Alle Vorstände dieser Welt werden im Grunde an ihrer Deutungs- und Umdeutungsfähigkeit gemessen:

- Inwiefern deuten sie den Kontext, die Symptome und die Struktur des Unternehmens richtig?
- Inwiefern gelingt es ihnen, angemessen auf diese Deutung zu reagieren?
- Wo liegt die »Wahrheit« für das Unternehmen? Oder zumindest: der aktuell gültige Irrtum?

Intuition – die Nähe zu sich selbst als Korrektiv

Uneindeutigkeit schafft zunächst Irritation und Verunsicherung. Deshalb müssen Führungskräfte zuverlässig wissen: Was macht Sie sicher im Umgang mit Verunsicherung? Wo gelingt Ihnen Orientierung im Nebel der Verhältnisse? Wie haben Sie bisher auf diffuse Aufgabenstellungen, auf vage Ahnungen, auf widersprüchliche Expertenmeinungen reagiert?

Wenn Sie erfolgreich waren, haben Sie eines sicher nicht vernachlässigt: Ihr »strukturiertes Bauchgefühl«, Ihren siebten Sinn, Ihre Intuition, Ihre Nähe zu sich selbst. Oft wird Intuition eher Frauen zugesprochen – ein weiteres schön vereinfachendes Vorurteil.

Was aber tun, wenn auch die Faktenlage nicht eindeutig ist? Da alle Modelle irgendwie falsch sind, manche aber nützlich, brauchen Führungskräfte ein eigenes Bild und ein Bewusstsein der eigenen inneren Deutungsbedingungen. Das nützliche Modell bei dieser Erklärung ist das hermeneutische Konzept. Es macht klar, dass niemand von seinem Deutungsgegenstand getrennt ist, sondern jeder ist ein Teil des Deutungsprozesses. Klingt kompliziert – ist es auch. Unabdingbar für eine gelungene Deutung ist jedenfalls …

- ein Bewusstsein der eigenen mentalen Modelle, aus denen Sie üblicherweise deuten (Modelle der Familie sind anders als Modelle des Fließbandes),
- ein Bewusstsein der Deutungsmuster, die Sie aktuell verwenden (modische Expertenmeinungen, Managementschulen, Schwarz-Weiß, Krieg oder Tanz), sowie
- ein Bewusstsein des kulturellen Kontextes und der Organisationskultur, in denen Sie diese Muster und Modelle anwenden.

> »Organisationskultur ist das Muster von Grundannahmen, die eine Gruppe erfunden, entdeckt oder entwickelt hat … und die sich so weit bewährt haben, dass sie als gültig betrachtet werden und deshalb neuen Mitgliedern als die richtige Haltung gelehrt werden sollen, mit der sie … wahrnehmen, denken und fühlen sollen. … Organisationskultur lässt sich als eine Art gemeinsam akzeptierte Realitätsinterpretation darstellen, die im Austausch mit der Umwelt über das tägliche Tun entsteht … und die das Unternehmensgeschehen nachhaltig, aber unsichtbar … beeinflusst (Schein 2010).

Auf der Ebene der Subjektivität und Emotionalität bedeutet das:

- Klarheit über den eigenen aktuellen Status im Deutungsumfeld (stark – schwach, aggressiv – defensiv),
- Bewusstsein der aktuellen subjektiven Lage (»Wie oft ist die Welt gescholten worden, weil derjenige, der sie schalt, gerade schlecht geschlafen oder zu viel gegessen hatte?« Hermann Hesse) und
- Zugang zur eigenen emotionalen Lage (ausgeglichen, gereizt, erfüllt, defizitär …).

Intuition anwenden ist also kein »Handeln aus dem Bauch heraus«, »unkontrolliert«, oder »kopflos«. Es ist bewusstes Handeln mit klarem Bezug zur Intuition und zur tieferen Reflexion der Bedingungen. Leitfragen auf dem Weg zur Intuition bei uneindeutigen Situationen könnten sein:

- Wie ist mein erster Eindruck von der Situation und den Beteiligten?
- Welches sind meine ersten (auch: körperlichen) Reaktionen, Bilder, Emotionen, Fragen?
- Was ist für mich attraktiv an der Situation, was ist eher Angst einflößend?
- Welche »Stimmen« (»inneres Team«) höre ich eher laut, welche eher zurückhaltend?
- Welche Konsequenz wird es haben, wenn ich die Uneindeutigkeit eine Weile aushalte?

Führung heißt: Widersprüche anerkennen

Es klingt paradox: Die Wahrheit liegt zunächst in der Anerkennung der Widersprüche. Jede Situation, der wir begegnen, fordert uns auf: zu einer Wahrnehmung, einem Gefühl, zu einem Gedanken, zu einer Handlung (oder Nicht-Handlung). Die »Zeitlupe« zeigt unsere individuelle Priorisierung. Es stellt sich die Frage: Wie sieht die erste Reaktion in einer uneindeutigen Situation aus?

- Wahrnehmung: Wir gehen erst einmal in die Position eines Beobachters.
- (Mit-)Gefühl: Wir haben und bemerken eine Emotion.
- Gedanken: Wir überlegen zunächst, was wir zu dieser Situation wissen.
- Handlung: Wir überlegen, was wir in dieser Situation tun können.

Stellen Sie sich also eine Situation vor, in der Ihnen Uneindeutigkeit begegnet. Wozu tendieren Sie eher? Was fällt Ihnen eher schwer? Nur eine klare Einschätzung der angemessenen Reaktionsoption heißt, mit uneindeutigen Situationen tatsächlich gut umgehen zu können.

Uneindeutigkeit erzeugen heißt: irritieren – aber nicht verwirren

Irritation ist das Phänomen für Überraschungsfähigkeit und Freude an Komplexität – das erzeugt Neugier und motiviert. Ein sehr erfolgreicher deutscher Manager erzählte: »Wenn Mitarbeiter zu mir mit einer Frage kommen, dann verlassen sie mein Büro mit drei bis fünf neuen Fragen.«

Warum nicht einfach antworten: »Mach es so – es ist so am besten.«? Eigenständig denkende Mitarbeiter sind nicht in jeder Organisationskultur ein angestrebtes Ideal. Aber dort, wo sie es sind, werden sie in die Lage versetzt, aus den eigenen Vorurteilen

(»Mein Chef wird es schon wissen«, »Ich kann das sowieso nicht entscheiden«) eigene Vorfragen zu machen und damit ihren eigenen Verantwortungsbereich neu zu deuten. Eigene Fragen entwickeln bedeutet jedoch, über die Situation irritiert zu sein – sie neu zu sehen, andere Fragen zu stellen. Selbst deuten ist Selbstverantwortung. Das kann durchaus bisweilen schiefgehen, führt aber in den meisten Fällen zu mehr Selbstbewusstsein, klarerer Rollenübernahme und Selbststeuerung: keine fremde Eindeutigkeit, sondern eine eigene Deutung der Situation.

Führung ist also die Kunst der angemessenen Irritation: Die Herausforderung entspricht den Kompetenzen des Mitarbeiters – der eigene Deutungsspielraum hat Aussicht auf Erfolg. Natürlich: Zu viel des Guten stiftet Verwirrung. Zu viele neue Fragen, zu viele neue Unsicherheitsfaktoren, zu viele Nachfragen bei der eigenständigen Bewältigung der Aufgabe erzeugen das Gegenteil: Lähmung, Flucht oder Aggression.

Uneindeutigkeit erzeugen und eine Weile aushalten heißt: kreativ sein

Was hat ein Apfel mit einem Herzen zu tun? Zunächst gar nichts, wie es scheint. Wer kommt auf diesen Vergleich? Was soll das? Was ist zu tun? Das irritiert. Was hat Bildhauerei mit Führungskräfteentwicklung zu tun? Genauso merkwürdig.

Schneidet man den Apfel durch und betrachtet das halbe Kerngehäuse, kann man jedoch die Herzform des Gehäuses erkennen. Auch noch nicht eindeutig genug? Nur Mut: Es ist ein möglicher Zugang, ein Deutungsversuch der Situation. Andere Zugänge zu dieser Aufgabe? Gern, lassen Sie uns darüber nachdenken: Wir können gemeinsam weitere Ideen entwickeln. Erzeugen Sie hin und wieder diese Uneindeutigkeit und schaffen Sie Strukturen für die Klärung: So bringen Sie Ihre Mitarbeiter zum Gespräch und erhalten deren Neugier für neue Lösungen.

In gleichem Maße lassen sich erfolgreiche Führungskräfte irritieren – und entdecken ihre Kreativität. Intelligenz ist in ihrem Ursprung Deutungsfähigkeit.[1] Intelligente Führungskräfte bringen neue Dinge, Menschen und Situationen in einen neuen Zusammenhang, um neue Wege für ihr Unternehmen zu finden. Dabei sind sie gezwungen, die Unsicherheit des möglichen Misslingens, der Fehldeutung auszuhalten. Sie werden jedoch diejenigen sein, die sich und andere über Deutungsmuster und Interpretationen von verunsichernden Situationen ins Gespräch bringen. Man beachte dabei das gesunde Maß: Die Hirnforschung zeigt, dass Kreativität und Erfahrungswissen nicht im Zustand von Angst oder negativem Stress genutzt werden können. Das alte Reptilhirn ist zu mächtig – die Reaktionsweisen »Flucht oder Angriff« sind zu stark verankert –, wir verfallen bei zu viel Irritation aus Selbstschutz sofort in die Zeiten des Säbelzahntigers. Wer bei Irritation sofort nach Eindeutigkeit ruft (angreift) oder sich missmutig abwendet (flieht), kann nicht kreativ sein. Also dann: lieber keine

---

1 (lateinisch: intellegere = verstehen, erkennen, im Ursprung des Wortes: inter – legere: dazwischen lesen, zwischen den Zeilen lesen = deuten)

Fragen stellen und entwickeln, sondern gleich befehlen und verordnen: Ein Brand im Büro ist eindeutig, eine Idee für die Zukunft ist es selten.

Visualisierung

Deut-licher geht es nicht. Umgang mit Ambiguität ist sicher eines der kniffeligsten Felder im Führungsalltag – so ganz eindeutig ist die Lage nie. Hilfreich ist der Blick sowohl nach innen als auch außen, und in jedem Fall ist es wichtig, auch zwischen den Zeilen zu lesen. Im besten Fall wird die Situation dann mehrdeutig, im schlimmsten Fall zweideutig …

Sechs Schritte zur Deut-lichkeit.

- *Schritt 1: Selbstbild(ung).* Dies ist sozusagen die Voraussetzung. Eigene mentale Modelle werden reflektiert. Folgende Fragen gilt es zu beantworten: Nach welchen Werten wurde bisher bewertet? Woher stammen diese Werte und Glaubenssätze? Welches Bild entspricht für mich selbst dem Wahren, Schönen, Guten?
- *Schritt 2: Verfahren »Dialogbild«.* Hermeneutik: Sinn ist im Werden. Die Deut-lichkeit entsteht im Prozess zwischen außen und innen, zwischen dem Gegenüber und dem Selbst, zwischen Aktion und Reaktion. Das Bild des Dialogs rückt nahe an die Konstruktion von Deut-lichkeit heran: Jeder und jede agiert und reagiert auf der Basis des eigenen kulturellen Hintergrundes. Das Dialogbild bezieht beide Kulturen mit ein und es gibt zumindest die Chance auf eine Annäherung der Pole.
- *Schritt 3: (Zwischen-)Ergebnisse.* Alternativen zulassen: Wenn etwas für Sie undeutlich ist, dann muss es nicht dabei bleiben. Fragen Sie sich eher, wodurch es undeutlicher werden könnte – und erkennen Sie, dass jede kleinste Entscheidung von Ihnen die Situation gestaltet.
- *Schritt 4: Haltung »Freiheit aushalten«.* Paradoxien sind spannend, für viele überspannend. Die Spannung kann Energie abgeben, die erwünschte Nebeneffekte zutage treten lässt. Sie auszuhalten erschließt oft die eigentlichen Hintergründe der Situation, oder die Beweggründe der beteiligten Charaktere.
- *Schritt 5: Handwerkszeug »Sehen, tun, gestalten«.* Kreativität üben – sich selbst irritieren und Fremdes integrieren. Auf diese Weise entstehen neue Lösungsansätze oder neue Wege, die scheinbar widersprüchlichen Pole zu integrieren. Wichtig: auch Sehen und Denken ist Handeln.
- *Schritt 6: Signale setzen.* Gestalt annehmen: Gestalten ist immer ein Weglassen. Es ist aber auch eine Entscheidung, mit der entstandenen Spannung zu führen und zu gestalten. Und zu beobachten, was dabei Gestalt annimmt. Und wer sich beteiligt.

Erfahrungsraum: Uneindeutigkeit

Inhalte und Zielsetzung:	Die Teilnehmer üben, mit uneindeutigen Themen umzugehen.
Teilnehmer:	5 – 15 Personen.
Dauer:	1–2 Stunden.
Ressourcen:	Ausdrucke mit den Texten und den Regeln für Haikus pro Teilnehmer oder in groß für eine Metaplanwand; Stuhlkreis und persönliches Schreibmaterial.
Vorbereitung:	Keine.

Ablauf: Teil 1: Der Berater trägt das folgende Gedicht (am besten auswendig) vor und fragt ad hoc nach verschiedenen Deutungen.

> **Ohne Deutung**
> Wer Liebe meint
> muss nicht Schönheit sagen
> Wer Verlieren meint
> muss nicht Liebe sagen
> Wer Weinen meint
> muss nicht sagen Enttäuschung
> und wer nicht schlafen kann
> nichts von Erweckung
> Wer Erinnerung meint
> muss keine Gründe angeben
> und die Vergangenheit
> nicht an die Zukunft abgeben
> Wer träumt verschläft seinen Traum
> wer wacht bewacht seine Lügen
> Die Wahrheit bleibt ungezügelt
> noch in den letzten Zügen.
> *Erich Fried (1964)*

Anschließend gibt er der Gruppe den Auftrag (und stellt den Text auch sichtbar zur Verfügung):

> »Werden Sie nun zu intelligenten Interpreten: Lesen Sie zwischen den Zeilen und überlegen Sie für die Gruppe eine Deutung, die man auf den ersten Blick nicht gefunden hätte. Alles ist erlaubt: vom Bild über Theaterspiel bis zum Deutschaufsatz …«

Nachdem die Gruppe eine möglichst weit hergeholte Bedeutung gefunden und sich darauf geeinigt hat, erfolgt eine Reflexion des Deutungsprozesses.

Teil 2: Haikus zu Uneindeutigkeit. Haikus sind japanische Kurzgedichte – eine Art SMS aus dem 17. und 18. Jahrhundert. Mit ihrer klaren, strengen Form (eine Strophe besteht immer aus drei Zeilen die jeweils 5, 7 und 5 Silben enthalten) ermöglichen sie dem Schreiber, einen Ausdruck zu verdichten.

Die Teilnehmer sind zunächst allein und notieren für sich im Brainstorming Begriffe und Eigenschaften zu Themen wie »Uneindeutigkeit«, »Führung« etc. Sie erhalten dann die Erklärung zum Verfassen von Haikus und einige Beispiele, um nun selbst Haikus aus ihren Notizen zu verfassen.

Beispiele aus Seminarsituationen:

Zukunft: Widerwort
Klarheit im Handeln gefragt
So leicht ist es schwer

Über die Sinne
Denken ohne Geländer
wer fragt führt weiter

Mit Partnern oder vor der Gruppe tragen sie diese Haikus vor. Alternative: Sie schicken sie als SMS an eine Person, mit der sie gern ein Gespräch zum Thema »Umgang mit Unsicherheit« oder »Kreativität« hätten. Mit wechselnden Partnern werden Deutungen von spontan gewählten Haikus verfasst. Zum Abschluss erhält jeder ein Heft, in dem er die Haikus der anderen Teilnehmer sammelt.

Variante: Statt des Gedichts kann auch folgender Text zur Interpretation genutzt werden:

> Toyo, der Schüler des Meisters, wollte Erleuchtung erlangen. Er kam zu seinem Meister, der zu ihm sagte: »Du kannst den Ton zweier Hände hören, wenn sie zusammenklatschen. Nun höre den Ton einer Hand.«

Es sollen dann drei verschiedene Deutungsmöglichkeiten dieser Geschichte mit drei verschiedenen Menschen im Raum gesucht werden.

Anmerkungen zur Wirkungsweise: Gedichte im Führungskontext sind ungewöhnlich. Die meisten Menschen erinnern sich an die schlimmen Deutschstunden zur Interpretation. In den Diskussionen um eine Interpretation gibt es kein eindeutiges »richtig« oder »falsch«. Dies ist heute auch im komplexen Führungsalltag immer häufiger der Fall.

Sinnorientierung

Essay: Sinnvoll führen: Orientierung an Sinn

Das ist sinnvoll. Das macht Sinn. Wer kann schon gegen Sinn sein? Das Thema erübrigt sich eigentlich. Dennoch halten viele das Thema »Sinn« im Führungskontext für Unsinn. Schließlich sollten die Ziele und der Sinn des Tuns jeder Führungskraft klar sein. Arbeitsgruppen haben sowieso nicht den Auftrag, Grundsatzfragen zu diskutieren oder Aufträge grundsätzlich zu klären: »Dann gehen die erst mal Kaffee trinken ...« Ergebnisse sind gefragt – den Sinn wird eine höhere Instanz schon kennen.

Und doch: Sinnvoll handeln, Sinn erzeugen, Sinn brauchen, Sinn suchen, das sind Kategorien des Führungshandelns – in Zeiten hochkomplexer Unternehmensstrukturen und postmodernen »anything goes« mehr denn je. Denn erfolgreiche Führungskräfte brauchen »Sinn«, um erfolgreich sein zu können. Das Ergebnis ist noch nicht Sinn an sich. Sinnvolle Visionen, sinnerfüllte Ziele – das sind die Voraussetzungen für kraftvolle, nachhaltige Arbeit. Aber Vorsicht: Man kommt bei dieser Frage an die Wurzeln unseres Handelns und Daseins. Wer weiter liest (und denkt), könnte in Schwierigkeiten kommen: mit seiner aktuellen beruflichen Ausrichtung, mit der Sicht auf die »Untergebenen«, mit den eigentlichen Hintergründen des Arbeitsalltags.

- Sinnsuche im Führungskontext ist Verständnis für Sinn als Grundbedürfnis: Wir sind nicht nur Teile des Ganzen, sondern auch Ganze im Ganzen.
- Die Sinnsuche ist nur sinnvoll in Bezug auf eigenes Führungshandeln: selbst Kraft und Identität verkörpern durch sinnvolles Handeln.
- Sie ist aber ebenso schlüssig in Bezug auf die Motive der Mitarbeiter: als Ganze.
- Sie ist wirksam in Bezug auf die Motive des Unternehmens: Dort sind Sie Sinnstifter – Sinn »geben« geht nicht, wohl aber: Sinn ermöglichen.
- Mittel und Wege zur Sinnsuche: zum Finden von Bedeutung.
- Sinnsuche im Führungskontext ist: Sinn stiften.

Menschen sind bereit, für sinnvolle Aufgaben und Ziele auf andere Bedürfnisse zu verzichten oder sie aufzuschieben. Sinnorientierung kann sehr viel mächtiger sein als das kurzfristige Erfüllen von Bedürfnissen oder von momentanem »Glück«. Strategieentwicklung, Coaching und Beratung werden zwar häufig aus vordergründigen Anlässen heraus (Krise, Kapazitätsmangel, Kompetenzergänzung) in Anspruch genommen, letztendlich gelingt eine Bearbeitung der Probleme jedoch nie, ohne das große, innere *Wozu* zu klären und zu bewahren. Dabei kann gute Beratung helfen.

Sinn ist ein Grundbedürfnis, fast biologisch

Sinn ist kein Luxus im Führungskontext. Der Wunsch nach Sinnhaftigkeit und Erfüllung im Beruf wächst und ist ein Grundbedürfnis. Das viel zitierte »Wenn du ein Schiff bauen willst, suche nicht Holz und Werkzeug zusammen – sondern gib der Mannschaft die Sehnsucht nach dem weiten Meer« von Antoine de Saint-Exupéry verkörpert die Sinnfrage eines Unternehmens, nämlich das »Wohin und Wozu«. Und wieder ein wenig Wissenschaftlichkeit: Verhaltensforscher haben wiederholt sogar bei Ratten nachweisen können, dass sie nicht nur nach Überleben und einfacher Bequemlichkeit suchen, sondern nach …

- Aktivität,
- Zugehörigkeit,
- Veränderung und
- Sinn.

Der Mensch müsse sich, das erkannte Karl Marx bei der Frage der »Entfremdung«, im Produkt seiner Arbeit spiegeln können – die Arbeit möge sinnvoll sein. (Das wird im Unternehmenskontext ungern zitiert, das wissen wir – es hat gerade deswegen eine durchschlagende Bedeutung bei der Suche nach Sinn.) Der Neurologe und Psychiater Viktor Frankl beschrieb, dass der Mensch in eine Sinnkrise gerate, wenn es ihm nicht gelinge, sein Dasein und sein Tätigsein auf etwas zu richten, das außerhalb von ihm selbst liege (gemeint ist die Fähigkeit, sich selbst zu transzendieren).

Fragen der Sinnstiftung, Ethik und Verantwortung bewegen Führungskräfte. Mit ihnen bewegen sie Unternehmen, Organisationen und Bildungseinrichtungen.

Sinn einmal ganz praktisch: Kaizen

Wenn es einem Unternehmen gelungen ist, die Frage nach dem Wozu sehr gründlich zu stellen und praktisch in die Unternehmenskultur aufzunehmen, dann ist es Toyota. In der Haltung des Kaizen (des »Wegs zum Besseren«, der auch über Umwege führen kann) ermöglicht es jedem Mitarbeiter, die Zielführung seines Handelns zu überdenken. In der Kultur der Firma Bosch ist beispielsweise folgender Grundsatz zu finden: »Frage fünfmal nach dem ›Wozu‹ deines Projekts, deines Vorhabens – und beantworte die Frage jeweils mit: ›damit …‹, und du erhältst die tieferen Ziele und den Sinn – oder Unsinn – deines Handelns.« Dieser Impuls war natürlich primär auf die produktiven Prozesse und auf das Vermeiden von Fehlern, Verschwendung und Ausschuss ausgerichtet. Die Konsequenz jedoch führt ein Stück weiter – er ermöglicht dem einzelnen Mitarbeiter, sein ganz konkretes Tagwerk in Bezug zu setzen. Und zwar in Bezug auf das übergeordnete Ziel dieses Handelns – und das macht Sinn: für die Qualität der Arbeit selbst und für den Ausführenden dieser Arbeit.

Sinn: neurobiologisch

Ein physiologischer Zugang zur Sinnorientierung führt über unsere Sinne. Reize gelangen über unsere Sinne an unser Gehirn. Dort werden sie verarbeitet, und die Entscheidung über den spezifischen Sinn löst Reaktionen und Handlungen aus. Dabei wirkt das Gehirn wie ein gigantischer Filter: Alle Reize, die keinen Sinn machen, zum Beispiel Informationen, blendet es zum Schutz der Handlungsfähigkeit aus. In diesem Sinne »sinnlose« Reize gehen in das Gehirn nicht hinein. Auch das eigentliche Lernen koppelt vor allem an Vorerfahrungen an. Wir sehen das als sinnvoll an, was in irgendeiner Form zu dem passt, was wir schon kennen. Wir konstruieren Sinn damit jeden Tag neu – in einer unendlichen Anzahl von Entscheidungen: für oder gegen sinnvolle Zeichenhaftigkeit, für oder gegen Bedeutung, für oder gegen Aktion oder Reaktion. Der neurobiologische Apparat ist jedoch nur unser Beurteilungssystem für diese Zeichen – der empfundene Sinn wirkt tiefer und ist auf allen Ebenen des menschlichen Daseins zu suchen.

Selbst Sinn sein: sich am Sinn orientieren

Hier gilt für Führungskräfte ebenfalls: Vorbild sein. Mitarbeiter registrieren sehr genau die Sinnhaftigkeit ihrer Führung. Daher:

- Prüfen Sie sehr genau, ob und wie Sie selbst sogenannte sinnvolle Maßnahmen rechtfertigen.
- Haben Sie Mut, anscheinend unsinnige Maßnahmen zu hinterfragen.
- Hören Sie auf mit den Dingen, die Sie als unsinnig empfinden, und sprechen Sie darüber.

Wenn es Führungskräften gelingt, sinnvolles Handeln vorzuleben, sind sie am wirksamsten.

Sinnorientierung als Lebensprinzip

Sinnorientierung ist sinnlos ohne Ankoppelung an den sinnvollen Kontext. Sinn geht viel weiter oder vielmehr – er wirkt von viel weiter zurück: Eine sehr kleine Maßnahme für Sie als Führungskraft, ein winziger Schritt in Ihrem Veränderungsprozess kann zunächst ziemlich unscheinbar wirken. Macht er aber Sinn im Gesamtkontext, dann kann er sehr große Wirkung entfalten. Das gilt für Zwischenmenschlichkeit ebenso wie für die Einstellung einer Maschine. Wenn der Sinn nur klar und attraktiv genug ist, können die Schritte auf dem Weg ruhig klein sein.

Sinnfragen entpuppen sich als nicht »ein für alle Male« beantwortbar, weil auch sie mit ihrem Fragensteller einem ständigen Wandel unterliegen. In den meisten Fällen haben wir das Ziel vor Augen: ein gelingendes Leben – und glauben auch den Weg dorthin erkannt zu haben. In diesen Augenblicken leben wir nach einem sinnvoll geglaubten Verhalten, handeln wir sinnvoll: Wir kontrollieren unseren Egoismus zugunsten eines sinnvollen Ganzen, begrenzen unsere Bereicherung, erfahren eher tiefere Erfüllung als flüchtigen Spaß. Gleichzeitig erfahren wir die Sinnhaftigkeit des Ziels immer wieder neu – und fühlen uns so bestätigt. Oder wir korrigieren unsere Sicht und sind wieder Ganze im Ganzen: So können wir wieder eigene (oder eigensinnige) Maßstäbe finden und anlegen.

Warum Sinnorientierung oft fehlt

Zugang zur Sinnorientierung ist ein Geschenk – oder zunächst eine Gabe. Gute Führungskräfte zeichnet aus, dass sie Abstraktionsgrade beschreiten können, um ihr tägliches Tun mit Hintersinn zu füllen. Sie können beides: vom Besonderen eine Brücke zum Allgemeinen herstellen und vom Allgemeinen auf das Besondere schließen. Wenn diese Sinnorientierung nicht gelingt, geschieht das häufig, …

- weil sie nie entwickelt werden konnte oder gefordert wurde,
- weil sie nicht (öffentlich) wertgeschätzt wurde, wie es bei vielen helfenden Berufen der Fall ist,
- weil sie auf dem Weg durch Fixierung auf Details, Eitelkeit, Gier, Macht, Sucht verloren gegangen ist,
- weil genügend Ablenkung da war,
- weil die eigene Achtsamkeit abhandengekommen ist,
- weil man zu träge war, um zum Beispiel nachzufragen – »Trägheit macht traurig« (Thomas von Aquin),
- weil man ohnehin schon resigniert hatte und dem Ganzen keinen Sinn mehr abgewinnen kann.

Sinn machen als Führungskraft heißt: anderen Menschen Sinn ermöglichen

»Machen Sie Ihren Leuten den Sinn klar!«, ist die oft weitergegebene Anweisung. Im Sinne des Sinns fast paradox. Führungskräfte werden degradiert zu Vermittlern von Sinn – sie geben von oben Abgesegnetes einfach weiter, meist begleitet von den Worten: »Der Vorstand hat entschieden, das Unternehmen will es so.« Das gelingt in den seltensten Fällen. Meist implizit wird geprüft: Steht meine Führungskraft dahinter? Findet sie das selbst sinnvoll, was sie da »weiterreicht«? Und für wie sinnvoll Mitarbeiter eine Maßnahme halten, zeigt sich oft nicht in der nickenden Zustimmung, sondern in der Qualität von und der Motivation in ihrer Arbeit.

Führung ist dann gelungen, wenn Sie Ihren Mitarbeitern als Vorgesetzter die Sinnhaftigkeit des eigenen Handelns und der gemeinsamen Unternehmungen erfahrbar machen können. Sie sind dann Sinnermöglicher – und nicht reiner Sinnvermittler.

Führung heißt: Menschen erfolgreich zu machen. Ihnen Zugang zu einer sinnvollen Arbeit zu ermöglichen. Die Umgebung dafür zu gestalten, über die Rahmenbedingungen zu entscheiden. Viel erforscht und sehr erfahrbar ist dabei die Frage nach dem »Flow« – dem glückbringenden Walten der eigenen, sinnvollen Kräfte. Sie werden nämlich dann als sinnvoll erlebt, wenn sich drei Faktoren in der Balance ergänzen:

- das richtige Maß in der Herausforderung der Aufgabe,
- das richtige Maß im Erleben der eigenen Kompetenz sowie
- die sinnvolle Ankoppelung an die eigenen Werte und Wünsche.

So ist es das richtige Maß des Außen in Kombination mit dem eigenen Inneren. Menschen, die »Flow« beschreiben, sprechen von »Sog«, von »Lust«, sogar von »Sucht nach mehr«. Diese Menschen erleben in diesem fast selbstvergessenen Tun die eigene Selbstwirksamkeit. Einzige Voraussetzung ist eine Selbstwertschätzung, ein Selbstwertgefühl. Das besondere Tun dieser Menschen – ob Führungskräfte oder Mitarbeiter – ist mit den Eigenschaften und Kompetenzen, die sie mitbringen, in dem zur Verfügung gestellten oder gewählten Rahmen wirksam. Damit wird Sinnorientierung auf der Basis der Selbstwirksamkeit ermöglicht durch:

- das Gefühl von Zugehörigkeit,
- das Erleben von eigener Kompetenz,
- die eigene und gemeinsame Verantwortung für Ziele,
- Sicherheit im Umgang mit den Bedingungen und Beziehungen sowie durch
- Anerkennung der Individualität bei der Umsetzung.

Begegnung ist sinnvoll und schafft Sinn

Menschen lernen am meisten dort, wo sich Menschen aufhalten und einander begegnen. Im Moment der Interaktion können die beiden wesentlichen Lernfaktoren zusammenfallen: Information und Emotion. Dafür ist das oft engräumliche berufliche Arbeitsfeld bestens geeignet! Das kollegiale Zusammensein und die Form der beruflichen Ausgestaltung erzählen oft mehr von gelungener oder fehlender Sinnorientierung als das schönste Leitbild. Sinnvolle Begegnungen sind spürbar – wirksame Rückmeldungen zu den Begegnungen können diesen »Sinn für Sinn« verstärken, und das kann man lernen. Gute Arbeit wird dort geleistet, wo sich Menschen begegnen und gute Erfahrungen in dieser Begegnung machen: wo Dinge erfolgreich geklärt werden und die Personen gestärkt werden, wo der Prozess reflektiert wird und der Einzelne und die Organisation sich entwickeln können. Dort wird Sinn erfahrbar.

Sinn finden: Tiefe, Ziel, Essenz des Seins, Entwicklungssinn und sinnvolle Methoden und Handlungen dafür

> »Es sind nur wenige, die den Sinn haben und zugleich zur Tat fähig sind.« Denn: »Der Sinn erweitert, aber lähmt; die Tat belebt, aber beschränkt.« (Goethe)

Nicht viele Führungskräfte lassen sie zu, die Frage nach dem Sinn. Schließlich ist ja auch so viel zu tun! Die Erfahrung zeigt: Es entstehen im kopflosen Abarbeiten und im ängstlichen Aktionismus zu viele getriebene – sinnentleerte – Aktionen, die häufig Schnelligkeit und Tatkraft zeigen sollen, aber kostspielige Folgen haben. Es fehlt Distanz, es fehlt der Blick auf sich selbst – die »Metaperspektive«, die »Reflexion zweiten Grades«. Wie sehe ich, was ich sehe – und welche Motive leiten mein Handeln? Wozu tue ich dies oder jenes, für welchen Sinn tue ich es? Die Überlegungen ersten Grades sind gerichtet auf das Ergebnis und auf das Tagesgeschäft. Jeder Projektplan ist voll davon, wir brauchen die Aktion in dieser Form, um reaktionsschnell und handlungsfähig zu sein. Gleichzeitig – wieder klingt das »ora et labora« der Mönche an – benötigen wir die notwendige Distanz, die Reflexion auf sich selbst, das Hinterfragen der eigenen mentalen Modelle, Handlungsmuster oder biografischen Prägungen. Vom Selbstcoaching über die professionelle Begleitung durch einen Coach bis hin zu einem individuellen Entwicklungsplan – oder Pflegeplan – der Sinnorientierung existieren viele Wege, auf denen Führungskräfte das wiederbeleben können, was sie auszeichnet: ihre Kraft, zu führen.

Wie aber beginnen? Wo und womit? Eine Geschichte erzählt, dass es sinnlos sei, in der Wüste tausend Brunnen zu graben, um auf Wasser zu stoßen. Es müsse einer sein, der nur tief genug ist.

Tatsächlich: Das Lifestyle-Unterstützungs-Sinnsuche-Angebot ist so vielfältig, dass von außen weder über Qualität noch Quantität eine Auswahl zu treffen ist. Die Antwort führt über die inneren Bedürfnisse eines jeden Menschen. Tausend Angebote helfen nicht, wenn die Frage, die Ausgangsfrage zur Sinnorientierung, nicht geklärt ist. Denn das ist der Beginn – eine individuell passende Frage zu sich selbst zu entwickeln, die dann Antworten zulässt. Da geht es nicht um hochtrabende Projekte oder um glühende Kohlen oder Fallschirmsprünge. Es geht um den Zugang zum Wesentlichen, um den Zugang zu sich selbst und zu dem, was das eigene Wesen bewegt. Das kann lautlos sein, unsichtbar oder schwer erkennbar, eine Stimme, die vielleicht im Trubel des Alltags nicht oft zu Wort kommt. Das kann im offenen Dialog mit kritischen Freunden geschehen. Das geschieht häufig im Austausch und in der Lernerfahrung mit gleichgesinnten Führungsgruppen, zum Beispiel im offenen Coaching oder in der Supervision. Auf diese Weise können wir sinnvolle Inhalte finden, die uns wieder »in Form« bringen, oder anders ausgedrückt:

> Ton knetend formt man Gefäße.
> Doch erst ihr Hohlraum, das Nichts, ermöglicht die Füllung.
> Aus Mauern, durchbrochen von Türen und Fenstern, baut man ein Haus.

Doch erst sein Leerraum, das Nichts, gibt ihm den Wert.
Das Sichtbare, das
Seiende, gibt dem Werk die Form.
Das Unsichtbare, das Nichts, gibt ihm Wesen und Sinn.
(Laotse)

Sinn stiften: über das eigene Ergebnis hinausweisen

Ein Kunstwerk ist dann ein Kunstwerk, wenn es über sich selbst hinausweist, im übertragenen Sinne »Sinn macht«. So wird es möglich, dass eine sehr einfache Form einen sehr besonderen Inhalt transportiert – denken wir nur an die Readymades von Andy Warhol. Sinnstiftung gelingt besonders dort, wo einzelne Menschen Dinge tun, die über das hinausgehen, was sie eigentlich beabsichtigen, nämlich Projekte, die nicht nur ihren Projektzweck erfüllen, sondern die gleichzeitig auch noch – vielleicht Jahre später – für etwas stehen: vielleicht für einen Meilenstein in der Entwicklung der Unternehmenskultur. Für eine Erkenntnis, die sich auch auf andere Bereiche übertragen lässt. Für etwas Besonderes und Einzigartiges. In der eigenen Führungsbiografie finden sich häufig solche Momente – keine großen, sondern eher tiefe –, die über sich selbst hinausweisen. Es sind vielleicht Erfahrungen, die besonders sinnhaft waren, oft Begegnungen, die intensiv sinnvoll erlebt wurden. Sinnstiftende Führung kann freudig sein: Damit ist über das Projektziel hinaus auch noch Freude erzeugt. Sie kann menschlich sein: Damit wird über das Arbeitspaket hinaus zudem Beziehung gestaltet. Sie kann ethisch sein: Damit werden über das Meeting hinaus auch Werte entwickelt.

»Der SINN, der sich aussprechen lässt,
ist nicht der ewige SINN.
Der Name, der sich nennen lässt,
ist nicht der ewige Name.
›Nichtsein‹ nenne ich den Anfang von Himmel und Erde.
›Sein‹ nenne ich die Mutter der Einzelwesen.
Darum führt die Richtung auf das Nichtsein
zum Schauen des wunderbaren Wesens,
die Richtung auf das Sein
zum Schauen der räumlichen Begrenztheiten.
Beides ist eins dem Ursprung nach
und nur verschieden durch den Namen.
In seiner Einheit heißt es das Geheimnis.
Des Geheimnisses noch tieferes Geheimnis
ist das Tor, durch das alle Wunder hervortreten.«
(Laotse, 2008[1])

---

1 http://www.iging.com/laotse/LaotseD.htm

Visualisierung: »Wie sinnvoll soll es denn geworden sein?«

Zurück in die Zukunft – oder der Blick aus der Zukunft zurück. Sinnorientierung setzt einen Möglichkeitssinn voraus. Er wird dann aktiviert, wenn eine Situation als schon geschehen gedacht oder gefühlt werden kann. Wenn es gedacht werden kann, könnte es auch möglich sein. Wenn es gesehen werden kann, kann es auch wahr werden. Wie sinnvoll Handeln geworden sein soll, lässt sich aus der Perspektive der Erfüllung zumindest ahnen.

Lerndesign

Vorauslaufen zum Tode und zurückschauen

Inhalte und Zielsetzung:	Die Teilnehmer fokussieren auf die Dinge, auf die es im Leben ankommt, erkennen wer und was ihnen wichtig ist.
Teilnehmer:	6–10 Personen.
Dauer:	2–5 Stunden, je nach Personenanzahl und Tiefe.
Ressourcen:	Freier Raum mit genügend Platz, Stühle, keine Tische; Notizblöcke und Stifte.
Vorbereitung:	Keine.

Ablauf: Der Berater stimmt die Gruppe zur *Einführung* auf die folgende Übung mit Worten ein wie zum Beispiel:

> »Stellen Sie sich vor, Ihr Leben wäre schon abgelaufen. Nach Ihrem Tod werden drei wichtige Menschen Ihres Lebens über Sie interviewt. Sie können sich aussuchen, was diese Menschen über Sie sagen werden. Bitte überlegen Sie nun, wer diese drei Menschen aus Ihrem Leben sind. Sie können frei wählen, wen Sie wollen. Ihren Partner, Mutter, Vater, Freund, Kollegen, Kind, etc.«

Instruktion: Alle überlegen sich die drei wichtigen Personen ihres Lebens. Jeder sucht sich unter den Teilnehmern drei Rollenspieler für diese Personen und instruiert sie, was sie im Interview sagen sollen und wie sie sich verhalten sollen. Es ist unbedingt sinnvoll, dass sich alle Notizen über die zu spielenden

Rollen machen, da jeder im Schnitt drei Rollen spielen muss, manche mehr, manche weniger.

Stegreifspiele: In der Spielphase schlüpft der Berater in die Rolle des Interviewers und interviewt die Rollenspieler über den Toten. Die drei Spieler dürfen sich vorher absprechen, wie sie die Rollen spielen, was ihre jeweilige Botschaft ist. Jeder »Tote« bekommt also Zeit geschenkt von der Gruppe (etwa sieben Minuten). Der Berater macht für jeden Toten (sitzt nahe an der Bühne) ein kleines Interview-Stegreifspiel.

Auswertung: Nach jedem Stegreifspiel erfolgt eine Auswertung. Sie beginnt mit dem Sharing, das heißt, die Zuschauer werden gefragt, was das Interview bei ihnen ausgelöst hat; was daran kennen sie von sich? Anschließend wird das Rollenfeedback der Schauspieler ausgewertet und dann der »Tote« befragt. Was war für ihn wesentlich? Hatte er es so erwartet? Was war anders als erwartet? Welche Schlüsse zieht er aus seiner Beobachtung für sein heutiges Leben?

Anmerkungen zur Wirkungsweise: Die Grundidee, rückblickend auf sein Leben aus der gedachten Zukunft zu sehen, ist schon ziemlich lange bekannt. Durch das reale Interview (wenn auch mit gespielten Rollen) entsteht in diesem Lerndesign eine verstärkte emotionale Verbindung zu diesem Zukunftsbild, das sehr stark zum Nachdenken anregt.

Exkurs Pedaktik

Pedaktik – Ein Grund zum Aus- und Innehalten

Die Didaktik der Persönlichkeitsbildung als Innovation im Coaching – Grundlage aller Kompetenzentwicklung (Christoph Röckelein 2008)

Worum geht es tatsächlich?

Immer häufiger wird auf den Stellenwert der Persönlichkeitsbildung für erfolgreiches Handeln in Wirtschaft und Bildung hingewiesen: Führungskompetenz und Persönlichkeit gehören zu den Erfolgsfaktoren des Managements der Zukunft. Nicht nur die *Führungskräfte* sollten in ihrer Persönlichkeitsbildung gefördert werden; sie sollten auch befähigt werden, die Persönlichkeitsbildung ihrer *Mitarbeiter* zu fördern. »Selbstverständlich!«, werden Sie sagen. Doch diese Kompetenz entbehrte bisher der theoretischen Beschreibung und Begründung.

Mit dem Ansatz der Pedaktik® – der ersten Didaktik der Persönlichkeitsbildung – existiert eine konzeptionelle Antwort auf die häufig geäußerte Feststellung, dass nicht allein das Fachwissen zähle, sondern auch die menschliche Kompetenz. Da Coaching als Instrument der Persönlichkeitsbildung für Unternehmen immer wichtiger wird und da dieses Arbeitsfeld ein weites empirisches Forschungsfeld ist, können die Grundzüge der Pedaktik® schwerpunktmäßig am Beispiel Coaching sichtbar gemacht werden. Aber auch jede andere pädagogische Situation oder Beratungssituation zeigt: Die wichtigste Ressource bei der Lösung von Problemen ist die Persönlichkeit selbst.

Ein Konzept aus *der Praxis und* für *die Praxis*

Der Ansatz der Pedaktik als Didaktik der Persönlichkeitsbildung ist in den Jahren 1999 bis 2007 in unzähligen Beratungen, Supervisionen und Coachings erarbeitet, weiterentwickelt und reflektiert worden. Die Begriffe Coach und Coachee in diesem Beispiel müssen hier als Synonyme für die Partner in ähnlichen Beziehungen verstanden werden: etwa für Lehrer und Schüler, Berater und Kunde, Therapeut und Klient, Eltern und Kind, Führungskraft und Mitarbeiter …

Wer fragt, was ein Coach eigentlich tut, stellt meistens folgende Fragen:

- Wann verwendet der Coach
- welche Methode
- bei welchem Anlass
- zu welchem Zeitpunkt des Gesprächsprozesses
- mit welchem Ziel und
- bei wem?

Das *Was* ist selten der Gegenstand der Frage – sondern eher das *Wie* und *Warum*. Und daher Pedaktik: Über die Analyse des methodischen Vorgehens entstand eine didaktische Basistheorie der Persönlichkeitsbildung (Röckelein 2008). (Das Buch dient als Basislektüre für das »Kontaktstudium Coaching und Beratung«, ein wissenschaftlich fundiertes Weiterbildungsangebot der Pädagogischen Hochschule und der Universität Freiburg für berufstätige Hochschulabsolventen und andere durch Berufserfahrung geeignete Interessenten.)

Der Markenname »Pedaktik®« entstand als Kombination aus den Begriffen Persönlichkeitsbildung und Didaktik: eine *Persönlichkeitsdidaktik – aus* der Praxis und *für* die Praxis entwickelt.

Wozu eine Didaktik der Persönlichkeitsbildung?

Um es kurz zu sagen: Es geht nicht etwa nur um einen bestimmten Ansatz im *Coaching*, sondern eher um eine *Haltung*, die in jeder pädagogischen oder Beratungssituation anwendbar ist und in der Persönlichkeitsbildung eines der angestrebten Ziele darstellt. Durch die Pedaktik wird außerdem die Beziehungsarbeit im Coaching als wichtiges Merkmal von Persönlichkeitsbildung begründet und legitimiert. Coaching benötigt die *Beziehung*, um eine nachhaltige Wirkung zu erzielen und nicht nur den schnellen Effekt. Es ist die *Persönlichkeit*, die das Leben in seiner Ganzheit meistert, nicht ihr Wissen.

Was für Führungskräfte und Manager gilt, das gilt auch für den Bildungsbereich insgesamt: Dieser benötigt neben der Diskussion um das richtige (zu vermittelnde) Wissen mehr denn je eine solche didaktische Basistheorie der Persönlichkeitsbildung. Konkret geht es:

- um unsere Verantwortlichkeit,
- um unsere Menschlichkeit sowie
- um unsere sozialen und (inter)kulturellen Kompetenzen.

»Kompetenzen« meint hier die Fähigkeiten und Dispositionen der Person, die aus ihren Grundbefähigungen entspringen und die sie in die Lage versetzen, ein Handlungsziel in gegebenen Situationen aufgrund von Erfahrung, Können und Wissen selbst organisiert zu erreichen. Ob jemand über solche Kompetenzen verfügt, ist nur aus seinem praktischen Handeln zu erschließen – insbesondere bei der kreativen Bewältigung neuer Anforderungen.

Wie kann, wie muss eine Didaktik aussehen, die solche Persönlichkeitsbildung ermöglicht? Ein beachtenswerter Hinweis zu dieser Leitfrage findet sich bei Carl Rogers. Er hat sich als Forscher bereits in den Vierzigerjahren des 20. Jahrhunderts mit der Bedeutung der Beziehung im Beratungskontext beschäftigt. Bis heute bildet sein personzentrierter Ansatz eine wichtige Grundlage für diese Art von entwicklungsbegleitender Tätigkeit:

> »Wissen *über* ist heute nicht das Wichtigste in den Verhaltenswissenschaften, vielmehr ist ein deutliches Anschwellen erfahrungsbezogenen Wissens zu beobachten, eines Wissens, das sozusagen aus den Eingeweiden kommt und mit dem Wesen des Menschen zu tun hat. Auf dieser Erkenntnisebene befinden wir uns in einer Zone, in der nicht einfach von kognitiven und intellektuellen Inhalten die Rede ist, die fast immer ziemlich mühelos in verbalen Begriffen kommuniziert werden können. Wir sprechen vielmehr von etwas Erlebnisnäherem, etwas, das mit dem ganzen Menschen, sowohl mit seinen viszeralen Reaktionen und Gefühlen als auch mit seinen Gedanken und Worten zu tun hat.« (Rogers 1991, S. 17 f.)

Didaktik – kein Reservat für Pädagogen

Alle didaktischen Modelle sind zunächst einmal erziehungswissenschaftliche Theorien zur Analyse und Modellierung didaktischen Handelns. Sie haben den Anspruch, die Voraussetzungen, Möglichkeiten und Grenzen des Lehrens und Lernens aufzuklären. Ihr Ziel ist also das Bereitstellen eines theoretischen Gerüstes, das die Struktur und mögliche Wirksamkeit verschiedener Lehrmethoden verstehen helfen soll. Eine Didaktik der Persönlichkeit versteht sich in dieser didaktischen Tradition als theoretisches Gerüst für die Beschreibung der *Bereiche* der Persönlichkeitsbildung und der Entwicklung menschlichen Lebens.

Die Pedaktik, die didaktische Basistheorie der Persönlichkeitsbildung, besteht aus vier Elementen:

- dem didaktischen Bezugsrahmen,
- der didaktischen Intention,
- den didaktischen Prinzipien und
- der didaktische Haltung.

Im Prozess der Persönlichkeitsbildung lassen sich diese vier Elemente nicht trennen – sie sind zirkulär und interdependent miteinander verflochten. Trotzdem folgt auf den nächsten Seiten eine Auflistung.

Erstes Element der Pedaktik: Der didaktische Bezugsrahmen

Klassische Anwendungsfelder sind die folgenden:

Pädagogik

Pädagogische Berufe werden gerne von Menschen gewählt, die mit Kindern, Jugendlichen oder Erwachsenen arbeiten möchten. Ihre Arbeit ist auf Bildung und/oder Persönlichkeitswachstum sowie auf die Weiterentwicklung sozialer Beziehungen gerichtet.

Im Zuge der gegenwärtigen Hochschulreform werden immer mehr Studiengänge auf die Bachelor- und Masterabschlüsse umgestellt. Oft ist diese Umstellung mit einer eher fachlichen Orientierung und »didaktischen Verschulung« verbunden. Die klassischen Studienerfahrungen der persönlichen Selbstorganisation und des eher breit angelegten Studierens gehen dabei mehr und mehr verloren. Hier könnte die Pedaktik eine gute Ergänzung darstellen und die Lücke schließen, die die Umstellung auf die neuen Studienabschlüsse mit sich bringt.

Aber auch in allen anderen pädagogischen Feldern kann die Pedaktik einen wichtigen Beitrag leisten. In der Tätigkeit der Lehrer an Schulen etwa wird Persönlichkeitsbildung auf zwei Ebenen relevant: Wegen des gesellschaftlichen Wandels muss der Lehrer sich auf unterschiedliche Kulturen, Nationalitäten, Bedürfnisse und Vorerfahrungen seiner Schüler einstellen. Diese Heterogenität verlangt auch von ihm ein hohes Maß an Flexibilität und Beweglichkeit. Pedaktik kann zu seiner eigenen Persönlichkeitsbildung beitragen – und zugleich kann sie Leitlinien dazu vermitteln, wie die Persönlichkeitsbildung der Schüler angeregt werden kann.

Therapie

Therapie als *psychotherapeutische* Tätigkeit bedeutet Heilbehandlung der Seele beziehungsweise von seelischen Problemen. Sie bietet Hilfe bei Störungen des Denkens, Fühlens, Erlebens und Handelns (Ängste, Depressionen, Verhaltensstörungen bei Kindern und Jugendlichen, Süchte ...). Darüber hinaus wird Psychotherapie bei *psychosomatischen* Störungen angewandt. Der Begriff Psychosomatik bringt zum Ausdruck, dass die Psyche oder Seele einen (im Krankheitsfall schädigenden) Einfluss auf das Soma (den Körper) hat. Immer mehr werden psychologische Behandlungsmethoden *begleitend* zu medizinischen Maßnahmen bei organischen Störungen eingesetzt (zum Beispiel bei chronischen Erkrankungen, bei starken Schmerzzuständen, bei Herz-Kreislauf-Erkrankungen).

Für den Erfolg einer Psychotherapie ist nicht nur bedeutsam, dass der Betroffene ernsthaft dazu bereit ist, sich mit seinen Problemen auseinanderzusetzen und an deren Beseitigung mitzuarbeiten, sondern auch, dass der Therapeut sich auf dem Feld der Persönlichkeitsbildung auskennt und professionelle Beziehungsarbeit leisten kann. Dazu kann ihm die Pedaktik ein wichtiges Konzept liefern. Dies gilt auch für andere therapeutische Berufsgruppen wie Ärzte, Psychologen, Seelsorger, Heilpraktiker ...

Supervision

Supervision ist ein noch junger methodischer Beratungsansatz, der zwei Formen der Bildung miteinander verbindet: Selbsterfahrung und Instruktion. Das Nebeneinander dieser beiden Arten der Reflexion und Wissensvermittlung ist heute in jedem Arbeitsfeld zu finden, wo Menschen mit Menschen arbeiten: Pädagogik, Beratung, Führung …

Supervision integriert jedoch zudem noch zwei weitere, bisher unverbundene Bereiche: die Analyse der *emotionalen* und die Analyse der *institutionellen* Komponente beruflicher Interaktion. Die Definition der Aufgaben von Supervision könnte daher lauten:

- Supervision hat erstens die Funktion, die Psychodynamik von professionellen Beziehungen zu analysieren (seien es Beziehungen zwischen Professionellen und ihren Klienten oder der Professionellen untereinander, zum Beispiel der Teammitglieder).
- Zweitens hat Supervision die Funktion, die Rollenhaftigkeit dieser Beziehungen zu untersuchen. Sie fragt nach den Auswirkungen derjenigen Institution, in der Professional und Klient oder Professional und Professional zusammenkommen, auf deren Beziehung.
- Drittens vermittelt Supervision diese beiden Analyseebenen und klärt das Zusammen- beziehungsweise Gegeneinanderwirken von psychischen und institutionellen Strukturen in professionellen Beziehungen.

Die Pedaktik ist ideal dazu geeignet, eine didaktische Basistheorie für die Supervision zu liefern: Selbsterfahrung und Reflexion sind ja sowohl in der Supervision als auch in der Pedaktik essenzielle Elemente.

Führungskräfteentwicklung

Deutsche Firmen könnten nach Studien des Bundesarbeitsministeriums und des Kölner Marktforschungsinstituts *Psychonomics* erfolgreicher sein, wenn sie mehr auf ihre Mitarbeiter eingehen würden (Badische Zeitung, 28.12.2007, S. 23). Deren Potenzial und Kompetenz würden in den meisten der 314 untersuchten Unternehmen nicht ausreichend genutzt und gefördert. Doch gerade die Unternehmenskultur mache ein Drittel des Erfolges aus. Daher sei die Entwicklung einer mitarbeiterorientierten Unternehmenskultur unverzichtbar. Denn solch eine Kultur fördere persönliches Engagement, Zufriedenheit und Erfolg. Den größten Einfluss auf das Engagement hätten etwa die Weckung von Teamgeist, das Erleben von Zugehörigkeit und vor allem Wertschätzung und Interesse an der einzelnen Person.

Doch nur gut die Hälfte der Beschäftigten fand in ihrem Unternehmen solche Aspekte der *Mitarbeiterorientierung* wie Führungskompetenz, Fairness, Förderung und Fürsorge wieder. Die *Leistungsorientierung* stand immer noch an erster Stelle der Unternehmenskultur. Die Empfehlung für die Personal- und Führungskräfteentwicklung ist daher klar: Führungskompetenz und Persönlichkeitsbildung gehören zu den Erfolgsfaktoren eines Unternehmens und des Managements der Zukunft. Nicht nur *Führungskräfte* sollten in ihrer Persönlichkeitsbildung gefördert werden; sie sollten auch befähigt werden, die Persönlichkeitsbildung ihrer *Mitarbeiter* zu fördern. Auch hier zählt wieder nicht allein das Fachwissen, sondern gleichwertig auch die menschliche Kompetenz.

Der erste »Personalentwickler« eines Unternehmens ist die Führungskraft. Mit ihrer Aufgabe der Mitarbeiterentwicklung steht sie selbst in der Verantwortung, die Kultur eines Unternehmens aktiv mitzugestalten und die Persönlichkeitsbildung der Mitarbeiter zu fördern. Personalentwicklung benötigt immer auch einen spezifischen Rahmen, in dem die Mitarbeiter sich entwickeln können. Die Führungskräfte haben daher auch die Aufgabe, förderliche Rahmenbedingungen für ihre Mitarbeiter zu entwickeln. Führung hat direkte (gestaltende) Auswirkungen auf die Unternehmenskultur, und gleichzeitig zeigt sich *im* Führungsstil und *durch* ihn die Kultur eines Unternehmens am deutlichsten.

Das Management ist der *zentrale* Erfolgsfaktor von Unternehmen. Das Verhalten und das Selbstverständnis der Führungskräfte prägen in hohem Maße die Kultur einer Organisation und die Leistungsbereitschaft ihrer Mitarbeiter. Den Führungskräften als den Gestaltern, Entscheidern, Experten und Multiplikatoren kommt somit besondere Bedeutung zu. Es liegt an ihnen, eine Strategie zu entwickeln, die Mitarbeiter zu führen und die Weiterentwicklung des Unternehmens erfolgreich zu gestalten. Die Führungskräfteentwicklung sollte daher im Kontext mit der Unternehmensstrategie und der gesamten Organisationsentwicklung konzipiert sein.

Die Erwartungen an Führung, Leitung und Steuerung in Unternehmen verändern sich unter dem Druck kontinuierlich veränderter Rahmenbedingungen und der Erwartungen der Kunden ständig und das in einem hohen Tempo. Sich den Anforderungen des Marktes erfolgreich zu stellen, diese Herausforderung bedingt für die Führungskräfte eine kontinuierliche Weiterentwicklung und Anpassung sowohl ihrer methodischen als auch ihrer persönlichen Kompetenzen und insbesondere ihrer Führungskompetenzen. Führen bedeutet in diesem Zusammenhang, Menschen unter bestimmten Rahmenbedingungen auf Ziele hin zu orientieren, sie zu motivieren und ihnen Unterstützung und Fürsorge zu geben. Führungskräfteentwicklung wird als notwendige Investition verstanden und ist Bestandteil eines kontinuierlichen und konsequenten Qualitätsmanagement- und Entwicklungsprozesses eines modernen Unternehmens.

Zweites Element der Pedaktik: Die didaktische Intention

Erst die Intention macht einen didaktischen Prozess sinnvoll, da man daran erkennt, auf was dieser gerichtet ist. Die didaktische Intention der Pedaktik ist die Persönlichkeitsbildung. Diese teilt sich sozusagen in vier Grundbefähigungen der menschlichen

Existenz auf. Die Grundbefähigungen bauen aufeinander auf und greifen ineinander. Man kann sie als zirkuläre Prozesse betrachten. Der Prozess der Persönlichkeitsbildung führt zu Wachstum und kontinuierlicher Reifung des Menschen. Intention der Pedaktik ist es, durch Unterstützung von vier Grundbefähigungen die Persönlichkeitsbildung beim Einzelnen anzuregen und zu fördern.

Versucht man einmal, die elementaren Instanzen eines selbstständig denkenden und handelnden Individuums zu beschreiben, findet man folgende:

- die dialogische Grundbefähigung,
- die geschichtliche Grundbefähigung,
- die symbolische Grundbefähigung und
- die dialektische Grundbefähigung.

Die dialogische Grundbefähigung

An erster Stelle steht die dialogische Grundbefähigung, da sie die Grundlage der drei anderen darstellt. Die dialogische Grundbefähigung (ebenso wie die anderen) ist nie *vollständig* ausgebildet (und damit abgeschlossen), sondern wird während des ganzen Lebens weiterentwickelt.

Die wesentlichen Aspekte der dialogischen Grundbefähigung sind die Fähigkeiten zu Kommunikation, Interaktion, Begegnung, Beziehung und Kontakt. Sie bildet damit die Grundlage jedes Zusammenlebens, jeder Gemeinschaft, Nation, Zivilisation. Im Kontext der Globalisierung hat sie damit einen unverzichtbaren Wert.

Die dialogische Grundbefähigung ist fundamental für unsere Entwicklung. Sie umfasst alle Kommunikationsformen, Beziehungsfähigkeit, soziales Verhalten und soziales Lernen, Liebesfähigkeit und alles, was *Dialog* im klassischen Wortsinn beinhaltet. Es geht um die Fähigkeit, sich selbst mitzuteilen, aber auch dem anderen zuzuhören und so mit ihm in Diskurs zu treten. Mit dieser dialogischen Grundbefähigung ist auch Selbstverwirklichung oder Identitätsfindung gemeint, aber nicht in einem egozentrisch pervertierten Sinne. Denn Identität setzt einen Interaktionsprozess voraus. Die Erfahrung der Differenz zwischen Ich und Du unterstützt die Persönlichkeitsbildung, und zwar umso mehr, je mehr diese Erfahrung reflektiert wird. Trotz der Unterschiede zwischen Menschen können »dialogische Korridore« der Begegnung und Beziehung gefunden werden. Begegnung bedeutet im wörtlichen Sinne personale Veränderung – Persönlichkeitsbildung.

Viele Menschen scheitern an einem solchen Interaktionsprozess, weil sie sich eher nach dem Sympathie-Antipathie-Schema verhalten und es nicht zur Begegnung im Sinne einer persönlichen Veränderung kommen lassen. Das Bestehende bestätigt man gerne, das Neue lässt man lieber nicht an sich heran. So kommt der Bildungsprozess der Persönlichkeit zum Stocken. Wir Menschen brauchen aber diese Voraussetzung zur Fremdidentifikation, die Fähigkeit zur Einfühlung in das Unbehagen und Wohlbefinden anderer (Empathie) und darauf aufbauend die Fähigkeit zum reflektierten Umgang mit Erwartungen und Rollen.

Ein weiterer Schritt ist die Sprach- beziehungsweise Dialog- und Kommunikationskompetenz. Sie besagt, dass sich jemand unter Verwendung verschiedener Kommunikationsformen am Entwurf eines gemeinsamen Handlungsprojektes und an der Wirklichkeitskonstruktion beteiligen kann.

Die geschichtliche Grundbefähigung

Der Mensch ist ein »historisches« Wesen, das sich selbst im Kontext einer geschichtlichen Entwicklung erlebt. Das Bewusstsein, dass man untrennbar mit der Geschichte und Kultur der umgebenden Gesellschaft, der Gemeinschaft, des Landes, in dem man lebt, verbunden ist, und zwar sowohl mit der Vergangenheit als auch mit der Zukunft, gibt Orientierung. »Verknüpfung mit der Zukunft« bedeutet, dass man die Geschichte aktiv mitgestalten kann. Menschen sind geschichtliche Wesen und gestalten Historie mit.

Persönlichkeiten speichern ihre Erlebnisse und deren Sinn und damit die für sie persönlich wichtige Be-Deutung der Erlebnisse. Das Erlebnis ist als gedeutete Erfahrung sinngebend. Erfahrungen werden gewonnen auf dem Hintergrund der jeweiligen Biografie: Meine Situation besteht aus der Geschichte meiner Erfahrungen. Meine Situation ist daher immer biografisch definiert.

Der Austausch über diese biografischen Sinnkonstruktionen kann die bisher gewonnene Identität bestätigen und/oder hinterfragen. Die Gegenwart ist jedoch immer der Zugang zur Geschichte, die retrospektiv als Sinnhorizont erfahren wird. Jede Gegenwart schreibt ihre Geschichte neu.

Der Blick auf die Geschichte löst die Selbstbefangenheit, er weckt und erweitert das Verständnis der Gegenwart. Eine Begegnung mit der Geschichte lässt den Menschen nicht unberührt, sondern vermag ihn zu verändern.

Die symbolische Grundbefähigung

Wir Menschen sind in der Lage, Zeichen nach Regeln zu kombinieren. Ein gutes Beispiel für das systematische Nutzen von Symbolen ist die Kommunikationssituation. Hier setzt man Signale, die durch freie Konvention mit bestimmten Konzepten verknüpft wurden (also Symbole), gezielt dazu ein, dem Gesprächspartner die eigene Welt (im Kopf) zu vermitteln. Gleichzeitig werden aber auch die vom Kommunikationspartner ausgesandten Symbole entschlüsselt und in die eigene symbolhafte Ausdrucksform übernommen. Diese Fähigkeit, mit Symbolen sinngebend und sinndeutend umzugehen und sie zu entschlüsseln, nennen wir hier »symbolische Grundbefähigung«.

Jede Kultur, jede gesellschaftliche Gruppe und so auch jede Firma hat ihre eigenen Symbole. Symbole bezeichnen nicht nur Gegenstände, sondern auch und vor allem sprachliche und handlungsbezogene (rituelle) Übereinstimmungen in Gruppen. Viele Symbole sind relativ leicht zugänglich, da sie einer allgemeinen Symbolik entsprechen, also universell anwendbar und zu verstehen sind (etwa das Händeschütteln als Zeichen der Begrüßung). Andere Symbole sind nicht so leicht verständlich, da ihre konventionelle Bedeutung nur innerhalb einer bestimmten Gruppe (zum Beispiel einer Firma) gilt.

Goldmedaille oder Hakenkreuz, Weihnachtsbaum oder Diamant, die Farbe Grün für Hoffnung oder eine Rose für die Liebe – Symbole sind konkrete Zeichen oder Bilder, die etwas Nichtfassbares, Allgemeingültiges sinnlich wahrnehmbar und damit verständlich machen. Insofern regeln Symbole das Zusammenleben. Sie sind kollektiv, also gültig für eine Gruppe von Menschen; sie sind integrierend, denn jedes Mitglied dieser Gruppe versteht ihren Sinn und den abstrakten Gehalt oder Sachverhalt, auf den sie verweisen; sie sind harmonisierend, denn sie bieten die Möglichkeit, zwischen Normalität und Abweichung zu unterscheiden.

Das symbolische Grundverständnis ist die Fähigkeit, Sachverhalte zu beschreiben, die sich in Worten allein nicht ausdrücken lassen, es umfasst also zum Beispiel auch das Sprechen in Metaphern, Analogien, Geschichten und Vergleichen. Dieses Verständnis ist in starkem Maße abhängig von der Kultur, innerhalb derer man sich bewegt, und *prägt* diese in gleichem Maße. »Kultur« wird hier nicht als rein demografische Kategorie verwendet; auch kleine Gruppen von Menschen, Firmen oder sogar einzelne Abteilungen haben ihre jeweils eigene Kommunikations-»Kultur« – und damit ihre eigenen Symbole und Rituale (dazu zählen zum Beispiel Statussymbole der Macht).

Das symbolische Grundverständnis bezeichnet also die Fähigkeit, die symbolische und rituelle Kultur eines Systems zu verstehen und zu verwenden. Symbole werden zur Existenzbewältigung benötigt. Sie beinhalten ein Stück nicht darstellbarer Wirklichkeit. Das Symbol ist eine Wirklichkeit ganz eigener Art. Es bildet nicht ab, was es abbilden soll, und trotzdem erschließt sich die dahinter verborgene Wirklichkeit nur durch das Verstehen des Symbols. Viele elementare und vor allem transzendente Gehalte sind für die Menschen nur über Symbole zugänglich.

Die dialektische Grundbefähigung

Hier ist weniger der Kommunikationsaspekt gemeint (nämlich dass man mithilfe der Gegenüberstellung von These und Antithese zu einer Synthese kommt), sondern die Befähigung, die Spannung auszuhalten, die in einer widersprüchlichen und mehrschichtigen Situation zwischen zwei Polen entsteht, und sich sicher, selbstbewusst und konstruktiv darin zu bewegen. Das bedeutet Akzeptieren von Mehrdeutigkeit, ohne dass man sich aus dem Spannungsfeld herausbegibt oder es auflöst, indem man sich auf die *eine* Seite stellt, sich für den einen Pol entscheidet und von dort die *andere* Seite zu bekämpfen versucht.

Jeder Mensch muss zwischen den Polen von Geburt und Tod, von Leben und Sterben, von Endlichkeit und Unendlichkeit seine Identität finden. In diesem dialektischen Raum entstehen die existenziellen Fragen nach dem Sinn des Lebens. Der Mensch ist aufgefordert, diese Wirklichkeit anzugehen, anzunehmen und sich über diese letztlich nicht begreifbare Wirklichkeit zu verständigen (zum Beispiel durch Symbole). Der Prozess der Interaktion zwischen Menschen verläuft selbst ebenfalls *dialektisch* – gleichwohl entstehen durch ihn Sinnkonstruktionen, die die Spannung lebbar machen, ohne dass die Beteiligten in Extreme verfallen müssen (etwa Fundamentalismus).

Nach Jean Piaget ist es erst einem reifen Menschen mit konkret-operatorischer Intelligenz möglich, mehrere Gesichtspunkte gleichzeitig zu erleben, sie zu berücksichtigen und den Standpunkt eines anderen zu sehen und miteinzubeziehen. Erst diese Fähigkeit macht es möglich, dialektisch mit Ansichten und Standpunkten umzugehen.

Die Überführung vermeintlicher empirischer Gegensätze in eine spannungsvolle (»spannende«) Balance kann als polare Integration bezeichnet werden. Mit diesem Verständnis der dialektischen Grundbefähigung kann man individuelle Entwicklungsziele finden und damit die Persönlichkeitsbildung anregen: Selbstentwicklung als Prinzip der Persönlichkeitsbildung meint einen sich immer wieder selbst überholenden »utopischen Selbstentwurf«. Die Diskrepanz zwischen Ideal- und Real-Selbst ist durch Entwicklung einholbar, und das Individuum hat die permanente Möglichkeit, ein besseres Ideal-Selbst zu entwerfen. Dieses Ideal-Selbst kann immer wieder als neues utopisches Ziel für die eigene Entwicklung fungieren. Neben der Selbstverwirklichung braucht es somit zur Persönlichkeitsbildung auch die Selbstüberwindung, zum Beispiel durch Selbstkritik.

Zentrales Element der dialektischen Grundbefähigung ist somit die Idee des Selbstentwurfs der Persönlichkeit mit lebenslanger Entwicklungsperspektive, eines Selbstentwurfs im Sinne eines lebenslangen Projektes, wobei die implizierte Utopievorstellung keinen inhaltlich bestimmten, optimalen Endzustand bezeichnet, sondern als positive Entwicklungsperspektive immer wieder neu entworfen, ausgearbeitet und umgesetzt werden muss.

Drittes Element der Pedaktik: Die didaktischen Prinzipien

Die Pedaktik beinhaltet vier didaktische Prinzipien:

- Elementarisieren!
- Konstruktivistisch denken!
- Mentale Modelle hinterfragen!
- Kontextualisieren!

Diese vier didaktischen Prinzipien dienen zur Weiterentwicklung der Grundbefähigungen. Damit diese Prinzipien wirksam werden können, benötigen wir entsprechende Instrumente und Methoden. Das können Fragetechniken, Visualisierungen, soziometrische Methoden oder andere kreative und beraterische Instrumente sein. Entscheidend ist immer die Klarheit darüber, was wir mit der Methodik oder dem Instrument erreichen möchten:

- Möchten wir den sachlichen Inhalt und seine Oberflächenstruktur auf seine elementare Tiefenstruktur hin reflektieren, so werden Methoden wichtig, die den Prozess elementarisieren.
- Wird es wichtig, den Gesprächsinhalt mit seiner Entstehungsgeschichte zu verbinden und seine Bedeutung für die Person zu verdeutlichen, so werden Methoden wichtig, die den Sachgehalt und seine (Be-)Deutung eher als Konstruktion denn als »Wahrheit« verdeutlichen.
- Soll verdeutlicht werden, welche Denkgewohnheiten eine Person über einen geschilderten sachlichen Gehalt, über andere Beteiligte, über die Zeit (Zukunft, Vergangenheit, Gegenwart) und über sich selbst hat, so werden Methoden und Instrumente eingesetzt, die ihre mentalen Modelle reflektieren.
- Wenn der beschriebene Inhalt oder das geschilderte Problem in einen größeren Gesamtzusammenhang gestellt werden soll, so werden Instrumente und Methoden zur Kontextualisierung angewandt.

Alle vier Prinzipien regen also den Prozess der Persönlichkeitsbildung aktiv an. Sie rufen auf zum Verdichten, Umdeuten, Reflektieren und Erweitern der Perspektiven der betreffenden Person.

Elementarisieren!

Im Coaching treten immer wieder Phänomene auf, die darauf hinweisen, dass die inhaltlichen Themen und fachlichen Fragen des Coachees etwas mit ihm selbst zu tun oder Bedeutung für sein Leben haben. Diese Thematik ist nicht direkt auf der Oberflächenstruktur der Kommunikation zu erkennen. Das didaktische Prinzip des Elementarisierens führt uns von der Oberflächenstruktur des Gesagten zur Tiefenstruktur des dahinterliegenden Gemeinten: vom fachlichen Allgemeinen hin zur persönlichen Lebenswelt. Es regt dazu an, immer wieder den Bezug des Theoretischen zum Persönlich-Existenziellen herzustellen.

In diesem Sinne ist das Elementarisieren in unserem Informationszeitalter eine höchst aktuelle und unverzichtbare Aufgabe, nicht nur als Herausforderung an den Coach, sondern als eine Art Grundkompetenz für jeden modernen Menschen überhaupt. Elementarisierung im weitesten Sinne ist eine Form der existenziellen »Vereinfachung« einer vordergründig fachlich motivierten Fragestellung und stellt einen zur Zunahme der Informationen gegenläufigen Prozess dar.

Der Begriff Elementarisierung geht auf die Arbeiten des Pädagogen Wolfgang Klafki zurück, der bereits in den Sechzigerjahren des letzten Jahrhunderts eine Reflexion über elementare Bildungsinhalte anmahnte. Klafki beschreibt Elementarisierung als die didaktische Seite einer kategorialen Bildung, die eine wechselseitige Erschließung von Subjekt und Objekt ermöglichen soll. Klafkis Forderung gewinnt heute wieder an Aktualität – wenn auch in etwas abgewandelter Form.

Klafki formulierte mit seinem Begriff der wechselseitigen Erschließung den Gedanken, dass Unterricht nur als eine Doppelbewegung von den Inhalten zu den Schülern und von den Schülern zu den Inhalten denkbar ist, die von Anfang an eine wechselseitige Verschränkung der beiden Seiten zum Ziel hat. Beide Bewegungen bedingen einander. Vergleichbar mit Klafkis didaktischer Analyse werden bei der klassischen didaktischen Elementarisierung zunächst in einer Art Sachanalyse die elementaren Strukturen und elementaren Wahrheiten der Unterrichtsthemen bestimmt und in einem weiteren Schritt didaktische Konsequenzen in Bezug auf die Voraussetzungen der Schüler, ihre elementaren Erfahrungen sowie mögliche entwicklungsgemäße Zugänge gezogen. Das Modell wurde jedoch nie auf die Persönlichkeitsbildung übertragen, die sich *grundsätzlich* als subjektorientiert statt inhaltsorientiert versteht.

Die Pedaktik ist keine Didaktik zur Inhaltsvermittlung, sondern stellt den Menschen als »Inhalt« und Ziel gleichermaßen in den Mittelpunkt. *Seine* Themen, die *ihn* beschäftigen, die aus *ihm* herauskommen, sind die Themen, um die es geht – im Unterschied zu den von außen kommenden, die als »Lernstoff« an ihn herangetragen werden. Elementarisiert werden also nicht die zu vermittelnden Themen Außenstehender, sondern seine eigenen Themen, die er im Gespräch zum Ausdruck bringt. Aber auch hier gilt es zu beachten, dass es hinter jedem (vordergründig) *angesprochenen* Thema noch ein »Thema hinter dem Thema« gibt, das viel existenzieller mit ihm zu tun hat.

> Beispiel: Eine Führungskraft spricht in einer Coachingsitzung (also als Coachee) über ihren Chef, der ihr immer mehr an Aufgaben zumutet. Dabei fühlt der Coachee sich wie gelähmt. Vordergründig (auf der Oberflächenstruktur) geht es um eine Verbesserung der Arbeitsverteilung und Arbeitsorganisation. Hintergründig (in der Tiefenstruktur) spricht er auch über seine Lähmung und Ohnmacht, etwas zu tun, wenn eine Autorität Ansprüche an ihn stellt. Hier liegt das Eingangstor zur Elementarisierung.

Konkretisiert für eine Didaktik der Persönlichkeitsbildung und das Arbeitsfeld Coaching beinhaltet das Elementarisieren also die folgenden Schritte:

- Zunächst wird im Gespräch über die Themen des Coachees (wie Arbeitsorganisation …) nach elementaren Strukturen und Phänomenen (wie Lähmung, Ansprüche einer Autorität …) gesucht.
- Der Coach versucht dann, die so ermittelten »Gegenstände« sach- und personengemäß zu »vereinfachen«, auf ihren Kern zu reduzieren. Beispielsweise wiederholt er die elementaren Phänomene statt der sachlich-fachlichen Inhalte.
- Der Coach bemüht sich um Aufdeckung der darin verborgenen lebensbedeutsamen, eben elementaren Erfahrungen (etwa persönliche Erfahrungen mit Vorgesetzten, Ausbildern, Lehrern und anderen Autoritäten aus der Vergangenheit und deren Konsequenzen …).

Erst im Anschluss an diesen Dreischritt erschließen sich schrittweise existenzielle Wirklichkeitskonstrukte der Vergangenheit, die vom Coachee als elementare Wahrheiten der Gegenwart bezeichnet und empfunden werden.

Folgt man diesem Verständnis von Elementarisierung, dann geht es nicht allein um eine Reduktion auf Eindeutiges oder Einfaches, wenngleich dies auf der ersten Stufe innerhalb eines elementarisierenden Coachingprozesses wichtig sein kann; es geht vielmehr um das, was uns existenziell unbedingt angeht. Elementarisierung befasst sich mit der subjektiven Welt und Wahrnehmung. Elementarisieren verstehe ich als ein Suchen nach den Spuren des Existenziellen in den vordergründigen Themen, mit denen der Coachee in die Sitzung kommt. Elementarisieren heißt, sich mit der Wirklichkeit des anderen, mit seinen Bedürfnissen und Emotionen in ihren unterschiedlichen Erscheinungsformen vertraut zu machen. Elementarisieren heißt weiterhin, ein Gespür für das zu entwickeln, was keine direkte, ausdrückliche Erwähnung (in der Oberflächenstruktur) findet und trotzdem da ist. Elementarisieren verstehe ich als den Versuch, der Sprache des anderen nachzugehen. Und damit verlässt die Pedaktik die sicheren Pfade des eher wissenszentrierten Elementarisierungsverständnisses der Achtzigerjahre, da die jeweilige Person und ihre Welt ins Zentrum des Bildungsprozesses gestellt werden.

Ein solcher Prozess der Persönlichkeitsbildung kann nicht mehr linear geplant werden, sondern verläuft zirkulär und spontan. Das erfordert vom Coach, voll und ganz präsent zu sein und wach für alle Inhalte einer Botschaft – für die Oberflächenstruktur des Gesagten und für die darunterliegende Tiefenstruktur mit den Emotionen und Bedürfnissen des Coachees.

Konstruktivistisch denken!

Als der Soziologe Niklas Luhmann einmal gefragt wurde, wie viele Wahrheiten es seiner Meinung nach gebe, zögerte er einen Moment und antwortete: »Na, so ungefähr fünfeinhalb Milliarden …«

Nach konstruktivistischer Denkweise ist die Realität, wie man sie wahrnimmt, (eine) Konstruktion. Der Konstruktivismus geht davon aus, dass jeder Mensch sich seine eigene Realität »zusammenbaut«, und zwar aus dem, was ihm seine Wahrnehmungsorgane – mittelbar – übertragen. Objektive Erkenntnis ist nicht möglich, Erkenntnis bleibt immer eine indirekte, denn jede Wahrnehmung existiert im Menschen als elektrische, physikalische und/oder chemische Kodierung und bildet sozusagen eine Matrize des Realen. Daher wird bei der Konzeption neuer Bildungsmodelle mehr und mehr die Forderung nach einer subjektiven Ausrichtung der Didaktik laut.

Durch Selbstreflexion können Konstruktionen rekonstruiert werden. Durch die Reflexion der eigenen Konstruktionen wird das ursprüngliche Konstrukt oft neu zusammengesetzt, selektiv erhalten einige Schilderungen eine andere Bedeutung, und Erlebnisse werden heute anderes gedeutet als in der Vergangenheit. Damit dient die Arbeit an den persönlichen Konstrukten der Wirklichkeit und ihrer Deutung der Persönlichkeitsbildung. Denn Reflexion ist prüfendes und vergleichendes Nachdenken und eine Form der Verarbeitung vergangener Erfahrungen, die als Konstrukte mit einer bestimmten (Be-)Deutung gespeichert wurden. Reflexion ist der Versuch des Menschen, seiner selbst habhaft zu werden. Durch Erinnern, Erzählen, Interpretieren und Bewerten gewinnen die ursprünglichen Erlebnisse festere Formen. Allerdings verändern sie sich dabei auch, weil jedes Neuerzählen vergangener Wirklichkeit selektiv und immer von gegenwärtigen Deutungsmustern beeinflusst ist.

Reflexion ist ein wichtiges Mittel zur Erkenntnis (und Stärkung) unserer Wirklichkeitskonstrukte und deren Deutung. Heutzutage streben Führungskräfte nur nach *Wirkung* und nicht nach Reflexion über ihr Handeln. Der Grund dafür ist in unserer heutigen Zivilisation zu suchen. Unsere leistungsorientierte Wirtschaft hat das Ziel, in möglichst kurzen Zeiträumen immer mehr zu produzieren oder zu erreichen, ohne über den Sinn dieser Handlungsweise nachzudenken.

Ein ganz anderer Weg wäre es, mittels Reflexion zur Erkenntnis zu kommen. Der Mensch sollte sich selbst betrachten, um sein Handeln bewerten zu können. Die Reflexion ist ein Prozess, in dem wir erkennen, *wie* wir erkennen, das heißt: ein Vorgang, bei dem wir auf uns selbst zurückgehen und zurücksehen.

Menschen erfinden sich durch die Rekonstruktion ihrer Konstruktionen neu – auch wenn es jeweils nur ein kleiner Teil von ihnen und ihrer subjektiven Wahrheit ist. Ein Konstrukt wird niemals zweimal auf die gleiche Weise rekonstruiert. Bisherige Deutungen erhalten eine neue Be-Deutung und werden an die gegenwärtige Lebenssituation angepasst. Bisherige mentale Modelle und Verhaltensmuster werden durch den Prozess der Rekonstruktion auf ihre Lebbarkeit und Brauchbarkeit überprüft. Die Enttarnung alter, entwicklungshemmender Muster kann man als *Dekonstruktion* verstehen. Aus dieser Erkenntnis heraus erfolgt eine neue Konstruktion.

Ein zirkulärer Prozess der Persönlichkeitsbildung entsteht, wenn Bedingungen und Hilfen zur Reflexion des eigenen Selbstverständnisses und Selbstkonzeptes bereitgestellt werden.

Gegen das Vergessen von Erlebnissen und den Verlust von Erinnerungen beim Älterwerden setzt der Mensch immer schon Reflexion als Verfahren der Aneignung ein. Zwar ist die Vergewisserung seiner subjektiven Wirklichkeit dem erwachsenen Menschen auch stumm möglich, doch gelingt ihm die Aneignung in der Kommunikation und in Beziehung mit anderen leichter.

Das Prinzip des konstruktivistischen Denkens steht im Coaching für alle Reflexionsprozesse, die die eigene Geschichte zum Inhalt haben. Die Rekonstruktion biografischer Erfahrungen bietet eine Vielzahl von Möglichkeiten, aus der eigenen Geschichte zu lernen.

Mentale Modelle hinterfragen!

Ein mentales Modell ist ein Abbild der Wirklichkeit in der menschlichen Wahrnehmung. Gedächtnis, Problemlösung und alle anderen Denkleistungen beruhen auf der Anwendung solcher Abbilder. Vermutlich beruht auch das Textverständnis auf dem Entstehen mentaler Modelle der beschriebenen Situation und nicht auf einem semantischen Abbild (das heißt: der Speicherung und Verarbeitung der Wörter). Hierzu ein einfaches Beispiel, das die visuelle Seite veranschaulicht:

> »Afugrnud enier Sduite an enier elingshcen Unvirestiät ist es egal, in
> wlehcer Riehnelfoge die Bcuhtsbaen in eniem Wrot sethen; das enizg

Wcihitge dbaei ist, dsas der estre und lztete Bcuhtsbae am rcihgiten Paltz snid. Der Rset knan ttolaer Bölsindn sien und du knasnt es torztedm onhe Porbelme lseen.«

Wie entstehen mentale Modelle? – Sie entstehen durch Erfahrungen im Kindesalter. Beispielsweise wird der öfter gehörte Spruch »Ein echter Indianer kennt keinen Schmerz!« zur Bildung eines mentalen Modells beitragen. Sie entstehen durch Beobachtungen im Kindesalter: Würde sich eine für das Kind wichtige Person beim Radfahren eine blutige Schürfwunde zuziehen, jedoch trotz des Schmerzes so tun, als sei nichts passiert, dann würde die Beobachtung des Kindes über das Verhalten der Person mit hoher Wahrscheinlichkeit zur Bildung eines mentalen Modells führen.

- Mentale Modelle entstehen durch Gewohnheiten im Alltag.
- Sie bilden sich aus selbst angeeignetem Wissen in Kombination mit unserer Beurteilung desselben.
- Sie bilden sich aufgrund von Einflüssen aus unserer Umwelt (zum Beispiel aus der Werbung).
- Sie bilden sich aus kulturellen Sitten und Bräuchen.

Persönlichkeitsbildung hat immer etwas zu tun mit Reflexion unserer mentalen Modelle und Denkgewohnheiten (über uns und andere); damit, *wie* man denkt (ob der Coachee eher auf Vergangenheit, Gegenwart, oder Zukunft fokussiert ist), und damit, wie man mit seinen Gedanken umgeht (hat der Coachee einen Zugang zu seinen Gedanken – Zugang zum inneren Dialog – und inwieweit reagiert er darauf?).

Die Pedaktik untersucht im Kontext dieses didaktischen Prinzips, welche Einstellungen und Werte der Coachee hat und wie diese sich auf seine Beziehungen zum Kollektiv auswirken.

Dieses Prinzip animiert zum Aufdecken, Aufbrechen und Verändern eigener mentaler Modelle. Mentale Modelle sind tief verwurzelte Annahmen, Verallgemeinerungen oder auch Bilder und Symbole, die großen Einfluss darauf haben, wie wir die Welt wahrnehmen und wie wir handeln. Mentale Modelle sind innere Vorstellungen und (Vor-)Urteile, die jeder Mensch in sich trägt. Sie sind Sichtweisen und Überzeugungen, die Menschen von sich selbst, von anderen und von der Welt und ihren Phänomenen haben. Dieses Prinzip möchte erreichen, dass versteckte, oft unbewusste Vorstellungen und Vorurteile gegenüber sich und anderen Menschen, aber auch gegenüber anderen Ideen und Handlungsweisen, die der Persönlichkeitsbildung enorm hinderlich sind, zum Vorschein kommen und gegebenenfalls verändert werden, sodass man schließlich offen ist für Veränderungs- und Umdenkprozesse.

Mentale Modelle beeinflussen unser tägliches Leben. Sie prägen unser Verhalten, sie geben uns vor, in welcher Art und Weise wir bestimmte Lebenssituationen verstehen, und in der Folge helfen sie uns, Entscheidungen zu treffen. Da viele dieser Modelle bereits in unserer Kindheit und unter verschiedensten Umständen entstanden sind, ist es wichtig, ein Verständnis ihrer Herkunft und Funktionsweise zu entwickeln und jederzeit bereit zu sein, sie zu hinterfragen und gegebenenfalls als Vorurteile zu erkennen und zu korrigieren. Daher sei an dieser Stelle betont, dass *niemand* vor unrealistischen und irreführenden mentalen Modellen sicher ist – beispielsweise bei vorschnellem Urteilen über Menschen oder Gruppierungen, die nicht unserem Kulturkreis entstammen oder unseren kulturellen Normen entsprechen, aber auch in vielen anderen Bereichen.

Die Herkunft unserer mentalen Modelle sollte beim Coaching stets hinterfragt werden. Der Coachee entscheidet jedoch selbst, ob er ein bestimmtes mentales Modell verändern oder beibehalten möchte.

Kontextualisieren!

Im Rahmen der kommunikativen Interaktion beim Coaching ist der *Kontext* von Äußerungen und Handlungen ein wichtiger Referenzpunkt für das Erschließen von deren Bedeutung: Zum einen hat der gegebene Kontext (zum Beispiel die Abteilung des Coachees innerhalb einer Firma) Einfluss auf die innerhalb desselben stattfindende Interaktion. Zum anderen bestimmt der Kontext (zum Beispiel das Unternehmen) auch, wie in ihm vorkommende Äußerungen und Handlungen interpretiert werden. Die Vorstellung, dass der Kontext statisch und durch äußere Umstände wie die Struktur des Unternehmens festgelegt sei, wird hier durch das flexiblere Konzept des Kontextualisierens ersetzt. Dieses basiert auf dem Gedanken, dass der Coachee nicht vom Kontext determiniert ist, sondern umgekehrt auch selbst Kontext(e) schafft.

Der Mensch lebt in sozialen Beziehungen und gestaltet sie in gleichem Maße mit, wie er von ihnen »gestaltet« wird. So verhält es sich mit allem, was zu seinem Umfeld gehört, angefangen von seiner Familie über seine Lebenswelt mit ihren Menschen, Vorbildern, Aufgaben, Orten bis hin zu der Zeit und der Kultur, in der er lebt. Zum Kontext kann also alles gezählt werden, was das Umfeld des Menschen ausmacht. Das Prinzip Kontextualisieren will dieses Umfeld thematisieren, um es für den Prozess der Persönlichkeitsbildung dienstbar zu machen. Wichtig daran ist die systemische Sichtweise: Alles ist Kontext – Kontext ist alles.

Dieses didaktische Prinzip wird in der Pedaktik auch als systemische »Diagnostik« betrachtet, mit deren Hilfe Verhalten und Erleben von Menschen (Coachees) im Wechselspiel mit den Systemen reflektiert werden, in denen sie arbeiten (Team, Kundenkreis, Kollegenkreis …). Im Coaching werden durch das Kontextualisieren die Wahrnehmung, das Denken, das Handeln und die Erwartungen aller Beteiligten innerhalb des Coachee-Gesamtsystems verdeutlicht. Dabei orientiert man sich an den vorhandenen Fähigkeiten und Möglichkeiten (Ressourcen) des Coachees zur Persönlichkeitsbildung und betrachtet die Gegebenheiten des Gesamtsystems daraufhin, inwieweit sie die Ressourcennutzung ermöglichen, fördern oder behindern. Durch Thematisieren des Kontextes kann die Bedeutung eines Themas besser verstanden oder auch verändert werden.

Sich in die Perspektive des Kontextes zu versetzen eröffnet neue Betrachtungsweisen und fördert beim Coachee wichtige Kompetenzen wie Rollentausch und Perspektivenwechsel. Durch das Prinzip des Kontextualisierens wird der Coachee angeregt, sich zu ausgewählten Themenfeldern seines Kontextes Gedanken machen. Durch eine differenzierte Beziehungsmusteranalyse erhält er zum Beispiel Klarheit über diesen Aspekt seines Kontextes und erfährt, wie Nähe und Distanz sowie die Qualität einer Beziehung seine Interaktion beeinflussen.

Viertes Element: Die didaktische Haltung

Der Mensch wird am Du zum Ich

Menschen beeinflussen andere Menschen – in jeder Situation, bewusst oder unbewusst. Als Person sind wir immer Teil einer Situation und im Prozess der Persönlichkeitsbildung Teil der Interaktion mit anderen. Aber bevor wir unser Gegenüber erreichen, können wir bereits mit uns selbst in Kontakt sein. Und da wir uns selbst eher erreichen als das Gegenüber, können wir auch die Situation der Persönlichkeitsbildung am ehesten über uns selbst beeinflussen – über unsere innere Haltung in der Interaktion mit anderen. Bei unserer Aufgabe als Führungskräfte, Berater oder Pädagogen stellen wir als Menschen, als Individuen, selbst den stärksten »Einflussfaktor«, die wirksamste »Intervention« für die Persönlichkeitsbildung eines anderen Menschen dar. Es braucht eine Persönlichkeit, um eine andere Persönlichkeit zu unterstützen und in der Persönlichkeitsbildung zu beraten: Der Mensch wird am Du zum Ich.

Daher ist unsere didaktische Haltung ein wirksames Mittel zur Umsetzung der didaktischen Intention (Vermittlung der vier Grundbefähigungen); sie macht den Unterschied zu anderen Vorgängen, wo versucht wird, den Bildungsprozess der Persönlichkeit ausschließlich über *thematisch* bestimmte Wissensinhalte zu beeinflussen. Dies setzt aber auch voraus, dass wir uns selbst kennen und mit uns selbst in Kontakt sind. Selbstreflexion ist ein Weg, seinen eigenen Prozess der Persönlichkeitsbildung zu unterstützen und gleichzeitig wach und offen für die Begegnung mit anderen zu sein.

Selbstreflexion in Beziehungen

In der Selbstreflexion geht es zum Beispiel um:

- Aktualisieren (Vorstellungen, die wir über uns und andere entwickelt haben, uns wieder bewusst machen und sie hinterfragen),
- Relativieren (sich aus unterschiedlichen Perspektiven betrachten),
- Handlungsperspektiven entwickeln (auf der Grundlage des Relativierens verschiedene Handlungsalternativen entwickeln),
- Experimentieren (mit uns selbst experimentieren, Situationen anders angehen und uns dabei beobachten) und
- Flexibilisieren (innerlich beweglich bleiben durch den anhaltenden Prozess der Selbstreflexion).

Kennzeichen unserer didaktischen Haltung

In unserer Rolle als Berater oder Coach hat unsere didaktische Haltung einen nicht unerheblichen Einfluss auf die Persönlichkeitsbildung des Gegenübers. Sie sollte gekennzeichnet sein durch:

- Offenheit gegenüber Erfahrungen bei sich und dem anderen,
- realistischere Selbstwahrnehmung und -reflexion,
- Vertrauen in die eigene Person,
- Akzeptanz der eigenen Person und
- Kompetenz zur Selbststeuerung.

Zentrale Elemente dieser didaktischen Haltung sind Respekt, einfühlendes Verstehen und Wahrhaftigkeit. Es gibt viele verschiedene Arten, jemandem zu zeigen, dass man ihn zutiefst versteht oder versucht, ihn zu verstehen, und interessiert ist und ihn als Person akzeptiert, achtet und schätzt. Dies kann vor allem durch nonverbale Signale unterstützt werden, da gerade die emotionalen Botschaften nonverbal vermittelt werden.

Bei der didaktischen Haltung geht es um ein tieferes Begegnen von Person zu Person und nicht um Unterweisen und erst recht nicht um (Ver-)Urteilen. Ich spreche deshalb von tiefer Begegnung, weil die didaktische Haltung die rein kognitive, auf dem Verstand beruhende Begründung für Handeln und Einstellung zum Leben und zu den Menschen transzendiert. Diese tiefere Beziehung kann auch als »spirituelle« Haltung allem Lebendigen gegenüber verstanden werden.

Zum Menschenbild der Pedaktik

In der didaktischen Haltung wird ein Menschenbild sichtbar, das die Beziehung zu mir und zum anderen beschreibt. Es betont das Positive der Person, ihre prinzipielle Konstruktivität und Kreativität, die Ressourcenorientierung statt der Defizitorientierung. In der Interaktion (zum Beispiel beim Coaching) wird mit den vorhandenen Kräften gearbeitet, die genutzt, ausgebaut und gestärkt werden, statt dass man sich auf Defizite konzentriert, also: die Stärken stärken und weiterentwickeln und für die Schwächen eine kreative Lösung finden!

Dieses Menschenbild betont die Bewusstheit des Menschen in seiner gegenwärtigen Wirklichkeit statt des Unbewussten. Es betont die prinzipielle (Entscheidungs-) Freiheit der Person, die Verantwortlichkeit für das eigene Leben, die Ziel- und Sinnorientierung, die Menschen leitet, und die ganzheitliche Vernetzung der Person mit allem.

Das Menschenbild ist die Vorgabe, die begleitete Person (das Gegenüber) entwickelt sich in seine Richtung, wenn man ihr eine solche Haltung konsequent und überzeugend entgegenbringt. Diese »sich selbst erfüllende Prophezeiung« funktioniert, weil man diese Haltung in jedem Menschen (als angelegt) voraussetzen kann. Der *Glaube* an den betreffenden Menschen erhöht die Chance, dass dieser letztlich selbst an sich glaubt und Kräfte aktiviert, die er zur positiven und konstruktiven Gestaltung seines Lebens braucht. Die Pedaktik möchte mit der didaktischen Haltung die personalen Bedingungen schaffen, die Persönlichkeitsbildung ermöglichen.

Menschen haben die Fähigkeit, die für die Persönlichkeitsbildung günstigen Bedingungen aufzusuchen oder herzustellen. Dies wird von Carl Rogers als Aktualisierungstendenz (Selbstrealisierungstendenz) bezeichnet. Sie wird als das übergeordnete Sinn- und Entwicklungsprinzip menschlichen Verhaltens und Erlebens angesehen. Sie bewirkt, dass der menschliche Organismus alle körperlichen, seelischen und geistigen Möglichkeiten zu entfalten und zu erhalten sucht.

Das menschliche Verhalten ist nach allgemeinem Verständnis zunächst auf das Erfüllen einiger Grundbedürfnisse ausgerichtet und wenn das grundlegende Bedürfnis nach bedingungsloser positiver Wertschätzung befriedigt ist, verhält sich der Mensch im Streben nach Entfaltung grundsätzlich konstruktiv, rational, sozial. Wird ihm diese Wertschätzung nicht gewährt, tut er alles, um seine Existenz und seine Selbstachtung aufrechtzuerhalten, selbst wenn er sich dabei nicht mehr entfalten kann oder gar seine inneren Möglichkeiten unterdrücken muss. Dies kann zu Blockierungen, seelischen Störungen und Hemmungen oder zu destruktivem, irrationalem, asozialem Verhalten führen. Aufgrund dieser (anthropologischen) Annahme über das Wesen des Menschen werden Gewalt und Aggressionen nicht als dem Menschen grundsätzlich wesenhaft zugeschrieben, sondern als *Folgeerscheinungen*, als gewachsener Ausdruck von unter Umständen chronifizierten Blockierungen der Aktualisierungstendenz verstanden.

Konzepte der Selbstrealisierung des Menschen

Im Kontext der Biologie sehen auch die beiden Neurobiologen Maturana und Varela diese Selbsterhaltungs- und Selbstherstellungsfähigkeit (Autopoiese) als zentrales Merkmal lebender Systeme. In der Psychologie setzen sich gegenwärtig immer mehr solche Entwicklungstheorien durch, die die Selbstkonstruktion der Person betonen: Das heranwachsende Individuum wählt aus, sucht Situationen und Bedingungen auf, die ihm nützlich erscheinen. Selbstaktualisierung und Selbstkonstruktion bedeuten vereinfacht: Jeder biologische Organismus, also auch der Mensch, verfügt grundsätzlich über die Möglichkeit, entsprechend den Bedingungen der Umwelt seine Potenziale zu entwickeln. Der Mensch unterscheidet sich allerdings von Tieren darin, dass er dabei auch ein *Selbstkonzept* von sich entwickelt. Dieses wiederum kann unter ungünstigen Bedingungen im *Widerspruch* zu seiner organismischen, sprich: leiblichen, Entwicklung stehen – die Ursache von Störungen in der Persönlichkeitsbildung.

Das Prinzip Menschlichkeit

Mit ihrer konsequenten Fokussierung auf Beziehung und Wertschätzung bietet die didaktische Haltung der Pedaktik das Rüstzeug, solche Widersprüche in den Selbstregulationsprozessen zu beseitigen oder zumindest zu mildern. Diese didaktische Haltung steht für eine zutiefst humane Begegnung von Person zu Person, in der die

Persönlichkeitsbildung gefördert wird und die Grundwerte menschlicher Beziehung deutlich werden. In diesem Sinne könnte sie auch als Mitmenschlichkeit und/oder Liebe bezeichnet werden.

Ähnlich sieht der Freiburger Medizinprofessor und Psychotherapeut Joachim Bauer (durch seine Bücher »Warum ich fühle, was du fühlst«, 2007, und »Das Gedächtnis des Körpers«, 2007, bekannt geworden) den Kern aller Motivation und Persönlichkeitsbildung in folgenden Elementen:

- zwischenmenschliche Zuwendung,
- Wertschätzung und
- Liebe finden und geben.

Was wir im Alltag tun, wird direkt oder indirekt dadurch bestimmt, dass wir sozialen Kontakt gewinnen oder erhalten wollen. Bei dauerhaft gestörten Beziehungen oder dem Verlust von Bindungen kann es zu einer hemmenden Einschränkung in der Persönlichkeitsbildung kommen. Auf der Grundlage neurowissenschaftlicher Befunde prägte Joachim Bauer den Begriff des »social brain« – ein Bild vom Menschen, das auf Kooperation und Beziehung ausgerichtet ist, die er *benötigt*, um sich zu entwickeln. Seelische Eindrücke wie Anerkennung und Wertschätzung werden demnach im Gehirn in Botenstoffe umgewandelt und damit letztlich in die Bereitschaft, zu lernen und zu wachsen. Fehlen diese Signale über zu lange Zeit, so gerät die Persönlichkeitsbildung ins Stocken. Innerste Dynamik alles Lebendigen ist demnach nicht der von Charles Darwin postulierte »war of nature«; Kernmotive der Persönlichkeitsbildung sind vielmehr Kooperation, Spiegelung und Resonanz.

Joachim Bauer beschreibt die sogenannten Spiegelneuronen als biologische Basis für gelingende individuelle und gesellschaftliche Bindung und überhaupt als zentrale Gehirninstanz dafür, dass wir einander verstehen und zur Empathie fähig sind. Wir sind also von Natur aus dafür geschaffen, mitzufühlen und danach zu handeln. Und dadurch wird verdeutlicht, warum die didaktische Haltung ein zentrales Element der Pedaktik ist: Aufbau und Wirksamwerden von zwischenmenschlichen Beziehungen stellen eine natürliche Eigenart des Menschen dar und sind zentral für die Persönlichkeitsbildung.

Angewandte Pedaktik: Coaching als Instrument der Persönlichkeitsbildung für das Management der Zukunft

Die Nachfrage nach Coachingleistungen in der Wirtschaft ist in den letzten Jahren enorm gestiegen und Coaching als Beratungs- und Entwicklungsinstrument erfreut sich immer größerer Beliebtheit: 85 Prozent von 109 befragten Großunternehmen gaben in einer Studie der *Frankfurter Unternehmensberatung* an, dass sie auf externe Karrieretrainer zurückgreifen. Konzerne wie VW oder BMW unterhalten sogar firmeneigene Coachingzentren.

Coaching wird oft definiert als individuelle Beratungsform für Fach- und Führungskräfte, die der persönlichen Standortbestimmung und der Unterstützung bei Veränderungsprozessen dient. Immer häufiger wird Coaching aber auch als gezielte Förderung der Selbstwahrnehmung und als Hilfsmittel zur Reflexion gesehen, um so Hilfe zur Selbsthilfe zu leisten. Im Vordergrund stehen die berufliche Rolle beziehungsweise die damit zusammenhängenden aktuellen Anliegen des zu Coachenden (im Folgenden auch Coachee genannt – eine analog dem Begriffspaar »Trainer – Trainee« entstandene Bezeichnung für die gecoachte Person). Die Betonung liegt häufig auf der Interaktivität des Coachings.

Im Mittelpunkt stehen – und das ist auch der Kernpunkt eines Coachings – die berufliche Entwicklung und Persönlichkeitsbildung des Coachees. Der Coachee bleibt dabei nicht in einer passiven Rolle, sondern er ist in gleichem Maße gefordert wie der Coach, und beide arbeiten »auf gleicher Augenhöhe« zusammen. Dem Coachee wird keine Verantwortung abgenommen. Dadurch unterscheidet sich das Coaching zum Beispiel von zahlreichen Formen der Fachberatung.

Die Bezeichnung Coaching wird leider immer noch missbraucht für Vorgehensweisen, die jemand anwendet, um sein Gegenüber zu einer bestimmten Meinung oder zu einem bestimmten Verhalten zu bringen: Führungskräfte »coachen« ihre Mitarbeiter mal ganz kräftig, wenn diese einen Fehler gemacht haben, sie meinen zu »coachen«, wenn sie Ratschläge geben, und sie »coachen«, indem sie ihren Mitarbeitern Ziele mitteilen, die jene bis Jahresende zu erreichen haben. Dies alles hat jedoch mit Coaching nichts zu tun!

Da Coaching allerdings häufig auch von großen Unternehmen als Instrument zum »Pushen« von Mitarbeitern gesehen wird, ist es notwendig, den Coachingbegriff noch genauer zu hinterfragen und zu klären. Coaching im hier gemeinten Sinne ist in der Regel eine *»maßgeschneiderte« Personalentwicklungsmaßnahme* für Führungskräfte.

- Coaching unterstützt Führungskräfte vor allem dabei, ihre Rolle im Unternehmen erfolgreich und verantwortlich wahrzunehmen.
- Coaching findet auf der Basis einer offenen, durch gegenseitige Akzeptanz und Vertrauen gekennzeichneten persönlichen *Beratungsbeziehung* statt: Der Coachee entscheidet sich *freiwillig* dafür und der Coach sichert ihm Diskretion zu.
- Coaching zielt immer auf die (auch präventive) Förderung von Selbstreflexion und Selbstwahrnehmung, von Selbstbewusstsein und Eigenverantwortung, auf Hilfe zur Selbsthilfe.
- Coaching ist kein einseitiges, vom Coach ausgehendes Training, sondern ein *interaktiver Prozess*, in dem Coach und Coachee »auf gleicher Augenhöhe« zusammenarbeiten. Der Coachee entwickelt während des Prozesses, bei dem ihn der Coach beratend begleitet, *eigene kreative Lösungen*. Im Idealfall lernt er, klare Ziele zu setzen und eigenständig effektive Ergebnisse zu produzieren.
- *Ziele* sind die Persönlichkeitsbildung und die Verbesserung der Selbstmanagementfähigkeiten des Gecoachten. Der Coach sollte sein Gegenüber derart beraten beziehungsweise fördern, dass er selbst letztendlich nicht mehr benötigt wird.

Was charakterisiert den *so* vertretenen Coachingansatz? Den entscheidenden Unterschied macht die Art der didaktischen Hintergrundtheorie aus, also die Begründung dafür, warum welche Methode oder Intervention zu welchem Zeitpunkt angewandt wird. Eine solche persönliche Begründungstheorie hat ein professioneller Coach in jedem Fall – mehr oder weniger bewusst. Oft resultiert sie aus reicher Erfahrung, aus Kompetenz und Intuition. Doch *beschrieben* und damit transparent für die öffentliche Diskussion ist kaum eine. Dies möchte die Pedaktik leisten und sie damit vor allem für das Arbeitsfeld Coaching als eine Art Qualitätssiegel postulieren.

Natürlich dient nicht jedes Coaching ausschließlich der *Persönlichkeitsbildung* einer Führungskraft, aber jedes Coaching sollte unter dem Aspekt der Persönlichkeitsbildung definiert werden – auch wenn scheinbar nur *fachliche* Aspekte den Anlass für einen Coachingprozess bilden. Coaching ist an der Schnittstelle zwischen erfolgreicher Karriere und erfülltem Privatleben angesiedelt und vermag auf diese Weise einen guten Teil zu einer Organisationskultur beizutragen, die den entscheidenden Wettbewerbsvorteil ausmachen kann.

Beste Kontexte

Designs mit Aktionen und im Freien werden auf dem Trainingsmarkt immer mehr nachgefragt. Manche sagen, weil es bei Verhaltenstrainings schon lange nicht mehr um Bildung ginge, sondern um Spaß und Auszeiten für die Geplagten. Andere betonen die Notwendigkeit gerade im Verhaltensbereich müsse »ganzheitlich« gelernt werden. Erfahrene Seminaristen wissen dann: Ganzheitlich, das hat oft was mit schmutzig werden (Outdoor) oder mit vielen Gefühlen (Psychotrainer) zu tun. In vielen Fällen sogar beides.

Die Autoren arbeiten seit vielen Jahren mit handlungs- und erlebnisorientierten Methoden und haben sich dabei von ihrem Lieblingsverfahren dem Psychodrama – von Jacob Levy Moreno (1889–1974) entwickelte Gruppentherapie – inspirieren lassen. Ein schier unerschöpfliches Reservoir bieten die Methoden des Psychodramas, die gut und schnell modifiziert werden können. Obwohl das Psychodrama viel zu bieten hat, wird es wenig genommen. Warum? Psychodrama ist komplex und muss geübt werden, um es zu beherrschen. Dennoch können einzelne Psychodrama-Elemente auch mit wenig Erfahrung in der Methode genutzt werden! Viele Grundannahmen, Ideen und Lerndesigns in diesem Handbuch basieren auf dem Psychodrama. Besonders aber die Folgenden: »Beste Kontexte«.

Die besten Kontexte sind die besten Kontexte, die wir kennen, um jede der bearbeiteten Führungskompetenzen zu trainieren, zu entwickeln, herauszufordern.

Sie ahnen es: Keines der Kapitel ist ein Kochrezept, nach dem man sich eine Kompetenz zusammenrührt. Jedes Kapitel braucht seinen Kontext, der sensibel aufgebaut und stimmig ist – ein wenig so, wie jede Pflanze einen besonderen Standort, ein besonderes Klima und eine gewisse Pflege braucht, um zu gedeihen.

Beste Kontexte beschreiben wir, um nach der Haltung des Entwickelns auch die möglichen Gelingensbedingungen dieser Entwicklungen zu zeigen, zu nutzen und immer wieder neu zu schaffen. Denn darin liegt das eigentliche Erfolgsgeheimnis: In der Auf- und Vorbereitung der Umstände, in denen gearbeitet wird. Für uns sind diese Kontexte Grundmuster, die jeweils an Ansprüche, Ort, Thema und Menschen angepasst werden. So ist keines wie das andere. Und es ist immer wieder neu, darin begründet sich die Qualität: als Haltung, die den Erfolg immer wieder neu erwerben will und muss.

LernWelt

Beste Kontexte: LernWelt für intensive Erfahrungen

Eine LernWelt bietet für den Besucher ein anregendes Ambiente und lädt zur Selbstbeschäftigung mit dem Thema auf vielfältige Weise ein. Sie arbeitet nach den Prinzipien der selbst organisierten Didaktik, benutzt Methoden des Event-Learnings und Erfahrungen aus der Museumspädagogik. Alle Sinne werden angesprochen, die Lernmöglichkeiten sind unbegrenzt und individuell.

Die LernWelt bietet themenbezogene Erfahrungsräume für ein individuelles Lernen. An verschiedenen Stationen werden bestimmte Lernangebote zu bestimmten Themen aufgebaut. Der Aufbau dieser Stationen variiert je nach Thema. In jeder Ecke dieses Erfahrungsraumes wartet ein Lernabenteuer. LernWelten sind Minifreizeitparks für den Kopf.

Warum LernWelten?

Lernen in Seminaren geschieht fast ausschließlich in Gruppen. Vertieftes Auseinandersetzen mit der Thematik ist fast nicht möglich. Alles Wissen muss auf ein Flipchart passen, und die Vermittlung ist so ausgerichtet, dass auch der Unbedarfteste es versteht. Die Problematik des kollektiven Zwangs zum Mittelmaß, den wir schon aus der Schule kennen, wird übertragen. In der LernWelt ist das anders: Sie ermöglicht ein individuelles Vorgehen, unterstützt durch persönliche Lernguides.

Die Ziele sind:

- Spaß an einer neuen Art des Lernens,
- Lernen mit allen Sinnen,
- vertieftes Auseinandersetzen mit dem Thema,
- gecoachtes Lernen,
- individuelles Lernen,
- selbst organisiertes Lernen sowie
- hohe Effizienz.

Jeder Teilnehmer gewinnt: Die Kombination von Begleitung, Zeit und Rahmen macht das Ganze zum Spiel. Die Besucher lassen sich auf das Abenteuer ein.

- Die Besucher lernen mehr über sich selbst, und sie lernen, sich gegenseitig zu unterstützen.
- Sie lernen die Benutzung von Medien.

LernWelt in der Praxis

LernWelten sehen ein wenig so aus wie spannende Museumsräume. Sie sind voll von einladenden Lernangeboten mit unterschiedlichen Zugängen. Die LernWelt besteht aus einem großen Raum, wirkt wie eine Synthese aus erlebnisorientiertem Museum und Minifreizeitpark mit unterschiedlichen Angeboten, die zur Auseinandersetzung mit jeweils einer Facette eines Themas einladen. Die Exkursion in die LernWelt ist auf vier Stunden begrenzt. Maximal acht Besucher werden von drei oder vier Guides begleitet. Die Warm-up-Phase findet in einem an die LernWelt angrenzenden Vorraum statt. Die Teilnehmer wissen nicht, was sie erwartet. Die Gruppe sitzt im Kreis, und ehe man die LernWelt gemeinsam betritt, stimmen sich die Besucher in einer Einzelarbeit auf das Thema ein. Dabei hilft eine Liste von Fragen zum Thema.

Zum Beispiel werden bei der LernWelt zum Thema »Autorität« folgende Fragen gestellt: »Wer waren in Ihrem Leben Autoritäten?«, »Welche Eigenschaften hatten diese Menschen?«, »Wie schätzen Sie auf einer Skala von eins bis zehn die Ausprägung dieser Eigenschaften bei sich persönlich ein?«.

Im anschließenden Gruppengespräch fokussieren die Teilnehmer mithilfe der Guides auf eine persönliche Frage, auf die sie in der LernWelt eine Antwort finden wollen. In der LernWelt »Mut« zum Beispiel formulierten Teilnehmer folgende Fragen:

»Wie kann ich die Angst vor Konflikten verlieren?«, »Wie kann ich als Führungskraft meine Mitarbeiter ermutigen?«, »Wie kann ich meinen Kindern für ihr Leben Mut mitgeben?«, »Was ist das eigentlich: Mut?«, »Bin ich mutig?« usw.

Nach Klärung dieser persönlichen Lernziele und Fragestellungen wird jedem Besucher ein Guide zugeteilt, der ihm als Unterstützer und Coach zur Verfügung steht. Erst nach dieser Erwärmung betreten die Teilnehmer mit ihren Guides die LernWelt.

LernWelt-Ecken

Folgende Stationen haben sich zur Schaffung einer anregenden Lernumgebung bewährt:

- *»Die Wand der 1000 Bücher«:* Eine Leseecke bietet Texte und Bücher. Die Guides geben Lesetipps oder lesen vor.

- *»E-LernWelt«:* Eine abgestimmte Liste von Web-Adressen eröffnet das Thema auch den Web-Freaks.
- *»LernKino«:* Ein Zusammenschnitt von Filmszenen zum Thema gibt einen unterhaltsamen Zugang. Unterstützt wird das Lernen anhand von Filmbeispielen mit Kommentaren, die die Wahrnehmung auf bestimmte Sequenzen fokussieren.
- *»Meditationsecke«:* Der Besucher findet ausgesuchte Musik und Aphorismen zum Thema.
- *»Schreibstube«:* Unterschiedliche Schreibmaterialien, Briefpapier und Anreize zum Thema laden ein zum Schreiben – einen Brief an sich selbst oder an eine imaginierte Person, einen Text zum Thema, eine Gedicht, eine Collage …
- *»Coachingecke«:* In einer abgeschirmten Ecke besteht die Möglichkeit, im persönlichen Coaching eine Perspektive zu entwickeln, Einsichten zu vertiefen oder Rat zu holen.
- *»Malatelier«:* Eine Staffelei und Farben laden dazu ein, ein Thema zu visualisieren.
- *»LernTV«:* Hier besteht die Möglichkeit zum Kamerafeedback. Teilnehmer können sich mit einer Videokamera in einer Interaktion oder in einem Gespräch aufnehmen.
- *»Fragenmuseum«:* Fragen- und Zitatensammlungen werden zum assoziativen Lernen genutzt. Auch möglich sind Bilder, Gedichte, Musik, Plastiken, Tiefeninterviews.
- *»Stegreifbühne«:* Hier werden Szenen gespielt, in denen sich LernWelt-Besucher bewähren können. Je nach Lernwunsch steht ein Rollenspieler zur Verfügung, der Szenen aus dem Stegreif improvisiert und den Besucher in die Szene integriert. Dieser kann sich Szenen einrichten, in denen er sich bewähren möchte.
- *»LernWelt-Theater«:* Hier werden kleine Szenen aufgebaut, in der sich LernWelt-Besucher bewähren müssen. Je nach Lernwunsch stehen Rollenspieler zur Verfügung, die Szenen aus dem Stegreif improvisieren und den Besucher in die Szene integrieren. (Vergleiche mit Lehrstücke der Lebenskunst.)
- *»Spontaneitätstests«:* LernWelt-Besucher werden mit Aufgaben, Experimenten spontan konfrontiert. Sie sollen in der LernWelt Herausforderungen bewältigen.
- *»Körperorientierte Lernformen«:* In der LernWelt »Konflikt« sind verschiedene Angebote denkbar, die Aggressionsabbau ermöglichen, Kampfkunst erfahrbar machen und Kraftmeditation ermöglichen.
- *»Themenbezogenes Butterbrot«:* Die alten Griechen wussten schon, dass Thymian Mut macht. Vor den Schlachten rochen die Krieger an dem Kraut. In der LernWelt »Mut« haben die Teilnehmer sogar die Möglichkeit, sich mit einem Thymianbutterbrot zu stärken und sich so ein wenig Mut anzuessen.

Die Besucher wandern von Station zu Station oder folgen den Empfehlungen ihrer Guides; sie finden ihren persönlichen Lernweg. Nach vier Stunden trifft sich die Gruppe im Vorraum wieder, tauscht Erfahrungen aus und bespricht den Transfer in den Alltag.

Werkstätten

Zu den schönsten Herausforderungen in jedem Entwicklungsprozess von Organisationen gehören die Momente, in denen die Organisation (oder Teile davon) Begegnung mit sich selbst erlebt, Neues wirklich tut und dabei erfährt: Es geht, wir können auch anders. Tatsächliche Entwicklung geschieht nicht, wenn Leitsätze auf Hochglanzpapier Flure zieren oder in E-Mail-Appellen zitiert werden. Eine Werkstatt ist ein Ort, in dem die Organisation sich anders begegnet. Das Werkstattkonzept wurde von Uwe Reineck 1999 zum ersten Mal realisiert und dann von Arnd Küppers und Christoph Röckelein weiterentwickelt. In einer Werkstatt werden verschiedene Kurse rund um einen Themenkomplex angeboten. Die Kurswahl ist frei und jeder erstellt sein eigenes Lerndesign.

Das Werkstattkonzept entstand bei der Suche nach Antworten auf folgende Fragen:

- Wie lässt sich individuelles Lernen mit der Dynamisierung der Organisation in Veränderungsprojekten verbinden?
- Wie lässt sich ein Thema vertieft vermitteln und gleichzeitig in funktionale Einheiten oder Teams transferieren?
- Wie gelingt es in der Organisation, ein Thema aus dem großen »Grundrauschen« aller anderen Themen in den Vordergrund rücken?
- Wie gelingt es, mit einem Thema wichtige Botschaften an die Organisation zu koppeln und dabei Motivation und Leidenschaft zu erzeugen?

Werkstätten sind Arbeits- und Lernkontexte für Großgruppen (40–400 Personen), bei denen bestimmte Zielgruppen einer Organisation in einem relevanten Themenfeld unterschiedliche Lern- und Veränderungserfahrungen machen. Das Werkstattthema orientiert sich dabei an den Entwicklungsfeldern der Organisation (Führung, Veränderung, Vision, Werte, Kultur, Strategie usw.) und ist meist eingebettet in eine langfristige Organisationsentwicklung.

Die Werkstatt gewinnt erst dann ihre eigene Dynamik, wenn Workshops nicht nur von externen Trainern, sondern auch von Internen (Mitarbeitern, Führungskräften etc.) angeboten werden. Hier gewinnt der Begriff »Lernende Organisation« eine zusätzliche Dimension, weil sie entdeckt, welche Potenziale schlummern und tatsächlich Lernen voneinander möglich wird. Die »Laientrainer« erneuern die alte Erfahrung, dass sie ein Thema besonders gut durchdringen, indem sie es anderen beibringen. Sie werden in der Vorbereitung und manchmal in der Durchführung durch die erfahrenen Externen unterstützt. Sie schlüpfen in eine neue Rolle und verändern gewohnte Interaktionen.

Eigene Lernprojekte der Teilnehmer – ganz individuelle Fragestellungen zum Thema – können so wirksam bearbeitet werden. Ein guter Impuls für den Beginn einer Werkstatt ist die Aufforderung an die Teilnehmer am Beginn, darüber nachzudenken, mit welcher Frage zum Thema sie sich eigentlich intensiver beschäftigen wollen. Werkstätten dauern zwischen zwei und drei Tagen. Die Sequenzen von Plenumsveranstaltungen und parallel angebotenen Workshops erzeugen Spaß, Buntheit, Selbstreflexion, Gespräche, Orientierung, Gemeinsamkeit, Individualität und meist ein wenig Schlafdefizit.

Die Werkstattstruktur für einen Tag zum Thema Führung kann beispielsweise folgendermaßen aussehen:

Plenum Einstieg: Unsere Führungskultur – 10 Thesen aus der Sicht Betroffener		
Workshop Wie ich meine Familie führe	Workshop Wichtige Führungsfiguren aus der Geschichte unseres Unternehmens	Workshop Was ich schon immer über meine Mitarbeiter wissen wollte, aber bisher nie zu fragen wagte
Plenum Talkshow: Ein Bergsteiger, ein Fußballtrainer, ein Schafhirte und eine pensionierte Führungskraft diskutieren mit Führungskräften aus dem Unternehmen über ihre Erfolge und Misserfolge		
Workshop Die Kunst des Überzeugens (die besten Psychotricks für Nicht-Psychologen)	Workshop Strategeme – Wie man das bekommt, was man braucht (chinesische Tipps für deutsche Manager)	Workshop Shared Leadership – Wie Mitarbeiter sich selbst führen
Workshop Meine Führungsbiografie: Die besten und schlechtesten Führungserfahrungen meines Lebens	Workshop Wie meine Frau mich führt (und was Männer davon lernen können)	Workshop Warum man Führungskompetenzen nicht trainieren kann, was sich aber dennoch tun lässt, um besser zu werden
Plenum Aus dem Handbuch der Selbstsabotage: Warum das alles bei uns überhaupt nicht geht und wie wir nichts verändern werden		
Nachtprogramm Wie Pippi Langstrumpf Feedback gibt (und andere Kindergeschichten über das Führen) Im Anschluss: Liedership – wir singen, bis wir ein Team sind		

Die Kursthemen sind übergreifend, aber themenzentriert. Die Workshoptitel regen an, machen neugierig und sind manchmal ironisch. Es entsteht das Gefühl einer Themenfülle, bei der man am liebsten nichts verpassen möchte. Das animiert Gespräche zwischen den Kursen über das Versäumte und erhöht Lerndichte. Die Workshopkomposition entspricht dem Prinzip der Ganzheitlichkeit: Alle Sinne werden berührt, alle Zugänge eröffnet. Die Auswahl aus dem Spektrum trifft jeder Teilnehmer selbst und konstruiert sich seine eigene Lernwelt.

In den Plenumsphasen gibt es die Chance, gemeinsame Themen anzusprechen, gemeinsame Foki und Sichtweisen zu finden und gemeinschaftsstiftende Elemente zu nutzen. Die dynamische Abfolge von individuellem und gemeinsamem Lernen erzeugt neue Erfahrungen und ermöglicht den Realitätsabgleich sofort. Das Plenum wird zum Resonanzraum für das Gelernte. So wird individuelles Lernen in kleinen Gruppen mit Großgruppenformen verbunden. Die Vorteile beider Lernformen ergänzen einander.

Werkstätten haben schnelle Rhythmen und verbinden sie mit Muße, sie verlangen einerseits Eile, bieten andererseits aber auch die Chance der Entschleunigung. Und sie öffnen Innovationsfelder: In den Abend- und Nachtveranstaltungen wird mit dem Lernen selbst und der Kultur des Lernens experimentiert. Ernst und Freude, Spiel und Beobachtung, Kontemplation und Aktion, kreative Begegnungen mit Kultur oder Ursprünglichkeit wechseln sich ab.

Werkstätten erlauben neue Formen von Begegnungen und ermöglichen bedarfsgesteuertes Lernen. Die individuelle Verantwortung jedes Einzelnen für den eigenen Lernprozess sichert die Nachhaltigkeit ebenso wie der Dialog in den Workshopgruppen und die Anbindung an das gemeinsame Ziel im Plenum.

Werkstätten aktivieren und intensivieren eine konstruktive Lern- und Bildungskultur in den Unternehmen und vitalisieren und dynamisieren die Organisation. Werkstätten schaffen Identität, stärken die Zusammengehörigkeit und tragen innovative Impulse in das Unternehmen.

Auf dem Weg sein – Erfahrungskonzept Reisen

Beste Kontexte: Reisedesigns als Konzepte entdeckender Erfahrung

Reisen bildet. Kennt der Reisende das Ziel nicht, wird es spannend. Aus dieser Idee heraus entsteht ein Seminar, das ständig in Bewegung ist, von Lernort zu Lernort. Jeder Ort ist mit einer Idee zum Thema verknüpft, einer Idee, die Erfahrung ermöglicht. Zurück von der Reise, wird noch später davon die Rede sein, »was wir uns erfahren haben …«.

On the road: Eine Gruppe von Führungskräften fährt, unterwegs im Konferenzbus, einige Tage kreuz und quer durch die Republik. An jedem Zwischenstopp wartet eine Aufgabe, eine Herausforderung, etwas ziemlich Ungewöhnliches auf sie. Die Ziele sind den Teilnehmern unbekannt. Außer den mitreisenden Trainern und Beratern weiß keiner, was ihn als Nächstes erwartet. Und das kann alles Mögliche sein: die geologische Erkundung einer Höhle, ein Besuch der Börse, die Balanceübungen bei einem Hochseilartisten, ein Frachtzentrum der Bahn, die Begegnung mit einem prominenten Politiker, die Einbindung in eine Theaterprobe, die Teilnahme an der Redaktionskonferenz einer Zeitung oder die schaurig-anschauliche Anatomievorlesung eines Pathologen …

Was immer die Gruppe auch gerade macht, der Kontakt nach außen (telefonieren, E-Mails checken etc.) ist auf eine Minimum begrenzt und nur in schmalen Zeitfenstern möglich. Die Teilnehmer sollen sich so weit wie möglich auf sich konzentrieren, auf ihre Themen und die Aufgaben und Erfahrungsorte, denen sie sich gegenübergestellt sehen. Lernort und Thema sind stets miteinander identisch, so unterschiedlich die Orte und Themen auch sein mögen. Es handelt sich somit um keine Simulation. Denn Raum und Zeit und Handlungen und Personenkonstellationen sind echt.

Die Zeit auf dem Weg, im Bus, ist Zeit der Reflexion, des Gesprächs, der Kontemplation. Was die Teilnehmer »sich erfahren«, hängt maßgeblich von der Reflexionstiefe und dem Coachingangebot ab, das das individuelle Lernen und das Lernen der Gruppe absichert oder erst ermöglicht.

Settings

Die Wahl möglicher Settings wird allenfalls von den Kostenvorgaben der Veranstalter gebremst. Im Prinzip ist alles umsetzbar, was sich im Rahmen ethischer, physischer und juristischer Grenzen bewegt.

Reality at its best – nichts ist fingiert: Die Teilnehmer werden, ohne darauf vorbereitet zu sein, an wirkliche Arbeitswelten, authentische Berufsrollen und konkrete 1:1-Situationen herangeführt. So entsteht eine Unmittelbarkeit, durch die die gewonnenen Erfahrungswerte des Seminars sehr intensiv sind und lange nachwirken.

In der Vorbereitungsphase des Seminars sollte die Frage »Wann hat jemand wohl zum letzten Mal etwas zum ersten Mal gemacht?« immer wieder gestellt werden. Bei der Planung kann es zudem nützlich sein, unterschiedliche Themenfelder zu eröffnen, die sich den möglichen Settings zuordnen lassen, wie etwa:

- Mut und Überwindung,
- innere und äußere Grenzen,
- Distanz und Nähe,
- Macht und Verantwortung,
- Führung und Komplexität,
- Öffentlichkeit und Persönlichkeit sowie
- Dynamik und Kontemplation.

Die Palette an Arbeits- und Lebenswelten, die dem Planungsteam dazu einfallen, sollte zunächst nur durch die Fantasie begrenzt bleiben (Brainstorming). Was sich dann tatsächlich umsetzen lässt und was nicht, wird sich noch früh genug herausstellen. So könnte der Besuch etwa folgender Arbeitswelten ins Auge gefasst werden:

- Raubtierdompteur,
- Orgelbauer,
- Bestattungsunternehmer,
- Suchtklinik,
- Gemälderestaurator,
- Schlachthof,
- Fallschirmspringerschule,
- Genlabor,
- Sprengmittelbeseitigungsteam,
- Kläranlage,
- Börsenbroker,
- Bahnhofsmission oder Heilsarmee,
- Tower eines Flughafens
- und noch vieles mehr.

Personen oder Institutionen, die für die engere Wahl der Settings in Frage kommen, müssen rechtzeitig kontaktiert, Honorare und (Ausweich-)Termine angefragt werden. Eine Vorbesichtigung ist unerlässlich, schon um herauszufinden, ob die Wahl des jeweiligen Zielortes (beziehungsweise der damit verbundenen Personen) tatsächlich zum gewünschten Thema passt.

Sind die möglichen Settings gefunden, wird das Planungsteam sie in ein Ort- und Zeitschema bringen, es wird eine Art »Drehbuch« geschrieben, wie der Ablauf aussehen könnte.

Wenn die Teilnehmer das Seminar gebucht haben, die Gruppe also feststeht, empfiehlt es sich, rechtzeitig dezent nach unüberwindlichen Phobien (auch: Allergien, körperlichen Beeinträchtigungen etc.) zu fragen.

Zur Veranschaulichung

Eben noch hatten die Teilnehmer pantomimisches Theater gespielt, in der Innenstadt von Kaiserslautern, wozu sie ein Schauspieler ermutigte, den der Busfahrer zuvor als Tramper aufnahm. Bald sitzen sie, genauso unvermittelt, in Karlsruhe einem Verfassungsrichter gegenüber, um mit ihm das Wesen von Entscheidungsfragen in gesellschaftspolitischer Hinsicht zu erörtern. Das Mittagessen wird in einem stockfinsteren Restaurant eingenommen, bedient von blinden Kellnern. Später folgt die Besichtigung einer Großbaustelle in Stuttgart, wobei sich ein Gespräch mit dem Bauleiter über die Organisation komplexer Logistik ergibt. Abends dann geht es zur Generalprobe einer modernen Oper in Freiburg, der eine Diskussion mit der Dirigentin folgt über das Thema: »Wie führt man ein Orchester?« Die Nacht verbringt die Gruppe im Strohlager eines Berggasthofs im Hochschwarzwald. – So ungefähr sieht ein normaler Tag während des »rollenden Seminars« aus.

Der trampende Schauspieler, der Verfassungsrichter, der Bauleiter, die Dirigentin: Sie alle sind natürlich eingeweiht. Der Ablauf ist präzise vorausgeplant. Nicht vorausplanen lässt sich die Wirkung auf die Gruppe. Eine solche Reise ist keine Vergnügungsfahrt, sondern harte Arbeit für die Teilnehmer. Mitunter kann dies zu einer gereizten Atmosphäre führen. So geriet beispielsweise der abendliche Besuch der Generalprobe von Alban Bergs moderner Oper Wozzeck – über die volle Länge und ohne Pause – nach einem anstrengenden Tag für manche Teilnehmer zu einer nervenaufreibenden Belastungsprobe …

Aufwand und Planung

Man nehme:

- ein Planungsteam (zwei bis drei Kreative),
- zwei Trainer für unterwegs, die ständig mit der Gruppe zusammen sind, und
- einen »Reisemarschall«, der im Auto den Bus begleitet, um unvorhersehbare Eventualitäten auszubügeln (zum Beispiel als Lotse wegen eines Staus auf der A 5, als Kurier für das vergessene Medikament eines Teilnehmers etc.).

Vorbereitungszeit: Mindestens vier bis sechs Wochen zur Ideensammlung und Planung der Events, für die Kostenkalkulation, Vereinbarungen und Terminabsprachen sowie zur Erstellung eines »Drehbuches«, das den Ablauf der Veranstaltung möglichst präzise vorzeichnet (und Alternativen mitbedenkt beziehungsweise bereithält).

Nicht zu vergessen: Auch der Bus ist ein Lernort. Die Trainer arbeiten darin mit den Teilnehmern das jeweils letzte Thema auf. Daher: den Bus vorher in Augenschein nehmen. Ist er leise genug? Bietet er Platz für Gruppenarbeit?

Teilnehmerzahl: Ideal sind 10 bis 20 Personen.

Über die Autoren

Uwe Reineck, Diplom-Psychologe, studierte Arbeits- und Organisationspsychologie, Pädagogik und Philosophie. Seit 1991 ist er als Coach in der Führungsbildung, in der Ausbildung von Trainern und Beratern und als Unternehmenskulturschaffender in vielen großen Unternehmen tätig.

Ulrich Sambeth, Industriekaufmann, studierte Germanistik, Romanistik, Geografie und Kommunikationspsychologie. Er arbeitete als Lehrer, Dozent und Trainer in der Erwachsenen- und beruflichen Bildung und hat heute seinen Schwerpunkt in der Führungsbildung und Organisationsentwicklung von Bildungsinstitutionen und Unternehmen.

Dr. Andreas Winklhofer studierte Informatik und Betriebswirtschaft. Nach Forschungsarbeiten in künstlicher Intelligenz und langjährigen Erfahrungen als Führungskraft in einer Bank im Bereich Organisation und IT arbeitet er selbstständig als Managementberater und Coach.

Die drei Autoren sind Mitbegründer der Managementberatung MAICONSULTING in Heidelberg. In der MAIAKADEMIE bieten sie innovative Bildungsangebote für Führungskräfte und Berater an. Homepage: www.maiconsulting.de

Die Lerndesigns im Überblick

Lerndesign	Inhalte und Zielsetzung	Seite
»Wir wählen jetzt mal den Chef«	Offene spielerische Auseinandersetzung mit Führungseigenschaften und Führungsanspruch. Herauskristallisieren von Führungspersonen durch Wechselwirkung von Positions- und Beziehungsmacht.	15 f.
Abhärten	Ausprobieren und Einüben verschiedener Handlungs- und Reaktionsalternativen in unangenehmen Situationen.	16
Clanrolle und Herkunft	Den individuellen Erfahrungshintergrund erfassen, Analogiebildung heutige Rolle zu früherer Familienrolle, Verständnis für berufliche Rolle gewinnen.	20 f.
Skulptur	Sichtweise darstellen, Beziehungen transparent machen, Lösungen für Organisationsfragestellungen suchen.	21 ff.
Fun-Dealing	Auflockern einer trockenen Arbeitsatmosphäre, die Wirkung von Spaß in der Organisation entfalten, Kreativität fördern, lustiges Feedback geben.	27 ff.
Feedback geben oder die Wahrheit sagen? – Die Stuhltriade	Verstärken der Feedbackkultur, der offenen Kommunikation und des Austauschs.	34
Behind the back	Verstärken der Feedbackkultur, der offenen Kommunikation und des Austauschs.	35
Magic Psycho Market	Dies ist unsere Lieblingsfeedbackübung! Der Magic Psycho Market ist eine dynamische Methode zu Selbstwahrnehmung und Fremdeinschätzung; gefragt sind Kreativität und rhetorische Überzeugungskraft. Sinn: Interaktion, Balance.	36 f.
»Geh mir weg mit deiner Lösung, sie wäre der Tod für mein Problem«	Einüben von hilfreichen Fragetechniken aus der Kurzzeittherapie, Coachingfähigkeit verbessern.	42 f.
Soziometrische Wahl	Auseinandersetzung mit der Bedeutung von Konsequenz und verwandten Begriffen, Balance zwischen den Extremen finden.	51 f.
Kontextanalyse: Ich bin mein Kontext	Die Kontextanalyse dient dazu, die Landschaft Ihrer Beziehungen sichtbar und bewusst zu machen. Verknüpfungen, Erwartungen der anderen, Blockaden, Hürden und Brücken können so erkannt und bearbeitet werden.	58 f.

Lerndesign	Inhalte und Zielsetzung	Seite
»Wahr ist bei uns ...«	Den Dingen auf den Grund gehen und sie beim Namen nennen, intensive Gruppenreflexion.	68 f.
Vom Umgang mit schwierigen Gruppen	Die Gruppe hart konfrontieren und den Auftrag neu definieren lassen.	75 f.
SMS-Architekturen	Umgang mit reduzierter Kommunikation lernen.	82
»Commedia della situazione« – Szenencoaching	Bearbeitung der Situation eines Teilnehmers mithilfe eines Szenenspiels. Suche nach alternativen Sichtweisen und Handlungsoptionen.	87 ff.
Sich vom Ende her denken	Thematisieren des Alters, Austausch und dadurch Abbau von Vorurteilen.	93 f.
Sisyphos im Kartenhaus	Zugang zu den Themenfeldern Wiederholung, Veränderung, Neuanfang, Scheitern, Anstrengung, Ergebnisorientierung, Motivation, Selbstmanagement, Mut und Konsequenz.	99 f.
Leidenschaft reloaded	Zugang zu den eigenen Wünschen, Visionen, Stolz, Vernetzung des Teams zur Stärkung der visionären Ressourcen.	103 f.
Der Kompilator	Verständnis für komplexe Systeme und Groupthink.	109 ff.
Schnelles Wertequadrat im Stehen	Auseinandersetzung mit der Bedeutung von Konsequenz und verwandten Begriffen, Balance zwischen den Extremen finden.	117 ff.
Auf den Punkt kommen	Positive Beispiele für eigene Konsequenz und Konsequenzerfahrung bewusst machen, Austausch zum Thema Konsequenz.	119 f.
Risikotischtennisbällewegschnippübung – oder: Angst vor Flaschen	Die Erkenntnis, dass Risikobereitschaft zum Erreichen des angestrebten Ergebnisses erforderlich ist.	128
»Du machst mich kreativ«	Reflektieren und Auflockern von Rollenmustern, Feedback über mögliche Verhaltensänderungen	135 ff.
Da helfen nur Pillen	Spielerische Auseinandersetzung mit der motivierenden oder demotivierenden Führungs- und Unternehmenskultur.	144 ff.
Der Einfluss- und Vertrauensmesser	Einfluss und Vertrauen sichtbar machen, Gruppenstruktur erarbeiten.	153

Lerndesign	Inhalte und Zielsetzung	Seite
Eine ungewöhnliche Teamentwicklung: Hotel Surprise	Bewältigen von ungewohnten Situationen, individuelles Verhalten und Teamverhalten unter Stress, Spaß an der Herausforderung und dem realitätsnahen Gruppenexperiment.	161 ff.
Google@Kunde	Kennenlernen und Vernetzung von/in großen Gruppen, Auflockerung und Spaß bei der Durchführung, Mobilisierung.	169 ff.
Stuhl-Crash	Die Teilnehmer sollen lernen, Ziele, Aufträge und Vorgehensweisen aufeinander abzustimmen und zu verhandeln.	183 ff.
Experimentelles Besprechungstheater (Ex-be-te)	Ausprobieren und Reflektieren von Besprechungstaktiken, Bewusstmachen von Verhaltensweisen.	191 ff.
Chinesisches Machtmuseum	Die Teilnehmer lernen, uralte Strategien der Kriegsführung zu erkennen, und setzen sie in Bezug zu ihrer aktuellen organisatorischen Realität. Sie reflektieren auch die Chancen und (ethischen) Grenzen der Umsetzbarkeit der Strategeme.	199 ff.
Mythodrama	Die Teilnehmer setzen sich mit einem persönlichen Thema spielerisch auseinander und erhalten Rückmeldungen über eigene und neue Verhaltensweisen. Sie sortieren ihre eigenen Themen in die Gestalten der griechischen Mythologie ein.	201 ff.
»Verändern Sie etwas an sich!«	Prinzipien von Veränderungsprozessen verstehen und übertragbar machen.	225 ff.
Immer auf den Berater	Kennenlernen verschiedener Verhaltensformen bei Widerstand und Aggression.	215 f.
Wir hängen alle zusammen (rum)	Komplexität, Verflechtung und Wirkung in Systemen sichtbar machen.	234 f.
Fünf praxiserprobte Dramaturgien für alle Standardkonflikte	Konfliktbearbeitung mit dem Ziel einer Synthese der Sichtweisen.	239 ff.
Annäherung	Unterschiedliche Sichtweisen zusammenführen.	248
Führungsrekonstruktion – Rekonstruktion einer Organisationseinheit (OE)	Auseinandersetzung mit Vergangenheit und Gegenwart der Organisationseinheit, um die Zukunft zu gestalten. Fragen nach Grenzen und Möglichkeiten, Zusammenarbeit, Veränderungskultur und Kraftquellen werden beantwortet.	254 ff.

Lerndesign	Inhalte und Zielsetzung	Seite
Klein-Babelsberg	Filmische Darstellung der Zukunft eines Unternehmens oder eines Bereichs. Emotionale Verankerung von Zukunftsvorstellungen.	260 f.
Hopi-Kreis	Verankerung von emotionalen Lerninhalten; Gemeinsamkeit und Verständnis schaffen.	265
Kartenspiel der Tugend	Bestimmung und Reflexion der persönlichen Eigenschaften, Feedback beim Tausch von Eigenschaften.	270
Führungstisch	Stabilität in der Führung heißt, ein stabiles Gleichgewicht durch Führung zu halten.	277 f.
Integritäts-Seismograf	Integres Verhalten beobachtbar machen und die Beobachtung schärfen.	285 f.
Morgen ist heute schon gestern – Grabrede an und für sich	Wach machen, Lebendigkeit reflektieren, Intensität erzeugen.	289
Macht und Status – »Dann strahlen sie mal was aus!«	Macht und Status sichtbar machen. Erkennen und einüben von Statusverhalten.	294
Hochmut – Mut – Demut	Die Teilnehmer reflektieren in diesem Kontext: hochmütige, demütige und mutige Situationen. Speziell die Sichtweise und der Umgang mit Demut wird thematisiert.	299
Stegreifspiel	Die Teilnehmer lernen, neue und für sie schwierige Rollen anzunehmen und sich darin zu bewähren.	303
Erfahrungsraum: Uneindeutigkeit	Die Teilnehmer üben, mit uneindeutigen Themen umzugehen.	311 f.
Vorauslaufen zum Tode und zurückschauen	Die Teilnehmer fokussieren auf die Dinge, auf die es im Leben ankommt, erkennen wer und was ihnen wichtig ist.	320 f.

Literaturverzeichnis

Adlhoff, F./Mau, S. (Hrsg.) (2005): Vom Geben und Nehmen. Zur Soziologie der Reziprozität. Frankfurt am Main: Campus.

Bauer, J. (2007): Das Gedächtnis des Körpers. Wie Beziehungen und Lebensstile unsere Gene steuern (10., erweiterte Aufl.). München: Piper.

Bauer, J. (2007): Warum ich fühle, was du fühlst. Intuitive Kommunikation und das Geheimnis der Spiegelneurone (6. Aufl.). München: Heyne.

Begemann, P. (2004): Den Chef im Griff. Strategien für den richtigen Umgang mit Vorgesetzten. Frankfurt am Main: Eichborn.

Bergmann, J. (2003): Operation Saubermann. In: Brand Eins, 5, S. 26–41.

Berne, E. (2007): Spiele der Erwachsenen. Psychologie der menschlichen Beziehungen (8. Aufl.). Reinbek bei Hamburg: Rowohlt.

Blankertz, S. (2004): Wenn der Chef das Problem ist. Wuppertal: Hammer.

Bohm, D. (1998/2005): Der Dialog. Das offene Gespräch am Ende der Diskussionen (4. Aufl.). Stuttgart: Klett-Cotta.

Camus, A. (1942/1958): Der Mythos von Sisyphos. Ein Versuch über das Absurde. Düsseldorf: Rauch.

Canetti, E. (1981): Das Gewissen der Worte. Essays. Frankfurt am Main: Fischer.

Cialdini, R. B. (2003): Die Psychologie des Überzeugens. Ein Lehrbuch für alle, die ihren Mitmenschen und sich selbst auf die Schliche kommen wollen (3. Aufl.). Bern: Hans Huber.

Clausewitz, M. v. (Hrsg.) (1832–1834): Vom Kriege, Hinterlassenes Werk des Generals Carl von Clausewitz, Bd. 1–3. Berlin: Ferdinand Dümmler.

Dommermuth-Gudrich, G. (2010): 50 Klassiker-Mythen. Die bekanntesten Mythen der griechischen Antike (11. Aufl.). Hildesheim: Gerstenberg.

Dörner, D. (1997/2003): Die Logik des Misslingens. Strategisches Denken in komplexen Situationen (erweiterte Neuausgabe). Reinbek bei Hamburg: Rowohlt.

Ende, M. (1980): Momo (15. Aufl.). Stuttgart: Thienemann.

Fey, G. (2008): Gelassenheit siegt. Mit Fragen, Vorwürfen, Angriffen souverän umgehen (11. Aufl.). Regensburg: Walhalla.

Fried, E. (1964): Warngedichte. München: Carl Hanser.

Frisch, M. (1995): Fragebogen. Frankfurt am Main: Suhrkamp.

Giesecke, M. (2002): Von den Mythen der Buchkultur zu den Visionen der Informationsgesellschaft. Frankfurt am Main: Suhrkamp.

Gigerenzer, G. (2007): Bauchentscheidungen. Die Intelligenz des Unbewussten und die Macht der Intuition (5. Aufl.). München: Bertelsmann.

Gladwell, M. (2002): Der Tipping Point. Wie kleine Dinge Großes bewirken können. München: Goldmann.

Glasersfeld, E. von(1990/2002): Einführung in den radikalen Konstruktivismus. In: Watzlawick, P.: Die erfundene Wirklichkeit. Wie wissen wir, was wir zu wissen glauben? Beiträge zum Konstruktivismus (15. Aufl.). München: Piper.

Glasl, F. (2009): Konfliktmanagement. Ein Handbuch für Führungskräfte und Berater (9. Aufl.). Bern: Haupt; Stuttgart: Verlag Freies Geistesleben.

Goethe, J. W. (1808/1947): Faust: Der Tragödie I. und II. Teil. Baden-Baden: Thesaurus.

Guo, L. (2008): Die »36 Strategeme« in der chinesischen und westlichen Wirtschaftsliteratur. Wiesbaden: Harrassowitz.

Harrison, B. (2002): Geteilter Wohlstand. Wirtschaftliches Wachstum und sozialer Ausgleich im 21. Jahrhundert. Frankfurt am Main: Campus.

Harss, C./Maier, K. (2002): Tapferkeit vor dem Chef. So behaupten Sie sich im Berufsleben (2., aktualisierte Aufl.). Düsseldorf: Fit For Business.

Hartkemeyer, M./Hartkemeyer, J. F./Dhority, L. F. (1998/2010): Miteinander denken. Das Geheimnis des Dialogs (5. Aufl.). Stuttgart: Klett-Cotta.

Horkheimer, M./Adorno, T. W. (1947/2004): Dialektik der Aufklärung. Philosophische Fragmente (15. Aufl.). Frankfurt am Main: Fischer.

König, O. (1996/2007): Macht in Gruppen. Gruppendynamische Prozesse und Interventionen (4. Aufl.). München: Pfeiffer; Stuttgart: Klett-Cotta.

Kotter, J. P. (1997): Leading Change. Boston, Mass.: Harvard Business School Press.

Kowalewsky, W. (1992): Über den Umgang mit Vorgesetzten. Macht und Mut am Arbeitsplatz (2. Aufl.). Köln: Bund.

Kühn, S./Platte, I./Wottawa, H. (2006): Psychologische Theorien für Unternehmen (2. Aufl.). Göttingen: Vandenhoeck & Ruprecht.

Laotse (2008): Tao-te-king. Das Buch vom Sinn und Leben. Kreuzlingen, München: Hugendubel.

Lehmann, W. E. (1992): Mein Chef. München: mvg.

Lippmann, W./Noelle-Neumann, E. (1990): Die öffentliche Meinung (Reprint). Bochum: Universitätsverlag Brockmeyer.

Luhmann, N./Baecker, D. (2008): Einführung in die Systemtheorie (4. Aufl.). Heidelberg: Carl Auer.

Lunau, Y./Wettstein, F. (2004): Die soziale Verantwortung der Wirtschaft. Was Bürger von Unternehmen erwarten. Bern: Haupt.

Migge, B. (2007): Handbuch Coaching und Beratung (2. Aufl.). Weinheim und Basel: Beltz.

Milne, A. A. (1926/2007): Pu der Bär. Berlin: Dressler; München: Omnibus.

Musil, R. (1978): Der Mann ohne Eigenschaften. Reinbek bei Hamburg: Rowohlt.

Neuberger, O. (2002): Führen und Führen lassen. Ansätze, Ergebnisse und Kritik der Führungsforschung (6. Aufl.). Stuttgart: Lucius & Lucius.

Pollmann, A. (2005): Integrität. Aufnahme einer sozialphilosophischen Personalie. Bielefeld: transcript.

Reineck, U. (2006): Psychodrama: Vorhang auf und Bühne frei! In: Meier-Gantenbein, K. F./ Späth, T.: Handbuch Bildung, Training und Beratung, Weinheim und Basel: Beltz.

Riedl, R. (1990): Die Ordnung des Lebendigen. Systembedingungen der Evolution. München: Piper.

Rischar, K. (1991): Spielregeln für den Umgang mit Chefs. München: Mosaik.

Röckelein, C. (2008): Pedaktik. Zur Didaktik der Persönlichkeitsbildung als Innovation im Coaching. Berlin: sine causa.

Röckelein, C. (2007): Konstruktivistische Personalentwicklung, Erwachsene sind unbelehrbar – aber lernfähig, Aachen: Shaker.

Rogers, C. (1991): Der neue Mensch (4. Aufl.). Stuttgart: Klett-Cotta.

Schattenhofer, K. (1996/2007): Was ist eine Gruppe? Gruppenmodelle aus konstruktivistischer Sicht. In: König, O. (Hrsg.): Gruppendynamik. Geschichten, Theorien, Methoden, Anwendungen, Ausbildung. S. 131. München: Profil.

Schäfers, B. (Hrsg.) (2002): Einführung in die Gruppensoziologie. Geschichte, Theorien, Analysen (3., korrigierte Aufl.). Wiesbaden: Quelle & Meyer.

Schein, E. H. (2010): Organisationskultur (3. Aufl.). Bergisch Gladbach: EHP.

Schmid-Bode, W. (2008): Maß und Zeit. Entdecken Sie die neue Kraft der klösterlichen Werte und Rituale (Audio-CD). Frankfurt: Campus Hörbuch.

Scholz, C. (2002): Virtuelle Teams – Neuer Wein in neue Schläuche. In: Zeitschrift für Führung und Organisation (zfo), 1, 26–33.
Schönberger, M. (2001): Mein Chef ist ein Arschloch, Ihrer auch? München: Mosaik.
Schulz von Thun, F. (2006): Praxisberatung in Gruppen. Erlebnisaktivierende Methoden mit 20 Fallbeispielen (6. Aufl.). Weinheim und Basel: Beltz.
Senge, P. (1997/2006): Die fünfte Disziplin. Kunst und Praxis der lernenden Organisation. (10. Aufl.). Stuttgart: Klett-Cotta.
Senge, P. M./Kleiner, A./Smith, B./Roberts, C./Ross, R. (1997/2004): Das Fieldbook zur fünften Disziplin (5. Aufl.). Stuttgart: Klett-Cotta.
Senger, H. von (2004): Die Kunst der List. Strategeme durchschauen und anwenden (4. Aufl.). München: Beck.
Senger, H. von (2005): 36 Strategeme für Manager (4. Aufl.). München: Hanser.
Sennet, R. (1998): Der flexible Mensch. Die Kultur des neuen Kapitalismus (6. Aufl.). Berlin: Berlin-Verlag.
Sennett, R. (2005): Die Kultur des neuen Kapitalismus (2. Aufl.). Berlin: Berlin Verlag.
Shakespeare, W. (1943): Der Kaufmann von Venedig. Pforzheim: Finck.
Shazer, S. de (2006): Der Dreh. Überraschende Wendungen und Lösungen in der Kurzzeittherapie (9. Aufl.). Heidelberg: Carl-Auer-Systeme.
Siegert, W. (1999): Wie führe ich meinen Vorgesetzten? Eine interaktive Anleitung zur besseren Zusammenarbeit (2. Aufl.). Wien: Expert-Verlag Linde.
Simon, F. B. (1993): Unterschiede, die Unterschiede machen. Klinische Epistemologie: Grundlagen einer systemischen Psychiatrie und Psychosomatik. Frankfurt am Main: Suhrkamp.
Slater, L. (2005): Von Menschen und Ratten. Die berühmten Experimente der Psychologie (2. Aufl.). Weinheim und Basel: Beltz.
Sprenger, R. (2007): Das Prinzip Selbstverantwortung. Wege zur Motivation (12. Aufl.). Frankfurt am Main: Campus.
Sprenger, R. (2010): Mythos Motivation. Wege aus einer Sackgasse (19. Aufl.). Frankfurt am Main: Campus.
Stamov Roßnagel, C. (2008): Mythos »alter« Mitarbeiter. Lernkompetenz jenseits der 40?! Weinheim und Basel: Beltz.
Steiner, I. D. (1976): Task performing groups. In: Thibout, J. W., et al. (Hrsg.): Contemporary topic in social psychology. Moristown, NJ. Zitiert nach: Thomas, A. (1992): Grundlagen der Sozialpsychologie, Band 2. Göttingen: Hogrefe.
Stöger, Gabriele (2008): Wie führe ich meinen Chef? Erfolgreiche Kommunikation von unten nach oben (7. Aufl.). Zürich: Orell Füssli.
Surowiecki, J. (2005): Die Weisheit der Vielen. Warum Gruppen klüger sind als Einzelne und wie wir das kollektive Wissen für unser wirtschaftliches, soziales und politisches Handeln nutzen können. München: Bertelsmann.
Thomas, A. (1992): Grundriss der Sozialpsychologie (Band 2). Göttingen: Hogrefe.
Watzlawick, P. (2005): Anleitung zum Unglücklichsein (15. Aufl.). München: Piper.
Weinstein, M. (2002): Management by fun. Die ungewöhnliche Form, mehr Motivation und Engagement zu erzeugen. München: mvg.
Weisbach, C.-R. (2008). Professionelle Gesprächsführung. Ein praxisnahes Lese- und Übungsbuch (7. Aufl.). München: Beck.
Wottawa H./Gluminski, I. (1995): Psychologische Theorien für Unternehmen. Göttingen: Verlag für Angewandte Psychologie.

Stichwortverzeichnis

Personenverzeichnis